数学·统计学系列

初等不等式的证明方法

An Introduction to the Proving of Elementary Inequalities

(第二版)

韩京俊 编著

HITP
哈尔滨工业大学出版社
HARBIN INSTITUTE OF TECHNOLOGY PRESS

内 容 简 介

全书共分 15 章,选取 300 余个国内外初等不等式的典型问题,以解析解题方法,并对部分问题加以拓展,不少例题都配有较大篇幅的注解.本书的一大特色是从"一名高中生的视角出发",侧重解题与命题的思想和探索.本书可作为数学奥林匹克训练的参考教材,供高中及以上文化程度的学生、教师使用,也可作为不等式爱好者及从事初等不等式研究的相关专业人员阅读参考.

图书在版编目(CIP)数据

初等不等式的证明方法/韩京俊编著.—2 版.—哈尔滨:哈尔滨工业大学出版社,2014.11(2024.6 重印)
ISBN 978-7-5603-4980-0

Ⅰ.①初… Ⅱ.①韩… Ⅲ.①不等式-研究
Ⅳ.①O178

中国版本图书馆 CIP 数据核字(2014)第 257422 号

策划编辑 刘培杰 张永芹
责任编辑 张永芹 聂兆慈
封面设计 孙茵艾
出版发行 哈尔滨工业大学出版社
社　　址 哈尔滨市南岗区复华四道街 10 号 邮编 150006
传　　真 0451-86414749
网　　址 http://hitpress.hit.edu.cn
印　　刷 哈尔滨市石桥印务有限公司
开　　本 787 mm×1 092 mm 1/16 印张 23.25 字数 422 千字
版　　次 2011 年 5 月第 1 版 2014 年 11 月第 2 版
　　　　 2024 年 6 月第 5 次印刷
书　　号 ISBN 978-7-5603-4980-0
定　　价 48.00 元

◎ 前言

不等式作为工具,被广泛地应用到数学的各个领域.著名数学家 Hardy(哈代)认为,基本的不等式是初等的.初等不等式的证明也是高考、数学竞赛及相关研究的热门课题.在国内外各大数学论坛中,初等不等式有关问题的讨论也往往是最受欢迎的.初等不等式的形式多种多样,证明手法也灵活多变,近年来初等不等式证明方法也推陈出新,它们中不少是证明不等式的强有力武器.

本书立足于讲解初等不等式的证明方法,有不少是作者做题与探究过程中的心得体会.许多方法在国内的相关书籍杂志中未曾有介绍,如无限调整法、对称求导法,以及作者在丘成桐中学数学奖的获奖论文《对称不等式的取等判定》、《对称不等式的取等判定(2)》等.同时还对初等不等式的命题方法与国内外不等式机器证明研究的部分最新成果作了介绍.

本书在介绍方法与例题时,常常会配以较大篇幅的注解,它们或是更深入地解析解题方法,以期读者触类旁通,抑或是给出问题的有益推广，让读者欣赏不等式的内在魅力. 对于经典的问题，会在书中的不同章节多次出现，所给出的解答也各不相同.

对称不等式是不等式研究的核心之一，这也是本书的主线. 在第 2 章调整法中给出了 $\mathbf{R}_+^n$ 上 n 元 3 次齐次对称不等式成立的显式判定，这是十分著名的结论. 之后的第 7 章求导法，对称求导法一节中，先后得到了 $\mathbf{R}_+^3$ 上 3 元轮换对称 3 次齐次不等式成立的显示判定、一类 n 元 4 次齐次轮换对称不等式成立的充要条件. 这一方法还能得到一类 3 元 3 次齐次不等式成立的显式判定，同时解决不少熟知的难题.

做过一定数量不等式习题的读者不难发现 $\mathbf{R}_+^3$ 上的 3 元对称不等式，往往在两数相等或有数为 0 时等号成立，这是否为普遍存在的规律？第 10 章判定定理作了详细的探讨，在推得 3 元相关结论的基础上，再接再厉得到了 n 元的优美结果. 判定定理能够轻松解决许多难度颇大的猜想和经典问题，本书的例题仅仅是冰山一角. 判定定理亦可推出许多对称与轮换对称不等式成立的显示判定、充要条件. 最近，作者依据书中介绍的“$\mathbf{R}_+^3$ 上 3 元 6 次齐次对称不等式的判定定理”所编写的程序 tvnd625，经大量测试表明，其在证明这一类问题时效率要优于 Bottema、tsds3 等不等式证明软件. 读者会发现判定定理是富有魅力的，然而其衍生出许多有待解决的问题，在这一章节的最后也作了简要介绍.

编制属于自己的题目是吸引人的，相关不等式的书籍对此论及甚少. 作者曾向全国高中数学联赛提供过不等式题，被选为预选题，还有一些题目被国内外杂志、书籍收录. 在第 12 章谈谈命题中，介绍了十余种编制题目的方法. 有些源于现有问题基础之上的推广，有些乃因一时疏忽将题目抄错之后得到的意外产物，还有如何从无到有“创造”出一个不等式. 这一章节有较多富有启发性的语言，它呈现探索不等式世界的奇妙旅程，是作者的大胆尝试，也希望读者能够喜爱.

本书例题具有一定典型性. 建议读者先认真仔细地思考，做不出来再看解答，这样水平才会得以提升. 如果遇到很多例题难以驾驭，千万不要失去信心，因其本身就具有一定难度. 全书收录了大量奇思妙想的解法，它们为本书增色不少，本书也尽力为它们的作者署名以示感谢. 在本书的写作过程中得到了北京邮电大学蔡剑兴同学的大力帮助，北京大学的苏钧与赵斌、加州伯克利大学的吴青昀等同学也给予了作者很大的支持，在此一并致谢. 值此书稿完成之际，小学、初中、高中阶段数学老师对作者的教诲仍历历在目，在此向培育过作者的陈明老师、沈军老师、万军老师、汪杰良老师表示衷心的感谢. 今年是作者的母校复旦大学附属中学建校60周年,祝母校桃李满天下,向成为世界著名高中的目标大步迈进.

本书的内容源于作者高中三年来的感悟与积累,作者的读书笔记为此提供了丰富的素材.由于本书策划、撰写在两个多月内完成,时间仓促,加之作者水平有限,必有不足之处.欢迎读者批评或提出宝贵意见,只要是对本书有益的,均可发送至我的邮箱:hanjingjunfdfz@gmail.com,以期再版时改进.

韩京俊

2010年7月26日

目录

第0章 一些准备

在正式开始我们奇妙的初等不等式旅途开始之前，先做一些准备.这些准备虽是基本的，却也是必要的.

0.1 几点说明

不等式的证明固然重要，但正如 Hardy 等人的名著 *Inequalities* 中强调的那样，我们希望读者能清楚不等式等号成立条件等方面的普遍原则.这对提高不等式水平大有裨益.本书中未给出等号成立条件的例题或定理，希望读者能自行补上.

为节省篇幅，在不致引起混淆的情况下，采用以下常用符号：$\mathbf{R}$ 表示实数域，$\mathbf{R}^n$ 表示 n 维实向量空间.

$$\mathbf{R}_+^n=[0,+\infty)^n;\mathbf{R}_{++}^n=(0,+\infty)^n$$

$\sum\limits_{cyc}$，$\prod$ 分别表示循环和，循环积.以三元为例，如

$$\sum_{cyc}a=a+b+c$$

$$\sum f(a,b)=f(a,b)+f(b,c)+f(c,a)$$

$$\prod ab=ab\cdot bc\cdot ca$$

另外在本书中，不特别说明的情况下，$\sum$，$\sum\limits_{cyc}$ 这两者符号代表的意义相同，都是表示循环求和.

$\sum\limits_{sym}$ 表示对称求和，仍以三元为例，即

$$\sum_{sym} f(a,b)=f(a,b)+f(a,c)+f(b,c)+f(b,a)+f(c,a)+f(c,b)$$

LHS = Left-Hand Side，意为左式，RHS = Right-Hand Side，意为右式.

在本书中，RHS，LHS 分别表示不等式的右边和不等式的左边.

$(a,b,c)\sim(0,1,1)$ 表示 $a:b:c=0:1:1$ 及其轮换.

齐次性与对称性是不等式中的基本概念，下面我们花一些篇幅对此进行说明.

0.1.1　齐次性

设 $f(x_1,x_2,\cdots,x_n)$ 是一个 n 元的式子，若对任意非零的 t，都有

$$f(tx_1,tx_2,\cdots,tx_n)=t^m f(x_1,x_2,\cdots,x_n)$$

则称 $f(x_1,x_2,\cdots,x_k)$ 为 m 次齐次式. 特别的，对于常数 0，我们定义其次数为 $-\infty$，例如$\frac{a^2}{bc}$，xyz 都是齐次式.

对于齐次不等式

$$f(x_1,x_2,\cdots,x_n)\geqslant g(x_1,x_2,\cdots,x_n)(x_1,x_2,\cdots,x_n>0)$$

我们不妨设关于 $x_1,x_2,\cdots,x_n$ 的一个非 0 有限次齐次式的值为一个常数 C，例如不妨设

$$x_1+x_2+\cdots+x_n=C,x_1x_2\cdots x_n=C$$

等等. 这需要根据题目的具体情况而定，哪一个对证明起着更简便的作用则设哪一种. 其证明只需根据定义即可. 特别值得注意的是，当题目没有限定各元均为正数时，则需要分类讨论.

0.1.2　对称性

对称（完全对称）

设 $f(x_1,x_2,\cdots,x_n)$ 是一个 n 元函数. 若将 $x_1,x_2,\cdots,x_n$ 中任意的两个变元互相交换位置，得到的 f 都与原式是恒等的，则称 $f(x_1,x_2,\cdots,x_n)$ 是对称（完全对称）的，如 $xy+yz+zx$，$\frac{a}{b+c}+\frac{b}{c+a}+\frac{c}{a+b}$ 等.

显然，对称（完全对称）的一定是轮换对称的，反之则不然.

设 $f(x_1,x_2,\cdots,x_n)$ 是一个 n 元函数，若作置换 $x_1\to x_2,x_2\to x_3,\cdots,x_n\to x_1$，得到的 f 与原式是恒等的，则称 $f(x_1,x_2,\cdots,x_n)$ 是轮换对称的，如 $x^3y+y^3z+z^3x$，$\frac{a}{a+b}+\frac{b}{b+c}+\frac{c}{c+a}$ 等.

对于对称(完全对称)不等式

$$f(x_1,x_2,\cdots,x_n)\geqslant 0$$

我们不妨设 $x_1\geqslant x_2\geqslant\cdots\geqslant x_n$,若此时不等式成立,则原不等式原立. 由完全对称不等式的定义可知这是显然的. 这是因为对于任意顺序排列的变元,我们总可以经过有限次交换使得 $x_1\geqslant x_2\geqslant\cdots\geqslant x_n$,同时保持与原不等式等价.

对于轮换对称不等式

$$f(x_1,x_2,\cdots,x_n)\geqslant 0$$

此时我们不妨设 $x_1=\max(x_1,x_2,\cdots,x_n)$,若此时不等式成立,则原不等式成立. 但不能不妨设 $x_1\geqslant x_2\geqslant\cdots\geqslant x_n$,其中原因留给读者思考.

在证明不等式时,我们一定要注意区分以上两种“不妨设”,否则我们的证明就可能不完善甚至有误.

0.2 常用不等式

以下是一些常用的不等式,以后我们不加说明就可直接使用.

(1)AM - GM(算术几何平均)不等式　$a_1,a_2,\cdots,a_n$ 为非负实数,则

$$\frac{1}{n}\sum_{i=1}^{n}a_i\geqslant\sqrt[n]{a_1a_2\cdots a_n}$$

当且仅当 $a_1=a_2=\cdots=a_n$ 时取得等号.

(2)加权 AM - GM 不等式　$a_1,a_2,\cdots,a_n,\omega_1,\omega_2,\cdots,\omega_n$ 为非负实数,且满足 $\omega_1+\omega_2+\cdots+\omega_n=1$,则

$$a_1\omega_1+a_2\omega_2+\cdots+a_n\omega_n\geqslant a_1^{\omega_1}a_2^{\omega_2}\cdots a_n^{\omega_n}$$

当且仅当 $a_1=a_2=\cdots=a_n$ 时取得等号.

(3)AM - HM(算术调和平均)不等式　$a_1,a_2,\cdots,a_n$ 为非负实数,则

$$\frac{1}{n}\sum_{i=1}^{n}a_i\geqslant\frac{n}{\sum_{i=1}^{n}\frac{1}{a_i}}$$

当且仅当 $a_1=a_2=\cdots=a_n$ 时取得等号.

(4)幂平均不等式　设 $M_r(x)$ 表示 n 个正实数 $x_1,x_2,\cdots,x_n$ 的 r 次幂平均,即

$$M_r(x)=\sqrt[r]{\frac{x_1^r+x_2^r+\cdots+x_n^r}{n}},r\neq 0$$

则若 $\alpha>\beta$,那么 $M_\alpha(x)\geqslant M_\beta(x)$,当且仅当 $x_1=x_2=\cdots=x_n$ 时取得等号.

(5)Cauchy(柯西)不等式　$a_1,a_2,\cdots,a_n$ 和 $b_1,b_2,\cdots,b_n$ 为实数,则

$$(a_1^2+a_2^2+\cdots+a_n^2)(b_1^2+b_2^2+\cdots+b_n^2)\geqslant(a_1b_1+a_2b_2+\cdots+a_nb_n)^2$$

当且仅当 a_i 与 b_i 对应成比例时取得等号,$i=1,2,\cdots,n$.

(6)Hölder(赫尔德)不等式　r,s 为正实数,$\frac{1}{r}+\frac{1}{s}=1$,$a_1,a_2,\cdots,a_n,b_1,b_2,\cdots,b_n$ 为正实数,则

$$\frac{(\sum_{i=1}^{n}a_ib_i)}{n}\leqslant\left(\frac{\sum_{i=1}^{n}a_i^r}{n}\right)^{\frac{1}{r}}\left(\frac{\sum_{i=1}^{n}b_i^s}{n}\right)^{\frac{1}{s}}$$

当且仅当 a_i 与 b_i 对应成比例时取得等号,$i=1,2,\cdots,n$.

当变元均是非负实数时,Holder 不等式可看做 Cauchy 不等式的推广. Holder 不等式是两组变元时的结论,事实上任意多组变元,都有完全类似的结论. 在以后的证明中,我们统称它们为 Cauchy 不等式推广.

(7)排序不等式　设 $a_1\leqslant a_2\leqslant\cdots\leqslant a_n$,$b_1\leqslant b_2\leqslant\cdots\leqslant b_n$ 为两非减序列,又 π 为 $\{1,2,\cdots,n\}$ 的任意排列,则

$$a_1b_1+a_2b_2+\cdots+a_nb_n\geqslant a_1b_{\pi(1)}+a_2b_{\pi(2)}+\cdots+a_nb_{\pi(n)}\geqslant a_1b_n+a_2b_{n-1}+\cdots+a_nb_1$$

(8)Chebyshev(切比雪夫)不等式　如果 $a_1\leqslant a_2\leqslant\cdots\leqslant a_n$ 并且 $b_1\leqslant b_2\leqslant\cdots\leqslant b_n$,则

$$\sum_{i=1}^{n}a_ib_i\geqslant\frac{1}{n}(\sum_{i=1}^{n}a_i)(\sum_{i=1}^{n}b_i)\geqslant\sum_{i=1}^{n}a_ib_{n-i+1}$$

值得注意的是排序不等式与 Chebyshev 不等式均是对实数成立的.

(9)Minkowski(闵可夫斯基)不等式　实数 $r\geqslant1$,$a_1,a_2,\cdots,a_n,b_1,b_2,\cdots,b_n$ 为正实数,则

$$\left(\sum_{i=1}^{n}(a_i+b_i)^r\right)^{\frac{1}{r}}\leqslant\left(\sum_{i=1}^{n}a_i^r\right)^{\frac{1}{r}}+\left(\sum_{i=1}^{n}b_i^r\right)^{\frac{1}{r}}$$

当 $r\leqslant1$ 时,不等式反向.

等号成立当且仅当 a_i 与 b_i 对应成比例,$i=1,2,\cdots,n$.

(10)Bernoulli(伯努利)不等式

①$r>1,x>-1$,则 $(1+x)^r\geqslant1+rx$;

②$0<r<1,x>-1$,则 $(1+x)^r\leqslant1+rx$;

③$r<0,x>-1$,则 $(1+x)^r\geqslant1+rx$;

等号成立均当且仅当 $x=0$.

(11)广义 Bernoulli 不等式　$a_i\geqslant-1$,$i=1,2,\cdots,n$,且同正负,有

$$(1+a_1)(1+a_2)\cdots(1+a_n)\geqslant1+a_1+a_2+\cdots+a_n$$

等号成立当且仅当 a_i 中有 $n-1$ 个为0.

(12) Schur(舒尔)不等式　若 $x,y,z \geqslant 0,\lambda \in \mathbf{R}$,则

$$x^{\lambda}(x-y)(x-z)+y^{\lambda}(y-z)(y-x)+z^{\lambda}(z-x)(x-y) \geqslant 0$$

等号成立当且仅当 $(x,y,z) \sim (0,1,1)$(若此时有意义)或 $x=y=z$.

对于一个给定的 λ,我们称上述的不等式为 $\lambda+2$ 次 Schur 不等式.

Schur 不等式比较常用的是 $\lambda=1$ 的情况,此时有如下等价形式:

① $x^3+y^3+z^3+3xyz \geqslant xy(x+y)+yz(y+z)+zx(z+x)$;

② $xyz \geqslant (x+y-z)(y+z-x)(z+x-y)$;

③ 如果 $x+y+z=1$,则 $xy+yz+zx \leqslant \dfrac{1+9xyz}{4}$.

(14) Newton(牛顿)不等式　$x_1,x_2,\cdots,x_n$ 为非负实数,定义对称多项式

$$(x+x_1)(x+x_2)\cdots(x+x_n)=s_nx^n+s_{n-1}x^{n-1}+\cdots+s_1x+s_0$$

令 $d_i=\dfrac{s_i}{\mathrm{C}_n^i}$,则有

$$d_i^2 \geqslant d_{i+1}d_{i-1}$$

等号成立当且仅当 $x_1=x_2=\cdots=x_n$.

(15) Maclaurin(马克劳林)不等式　d_i 如上定义,则

$$d_1 \geqslant \sqrt{d_2} \geqslant \sqrt[3]{d_3} \geqslant \cdots \geqslant \sqrt[n]{d_n}$$

等号成立当且仅当 $x_1=x_2=\cdots=x_n$.

基础题

第1章

这一章中将列举一些相对较易的习题，供读者测试自己的水平，可看做正餐之前的甜点，起到热身的效果.

例1.1 已知 $x,y>0$，$x^2+y^3\geqslant x^3+y^4$，求证

$$x^2+y^2\leqslant 2$$

证明 因为 $x^2-x^3\geqslant y^4-y^3\geqslant y^3-y^2$（AM - GM 不等式），所以

$$x^2+y^2\geqslant x^3+y^3$$

又因为

$$x^2+y^2\leqslant \frac{2x^3+1}{3}+\frac{2y^3+1}{3}\text{（AM - GM 不等式）}$$

结合以上两式得到

$$x^2+y^2\leqslant 2$$

例1.2 正数 a,b,c 满足 $a+b+c=1$，证明

$$\frac{a^2+b}{b+c}+\frac{b^2+c}{c+a}+\frac{c^2+a}{a+b}\geqslant 2$$

证明 注意到

$$\frac{a^2}{b+c}+\frac{b^2}{c+a}+\frac{c^2}{a+b}+1=$$

$$\left(\frac{a^2}{b+c}+a\right)+\left(\frac{b^2}{c+a}+b\right)+\left(\frac{c^2}{a+b}+c\right)=$$

$$\frac{a}{b+c}+\frac{b}{c+a}+\frac{c}{a+b}$$

故原不等式等价于

$$\frac{a+b}{b+c}+\frac{b+c}{c+a}+\frac{c+a}{a+b}\geqslant 3$$

由 AM - GM 不等式,这是显然成立的.

例 1.3　a,b 是正实数,满足 $a+b=2$,求证

$$a^{\frac{2}{a}}+b^{\frac{2}{b}}\leqslant 2$$

证明　由 Bernoulli 不等式

$$\frac{1}{\left(\frac{1}{a}\right)^{\frac{2}{a}}}\geqslant\frac{1}{1+\frac{2}{a}\left(\frac{1}{a}-1\right)}=\frac{a^2}{a^2-2a+2}$$

同理

$$b^{\frac{2}{b}}\leqslant\frac{b^2}{b^2-2b+2}=\frac{(a-2)^2}{a^2-2a+2}$$

于是

$$a^{\frac{2}{a}}+b^{\frac{2}{b}}\leqslant\frac{a^2}{a^2-2a+2}+\frac{(a-2)^2}{a^2-2a+2}=2$$

等号成立当且仅当 $a=b=1$,命题得证.

例 1.4　a,b,c 为正数,证明

$$\frac{a^2}{b}+\frac{b^2}{c}+\frac{c^2}{a}+2(a+b+c)\geqslant\frac{(a+b+c)^3}{ab+bc+ca}$$

证明　原不等式等价于

$$(ab+bc+ca)\left[\frac{a^2}{b}+\frac{b^2}{c}+\frac{c^2}{a}+2(a+b+c)\right]\geqslant(a+b+c)^3$$

展开即需证

$$a^2b^4+b^2c^4+c^2a^4\geqslant ab^3c^2+bc^3a^2+ca^3b^2$$

令 $x=ab^2,y=bc^2,z=ca^2$,则只需证明

$$x^2+y^2+z^2\geqslant xy+yz+zx$$

这是显然成立的.

例 1.5　对正数 a,b,c,证明

$$abc(a+2)(b+2)(c+2)\leqslant\left[1+\frac{2}{3}(ab+bc+ca)\right]^3$$

证明　对不等式右端,由 AM - GM 不等式有

$$\left[1+\frac{2}{3}(ab+bc+ca)\right]^3=\left[\frac{(1+ab+bc)+(1+bc+ca)+(1+ca+ab)}{3}\right]^3\geqslant$$

$$(1+ab+bc)(1+bc+ca)(1+ca+ab)$$

而由 Cauchy 不等式有

$$(1+ab+bc)(bc+ca+1)\geqslant(\sqrt{bc}+a\sqrt{bc}+\sqrt{bc})^2=bc(a+2)^2$$

同理可得出其余两个不等式,将这三个不等式相乘并化简,即可得到我们要证的不等式.

例 1.6 (2007 年罗马尼亚数学奥林匹克)对正数 a,b,c 满足

$$\frac{1}{a+b+1}+\frac{1}{b+c+1}+\frac{1}{c+a+1}\geqslant 1$$

求证

$$a+b+c\geqslant ab+bc+ca$$

证明 由 Cauchy 不等式

$$(a+b+c^2)(a+b+1)\geqslant(a+b+c)^2$$

即

$$\frac{a+b+c^2}{(a+b+c)^2}\geqslant\frac{1}{a+b+1}$$

于是

$$\sum\frac{a+b+c^2}{(a+b+c)^2}\geqslant\sum\frac{1}{a+b+1}\geqslant 1$$

立得

$$\sum(a+b+c^2)\geqslant(a+b+c)^2$$

展开后化简即为 $a+b+c\geqslant ab+bc+ca$,证毕.

例 1.7 a,b,c 为正数,证明

$$\frac{a}{b+c}+\frac{b}{c+a}+\frac{c}{a+b}+\frac{16(ab+bc+ca)}{a^2+b^2+c^2}\geqslant 8$$

证明 设 $a+b+c=1,ab+bc+ca=x$,则原不等式等价于

$$\frac{3abc+1-2x}{x-abc}+\frac{16x}{1-2x}\geqslant 8$$

事实上我们有

$$\frac{3abc+1-2x}{x-abc}+\frac{16x}{1-2x}\geqslant\frac{1-2x}{x}+\frac{16x}{1-2x}=$$

$$\frac{(6x-1)^2}{x(1-2x)}+8\geqslant 8$$

故原不等式成立,等号成立当且仅当 $a=2+\sqrt{3},b=1,c=0$ 及其轮换.

例 1.8 $a,b,c\geqslant 0$,求证

$$\sqrt{2a^2+5ab+2b^2}+\sqrt{2a^2+5ac+2c^2}+\sqrt{2b^2+5bc+2c^2}\leqslant 3(a+b+c)$$

证明 由 AM - GM 不等式有

$$2a^2+5ab+2b^2=(2a+b)(2b+a)\leqslant\frac{1}{4}(2a+b+2b+a)^2=\frac{9}{4}(a+b)^2$$

所以

$$\sum\sqrt{2a^2+5ab+2b^2}\leqslant\frac{3}{2}\sum(a+b)=3(a+b+c)$$

等号成立当且仅当 $a=b=c$.

例 1.9 对正数 a,b,c,d,证明

$$\sum\frac{a}{3a^2+2b^2+c^2}\leqslant\frac{1}{6}\left(\frac{1}{a}+\frac{1}{b}+\frac{1}{c}+\frac{1}{d}\right)$$

证明 只需利用 AM - GM 和 Cauchy 不等式即有

$$\frac{18a}{3a^2+2b^2+c^2}=\frac{18a}{2(a^2+b^2)+a^2+c^2}\leqslant\frac{9}{2b+c}\leqslant\frac{2}{b}+\frac{1}{c}$$

同理我们可以得到其余 3 个式子,将这 4 个式子相加即可得证,易知当且仅当 $a=b=c=d$ 时取得等号.

例 1.10 (2009 年塞尔维亚数学奥林匹克)正实数 x,y,z 满足 $x+y+z=xy+yz+zx$,证明

$$\frac{1}{x^2+y+1}+\frac{1}{y^2+z+1}+\frac{1}{z^2+x+1}\leqslant 1$$

证明 由 Cauchy 不等式有

$$(x^2+y+1)(1+y+z^2)\geqslant(x+y+z)^2\Rightarrow$$

$$\frac{1}{x^2+y+1}\leqslant\frac{1+y+z^2}{(x+y+z)^2}$$

于是

$$\text{LHS}\leqslant\frac{3+x+y+z+x^2+y^2+z^2}{(x+y+z)^2}$$

则只需证明

$$(x+y+z)^2\geqslant 3+x+y+z+x^2+y^2+z^2$$

等价于 $x+y+z\geqslant 3$,而$(x+y+z)^2\geqslant 3(xy+yz+zx)=3(x+y+z)$,即得到 $x+y+z\geqslant 3$. 故原不等式成立,当且仅当 $x=y=z=1$ 时取得等号.

例 1.11 (韩京俊)实数 $a_i,b_i(i=1,2,\cdots,n)$ 满足 $\sum\limits_{i=1}^{n}a_i=\sum\limits_{i=1}^{n}b_i=1$,证明

$$\sum_{1\leqslant i<j\leqslant n}a_ia_j+\sum_{1\leqslant i<j\leqslant n}b_ib_j+\sum_{i=1}^{n}a_ib_i\leqslant 1$$

证明

$$\text{左式} \leqslant \sum_{1\leqslant i<j\leqslant n} a_i a_j + \sum_{1\leqslant i<j\leqslant n} b_i b_j + \frac{1}{2}\sum_{i=1}^{n}(a_i^2 + b_i^2) =$$

$$\frac{1}{2}\left[\left(\sum_{i=1}^{n} a_i\right)^2 + \left(\sum_{i=1}^{n} b_i\right)^2\right] = 1$$

例 1.12 $x,y,z,w > 0$,求证

$$8 + \sum x \sum \frac{1}{x} \geqslant \frac{9(\sum x)^2}{\sum_{sym} xy}$$

证明 由 Cauchy 不等式有

$$\text{LHS} = 8 + 4 + \sum_{sym} \frac{x}{y} = \sum_{sym} \frac{(x+y)^2}{xy} \geqslant \frac{(3\sum x)^2}{\sum_{sym} xy}$$

故得证.

例 1.13 (韩京俊)$a,b,c > 0, abc = 1$. 求证

$$\sum \frac{a^2 + b^2}{a^2 + b^2 + 1} \geqslant \sum \frac{a + b}{a^2 + b^2 + 1}$$

证明 原不等式等价于

$$3 \geqslant \sum \frac{a + b + 1}{a^2 + b^2 + 1} \Leftrightarrow 3 \geqslant \sum \frac{a^3 + b^3 + 1}{a^6 + b^6 + 1}$$

注意到

$$\sum \frac{a^3 + b^3 + 1}{a^6 + b^6 + 1} \leqslant \sum \frac{3}{a^3 + b^3 + 1} = \sum \frac{3}{a^3 + b^3 + abc} \leqslant$$

$$\sum \frac{3}{ab(a+b) + abc} = \sum \frac{3c}{a + b + c} = 3$$

等号成立当且仅当 $a = b = c = 1$.

注:本题曾被选为 *Mathematical Reflection* 杂志问题 J104.

例 1.14 对非负实数 a,b,c 满足 $a^2b^2 + b^2c^2 + c^2a^2 = 3$,证明

$$\sqrt{\frac{a + bc^2}{2}} + \sqrt{\frac{b + ca^2}{2}} + \sqrt{\frac{c + ab^2}{2}} \leqslant \frac{3}{abc}$$

证明 利用 AM - GM 不等式有

$$\sum \sqrt{\frac{a + bc^2}{2}} = \sum \sqrt{\frac{ab + b^2c^2}{2b}} \leqslant \frac{1}{2}\sum\left(\frac{1}{b} + \frac{ab + b^2c^2}{2}\right) =$$

$$\frac{1}{4}\left(\sum \frac{2}{a} + \sum ab + \sum a^2b^2\right) \leqslant \frac{3}{abc}$$

例 1.15 (Vasile)$a,b,c > 0, \sum a \sum \frac{1}{a} = 10$. 求证

$$\frac{b^2 + c^2}{a^2} + \frac{b^2 + a^2}{c^2} + \frac{a^2 + c^2}{b^2} \geqslant \frac{31}{3}$$

证明 条件等价于$\sum\left(\frac{a}{b}+\frac{b}{a}\right)=7$,由 Cauchy 不等式有

$$\sum\left(\frac{a}{b}+\frac{b}{a}\right)^2\geqslant\frac{1}{3}\left(\sum\left(\frac{a}{b}+\frac{b}{a}\right)\right)^2=\frac{49}{3}\Leftrightarrow$$

$$\frac{b^2+c^2}{a^2}+\frac{b^2+a^2}{c^2}+\frac{a^2+c^2}{b^2}\geqslant\frac{31}{3}$$

得证,易知等号不会成立.

例 1.16 (韩京俊)$x,y\in\mathbf{R}$,且$x^2+y^2=1$,求证

$$\sqrt{1-x}+\sqrt{1-\frac{1}{2}x-\frac{\sqrt{3}}{2}y}\geqslant\frac{\sqrt{2}}{2}$$

证明 对根号内的式子进行配方后等价于

$$\frac{\sqrt{2}}{2}\left[\sqrt{(1-x)^2+y^2}+\sqrt{\left(x-\frac{1}{2}\right)^2+\left(y-\frac{\sqrt{3}}{2}\right)^2}\right]\geqslant\frac{\sqrt{2}}{2}$$

由 Minkovski 不等式有

$$\sqrt{(1-x)^2+y^2}+\sqrt{\left(x-\frac{1}{2}\right)^2+\left(y-\frac{\sqrt{3}}{2}\right)^2}\geqslant\sqrt{\left(1-\frac{1}{2}\right)^2+\left(\frac{\sqrt{3}}{2}\right)^2}=1$$

得证.

例 1.17 对非负实数a,b,c满足$a^2+b^2+c^2=3$,证明

$$\frac{a^3}{a^5+a^2b+c^3}+\frac{b^3}{b^5+b^2c+a^3}+\frac{c^3}{c^5+c^2a+b^3}\leqslant 1$$

证明 由于

$$\frac{a^3}{a^5+a^2b+c^3}=\frac{a}{a^3+b+\frac{c^3}{a^2}}$$

由 Cauchy 不等式

$$a^3+b+\frac{c^3}{a^2}=\frac{a^4}{a}+\frac{b^4}{b^3}+\frac{c^4}{ca^2}\geqslant\frac{(a^2+b^2+c^2)^2}{a+b^3+ca^2}=\frac{9}{a+b^3+ca^2}$$

所以我们有

$$\frac{a^3}{a^5+a^2b+c^3}\leqslant\frac{a(a+b^3+ca^2)}{9}$$

于是

$$\sum\frac{a^3}{a^5+a^2b+c^3}\leqslant\frac{\sum a^2+2\sum ab^3}{9}$$

而

$$9=(a^2+b^2+c^2)^2\geqslant 3(ab^3+bc^3+ca^3)$$(Vasile 不等式,证明见例 4.19)

于是左式 $\leqslant \frac{3+6}{9}=1$.

故原不等式成立,等号当且仅当 $a=b=c=1$ 时取得.

例 1.18 $a\geqslant 1\geqslant b>0,a+b=2$ 时,求证

$$a^{2b}+b^{2a}\leqslant 2$$

证明 由 Bernoulli 不等式有

$$a^{b}\leqslant 1+b(a-1)=1+b-b^{2}$$

$$b^{a}=b\cdot b^{a-1}\leqslant b[1+(a-1)(b-1)]=b[1-(b-1)^{2}]=b^{2}(2-b)$$

由于

$$a^{2b}+b^{2a}\leqslant(1+b-b^{2})^{2}+b^{4}(2-b)^{2}$$

所以只需证明

$$(1+b-b^{2})^{2}+b^{4}(2-b)^{2}\leqslant 2\Leftrightarrow$$

$$b^{6}-4b^{5}+5b^{4}-2b^{3}-b^{2}+2b-1\leqslant 0\Leftrightarrow$$

$$(b-1)^{2}(b^{4}-2b^{3}-1)\leqslant 0$$

上式当 $0<b\leqslant 1$ 时显然.

例 1.19 (韩京俊)$x_i\geqslant 0,i=1,2,\cdots,n.\ \sum\limits_{i=1}^{n}x_i=1$,求

$$\max\{x_1+x_2+\cdots+x_j,x_2+x_3+\cdots+x_{j+1},\cdots,x_{n-j+1}+x_{n-j+2}\cdots+x_n\}$$

的最小值.

解 注意到

$$\max\{x_1+x_2+\cdots+x_j,x_2+x_3+\cdots+x_{j+1},\cdots,x_{n-j+1}+x_{n-j+2}+\cdots+x_n\}\geqslant$$

$$\max\{x_{n-j+1}+x_{n-j+2}+\cdots+x_n,x_1+x_2+\cdots+x_j,x_{j+1}+x_{j+2}+\cdots+$$

$$x_{2j},\cdots,x_{[\frac{n}{j}]+1-j}+x_{[\frac{n}{j}]+2-j}+\cdots+x_{[\frac{n}{j}]j}\}$$

则当 $j\nmid n$ 时,设 $n=jk+l,j-1\geqslant l\geqslant 1$. 最小值 $\geqslant \frac{1}{\left[\frac{n}{j}\right]+1}=\frac{1}{\left[\frac{n+j-1}{j}\right]}$.

此时取 $x_i=0,i\equiv l+1,l+2,\cdots,j(\bmod j)$,其余 x_i 相等.

当 $j\mid n$ 时,最小值 $\geqslant \frac{1}{\left[\frac{n}{j}\right]}=\frac{1}{\left[\frac{n+j-1}{j}\right]}$. 此时取所有的 x_j 相等。

综上最小值为 $\frac{1}{\left[\frac{n+j-1}{j}\right]}$.

例 1.20 $x_1,x_2,\cdots,x_n\in\mathbf{R}_+$,求证

$$\sum_{i=1}^{n}\frac{x_1}{\sum\limits_{j\neq i}x_j}\sum_{1\leqslant i<j\leqslant n}x_ix_j\leqslant\frac{n}{2}\sum_{i=1}^{n}x_i^{2}$$

证明 设 $S=\sum_{i=1}^{n}x_i$，则欲证不等式 $\Leftrightarrow$

$$\left(\sum_{i=1}^{n}\frac{x_i}{S-x_i}\right)\left(S^2-\sum_{i=1}^{n}x_i^2\right)\leqslant n\sum_{i=1}^{n}x_i^2\Leftrightarrow$$

$$S^2\sum_{i=1}^{n}\frac{x_i}{S-x_i}\leqslant\sum_{i=1}^{n}x_i^2\sum_{i=1}^{n}\left(\frac{x_i}{S-x_i}+1\right)\Leftrightarrow$$

$$S\sum_{i=1}^{n}\frac{x_i}{S-x_i}\leqslant\sum_{i=1}^{n}x_i^2\sum_{i=1}^{n}\frac{1}{S-x_i}\Leftrightarrow$$

$$S\leqslant\sum_{i=1}^{n}\frac{1}{S-x_i}\sum_{j\neq i}x_j^2$$

而利用 Cauchy 不等式我们有

$$(n-1)\sum_{j\neq i}x_j^2\geqslant\left(\sum_{j\neq i}x_j\right)^2, i=1,2,\cdots,n$$

将这 n 个式相加即可，于是原不等式得证.

例 1.21 $a,b,c,d\geqslant 0,a+b+c+d=abc+bcd+cda+dab$. 求证

$$\sqrt{\frac{a^2+1}{2}}+\sqrt{\frac{b^2+1}{2}}+\sqrt{\frac{c^2+1}{2}}+\sqrt{\frac{d^2+1}{2}}\leqslant a+b+c+d$$

证明 注意到

$$(a+b)(a+c)(a+d)=\sum a\cdot a^2+\sum_{cyc}abc=(a^2+1)\sum a$$

故只需证明

$$\sum\sqrt{(a+b)(a+c)(a+d)}\leqslant\sqrt{2\left(\sum a\right)^3}$$

上式利用 Cauchy 即得.

例 1.22 $a,b,c,x,y,z\geqslant 0,a+b+c=x+y+z$，求证

$$ax(a+x)+by(b+y)+cz(c+z)\geqslant 3(abc+xyz)$$

证明 由 Cauchy 不等式我们有

$$a^2x+b^2y+c^2z\geqslant\frac{(a+b+c)^2}{\frac{1}{x}+\frac{1}{y}+\frac{1}{z}}$$

$$ax^2+by^2+cz^2\geqslant\frac{(x+y+z)^2}{\frac{1}{a}+\frac{1}{b}+\frac{1}{c}}$$

故只需证明

$$\frac{(a+b+c)^2}{\frac{1}{x}+\frac{1}{y}+\frac{1}{z}}+\frac{(x+y+z)^2}{\frac{1}{a}+\frac{1}{b}+\frac{1}{c}}\geqslant 3(abc+xyz)$$

而由于 $a+b+c=x+y+z$，故

$$\frac{(a+b+c)^2}{\frac{1}{x}+\frac{1}{y}+\frac{1}{z}}=\frac{(x+y+z)^2}{\frac{1}{x}+\frac{1}{y}+\frac{1}{z}}\geqslant 3xyz$$

同理

$$\frac{(x+y+z)^2}{\frac{1}{a}+\frac{1}{b}+\frac{1}{c}}\geqslant 3abc$$

综上命题得证.

例 1.23 正数 a,b,c 满足 $a+b+c=1$,证明

$$(a-bc)(b-ca)(c-ab)\leqslant 8(abc)^2$$

证明 易知只需考虑 $a-bc,b-ca,c-ab$ 皆为正的情况,考虑局部不等式

$$(a-bc)(b-ca)\leqslant 4a^2b^2\Leftrightarrow ab(1+c^2)\leqslant 4a^2b^2+c(a^2+b^2)\Leftrightarrow$$

$$ab(1-c)^2\leqslant 4a^2b^2+c(a-b)^2\Leftrightarrow(c-ab)(a-b)^2\geqslant 0$$

由于 $c-ab$ 大于 0,故上式成立,同理可以得到其余两个式子,将这三个式子相乘即可得到原不等式.

例 1.24 设 $x_1,x_2,\cdots,x_n$ 是正实数,求证

$$(1+x_1)(1+x_1+x_2)\cdots(1+x_1+x_2+\cdots+x_n)\geqslant\sqrt{(n+1)^{n+1}x_1x_2\cdots x_n}$$

证明 记

$$s=\frac{x_1x_2x_3\cdots x_n}{(1+x_1)^2(1+x_1+x_2)^2\cdots(1+x_1+x_2+\cdots+x_n)^2}$$

原不等式等价于 $s\leqslant\left(\frac{1}{n+1}\right)^{n+1}$,令

$$y_1=\frac{x_1}{1+x_1},y_2=\frac{x_2}{(1+x_1)(1+x_1+x_2)},\cdots,$$

$$y_n=\frac{x_n}{(1+x_1+x_2+\cdots+x_{n-1})(1+x_1+x_2+\cdots+x_n)}$$

设 $y_{n+1}=\frac{1}{1+x_1+x_2+\cdots+x_n}$,则 $s=\prod\limits_{i+1}^{n+1}y_i$,且

$$\sum_{i=1}^{n+1}y_i=\frac{x_1}{1+x_1}+\frac{1}{1+x_1}-\frac{1}{1+x_1+x_2}+\frac{1}{1+x_1+x_2}-\frac{1}{1+x_1+x_2+x_3}+\cdots-$$

$$\frac{1}{1+x_1+x_2+\cdots+x_n}+\frac{1}{1+x_1+x_2+\cdots+x_n}=1$$

由 AM - GM 不等式

$$s=\prod_{i=1}^{n+1}y_i\leqslant\left(\sum_{i=1}^{n+1}\frac{y_i}{n+1}\right)^{n+1}=\left(\frac{1}{n+1}\right)^{n+1}$$

命题得证.

例 1.25 $a,b,c,d>0$,求证

$$\frac{c}{a}(8b+c)+\frac{d}{b}(8c+d)+\frac{a}{c}(8d+a)+\frac{b}{d}(8a+b)\geqslant 9(a+b+c+d)$$

证明 由 AM - GM 不等式我们有

$$\frac{bc}{a}+\frac{da}{c}\geqslant 2\sqrt{bd}$$

$$\frac{cd}{b}+\frac{ab}{d}\geqslant 2\sqrt{ac}$$

于是只需证明

$$\frac{b^2}{d}+\frac{d^2}{b}+\frac{c^2}{a}+\frac{a^2}{c}+16\sqrt{ac}+16\sqrt{bd}\geqslant 9(a+b+c+d)\Leftrightarrow$$

$$\frac{x^4}{y^2}+\frac{y^4}{x^2}+16xy\geqslant 9(x^2+y^2),\forall x,y\geqslant 0\Leftrightarrow$$

$$\frac{x^4}{y^2}+\frac{y^4}{x^2}-x^2-y^2\geqslant 8(x^2+y^2-2xy)\Leftrightarrow$$

$$\frac{(x^2-y^2)(x^2+y^2)}{x^2y^2}\geqslant 8(x-y)^2\Leftrightarrow$$

$$(x+y)^2(x^2+y^2)\geqslant 8x^2y^2$$

由 AM - GM 不等式有

$$(x+y)^2(x^2+y^2)\geqslant 4xy\cdot 2xy=8x^2y^2$$

等号成立当且仅当 $a=c$ 且 $b=d$.

例 1.26 对正数 a,b,c,证明

$$\frac{a+b}{b+c}+\frac{b+c}{c+a}+\frac{c+a}{a+b}+\frac{3(ab+bc+ca)}{(a+b+c)^2}\geqslant 4$$

证明 假设

$$b=\max\{a,b,c\}\Leftrightarrow$$

$$\left(\frac{a+b}{b+c}+\frac{b+c}{c+a}+\frac{c+a}{a+b}-3\right)+\left(\frac{3(ab+bc+ca)}{(a+b+c)^2}-1\right)\geqslant 0\Leftrightarrow$$

$$\left(\frac{(a-c)^2}{(a+b)(b+c)}+\frac{(b-a)(b-c)}{(a+b)(c+a)}\right)-$$

$$\frac{(a-c)^2+(b-a)(b-c)}{(a+b+c)^2}\geqslant 0\Leftrightarrow$$

$$\frac{(a-c)^2(a^2+c^2+ab+bc+ca)}{(a+b)(b+c)(a+b+c)^2}+$$

$$\frac{(b-a)(b-c)(b^2+c^2+ab+bc+ca)}{(a+b)(c+a)(a+b+c)^2}\geqslant 0$$

这是显然成立的,当且仅当 $a=b=c$ 时取得等号.

例 1.27 已知一元三次方程 $x^3+ax^2+bx+c=0(a,b,c\in\mathbf{R})$ 的三根 α,

β,γ 的模均不大于1,求

$$\frac{1+|a|+|b|+|c|}{|\alpha|+|\beta|+|\gamma|}$$

的最小值.

解 由题,不妨设 $1\geqslant|\alpha|\geqslant|\beta|\geqslant|\gamma|$,$\beta=s\alpha,\gamma=t\alpha$,则 $1\geqslant|s|\geqslant|t|$,再令

$$\theta=|\alpha|\leqslant 1,u=\frac{1+|a|+|b|+|c|}{|\alpha|+|\beta|+|\gamma|}$$

则

$$u=\frac{1+|a|+|b|+|c|}{|\alpha|+|\beta|+|\gamma|}=$$

$$\frac{1+\theta|1+s+t|+\theta^2|s+t+st|+\theta^3|st|}{\theta(1+|s|+|t|)}\geqslant$$

$$\frac{1+\theta^3(|1+s+t|+|s+t+st|+|st|)}{3\theta}\geqslant$$

$$\frac{1+\theta^3(|1+s+t|+|s+t|)}{3\theta}\geqslant\frac{1+\theta^3}{3\theta}=$$

$$\frac{1}{3}\left(\frac{1}{2\theta}+\frac{1}{2\theta}+\theta^2\right)\geqslant\sqrt[3]{\frac{1}{2\theta}\cdot\frac{1}{2\theta}\cdot\theta^2}=\frac{\sqrt[3]{2}}{2}$$

容易验证,当 $\theta=\frac{\sqrt[3]{4}}{2},s=-\frac{-1+\sqrt{3}\mathrm{i}}{2},t=-\frac{-1-\sqrt{3}\mathrm{i}}{2}$ 时,u 取到最小值$\frac{\sqrt[3]{2}}{2}$.

例1.28 设 x,y,z 是正实数满足 $x^2+y^2+z^2=3$,求证

$$\frac{x}{\sqrt{y^2+3}+x}+\frac{y}{\sqrt{z^2+3}+y}+\frac{z}{\sqrt{x^2+3}+z}\leqslant 1$$

证明 由条件有 $3\geqslant x+y+z$,于是

$$\sum\frac{x}{x+\sqrt{y^2+3}}\leqslant\sum\frac{x}{x+\frac{y+3}{2}}\leqslant\sum\frac{x}{x+\frac{y+(x+y+z)}{2}}=2\sum\frac{x}{3x+2y+z}$$

只需证明

$$\sum\frac{x}{3x+2y+z}\leqslant\frac{1}{2}\Leftrightarrow\sum\left(1-\frac{3x}{3x+2y+z}\right)\geqslant\frac{3}{2}\Leftrightarrow$$

$$\sum\frac{2y+z}{3x+2y+z}\geqslant\frac{3}{2}$$

利用 Cauchy 不等式有

$$\text{左边}\geqslant\frac{\left(\sum(2y+z)\right)^2}{\sum(2y+z)(3x+2y+z)}=\frac{9(x+y+z)^2}{5\sum x^2+13\sum xy}\Leftrightarrow$$

$$6(x+y+z)^2\geqslant 5\sum x^2+13\sum xy\Leftrightarrow$$

$$x^2+y^2+z^2 \geqslant xy+yz+zx$$

上式显然,命题得证.

例 1.29 (2009 年伊朗数学奥林匹克)正数 a,b,c 满足 $a+b+c=3$,证明

$$\frac{1}{2+a^2+b^2}+\frac{1}{2+b^2+c^2}+\frac{1}{2+c^2+a^2} \leqslant \frac{3}{4}$$

证明 由对称性,不妨设 $a \geqslant b \geqslant c$,故 $a \geqslant 1$,令

$$f(a,b,c)=\frac{1}{2+a^2+b^2}+\frac{1}{2+b^2+c^2}+\frac{1}{2+c^2+a^2}$$

我们可以证明 $f(a,b,c) \leqslant f(a,\frac{b+c}{2},\frac{b+c}{2})$,因为

$$f(a,b,c)-f\left(a,\frac{b+c}{2},\frac{b+c}{2}\right)=-(b-c)^2(A+B)$$

其中

$$A=\frac{1}{(2+b^2+c^2)[4+(b+c)^2]}$$

$$B=\frac{2a^2-b^2-c^2+4-4bc}{(2+a^2+b^2)(2+c^2+a^2)[8+4a^2+(b+c)^2]}$$

而 $a \geqslant b \geqslant c$,故 $2a^2-b^2-c^2 \geqslant 0, 4-4bc \geqslant 0$,所以上式显然小于 0. 即 $f(a,b,c) \leqslant f\left(a,\frac{b+c}{2},\frac{b+c}{2}\right)$,又

$$f\left(a,\frac{b+c}{2},\frac{b+c}{2}\right)-\frac{3}{4}=f\left(a,\frac{3-a}{2},\frac{3-a}{2}\right)-\frac{3}{4}=$$

$$\frac{8}{5a^2-6a+17}+\frac{2}{a^2-6a+13}-\frac{3}{4}=$$

$$\frac{-(a-1)^2(15a^2-78a+111)}{4(5a^2-6a+17)(a^2-6a+13)}$$

由于 $a \geqslant 1$,故上式小于等于 0 恒成立. 综上我们有

$$f(a,b,c) \leqslant f\left(a,\frac{b+c}{2},\frac{b+c}{2}\right) \leqslant \frac{3}{4}$$

故原不等式成立,当且仅当 $a=b=c=1$ 时取得等号.

例 1.30 $a,b,c \geqslant 0$,求证

$$(a^3b^3+b^3c^3+c^3a^3)[(a+b)(b+c)(c+a)-8abc] \geqslant 9abc(a-b)^2(b-c)^2(c-a)^2$$

证明 用 a,b,c 分别代替 $\frac{1}{a},\frac{1}{b},\frac{1}{c}$,于是不等式变为

$$(a^3+b^3+c^3)[(a+b)(b+c)(c+a)-8abc] \geqslant 9(a-b)^2(b-c)^2(c-a)^2$$

现在不妨设 $c=\min\{a,b,c\}$，于是我们有

$$a^3+b^3+c^3\geqslant a^3+b^3$$

$$(a+b)(b+c)(c+a)-8abc=$$

$$2c(a-b)^2+(a+b)(a-c)(b-c)\geqslant(a+b)(a-c)(b-c)$$

$$(a-b)^2(a-c)^2(b-c)^2\leqslant ab(a-b)^2(a-c)(b-c)$$

所以我们只需证明

$$(a^3+b^3)(a+b)(a-c)(b-c)\geqslant 9ab(a-b)^2(a-c)(b-c)\Leftrightarrow$$

$$(a^3+b^3)(a+b)\geqslant 9ab(a-b)^2\Leftrightarrow$$

$$(a^2-4ab+b^2)^2\geqslant 0$$

上式显然，特别的系数9是最佳的.

例 1.31 （蔡剑兴）设 $x,y,z\geqslant 0$，a,b,c 是正的实常数，定义函数

$$F(x,y,z)=\frac{x}{ax+by+cz}+\frac{y}{ay+bz+cx}+\frac{z}{az+bx+cy}$$

求证：

（1）如果 $b^2\geqslant ca$ 并且 $c^2\geqslant ab$，那么 $F(x,y,z)\geqslant\dfrac{3}{a+b+c}$；

（2）如果 $b^2\leqslant ca$ 并且 $c^2\leqslant ab$，那么 $F(x,y,z)\leqslant\dfrac{3}{a+b+c}$.

证明 当 $a=b=c$ 时，不等式显然成立，下面来考虑 a,b,c 中至少有两个数不相等的情况，我们作如下代换，令

$$\begin{cases}u=ax+by+cz\\v=ay+bz+cx\\w=az+bx+cy\end{cases}$$

解以上方程组可得

$$\begin{cases}x=\dfrac{u(a^2-bc)+w(b^2-ca)+v(c^2-ab)}{a^3+b^3+c^3-3abc}\\y=\dfrac{v(a^2-bc)+u(b^2-ca)+w(c^2-ab)}{a^3+b^3+c^3-3abc}\\z=\dfrac{w(a^2-bc)+v(b^2-ca)+u(c^2-ab)}{a^3+b^3+c^3-3abc}\end{cases}$$

于是

$$F(x,y,z)=\frac{x}{u}+\frac{y}{v}+\frac{z}{w}=$$

$$\frac{1}{a^3+b^3+c^3-3abc}\left[3(a^2-bc)+(b^2-ca)\left(\frac{w}{u}+\frac{u}{v}+\frac{u}{w}\right)+\right.$$

$$\left.(c^2-ab)\left(\frac{u}{w}+\frac{v}{u}+\frac{w}{u}\right)\right]$$

如果 $b^2 \geqslant ca$ 并且 $c^2 \geqslant ab$,那么由 AM - GM 即有

$$F(x,y,z) \geqslant \frac{3}{a+b+c}$$

故(1) 得证. 同理,利用 AM - GM,(2) 也得证.

例 1.32 (韩京俊)$x,y,z \geqslant 0$,求证

$$\sum \sqrt{(x+y)(x+z)} \geqslant \sum x + \sqrt{3\sum xy}$$

证明 原不等式等价于

$$\sum \sqrt{(x+y)(x+z)} - \sum x \geqslant \sqrt{3\sum xy} \Leftrightarrow$$

$$\sum x^2 + 3\sum xy + \left(\sum x\right)^2 - 2\sum x \sum \sqrt{(x+y)(x+z)} \geqslant 3\sum xy \Leftrightarrow$$

$$\sum x^2 + \sum xy \geqslant \sum x\sqrt{(x+y)(x+z)}$$

上式由 AM - GM 不等式显然.

例 1.33 设 $x,y,z \in \mathbf{R}^+$,且 $(x+y+z)^3 = 32xyz$,求

$$p = \frac{x^4+y^4+z^4}{(x+y+z)^4}$$

的最大值和最小值.

解 令 $\sum x = 1$,则 $xyz = \frac{1}{32}$,记 $s = xy + yz + zx$,则

$$p = 2\left(\sum xy - 1\right)^2 - \frac{7}{8}$$

即

$$p = 2(s-1)^2 - \frac{7}{8}$$

另一方面

$$(1-x)^2 = (y+z)^2 \geqslant 4yz = \frac{1}{8x} \Rightarrow \frac{3-\sqrt{5}}{4} \leqslant x \leqslant \frac{1}{2}$$

同理知

$$\frac{3-\sqrt{5}}{4} \leqslant x,y,z \leqslant \frac{1}{2} \Rightarrow$$

$$\left(x - \frac{3-\sqrt{5}}{4}\right)\left(y - \frac{3-\sqrt{5}}{4}\right)\left(z - \frac{3-\sqrt{5}}{4}\right) \geqslant 0$$

且 $\left(x-\frac{1}{2}\right)\left(y-\frac{1}{2}\right)\left(z-\frac{1}{2}\right) \leqslant 0$ 解得

$$\frac{5}{16} \leqslant s \leqslant \frac{5\sqrt{5}-1}{32}$$

代入 p 知

$$\frac{383-165\sqrt{5}}{256}\leqslant p\leqslant\frac{9}{128}$$

当 $x=y=\frac{1}{4},z=\frac{1}{2}$ 时,p 取最大值 $\frac{9}{128}$.

当 $x=y=\frac{\sqrt{5}+1}{8},z=\frac{3-\sqrt{5}}{4}$ 时,p 取最小值 $\frac{383-165\sqrt{5}}{256}$.

例 1.34 求最大的正实数 k,使得对任意正实数 a,b,c,d,总有

$$(a+b+c)[3^4(a+b+c+d)^5+2^4(a+b+c+2d)^5]\geqslant kabcd^3$$

解 记 $t=a+b+c,u=\frac{t}{d}$,令 $a=b=c=1,d=3$,可得 $k\leqslant 2^4\times 3^7\times 5$.

下证

$$(a+b+c)[3^4(a+b+c+d)^5+2^4(a+b+c+2d)^5]\geqslant 2^4\times 3^7\times 5abcd^3$$

为此,我们可以证明更强的结论

$$(a+b+c)[3^4(a+b+c+d)^5+2^4(a+b+c+2d)^5]\geqslant 2^4\times 3^7\times 5\left(\frac{a+b+c}{3}\right)^3 d^3$$

则加强的命题转化为

$$3^4(u+1)^5+2^4(u+2)^5\geqslant 2^4\times 3^4\times 5u^2$$

由 AM - GM 不等式

$$\begin{aligned}3^4(u+1)^5+2^4(u+2)^5&=3^4(u+1)^5+2^4(u+1+1)^5\geqslant\\&3^4(2u^{\frac{1}{2}})^5+2^4(3u^{\frac{1}{3}})^5=\\&2^4\times 3^4(2u^{\frac{5}{2}}+3u^{\frac{5}{3}})=\\&2^4\times 3^4(u^{\frac{5}{2}}+u^{\frac{5}{2}}+u^{\frac{5}{3}}+u^{\frac{5}{3}}+u^{\frac{5}{3}})\geqslant\\&2^4\times 3^4\times 5u^2\end{aligned}$$

综上所述 k 的最大值为 $2^4\times 3^7\times 5$.

例 1.35 $a,b,c,d\geqslant 0$,求证

$$\frac{a-b}{a+2b+c}+\frac{b-c}{b+2c+d}+\frac{c-d}{c+2d+a}+\frac{d-a}{d+2a+b}\geqslant 0$$

证明 欲证不等式等价于

$$\sum\left(\frac{a-b}{a+2b+c}+\frac{1}{2}\right)\geqslant 2\Leftrightarrow\sum\frac{3a+c}{a+2b+c}\geqslant 4$$

由 Cauchy-Shwarz 不等式有

$$\left(\sum\frac{3a+c}{a+2b+c}\right)\left(\sum(3a+c)(a+2b+c)\right)\geqslant 16(a+b+c+d)^2$$

而事实上

$$\sum (3a+c)(a+2b+c)=4(a+b+c+d)^2$$

于是我们证明了原不等式.

例 1.36 (Vasile)a,b,c,x,y,z 为正实数且满足

$$(a+b+c)(x+y+z)=(a^2+b^2+c^2)(x^2+y^2+z^2)=4$$

证明

$$abcxyz<\frac{1}{36}$$

证明 由 AM - GM 不等式,可得到

$$4(ab+bc+ca)(xy+yz+zx)=$$
$$[(a+b+c)^2-(a^2+b^2+c^2)][(x+y+z)^2-(x^2+y^2+z^2)]=$$
$$20-(a+b+c)^2(x^2+y^2+z^2)-(a^2+b^2+c^2)(x+y+z)^2\leqslant$$
$$20-2\sqrt{(a+b+c)^2(a^2+b^2+c^2)(x+y+z)^2(x^2+y^2+z^2)}=4$$

因此

$$(ab+bc+ca)(xy+yz+zx)\leqslant 1 \tag{1}$$

而由熟知的不等式

$$(ab+bc+ca)^2\geqslant 3abc(a+b+c)$$
$$(xy+yz+zx)^2\geqslant 3xyz(x+y+z)$$

两式相乘有

$$(ab+bc+ca)^2(xy+yz+zx)^2\geqslant 9abcxyz(a+b+c)(x+y+z)$$

也即

$$(ab+bc+ca)^2(xy+yz+zx)^2\geqslant 36abcxyz$$

故由式(1) 即知

$$36abcxyz\leqslant 1$$

为了要取得等号,需有 $a=b=c$ 以及 $x=y=z$,但是这与题目所给条件矛盾,故等号不能取得,于是命题得证.

例 1.37 对任意正实数 x,y,z,证明

$$\frac{x^2+yz}{(y+z)^2}+\frac{y^2+zx}{(z+x)^2}+\frac{z^2+xy}{(x+y)^2}\geqslant\frac{3}{2}$$

证明 不等式两边同时乘以 2,则不等式变为

$$\frac{2(x^2+yz)}{(y+z)^2}+\frac{2(y^2+zx)}{(z+x)^2}+\frac{2(z^2+xy)}{(x+y)^2}\geqslant 3$$

现在令 $a=y+z,b=z+x,c=x+y$,经过简单的计算我们有 $2bc-ca-ab+a^2=2(x^2+yz)$,并且

$$\frac{2(x^2+yz)}{(y+z)^2}=\frac{2bc-ca-ab+a^2}{a^2}=\frac{2bc-ca-ab}{a^2}+1=$$

$$\frac{b(c-a)-c(a-b)}{a^2}+1=$$

$$\frac{b(c-a)}{a^2}-\frac{c(a-b)}{a^2}+1$$

同理可得到

$$\frac{2(y^2+zx)}{(z+x)^2}=\frac{c(a-b)}{b^2}-\frac{a(b-c)}{b^2}+1$$

$$\frac{2(z^2+xy)}{(x+y)^2}=\frac{a(b-c)}{c^2}-\frac{b(c-a)}{c^2}+1$$

因此,原不等式转化为证明

$$\left(\frac{b(c-a)}{a^2}-\frac{c(a-b)}{a^2}+1\right)+\left(\frac{c(a-b)}{b^2}-\frac{a(b-c)}{b^2}+1\right)+$$

$$\left(\frac{a(b-c)}{c^2}-\frac{b(c-a)}{c^2}+1\right)\geqslant 3$$

等价于

$$\left(\frac{b(c-a)}{a^2}-\frac{c(a-b)}{a^2}\right)+\left(\frac{c(a-b)}{b^2}-\frac{a(b-c)}{b^2}\right)+\left(\frac{a(b-c)}{c^2}-\frac{b(c-a)}{c^2}\right)\geqslant 0$$

也即

$$\left(\frac{a(b-c)}{c^2}-\frac{a(b-c)}{b^2}\right)+\left(\frac{b(c-a)}{a^2}-\frac{b(c-a)}{c^2}\right)+\left(\frac{c(a-b)}{b^2}-\frac{c(a-b)}{a^2}\right)\geqslant 0\Leftrightarrow$$

$$a(b+c)\left(\frac{1}{b}-\frac{1}{c}\right)^2+b(c+a)\left(\frac{1}{c}-\frac{1}{a}\right)^2+c(a+b)\left(\frac{1}{a}-\frac{1}{b}\right)^2\geqslant 0$$

这是显然成立的,当且仅当 $a=b=c$,即 $x=y=z$ 时取得等号.

例 1.38 非负实数 a,b,c 中没有两个同时为 0,证明

$$\frac{a}{b+c}(a^2-b^2-c^2+bc)+\frac{b}{c+a}(b^2-c^2-a^2+ca)+$$

$$\frac{c}{a+b}(c^2-a^2-b^2+ab)\geqslant 0$$

证明 原不等式等价于

$$\sum\frac{a}{b+c}[a^2+3bc-(b+c)^2]\geqslant 0\Leftrightarrow$$

$$\frac{a(a^2+3bc)}{b+c}+\frac{b(b^2+3ca)}{c+a}+\frac{c(c^2+3ab)}{a+b}\geqslant 2(ab+bc+ca)$$

利用 Cauchy 不等式

$$\text{左边}=\frac{a^2(a^2+3bc)}{a(b+c)}+\frac{b^2(b^2+3ca)}{b(c+a)}+\frac{c^2(c^2+3ab)}{c(a+b)}\geqslant$$

$$\frac{(a\sqrt{a^2+3bc}+b\sqrt{b^2+3ca}+c\sqrt{c^2+3ab})^2}{2(ab+bc+ca)}$$

于是只需证明

$$a\sqrt{a^2+3bc}+b\sqrt{b^2+3ca}+c\sqrt{c^2+3ab}\geqslant 2(ab+bc+ca)$$

利用 AM - GM,则有

$$\sum a\sqrt{a^2+3bc}=\sum\frac{a(b+c)(a^2+3bc)}{(b+c)\sqrt{a^2+3bc}}\geqslant 2\sum\frac{a(b+c)(a^2+3bc)}{a^2+3bc+(b+c)^2}$$

只证

$$2\sum\frac{a(b+c)(a^2+3bc)}{a^2+3bc+(b+c)^2}\geqslant 2\sum ab\Leftrightarrow$$

$$2\sum\frac{a(b+c)(a^2+3bc)}{a^2+3bc+(b+c)^2}\geqslant\sum a(b+c)$$

令 $p=a^2+b^2+c^2$,则 $\Leftrightarrow$

$$2\sum\frac{a(b+c)(a^2-b^2-c^2+bc)}{p+5bc}\geqslant 0\Leftrightarrow$$

$$\sum\frac{a^3(b+c)-a(b^3+c^3)}{p+5bc}\geqslant 0\Leftrightarrow$$

$$\sum\frac{ab(a^2-b^2)}{p+5bc}-\sum\frac{ca(c^2-a^2)}{p+5bc}\geqslant 0\Leftrightarrow$$

$$\sum\frac{ab(a^2-b^2)}{p+5bc}-\sum\frac{ab(a^2-b^2)}{p+5ca}\geqslant 0\Leftrightarrow$$

$$5abc\sum\frac{(a-b)^2(a+b)}{(p+5bc)(p+5ca)}\geqslant 0$$

这是显然成立的,等号当且仅当 $a=b=c$ 或者 $a=b,c=0$ 的循环时取得.

例 1.39 (蔡剑兴)非负实数 a,b,c 中没有两个同时为0,确定常数 k,使得下式恒成立

$$\sqrt{S+k}\leqslant\sqrt{\frac{a}{b+c}}+\sqrt{\frac{b}{c+a}}+\sqrt{\frac{c}{a+b}}\leqslant\sqrt{S+k+1}$$

其中 $\frac{a}{b+c}+\frac{b}{c+a}+\frac{c}{a+b}=S$.

证明 令 $a=b=c$,有 $2\leqslant k\leqslant 3$,再令 $a=0,b=c$,有 $1\leqslant k\leqslant 2$,故 $k=2$.我们首先给出两个恒等式

$$\sum(a+b)(a+c)=(a+b+c)^2+ab+bc+ca \tag{1}$$

$$\sum a(a+b)(a+c)=(a^2+b^2+c^2)(a+b+c)+3abc \tag{2}$$

对于不等式的右边,将其变为如下形式

$$\sqrt{\frac{a}{b+c}}+\sqrt{\frac{b}{c+a}}+\sqrt{\frac{c}{a+b}}\leqslant\sqrt{(a+b+c)\left(\frac{1}{b+c}+\frac{1}{c+a}+\frac{1}{a+b}\right)}$$

令 $s=\sqrt{\frac{1}{b+c}+\frac{1}{c+a}+\frac{1}{a+b}}$,上式两边同时除以 s 并利用恒等式(1)$\Leftrightarrow$

$$\sum\sqrt{\frac{a^2(a+b+c)+abc}{(a+b+c)^2+ab+bc+ca}}\leqslant\sqrt{a+b+c}$$

由于不等式是对称的,可设 $a+b+c=1$,于是只需证明

$$\sum\sqrt{a^2+abc}\leqslant\sqrt{1+ab+bc+ca}$$

利用 Cauchy 不等式

$$\begin{aligned}\left(\sum\sqrt{a^2+abc}\right)^2=\left(\sum\sqrt{a}\cdot\sqrt{a+bc}\right)^2\leqslant\\(a+b+c)(a+b+c+ab+bc+ca)\leqslant\\1+ab+bc+ca\end{aligned}$$

于是不等式右边得证. 当且仅当 $a=b=c$ 时取得等号.

不等式左边可写成如下形式

$$\sqrt{\frac{2}{3}(a+b+c)\sum\frac{1}{a+b}+\frac{1}{3}S}\leqslant\sum\sqrt{\frac{a}{b+c}}$$

上式两边也同时除以 s,并利用恒等式(1) 和(2),可得

$$\sqrt{\frac{2}{3}(a+b+c)+\frac{a^2(a+b+c)+abc}{3[(a+b+c)^2+ab+bc+ca]}}\leqslant$$

$$\sum\sqrt{\frac{a^2(a+b+c)+abc}{(a+b+c)^2+ab+bc+ca}}$$

同理设 $a+b+c=1$,于是上式等价于

$$\sqrt{\frac{2}{3}+\frac{a^2+b^2+c^2+3abc}{3(1+ab+bc+ca)}}\leqslant\sum\sqrt{\frac{a^2+abc}{1+ab+bc+ca}}\Leftrightarrow$$

$$\sqrt{1+abc}\leqslant\sqrt{a^2+abc}+\sqrt{b^2+abc}+\sqrt{c^2+abc}$$

上式两边平方,只证

$$a^2+b^2+c^2+2\sum\sqrt{(a^2+abc)(b^2+abc)}+3abc\geqslant 1+abc$$

由 Cauchy 不等式

$$\begin{aligned}&a^2+b^2+c^2+2\sum\sqrt{(a^2+abc)(b^2+abc)}+3abc\geqslant\\&a^2+b^2+c^2+3abc+2\sum(ab+abc)=\\&(a+b+c)^2+9abc=1+9abc\geqslant 1+abc\end{aligned}$$

故原不等式右边成立,当且仅当 $a=0,b=c$ 或其循环时取得等号.

第2章 调整法

调整法是不等式证明的基本方法之一,其主旨就是将多变元不等式中的某些变元调整至容易处理的"位置".由于低次对称或轮换对称不等式取等时,通常有两数相等或有数为0,所以这也是使用调整法时比较理想的"位置".

直接将变元调整至两数相等或有数为0,无疑是我们最希望看到的.当然此时给变元加上序的关系也往往是需要的.

例 2.1 $a,b,c>0$,求证

$$\frac{63}{2}+\frac{(a+b+c)(a^2+b^2+c^2)}{abc}\geqslant\frac{27}{2}\frac{a+b+c}{\sqrt[3]{abc}}$$

证明 不妨设 $abc=1$,设

$$f(a,b,c)=(a+b+c)(a^2+b^2+c^2)+\frac{63}{2}-\frac{27}{2}(a+b+c)$$

由 AM - GM 不等式我们有

$$f(a,b,c)-f(a,\sqrt{bc},\sqrt{bc})=$$
$$b^3+c^3-2(\sqrt{bc})^3+bc(b+c-2\sqrt{bc})+a(b^2+c^2-2bc)+$$
$$a^2(b+c-2\sqrt{bc})-\frac{27}{2}(b+c-2\sqrt{bc})=$$
$$(\sqrt{b}-\sqrt{c})^2\left((b+\sqrt{bc}+c)^2+bc+a(\sqrt{b}+\sqrt{c})^2+a^2-\frac{27}{2}\right)\geqslant$$
$$(\sqrt{b}-\sqrt{c})^2(10bc+4a\sqrt{bc}+a^2-\frac{27}{2})=$$

$$(\sqrt{b}-\sqrt{c})^2\left(\frac{10}{3a}+\frac{10}{3a}+\frac{10}{3a}+2\sqrt{a}+2\sqrt{a}+a^2-\frac{27}{2}\right)\geqslant$$

$$(\sqrt{b}-\sqrt{c})^2\left(6\sqrt[6]{4\left(\frac{10}{3}\right)^3}-\frac{27}{2}\right)\geqslant 0$$

所以只需要证明

$$f\left(\frac{1}{b^2},b,b\right)\geqslant 0\Leftrightarrow$$

$$(b-1)^2(8b^7+16b^6-30b^5-9b^4+12b^3+6b^2+4b+2)\geqslant 0$$

上式由 AM - GM 不等式易得.

例 2.2 $a,b,c>0$,确定 k 的取值范围使得下式恒成立.

$$\frac{bc+ca+ab}{a^2+b^2+c^2}+k\frac{(b+c)(c+a)(a+b)}{8abc}\geqslant 1+k$$

证明 我们以得到 $k_{\min}=\sqrt{2}$. 当 $k=\sqrt{2}$ 时,需要证明

$$\frac{bc+ca+ab}{a^2+b^2+c^2}+\sqrt{2}\frac{(b+c)(c+a)(a+b)}{8abc}\geqslant 1+\sqrt{2}$$

令

$$f(a,b,c)=\frac{bc+ca+ab}{a^2+b^2+c^2}+\sqrt{2}\frac{(b+c)(c+a)(a+b)}{8abc}-(1+\sqrt{2})$$

则我们需要证明的是 $f(a,b,c)\geqslant 0$,由于不等式是对称的,不妨设 $a\geqslant b\geqslant c$.

我们首先来证明 $f(a,b,c)\geqslant f(a,\frac{b+c}{2},\frac{b+c}{2})$,而

$$f(a,b,c)-f\left(a,\frac{b+c}{2},\frac{b+c}{2}\right)=\frac{(a+b+c)(b-c)^2t(a,b,c)}{8(a^2+b^2+c^2)(2a^2+(b+c)^2)bc(b+c)}$$

其中

$$t(a,b,c)=(3\sqrt{2}-4)(a^2(b^2+c^2)+b^3c+c^3b+2b^2c^2)+\sqrt{2}(b^2+bc+c^2)(b-c)^2$$

由于 $a\geqslant b\geqslant c$,故 $t(a,b,c)\geqslant 0$ 显然成立,于是即有

$$f(a,b,c)\geqslant f\left(a,\frac{b+c}{2},\frac{b+c}{2}\right)$$

接下来我们证明 $f\left(a,\frac{b+c}{2},\frac{b+c}{2}\right)\geqslant 0$,令 $\frac{b+c}{2}=x$,则有

$$f\left(a,\frac{b+c}{2},\frac{b+c}{2}\right)=f(a,x,x)=\frac{\sqrt{2}(x-a)^2(\sqrt{2}x-a)^2}{4ax(a^2+2x^2)}\geqslant 0$$

上式显然成立,故 $f(a,b,c)\geqslant f(a,\frac{b+c}{2},\frac{b+c}{2})\geqslant 0$.

例 2.3 $a,b,c\geqslant 0$,证明

$$\frac{1}{a^2+b^2}+\frac{1}{b^2+c^2}+\frac{1}{c^2+a^2}\geqslant\frac{10}{(a+b+c)^2}$$

证明 不妨设 $a+b+c=1, a=\max\{a,b,c\}$，令

$$f(a,b,c)=\sum_{cyc}\frac{1}{a^2+b^2}-10$$

下证 $f(a,b,c)\geqslant f(a,b+c,0)$. 此式 $\Leftrightarrow$

$$\left(\frac{1}{b^2+c^2}-\frac{1}{(b+c)^2}\right)+\left(\frac{1}{a^2+b^2}+\frac{1}{a^2+c^2}-\frac{1}{a^2}-\frac{1}{a^2+b^2+c^2+2bc}\right)\geqslant 0\Leftrightarrow$$

$$\frac{2bc}{(b^2+c^2)(b+c)^2}+\frac{2a^4bc-(2a^2b^2c^2+b^4c^2+b^2c^4+2b^3c^3)}{a^2(a^2+b^2)(a^2+c^2)(a^2+(b+c)^2)}\geqslant 0\Leftrightarrow$$

$$2a^2(a^2+b^2)(a^2+c^2)(a^2+(b+c)^2)+2a^4(b^2+c^2)(b+c)^2-$$
$$2a^2bc(b^2+c^2)(b+c)^2-bc(b^2+c^2)(b+c)^4\geqslant 0$$

由于 $a=\max\{a,b,c\}$，我们有

$$2a^4(b^2+c^2)(b+c)^2-2a^2bc(b^2+c^2)(b+c)^2\geqslant 0$$

而又因为

$$2a^2(a^2+b^2)(a^2+c^2)(a^2+(b+c)^2)=$$
$$2a^4(a^2+b^2)(a^2+c^2)+2a^2(a^2+b^2)(a^2+c^2)(b+c)^2$$

由 AM - GM 不等式有

$$2a^2(a^2+b^2)(a^2+c^2)(b+c)^2\geqslant$$
$$2bc(b^2+c^2)(b^2+c^2)(b+c)^2\geqslant bc(b^2+c^2)(b+c)^4$$

所以我们有

$$f(a,b,c)\geqslant f(a,b+c,0)$$

令 $a+b=1, q=ab$，于是我们只要证明

$$\frac{1}{a^2+b^2}+\frac{1}{a^2}+\frac{1}{b^2}\geqslant 10\Leftrightarrow(1-4q)(1-5q^2)\geqslant 0$$

这是显然的.

注 本题还可以这样证明.

不妨设 $c=\min\{a,b,c\}, x=a+\frac{c}{2}, y=b+\frac{c}{2}$，显然

$$a^2+b^2\leqslant x^2+y^2, b^2+c^2\leqslant y^2, c^2+a^2\leqslant x^2$$

于是我们只需证明

$$\frac{1}{x^2}+\frac{1}{y^2}+\frac{1}{x^2+y^2}\geqslant\frac{10}{(x+y)^2}$$

之后同上面的证明.

例 2.4 a,b,c 为非负实数且满足 $a+b+c=3$，证明

$$(a+b^2)(b+c^2)(c+a^2)\leqslant\frac{1}{4}(7+\frac{4}{27})^2$$

证明 注意到

$$(a+b^2)(b+c^2)(c+a^2)-(a^2+b)(b^2+c)(c^2+a)=$$
$$(a-b)(b-c)(c-a)(ab+bc+ca-a-b-c)$$

又 $a+b+c\geqslant\sqrt{3(ab+bc+ca)}$,故显然当 $a\geqslant b\geqslant c$ 时,有

$$(a+b^2)(b+c^2)(c+a^2)\geqslant(a^2+b)(b^2+c)(c^2+a)$$

我们只需证明 $a\geqslant b\geqslant c$ 这种情况,令

$$f(a,b,c)=(a+b^2)(b+c^2)(c+a^2)=\sum a^3b+\sum a^2b^3+a^2b^2c^2+abc$$

首先来证明

$$f(a,b,c)\leqslant f(a+c,b,0)\Leftrightarrow b^3c+c^3a+b^2c^3+c^2a^3+a^2b^2c^2+abc-$$
$$3a^2bc-3ac^2b-2acb^3-c^2b^3\leqslant 0$$

由于 $a\geqslant b\geqslant c$,所以

$$b^3c\leqslant acb^3,c^3a\leqslant ac^2b,b^2c^3\leqslant c^2b^3$$

只需证明

$$c^2a^3+a^2b^2c^2+abc\leqslant 3a^2bc$$

又有

$$3a^2bc-c^2a^3-a^2b^2c^2-abc=ac[a(b-c)+ab(1-bc)+b(a-1)]\geqslant 0$$

这是因为 $b\geqslant c,a\geqslant 1,bc\leqslant\left(\frac{b+c}{2}\right)^2=\left(\frac{3-a}{2}\right)^2\leqslant 1$,故上式成立.

于是有

$$f(a,b,c)\leqslant f(a+c,b,0)=(a+c)^2b(a+c+b^2)=$$
$$(a+c)^2(3-a-c)[a+c+(3-a-c)^2]$$

令 $3\geqslant a+c=x\geqslant 1$,只需证明

$$g(x)=x^2(3-x)[x+(3-x)^2]=(3x^2-x^3)(x^2-5x+9)\leqslant\frac{1}{4}(7+\frac{4}{27})^2$$

事实上,利用 AM - GM 不等式

$$g(x)\leqslant\frac{1}{4}(-x^3+4x^2-5x+9)^2=$$
$$\frac{1}{4}[(x-1)^2(2-x)+7]^2\leqslant\frac{1}{4}(7+\frac{4}{27})^2$$

于是 $g(x)_{\max}\leqslant\frac{1}{4}(7+\frac{4}{27})^2$,故原不等式得证.

注 本题的 $\frac{1}{4}(7+\frac{4}{27})^2$ 不是最佳的.

当直接调整无法实现时,可以尝试证明两数相等或有数为 0 必有一种情况成立.

例 2.5 (Hungkhtn) $a,b,c,d\geqslant 0,a+b+c+d=3$. 求证

$$ab(a+2b+3c)+bc(b+2c+3d)+$$
$$cd(c+2d+3a)+da(d+2a+3b)\leqslant 6\sqrt{3}$$

证明 设$f(a,b,c,d)=ab(a+2b+3c)+bc(b+2c+3d)+cd(c+2d+3a)+da(d+2a+3b)$,我们有

$$f(a,b,c,d)-f(a+c,b,0,d)=c(b-d)(a+c-b-d)$$
$$f(a,b,c,d)-f(0,b,a+c,d)=-a(b-d)(a+c-b-d)$$

由上面两式得

$$f(a,b,c,d)\leqslant \max\{f(a+c,b,0,d),f(0,b,a+c,d)\}$$

进一步有

$$f(a,b,c,d)\leqslant \max\{f(a+c,b+d,0,0),f(a+c,0,0,b+d),$$
$$f(0,b+d,a+c,0),f(0,0,a+c,b+d)\}$$

注意到

$$f(a+c,b+d,0,0)=(a+c)(b+d)(a+c+2b+2d)=$$
$$(3-b-d)(b+d)(3+b+d)$$

令$x=b+d,0\leqslant x\leqslant 3$,我们证明

$$g(x)=x(3-x)(3+x)\leqslant 6\sqrt{3}$$

事实上$g'(x)=3(3-x^2)$,于是$x=\sqrt{3}$为$f(x)$极大值点,故

$$g(x)_{\max}=f(\sqrt{3})=6\sqrt{3}$$

同理有

$$\max\{f(a+c,0,0,b+d),f(0,b+d,a+c,0),f(0,0,a+c,b+d)\}\leqslant 6\sqrt{3}$$

故原不等式得证. 等号成立当且仅当$a=d=0,b=3-\sqrt{3},c=\sqrt{3}$及其轮换.

例2.6 求证:$\mathbf{R}_+^n$上的n元3次齐次对称不等式$F(x_1,x_2,\cdots,x_n)\geqslant 0$成立当且仅当$F(1,0,0,\cdots,0)\geqslant 0,F(1,1,0,0,\cdots,0)\geqslant 0,\cdots,F(1,1,1,\cdots,1,0)\geqslant 0,F(1,1,1,\cdots,1)\geqslant 0$.

证明 设$t=\dfrac{x_1+x_2}{2},x=x_1,y=x_2$及

$$F=a\sum_{i=1}^{n}x_i^3+b\sum_{i<j}^{n}x_ix_j(x_i+x_j)+c\sum_{i<j<k}x_ix_jx_k$$
$$A=\sum_{i=3}^{n}x_j;B=\sum_{i=3}^{n}x_j^2;C=\sum_{2<i<j}x_ix_j$$

我们有

$$F(x_1,x_2,\cdots,x_n)-F(2t,0,x_3,\cdots,x_n)=$$
$$a(x^3+y^3-(x+y)^3)+bxy(x+y)+b(x^2+y^2-(x+y)^2)A+xyA=$$
$$xy(-3a(x+y)+b(x+y)-2bA+A)$$

$$F(x_1,x_2,\cdots,x_n)-F(t,t,x_3,\cdots,x_n)=$$
$$a\left(x^3+y^3-\frac{(x+y)^3}{4}\right)+b(x+y)\left(xy-\frac{(x+y)^2}{4}\right)+$$
$$b\left(x^2+y^2-\frac{(x+y)^2}{2}\right)A+A\left(xy-\frac{(x+y)^2}{4}\right)=$$
$$\frac{(x-y)^2}{4}(3a(x+y)-b(x+y)+2bA-A)$$

由此我们知有

$$F(x_1,x_2,\cdots,x_n)\geqslant F(2t,0,x_3,\cdots,x_n)$$

或

$$F(x_1,x_2,\cdots,x_n)\geqslant F(t,t,x_3,\cdots,x_n)$$

设 $t=\frac{1}{n}(x_1+x_2+\cdots+x_n)$，则我们知道 $F(x_1,x_2,\cdots,x_n)\geqslant 0$ 成立当且仅当

$$F(t,0,0,\cdots,0)\geqslant 0,F(t,t,0,0,\cdots,0)\geqslant 0,\cdots,$$
$$F(t,t,t,\cdots,t,0)\geqslant 0,F(t,t,t,\cdots,t)\geqslant 0$$

命题得证.

注 利用这一结论我们能证明.

对于 $\mathbf{R}_+^n$ 上的 n 元 3 次对称不等式

$$F=a\sum_{i=1}^n x_i^3+b\sum_{i<j}x_ix_j(x_i+x_j)+c\sum_{i<j<k}x_ix_jx_k+$$
$$d\sum_{i=1}^n x_i^2+e\sum_{i<j}x_ix_j+f\sum_{i=1}^n x_i+g$$

设 $t=x_1+x_2+\cdots+x_n$，则 $F\geqslant 0$ 成立当且仅当

$$F\left(\frac{t}{n},0,\cdots,0\right)\geqslant 0,F\left(\frac{t}{n},\frac{t}{n},0,\cdots,0\right)\geqslant 0,\cdots,$$
$$F\left(\frac{t}{n},\frac{t}{n},\cdots,\frac{t}{n},0\right)\geqslant 0,F\left(\frac{t}{n},\frac{t}{n},\cdots,\frac{t}{n}\right)\geqslant 0$$

证明 我们保持 $x_1+x_2+\cdots+x_n=t$ 不变，则

$$F=a\sum_{i=1}^n x_i^3+b\sum_{i<j}x_ix_j(x_i+x_j)+c\sum_{i<j<k}x_ix_jx_k+$$
$$\left(\sum_{i=1}^n x_i\right)\left(\frac{d}{t}\sum_{i=1}^n x_i^2+\frac{e}{t}\sum_{i<j}x_ix_j\right)+\frac{f}{t^2}\left(\sum_{i=1}^n x_i\right)^2\left(\sum_{i=1}^n x_i\right)+\frac{g}{t^3}\left(\sum_{i=1}^n x_i\right)^3$$

注意此时 t 是常数，此时 F 是对称齐次的，我们知道 $F\geqslant 0$ 当且仅当

$$F\left(\frac{t}{n},0,\cdots,0\right)\geqslant 0,F\left(\frac{t}{n},\frac{t}{n},0,\cdots,0\right)\geqslant 0,\cdots,$$
$$F\left(\frac{t}{n},\frac{t}{n},\cdots,\frac{t}{n},0\right),F\left(\frac{t}{n},\frac{t}{n},\cdots,\frac{t}{n}\right)\geqslant 0$$

得证.

两数相等并不局限于它们的算术平均数,为使调整成功,我们还可以考虑分情况讨论.

例 2.7 正实数 a,b,c,d 满足 $abcd=1,a,b,c,d\neq\frac{1}{3}$,证明

$$\frac{1}{(3a-1)^2}+\frac{1}{(3b-1)^2}+\frac{1}{(3c-1)^2}+\frac{1}{(3d-1)^2}\geqslant 1$$

证明 设

$$f(a,b,c,d)=\frac{1}{(3a-1)^2}+\frac{1}{(3b-1)^2}+\frac{1}{(3c-1)^2}+\frac{1}{(3d-1)^2}$$

若 $\min\{a,b,c,d\}>\frac{1}{3}$,则由 AM - GM 不等式有

$$f(a,b,c,d)-f(\sqrt{ad},b,c,\sqrt{ad})\geqslant\frac{2}{(3a-1)(3d-1)}-\frac{2}{(3\sqrt{ad}-1)^2}=$$

$$\frac{2(3a+3d-6\sqrt{ad})}{(3a-1)(3d-1)(3\sqrt{ad}-1)^2}\geqslant 0$$

同理

$$f(\sqrt{ad},b,c,\sqrt{ad})\geqslant f(\sqrt{ad},\sqrt{bc},\sqrt{bc},\sqrt{ad})$$

设 $\sqrt{ad}=x$,则 $\sqrt{bc}=\frac{1}{x}$,再次利用 AM - GM 不等式有

$$f(\sqrt{ad},\sqrt{bc},\sqrt{bc},\sqrt{ad})=\frac{2}{(3x-1)^2}+\frac{2}{(\frac{3}{x}-1)^2}\geqslant$$

$$\frac{4}{(3x-1)(\frac{3}{x}-1)}=\frac{4}{10-3x-\frac{3}{x}}\geqslant 1$$

此时命题得证.

若 $\min\{a,b,c,d\}<\frac{1}{3}$,不妨设 $a=\min\{a,b,c,d\}$.

注意到

$$\frac{1}{(3a-1)^2}\geqslant 1\Leftrightarrow a(9a-6)\leqslant 0\Leftrightarrow 0\leqslant a\leqslant\frac{2}{3}$$

即此时不等式也成立,于是原不等式得证.

有时并不需要将变元调整至两数相等或有数为 0,可能将调整的目标定为所有变元的平均数.

例 2.8 $x_1,x_2,\cdots,x_n>0$,满足 $x_1+x_2+\cdots+x_n=n$,则

$$x_1x_2\cdots x_n\left(\frac{1}{x_1}+\frac{1}{x_2}+\cdots+\frac{1}{x_n}-n+3\right)\leqslant 3$$

证明　设 $t=x_1+x_2-1$，其中 x_1,x_2 分别是 $x_1,\cdots,x_n$ 中的最大与最小数. 我们用数学归纳法证明.

当 $n=2$ 时显然成立. 若 $n-1$ 时也成立.

设 $f(x_1,x_2,\cdots,x_n)=x_1x_2\cdots x_n\left(\frac{1}{x_1}+\frac{1}{x_2}+\cdots+\frac{1}{x_n}-n+3\right)-3$. 首先

$$f(x_1,x_2,\cdots,x_n)\leqslant f(1,t,x_3,\cdots,x_n)\Leftrightarrow$$

$$(x_1-1)(1-x_2)\left(\frac{1}{x_3}+\cdots+\frac{1}{x_n}-n+3\right)\geqslant 0$$

固定 $x_3+\cdots+x_n$，$\frac{1}{x_3}+\cdots+\frac{1}{x_n}$ 取得最小值时有 $x_3=\cdots=x_n$.

为了使 $\frac{1}{x_3}+\cdots+\frac{1}{x_n}$ 达最小，我们应使 $x_3+\cdots+x_n$ 尽可能地大.

当 $x_1=1$，x_2 趋于 0 时，$x_3+\cdots+x_n$ 能够趋于 $n-1$.

现在

$$\frac{1}{x_3}+\cdots+\frac{1}{x_n}\geqslant\frac{(n-2)^2}{x_3+\cdots+x_n}\geqslant\frac{(n-2)^2}{n-1}$$

然而

$$\frac{(n-2)^2}{n-1}>n-3$$

于是我们有

$$\frac{1}{x_3}+\cdots+\frac{1}{x_n}-n+3\geqslant 0$$

命题变为 $t+x_3+\cdots+x_n=n-1$ 时有

$$f(1,t,x_3,\cdots,x_n)\leqslant 0$$

而这由我们的归纳假设得证!

用导数的一些性质也可以起到调整的效果.

例 2.9　(韩京俊)$a,b,c\geqslant 0$，没有两个同时为 0，求证

$$\sum_{cyc}\frac{a^3}{a^2-ab+b^2}\leqslant\left(1+\frac{\sqrt{3}}{3}-\frac{4}{\sqrt{3}(\sqrt{3}+3+\sqrt{2\sqrt{3}})}\right)(a+b+c)$$

证明　为证明方便，我们设

$$f(a,b,c)=\sum_{cyc}\frac{a^3}{a^2-ab+b^2}$$

$$\lambda=1+\frac{\sqrt{3}}{3}-\frac{4}{\sqrt{3}(\sqrt{3}+3+\sqrt{2\sqrt{3}})}$$

我们首先证明当 $a=\max\{a,b,c\}$ 时有

$$\frac{f(a,b,c)}{a+b+c}\leqslant\frac{f(a,b,0)}{a+b}\Leftrightarrow$$

$$(a+b)\sum_{cyc}\frac{a^3}{a^2-ab+b^2}\leqslant(a+b+c)\left(\frac{a^3}{a^2-ab+b^2}+\frac{b^3}{b^2}\right)\Leftrightarrow$$

$$(a+b)\left(\frac{b^3}{b^2-bc+c^2}+\frac{c^3}{c^2-ac+a^2}\right)\leqslant\frac{ca^3}{a^2-ab+b^2}+(a+b+c)b\Leftrightarrow$$

$$(a+b)\left(\frac{b^3}{b^2-bc+c^2}-b\right)+\frac{bc^3}{c^2-ac+a^2}-bc\leqslant\frac{ca^3}{a^2-ab+b^2}-\frac{c^3a}{c^2-ac+a^2}\Leftrightarrow$$

$$\frac{bc(a+b)(b-c)}{b^2-bc+c^2}+\frac{abc(c-a)}{c^2-ac+a^2}\leqslant\frac{ac(a^3(a-c)+bc^2(a-b))}{(a^2-ab+b^2)(c^2-ac+a^2)}$$

当 $b\leqslant c$ 时,上式显然成立. 于是我们只需证明 $a\geqslant b\geqslant c$ 的情况.

我们证明此时有

$$\frac{a(a-c)}{b(b-c)}\geqslant\frac{a^2-ac+c^2}{b^2-bc+c^2}\Leftrightarrow\frac{a(a^2-c^2)}{b(b^2-c^2)}\geqslant\frac{a^3+c^3}{b^3+c^3}\Leftrightarrow$$

$$a^3b^3+a^3c^3-ac^2b^3-ac^5\geqslant a^3b^3-a^3bc^2+c^3b^3-bc^5\Leftrightarrow$$

$$c^3(a^3-b^3)+abc^2(a^2-b^2)+c^5(b-a)\geqslant0\Leftrightarrow$$

$$(a-b)(c^3(a^2+b^2+ab)+abc^2(a-b)-c^5)\geqslant0$$

上式显然成立.

下面再证

$$\frac{a^3(a-c)}{(a^2-ab+b^2)(c^2-ac+a^2)}\geqslant\frac{b(b-c)}{b^2-bc+c^2}$$

利用

$$\frac{a(a-c)}{b(b-c)}\geqslant\frac{a^2-ac+c^2}{b^2-bc+c^2}$$

我们只需证明

$$\frac{a^2}{a^2-ab+b^2}\geqslant1$$

此式显然成立.

由此我们证明了

$$\frac{f(a,b,c)}{a+b+c}\leqslant\frac{f(a,b,0)}{a+b}$$

于是只需证明

$$\frac{a^3}{a^2-ab+b^2}+\frac{b^3}{b^2}\leqslant\lambda(a+b)$$

$$\frac{a^3}{a^3+b^3}+\frac{b}{a+b}\leqslant\lambda$$

设$\frac{a}{b}=t(t\geqslant 1)$，则有

$$\frac{t^3}{1+t^3}+\frac{1}{1+t}\leqslant\lambda\Leftrightarrow 1+\frac{1}{1+t}-\frac{1}{t^3}\leqslant\lambda$$

下求$\frac{1}{1+t}-\frac{1}{1+t^3}$的最大值，记$g(t)=\frac{1}{1+t}-\frac{1}{1+t^3}$，于是

$$g'(t)=\frac{3t^2-(1+t^2-t)^2}{(1+t^3)^2}=\frac{2t+2t^3-1-t^4}{(1+t^3)^2}$$

所以当$g(t)$最大时有

$$t^4-2t-2t^3+1=0\Rightarrow t+\frac{1}{t}=1+\sqrt{3}\Rightarrow t=\frac{1+\sqrt{3}+\sqrt{2\sqrt{3}}}{2}$$

此时

$$1+\frac{1}{1+t}-\frac{1}{t^3}=1+\frac{\sqrt{3}}{3}-\frac{4}{\sqrt{3}(\sqrt{3}+3+\sqrt{2\sqrt{3}})}=\lambda$$

综上命题得证.

注　本题解答虽长但十分自然，先转化为有一个变元为0的情形，再通过导数解决. 利用类似的方法我们能得到：$a,b,c\geqslant 0$，没有两个同时为0，有

$$\sum_{cyc}\frac{a^3}{a^2-ab+b^2}\geqslant\left(1+\frac{\sqrt{3}}{3}-\frac{4}{\sqrt{3}(\sqrt{3}+3-\sqrt{2\sqrt{3}})}\right)(a+b+c)$$

下面我们来介绍无限次调整的方法.

引理 2.1　$(x_1^1,x_2^1,\cdots,x_n^1)$是一个实数列，我们定义如下为第$t$次调整.

(1) 选取$i,j\in\{1,2,\cdots,n\}$满足

$$M_t=x_i^t=\max\{x_1^t,x_2^t,\cdots,x_n^t\},m_t=x_j^t=\min\{x_1^t,x_2^t,\cdots,x_n^t\}$$

(2) 令$x_i^{t+1}=x_j^{t+1}=x_0^{t+1},x_k^{t+1}=x_k^t$，其中$x_0^{t+1}\in[x_i^t,x_j^t],k\neq\{i,j\}$.

若存在常数$\varepsilon\in[0,1)$，对于每一次调整都有

$$\min\left\{\frac{M_t-x_0^{t+1}}{M_t-m_t},\frac{x_0^{t+1}-m_t}{M_t-m_t}\right\}\leqslant\varepsilon$$

则$\lim\limits_{t\to\infty}x_k^t=A(A\in[m_1,M_1],k=1,2,\cdots,n)$.

证明　由于调整是无穷多次的，所以必存在无穷多次调整满足

$$\frac{M_t-x_0^{t+1}}{M_t-m_t}\leqslant\varepsilon\text{ 或 }\frac{x_0^{t+1}-m_t}{M_t-m_t}\leqslant\varepsilon$$

为叙述方便我们只证明每一次调整都满足$\frac{M_t-x_0^{t+1}}{M_t-x_j^t}\leqslant\varepsilon$的情形（其他情况类似）. 事实上

$$\frac{M_t - x_0^{t+1}}{M_t - m_t} \leqslant \varepsilon \Leftrightarrow x_0^{t+1} - m_t \geqslant (1-\varepsilon)(M_t - m_t)$$

注意到必有 $m_{n+1} \geqslant \min\{x_0^2, x_0^3, \cdots, x_0^{n+1}\}$,则经过 n 次调整后有

$$m_{n+1} - m_1 \geqslant (1-\varepsilon)(M_1 - m_1)$$

所以

$$m_{kn+1} - m_{n(k-1)+1} \geqslant (1-\varepsilon)(M_{n(k-1)+1} - m_{n(k-1)+1}), k = 1,2,\cdots$$

设

$$M_{n(k-1)+1} - m_{n(k-1)+1} = a_k \geqslant 0, S_0 = 0, S_k = \sum_{i=1}^{k} a_k \geqslant S_{k-1}, k = 1,2,\cdots$$

于是

$$m_{kn+1} \geqslant m_1 + (1-\varepsilon)\sum_{i=1}^{k} a_k = m_1 + (1-\varepsilon)S_k$$

而注意到 $m_{kn+1} \leqslant M_{kn+1} \leqslant M_1$,即 m_{kn+1} 有上界.

又 $1-\varepsilon > 0$,故 S_k 收敛,所以

$$\lim_{k\to\infty} a_k = \lim_{k\to\infty} s_k - s_{k-1} = 0 \Rightarrow$$
$$\lim_{k\to\infty} M_{n(k-1)+1} = \lim_{k\to\infty} m_{n(k-1)+1} \Rightarrow$$
$$\lim_{k\to\infty} x_k^t = A, A \in [m_1, M_1], k = 1,2,\cdots,n$$

引理得证.

由引理,我们能直接推得.

定理 2.2 $f(x_1, x_2, \cdots, x_n): D \to \mathbf{R}$,且 $f(x_1, x_2, \cdots, x_n)$ 在 D 上连续,若 $f(x_1^t, x_2^t, \cdots, x_n^t) \leqslant (\geqslant) f(x_1^{t+1}, x_2^{t+1}, \cdots, x_n^{t+1}), t = 1,2,\cdots; x_1 \geqslant x_2 \geqslant \cdots \geqslant x_n$

则有

$$f(x_1, x_2, \cdots, x_n) \leqslant (\geqslant) f(x, x, \cdots, x), x \in [x_n, x_1]$$

利用这一定理我们有如下推论.

推论 2.3 $F(x_1, x_2, \cdots, x_n): \mathbf{R}^n \to \mathbf{R}$,在 $\mathbf{R}^n$ 上连续,关于 x_i 是对称的,若

$$F(x_1, x_2, \cdots, x_n) \geqslant (\leqslant) F\left(\frac{x_1 + x_2}{2}, \frac{x_1 + x_2}{2}, x_3, \cdots, x_n\right)$$

则有

$$F(x_1, x_2, \cdots, x_n) \geqslant (\leqslant) F(x, x, \cdots, x)$$

其中 $x = \frac{x_1 + x_2 + \cdots + x_n}{n}$.

推论 2.4 $F(x_1, x_2, \cdots, x_n): \mathbf{R}^n \to \mathbf{R}$,在 $\mathbf{R}^n$ 上连续,关于 x_i 是对称的,若

$$F(x_1, x_2, \cdots, x_n) \geqslant (\leqslant) F(\sqrt{x_1 x_2}, \sqrt{x_1 x_2}, x_3, \cdots, x_n)$$

则有

$$F(x_1, x_2, \cdots, x_n) \geqslant (\leqslant) F(x, x, \cdots, x)$$

其中 $x=\sqrt[n]{x_1x_2\cdots x_n}$.

下面我们来看一些应用.

例 2.10 $a,b,c>0$ 满足 $a+b+c=3$,求证

$$\frac{ab}{7+2c^2}+\frac{bc}{7+2a^2}+\frac{ca}{7+2b^2}\leqslant\frac{1}{3}$$

证明 不妨设 $a=\min\{a,b,c\}$,设 $f(a,b,c)=\frac{1}{3}-\sum_{cyc}\frac{bc}{7+2a^2}$,于是

$$f(a,b,c)-f\left(a,\frac{b+c}{2},\frac{b+c}{2}\right)=$$

$$(b-c)^2\left(\frac{1}{4(7+2a^2)}-\frac{a(b+c)(7+2(b^2+3bc+c^2))}{((b+c)^2+14)(7+2b^2)(7+2c^2)}\right)\geqslant$$

$$(b-c)^2\left(\frac{1}{4(7+2a^2)}-\frac{a(3-a)\left(7+2\cdot\frac{5(3-a)^2}{4}\right)}{((3-a)^2+14)(49+7(3-a)^2+4a^4)}\right)\geqslant 0$$

最后一个不等式当 $a\in[0,1]$ 时成立.

于是由推论知

$$f(a,b,c)\geqslant f\left(\frac{a+b+c}{3},\frac{a+b+c}{3},\frac{a+b+c}{3}\right)=0$$

不等式得证,等号成立当且仅当 $a=b=c=1$.

例 2.11 非负实数 $a_1,a_2,\cdots,a_n$ 满足 $a_1a_2\cdots a_n=1$,对于 $n\geqslant 4$,证明

$$\frac{1}{a_1}+\frac{1}{a_2}+\cdots+\frac{1}{a_n}+\frac{3n}{a_1+a_2+\cdots+a_n}\geqslant n+3$$

证明 不失一般性,假设 $a_1\geqslant a_2\geqslant\cdots\geqslant a_n$,并令

$$f(a_1,a_2,\cdots,a_n)=\frac{1}{a_1}+\frac{1}{a_2}+\cdots+\frac{1}{a_n}+\frac{3n}{a_1+a_2+\cdots+a_n}$$

由推论知,只需证明

$$f(a_1,a_2,\cdots,a_n)\geqslant f(a_1,\sqrt{a_2a_n},\sqrt{a_2a_n},a_3,a_4,\cdots,a_{n-1})=$$

$$\left(\frac{1}{\sqrt{a_2}}-\frac{1}{\sqrt{a_n}}\right)^2-\frac{3n(\sqrt{a_2}-\sqrt{a_n})^2}{(a_1+a_2+\cdots+a_n)(a_1+2\sqrt{a_2a_n}+a_3+\cdots+a_{n-1})}$$

因此只需证明

$$(a_1+a_2+\cdots+a_n)(a_1+2\sqrt{a_2a_n}+a_3+\cdots+a_{n-1})\geqslant 3na_2a_n$$

由于 $a_1\geqslant a_2\geqslant\cdots\geqslant a_n$,且 $n\geqslant 4$,我们可以得到

$$(a_1+a_2+\cdots+a_n)(a_1+2\sqrt{a_2a_n}+a_3+\cdots+a_{n-1})\geqslant$$

$$[2a_2+(n-2)a_n][a_2+2\sqrt{a_2a_n}+(n-3)a_n]\geqslant$$

$$(2+2\sqrt{n-3})2\sqrt{2(n-2)}a_2a_n\geqslant 3na_2a_n$$

综上原不等式成立.

当然有时可能难以对所有变元应用定理或推论，我们可以考虑从局部入手.

例 2.13 正数 x,y,z,t 满足 $x+y+z+t=4$，证明

$$(1+3x)(1+3y)(1+3z)(1+3t)\leqslant 125+131xyzt$$

证明 考虑函数

$$f(x,y,z,t)=(1+3x)(1+3y)(1+3z)(1+3t)+131xyzt$$

不失一般性，设 $x\geqslant y\geqslant z\geqslant t$，此时 $y+t\leqslant\frac{x+y+z+t}{2}=2$，且有

$$f(x,y,z,t)-f\left(\frac{x+z}{2},y,\frac{x+z}{2},t\right)=$$

$$9(1+3y)(1+3t)\left[xz-\frac{(x+z)^2}{4}\right]-131yt\left[xz-\frac{(x+z)^2}{4}\right]=$$

$$\left[xz-\frac{(x+z)^2}{4}\right](9(1+3y)(1+3t)-131yt)$$

注意到

$$9(1+3y)(1+3t)\geqslant 131yt\Leftrightarrow 9+27(y+t)\geqslant 50yt$$

而 $y+t\leqslant 2\Rightarrow yt\leqslant 1$，所以

$$9+27(y+t)\geqslant 54\sqrt{yt}\geqslant 54yt\geqslant 50yt$$

这就说明了 $f(x,y,z,t)\leqslant f\left(\frac{x+z}{2},y,\frac{x+z}{2},t\right)$.

利用推论，我们只要证明 $x=y=z=a\geqslant 1\geqslant t=4-3z$ 这种情况.

此时，我们有

$$(1+3a)^3[1+3(4-3a)]\leqslant 125+131a^3(4-3a)$$

展开并化简后等价于

$$(a-1)^2(3a-4)(50a+28)\leqslant 0$$

上式显然成立. 当 $a=1$ 或 $a=\frac{4}{3}$ 时取得等号，所以原不等式等号成立当且仅当 $x=y=z=t=1$ 或 $x=y=z=\frac{4}{3},t=0$ 及其轮换.

例 2.14 a,b,c,d 为正数，且 $a+b+c+d=4$，k 为给定的常数，求证

$$(abc)^k+(bcd)^k+(cda)^k+(dab)^k\leqslant\max\left\{4,\left(\frac{4}{3}\right)^{3k}\right\}$$

证明 不妨设 $a\geqslant b\geqslant c\geqslant d$，我们考虑两种情况.

(1) 当 $1\leqslant k\leqslant 3$ 时，设 $t=\frac{a+c}{2},u=\frac{a-c}{2}$，于是 $a=t+u,c=t-u$，则

$$(abc)^k+(bcd)^k+(cda)^k+(dab)^k=(b^k+d^k)(ac)^k+(bd)^k(a^k+c^k)$$

再令 $s=b^{-k}+d^{-k}$，考虑函数

$$f(u)=s(ac)^k+a^k+c^k=s(t^2-u^2)^k+(t+u)^k+(t-u)^k$$

我们来证明 $f(u)\leqslant f(0)$. 事实上

$$f'(u)=-2kus(t^2-u^2)^{k-1}+k(t+u)^{k-1}-k(t-u)^{k-1}=$$
$$ku(t^2-u^2)^{k-1}\left(-2s+\frac{(t-u)^{-k+1}-(t+u)^{-k+1}}{2u}\right)$$

由于 $a\geqslant b\geqslant c\geqslant d$,所以 $d\geqslant t-u$.

另一方面,由于 $k\leqslant 3$ 并且 $\delta(x)=x^{-k+1}$ 是减函数,所以由 Lagrange(拉格朗日)中值定理知存在一个 β 使得

$$\frac{(t+u)^{-k+1}-(t-u)^{-k+1}}{2u}=\delta'(\beta)\geqslant(-k+1)(t-u)^{-k}\Rightarrow$$
$$\frac{(t-u)^{k+1}-(t+u)^{-k+1}}{2u}\leqslant(k-1)(t-u)^{-k}\Rightarrow$$
$$-2s+\frac{(t-u)^{-k+1}-(t+u)^{-k+1}}{2u}\leqslant\frac{-2}{d^k}+\frac{k-1}{(t-u)^k}\leqslant 0$$

因此,$f(u)\leqslant f(0)$. 由推论,我们只需要证明 $a=b=c=t\geqslant d$ 这一情况.

再考虑函数

$$g(t)=t^{3k}+3t^{2k}(4-3t)^k$$

下面证明 $g(t)\leqslant\max\left\{g(1),g\left(\frac{4}{3}\right)\right\}$,注意到

$$g'(t)=3kt^{3k-1}+6kt^{2k-1}(4-3t)^k-9kt^{2k}(4-3t)^{k-1}$$

于是

$$g'(t)=0\Leftrightarrow t^k+2(t-3t)^k=3t(4-3t)^k$$

也即

$$\left(\frac{t}{4-3t}\right)^k+2=\frac{3t}{4-3t}$$

令 $r=r(t)=\dfrac{t}{4-3t}$,则 $r(t)$ 单调递增,所以

$$g'(t)=0\Leftrightarrow r^k+2=3r$$

显然,这个方程最多有两个根,而 $g'(1)=0$,我们可以得到

$$g(t)\leqslant\max\left(g(1),g\left(\frac{4}{3}\right)\right)=\max\left\{4,\left(\frac{4}{3}\right)^{3k}\right\}$$

从上面可以看出,当 $k\leqslant 3$ 时,有

$$(abc)^k+(bcd)^k+(cda)^k+(dab)^k\leqslant 4$$

(2) 当 $k\geqslant 3$ 时,我们有

$$(abc)^k+(bcd)^k+(cda)^k+(dab)^k\leqslant(ab)^k(c+d)^k\Leftrightarrow$$
$$(ab)^k[(c+d)^k-c^k-d^k]\geqslant(a^k+b^k)c^kd^k$$

而 $(c+k)^k-c^k-d^k\geqslant kc^{k-1}\geqslant 2c^k$. 故上式显然成立,于是

$$(ab)^k(c+d)^k \leqslant \left(\frac{a+b+c+d}{3}\right)^{3k} = \left(\frac{4}{3}\right)^{3k}$$

于是综合以上两种情况,命题得证.

注 在之后的章节中,我们将给出 n 元时候的结论.

第3章 局部不等式法

对于对称型和式类的不等式，有时从整体考虑较难入手，故比较惯用的手法是从局部入手，从局部导出一些性质为整体服务，这里的局部可以是某一单项也可以是其中的若干项.

例3.1 设 $x,y,z,w>0$，证明

$$\sum\frac{x^3+y^3+z^3}{x+y+z}\geqslant x^2+y^2+z^2+w^2$$

证明 我们考虑证明

$$\frac{x^3+y^3+z^3}{x+y+z}\geqslant\frac{x^2+y^2+z^3}{3}$$

(这样原不等式就获证了).

事实上有 Cauchy 不等式，有

$$(x+y+z)(x^3+y^3+z^3)\geqslant(x^2+y^2+z^2)^2\geqslant$$
$$(x^2+y^2+z^2)\frac{(x+y+z)^2}{3}$$

所以有

$$\frac{x^3+y^3+z^3}{x+y+z}\geqslant\frac{x^2+y^2+z^3}{3}$$

同理得到其余三个式子，将这四个式子相加即有

$$\sum\frac{x^3+y^3+z^3}{x+y+z}\geqslant\sum\frac{x^2+y^2+z^3}{3}\geqslant x^2+y^2+z^2+w^2$$

得证.

例 3.2 （黄晨笛）对所有 $a,b,c \in [0,1]$，证明

$$(a+b+c)\left(\frac{1}{bc+1}+\frac{1}{ca+1}+\frac{1}{ab+1}\right) \leqslant 5$$

证明 注意到 $0 \leqslant a,b,c \leqslant 1$，有

$$(a+b+c)\left(\frac{1}{bc+1}+\frac{1}{ca+1}+\frac{1}{ab+1}\right) =$$

$$\frac{a}{bc+1}+\frac{b}{ca+1}+\frac{c}{ab+1}+\frac{b+c}{bc+1}+\frac{c+a}{ca+1}+\frac{a+b}{ab+1} \leqslant$$

$$\frac{a}{bc+1}+\frac{b}{ca+1}+\frac{c}{ab+1}+1+1+1 \leqslant$$

$$\frac{a}{bc+1}+\frac{b}{ca+b}+\frac{c}{ab+c}+3 =$$

$$\frac{a}{bc+1}-\frac{ca}{ca+b}-\frac{ab}{ab+c}+5 =$$

$$a\left(\frac{1}{bc+1}-\frac{c}{ca+b}-\frac{b}{ab+c}\right)+5 \leqslant$$

$$a\left(1-\frac{c}{c+b}-\frac{b}{b+c}\right)+5 = 5$$

等号成立当且仅当 $a=0,b=c=1$ 及其轮换，命题得证！

例 3.3 （2006 年中国国家集训队测试题）$a,b,c,d \in \mathbf{R}^+$，$abcd=1$，求证

$$\frac{1}{(1+a)^2}+\frac{1}{(1+b)^2}+\frac{1}{(1+c)^2}+\frac{1}{(1+d)^2} \geqslant 1$$

证明 注意到当 $xy=1$ 时，我们有

$$\frac{1}{1+x}+\frac{1}{1+y}=1$$

于是我们有

$$1=\frac{1}{1+ab}+\frac{1}{1+cd}$$

故我们考虑证明局部不等式

$$\frac{1}{(1+a)^2}+\frac{1}{(1+b)^2} \geqslant \frac{1}{1+ab}$$

上式成立是因为

$$\frac{1}{(1+a)^2}+\frac{1}{(1+b)^2}-\frac{1}{1+ab}=\frac{ab(a-b)^2+(ab-1)^2}{(1+a)^2(1+b^2)^2(ab+1)} \geqslant 0$$

同理我们有

$$\frac{1}{(1+c)^2}+\frac{1}{(1+d)^2} \geqslant \frac{1}{1+cd}$$

两式相加即得欲证不等式，故命题得证！

注 由于在 $xy=1$ 时,有恒等式 $\frac{1}{1+x}+\frac{1}{1+y}=1$,所以很自然地想到了证明局部不等式,在平时记住一些有用的不等式其实是有好处的,对于

$$\frac{1}{(1+a)^2}+\frac{1}{(1+b)^2}\geqslant\frac{1}{1+ab}$$

我们可用 Cauchy 不等式证明

$$(b+a)(1+ab)\geqslant(\sqrt{b}+\sqrt{a^2b})^2=b(1+a)^2$$

同理有

$$(a+b)(1+ab)\geqslant a(1+b)^2$$

于是

$$\frac{1}{(1+a)^2}+\frac{1}{(1+b)^2}\geqslant\frac{b}{(b+a)(1+ab)}+\frac{a}{(a+b)(1+ab)}=\frac{1}{1+ab}$$

本题可推广为 $a_1a_2\cdots a_n=1,a_1,a_2,\cdots,a_n>0$ 时有

$$\sum_{i=1}^{n}\frac{1}{(1+a_i)^k}\geqslant\min\left(1,\frac{n}{2^k}\right)$$

例 3.4 $a,b,c,d>0,a+b+c+d=1$,求证:

$$(1-\sqrt{a})(1-\sqrt{b})(1-\sqrt{c})(1-\sqrt{d})\geqslant\sqrt{abcd}$$

证明 受到上题的启发,我们考虑将其中的两个视为一组,我们尝试证明

$$(1-\sqrt{a})(1-\sqrt{b})\geqslant\sqrt{cd}$$

事实上

$$\begin{aligned}2(1-\sqrt{a})(1-\sqrt{b})&=2+2\sqrt{ab}-2\sqrt{a}-2\sqrt{b}=\\&(\sqrt{a}+\sqrt{b}-1)^2+1-a-b\geqslant\\&c+d\geqslant2\sqrt{cd}\end{aligned}$$

同理

$$(1-\sqrt{c})(1-\sqrt{d})\geqslant\sqrt{ab}$$

于是将上述两式相乘即证明了原题.

注 对于4元的不等式,将其两两分组再利用局部是一种很常用的手法,用相同的方法我们还可以证明 *Mathematical Reflections* 中的一道题. $a,b,c,d>0,a^2+b^2+c^2+d^2=1$,则有

$$\sqrt{1-a}+\sqrt{1-b}+\sqrt{1-c}+\sqrt{1-d}\geqslant\sqrt{a}+\sqrt{b}+\sqrt{c}+\sqrt{d}$$

它的证明就省略了,值得一提的是在杂志登出的两种解答有误,此题两边平方之后有12项根式难以下手,虽可以用琴生和分类讨论解决但是较为繁琐(读者可作一下尝试).

对于 n 个变元的不等式,可以先探究其中若干个局部之间的关系,进而应

用至 n 元.

例3.5 设 $n(n \geqslant 3)$ 是整数,证明:对正实数 $x_1 \leqslant x_2 \leqslant \cdots \leqslant x_n$,有不等式

$$\frac{x_n x_1}{x_2} + \frac{x_1 x_2}{x_3} + \cdots + \frac{x_{n-1} x_n}{x_1} \geqslant x_1 + x_2 + \cdots + x_n$$

证明 先证明一个引理:若 $0 < x \leqslant y, 0 < a < 1$,则

$$x + y \leqslant ax + \frac{y}{a}$$

事实上,由 $ax \leqslant x \leqslant y$ 得到 $(1-a)(y-ax) \geqslant 0$,即 $a^2 x + y \geqslant ax + ay$,因此

$$x + y \leqslant ax + \frac{y}{a}$$

再在令 $(x,y,a) = (x_i, x_{n-1} \cdot \frac{x_{i+1}}{x_2}, \frac{x_{i+1}}{x_{i+2}})$, $i = 1,2,\cdots,n-2$,代入得

$$x_i + \frac{x_{n-1} x_{i+1}}{x_2} \leqslant \frac{x_i x_{i+1}}{x_{i+2}} + x_{n-1} \frac{x_{i+2}}{x_2}$$

上式对 $i = 1,2,\cdots,n-2$ 求和,即得到

$$x_1 + x_2 + \cdots + x_{n-2} + \frac{x_{n-1}}{x_2}(x_2 + x_3 + \cdots + x_{n-1}) \leqslant$$

$$\frac{x_1 x_2}{x_3} + \frac{x_2 x_3}{x_4} + \cdots + \frac{x_{n-2} x_{n-1}}{x_1} + \frac{x_{n-1}}{x_2}(x_3 + x_4 + \cdots + x_n)$$

所以

$$x_1 + x_2 + \cdots + x_{n-2} + x_{n-1} \leqslant \frac{x_1 x_2}{x_3} + \cdots + \frac{x_{n-2} x_{n-1}}{x_1} + \frac{x_{n-1} x_n}{x_2} \tag{1}$$

另外,令 $(x,y,a) = (x_n, x_n \cdot \frac{x_{n-1}}{x_2}, \frac{x_1}{x_2})$,又有

$$x_n + \frac{x_n x_{n-1}}{x_2} \leqslant \frac{x_n x_1}{x_2} + \frac{x_{n-1} x_n}{x_1} \tag{2}$$

由(1) + (2) 即得原不等式成立.

让我们来看一些根式的例子.

例3.6 $0 < A, B, C < \frac{\pi}{2}, A + B + C = \pi$,求证

$$\sqrt{1 - \sin A \sin B} + \sqrt{1 - \sin B \sin C} + \sqrt{1 - \sin C \sin A} \geqslant \frac{3}{2}$$

证明 本题每一个单项都含有根号,直接证明不易,考虑从局部入手先去根号. 令 $A = \frac{\pi}{2} - \frac{A_1}{2}$ 等三式. 于是问题转化为在任何三角形 $\triangle A_1 B_1 C_1$ 中,证明

$$\sqrt{1 - \sin A_1 \sin B_1} + \sqrt{1 - \sin B_1 \sin C_1} + \sqrt{1 - \sin C_1 \sin A_1} \geqslant \frac{3}{2}$$

我们尝试证明局部不等式

$$\sqrt{1-\sin B_1\sin C_1}\geqslant\frac{\sin\left(\frac{A_1}{2}\right)}{\cos\left(\frac{B_1-C_1}{2}\right)}\Leftrightarrow$$

$$(1-\sin B_1\sin C_1)\cos^2\frac{B_1-C_1}{2}\geqslant\sin^2\frac{A_1}{2}\Leftrightarrow$$

$$(1-\sin B_1\sin C_1)[1+\cos(B_1-C_1)]\geqslant 1-\cos A_1\Leftrightarrow$$

$$\sin B_1\sin C_1[1-\cos(B_1-C_1)]\geqslant 0$$

上式显然成立,类似的可以得到其他三式,于是我们只需证明

$$\sum\frac{\sin\frac{A_1}{2}}{\cos\frac{B_1-C_1}{2}}\geqslant\frac{3}{2}$$

注意到$\frac{\sin\frac{A_1}{2}}{\cos\frac{B_1-C_1}{2}}=\frac{a_1}{b_1+c_1}$,故不等式转化为

$$\frac{a_1}{b_1+c_1}+\frac{b_1}{c_1+a_1}+\frac{c_1}{a_1+b_1}\geqslant\frac{3}{2}$$

上式显然.

例 3.7 (杨学枝)$x,y,z,w>0,\alpha,\beta,\gamma,\theta$ 满足 $\alpha+\beta+\gamma+\theta=(2k+1)\pi(k\in\mathbf{Z})$,则有

$$x\sin\alpha+y\sin\beta+z\sin\gamma+w\sin\theta\leqslant\sqrt{\frac{(xy+zw)(xz+yw)(xw+yz)}{xyzw}}$$

证明 设 $u=x\sin\alpha+y\sin\beta,v=z\sin\gamma+w\sin\theta$,则

$$\begin{aligned}u^2&=(x\sin\alpha+y\sin\beta)^2\leqslant\\&(x\sin\alpha+y\sin\beta)^2+(x\cos\alpha-y\cos\beta)^2=\\&x^2+y^2-2xy\cos(\alpha+\beta)\end{aligned}$$

于是

$$\cos(\alpha+\beta)\leqslant\frac{x^2+y^2-u^2}{2xy}$$

同理可得

$$\cos(\gamma+\theta)\leqslant\frac{z^2+w^2-v^2}{2zw}$$

由 $\alpha+\beta+\gamma+\theta=(2k+1)\pi$ 知 $\cos(\alpha+\beta)+\cos(\gamma+\theta)=0$,故

$$\frac{x^2+y^2-u^2}{2xy}+\frac{z^2+w^2-v^2}{2zw}\geqslant 0$$

即

$$\frac{u^2}{xy}+\frac{v^2}{zw}\leqslant\frac{x^2+y^2}{xy}+\frac{z^2+w^2}{zw}$$

由 Cauchy 不等式有

$$\frac{(xz+yw)(xw+yz)}{xyzw}\geqslant\frac{u^2}{xy}+\frac{v^2}{zw}\geqslant\frac{(u+v)^2}{xy+zw}\Rightarrow$$

$$x\sin\alpha+y\sin\beta+z\sin\gamma+w\sin\theta\leqslant\sqrt{\frac{(xy+zw)(xz+yw)(xw+yz)}{xyzw}}$$

命题得证!

例 3.8 $x,y,z>0$. 求证

$$\sum\sqrt{\frac{(y+z)^2yz}{(x+y)(x+z)}}\geqslant\sum x$$

证明 (韩京俊)考察函数 $f(y,z)=\frac{(y+z)^2}{yz}$,则

$$f(y+x,z+x)-f(y,z)=\frac{x+y}{x+z}+\frac{x+z}{x+y}-\frac{y}{z}-\frac{z}{y}=$$

$$-(y-z)^2\left(\frac{1}{yz}-\frac{1}{(x+y)(x+z)}\right)\leqslant 0$$

于是

$$\frac{(y+z)^2}{yz}\geqslant\frac{(2x+y+z)^2}{(x+y)(x+z)}\Rightarrow$$

$$\sqrt{\frac{yz}{(x+y)(x+z)}}\leqslant\frac{y+z}{2x+y+z}$$

所以

$$\sum\sqrt{\frac{(y+z)^2yz}{(x+y)(x+z)}}=\sum\frac{\frac{yz(y+z)}{(x+y)(x+z)}}{\sqrt{\frac{yz}{(x+y)(x+z)}}}\geqslant\sum\frac{\frac{yz(y+z)}{(x+y)(x+z)}}{\frac{y+z}{2x+y+z}}=$$

$$\sum\frac{yz(2x+y+z)}{(x+y)(x+z)}=\sum x$$

不等式获证.

注 本题的局部不等式构造原理为之后介绍的对称求导法.

本题有其几何背景.

(2006 年摩尔多瓦数学奥林匹克)a,b,c 为三角形三边长,则

$$\sum a\sin\frac{A}{2}\geqslant\frac{a+b+c}{2}$$

有时对于一些根式型不等式无法直接构造局部,可以考虑平方后再尝试.

例 3.9 已知$a,b,c>0,a+b+c=3$,求证

$$\sqrt{3-bc}+\sqrt{3-ca}+\sqrt{3-ab}\geqslant 3\sqrt{2}$$

证明 只需考虑a,b,c为非负即可.

原不等式齐次化后为

$$\sqrt{(a+b+c)^2-3bc}+\sqrt{(a+b+c)^2-3ca}+\sqrt{(a+b+c)^2-3ab}\geqslant\sqrt{6}(a+b+c)$$

两边平方后等价于

$$2\sum\sqrt{(a+b+c)^2-3ca}\cdot\sqrt{(a+b+c)^2-3ab}\geqslant 3(a+b+c)^2+3\sum ab$$

下面我们考虑证明如下局部不等式

$$2\sqrt{(a+b+c)^2-3ca}\sqrt{(a+b+c)^2-3ab}\geqslant(a+b+c)^2+3bc$$

上式两边平方后等价于

$$a^4-2a^2(b^2+c^2-3bc)-4abc(b+c)+b^4+c^4+2bc(b^2+c^2)-(bc)^2\geqslant 0\Leftrightarrow$$

$$(a^2-b^2-c^2+bc)^2+2bc((b-c)^2+(c-a)^2+(a-b)^2)\geqslant 0$$

上式显然成立,类似可得另外两式,将它们相加即证明了原命题.

注 对于根式型不等式两边平方后证明是一个常用的办法,在之后我们还会用到这一方法.

有时对于根式型的不等式需要对其中的一些单项局部处理.

例 3.10 $a,b,c\geqslant 0$,求证

$$\sum\sqrt{a^2+bc}\leqslant\frac{3}{2}(a+b+c)$$

证明 不妨设$a\geqslant b\geqslant c$,则

$$2a+c\geqslant 2\sqrt{a^2+bc}$$

于是只需证明

$$a+3b+2c\geqslant 2(\sqrt{b^2+ac}+\sqrt{c^2+ab})$$

两边平方化简后等价于

$$a^2+5b^2+2ab+12bc\geqslant 8\sqrt{(b^2+ac)(c^2+ab)}$$

而由

$$b^2+ac+c^2+ab\geqslant 2\sqrt{(b^2+ac)(c^2+ab)}$$

故我们只需证明

$$a^2+5b^2+2ab+12bc\geqslant 4b^2+4ac+4c^2+4ab\Leftrightarrow$$

$$f(a)=a^2+b^2+12bc-4ac-4c^2-2ab\geqslant 0$$

又$f'(a)=2a-4c-2b$,所以

$$f(a) \geqslant f(2c+b) = 8bc - 8c^2 \geqslant 0$$

故命题得证.

例 3.11 $x,y,z \geqslant 0$ 满足 $x+y+z=1$,求证

$$\sqrt{x+y^2}+\sqrt{y+z^2}+\sqrt{z+x^2} \geqslant 2$$

证明 我们先证明这样一个结论.

若 $a,b,c,d \geqslant 0$ 且 $a+b=c+d,(a-b)^2 \leqslant (c-d)^2$,则我们有

$$\sqrt{a}+\sqrt{b} \geqslant \sqrt{c}+\sqrt{d}$$

两边平方化简后等价于

$$\sqrt{ab} \geqslant \sqrt{cd} \Leftrightarrow ab \geqslant cd \Leftrightarrow (c-d)^2 \geqslant (a-b)^2$$

这个结论的条件 $(a-b)^2 \leqslant (c-d)^2 \Leftrightarrow \max\{a,b\} \leqslant \max\{c,d\}$.

注意到 $x+y^2+y+z^2=(x+y)^2+z+y^2$.

当 $x \geqslant y \geqslant z$ 或 $z \geqslant y \geqslant x$ 时有 $\max\{x+y^2,y+z^2\} \leqslant \max\{(x+y)^2,z+y^2\}$.

于是我们有

$$\begin{aligned}\sqrt{x+y^2}+\sqrt{y+z^2}+\sqrt{z+x^2} \geqslant (x+y)+\sqrt{z+y^2}+\sqrt{z+x^2} \geqslant \\ x+y+\sqrt{(\sqrt{z}+\sqrt{z})^2+(x+y)^2} = \\ 1-z+\sqrt{4z+(1-z)^2}=2\end{aligned}$$

注 本题一度成为国内各大数学论坛悬而未决的难题,构造局部不等式轻松获证.

当然对于更多的乘积类的不等式不会有上题那样良好的"性质",不过我们也可以尝试构造局部不等式证明,当然这需要较高的技巧和良好的不等式感觉.

例 3.12 (2006 年中国国家队培训题)不全为正数的 x,y,z 满足

$$k(x^2-x+1)(y^2-y+1)(z^2-z+1) \geqslant (xyz)^2-xyz+1$$

求实数 k 的最小值.

解 对于3元6次对称不等式以两数相等或有数为0时等号成立居多. 经试验当 $x=y=\frac{1}{2},z=0$ 时 k 最小,此时 $k=\frac{16}{9}$,下证 $k=\frac{16}{9}$ 时不等式成立.

考虑到直接证明难度较大,故我们尝试构造局部不等式,考察两元的情形.

我们证明当 x,y 中至少有一个小于等于0时有

$$\frac{4}{3}(x^2-x+1)(y^2-y+1) \geqslant (xy)^2-xy+1 \Leftrightarrow$$

$$(x^2y^2-4x^2y+4x^2)-(4xy^2-7xy+4x)+(4y^2-4y+1) \geqslant 0$$

x,y 中恰有一个小于等于0时,不妨设 $x \leqslant 0,y>0$,则原不等式等价于

$$x^2(y-2)^2-4x(y-1)^2-xy+(2y-1)^2 \geqslant 0$$

上式显然成立.

当 $x \leqslant 0, y \leqslant 0$ 时等价于

$$x^2(y-2)^2 - 4xy^2 + 7xy - 4x + (2y-1)^2 \geqslant 0$$

也成立. 可推出

$$\frac{16}{9}(x^2 - x + 1)(y^2 - y + 1)(z^2 - z + 1) \geqslant$$

$$\frac{4}{3}(z^2 - z + 1)((xy)^2 - xy + 1) \geqslant (xyz)^2 - xyz + 1$$

故 k 的最小值为 $\frac{16}{9}$.

例 3.13 $a, b, c \geqslant 0$, 求证

$$2(a^3+1)(b^3+1)(c^3+1) \geqslant (1+a^2)(1+b^2)(1+c^2)(1+abc)$$

证明 考察局部不等式

$$2(a^3+1)^3 - (1+a^2)^3(1+a^3) =$$

$$(a-1)^2(1+a^3)(a^4+2a^3+2a+1) \geqslant 0$$

类似地, 有

$$2(b^3+1)^3 - (1+b^2)^3(1+b^3) = (b-1)^2(b^3+1)(b^4+2b^3+2b+1) \geqslant 0$$

$$2(c^3+1)^3 - (1+c^2)^3(1+c^3) = (c-1)^2(c^3+1)(c^4+2c^3+2c+1) \geqslant 0$$

于是我们只需证明

$$(1+a^3)(1+a^2)^3(b^3+1)(1+b^2)^3(c^3+1)(1+c^2)^3 \geqslant$$

$$(1+a^2)^3(1+b^2)^3(1+c^2)^3(1+abc)^3 \Leftrightarrow$$

$$(1+a^3)(1+b^3)(1+c^3) \geqslant (1+abc)^3$$

上式即为 Cauchy 不等式推广 $n=3$ 的情形, 故命题得证!

注 利用类似的方法我们能得到 $a, b, c, d, e \geqslant 0$ 时, 有

$$2(a^3+1)(b^3+1)(c^3+1)(d^3+1)(e^3+1) \geqslant$$

$$(1+a^2)(1+b^2)(1+c^2)(1+d^2)(1+e^2)(1+abcde)$$

证明留作习题.

有些时候对单项直接放缩难以起效时我们可以考虑将单项拆成若干个小单项之和, 再对其中的一些小单项作局部放缩.

例 3.14 (2002 年中国台湾地区数学奥林匹克) $a, b, c, d \in (0, \frac{1}{2}]$, 求证

$$\frac{a^4+b^4+c^4+d^4}{abcd} \geqslant \frac{(1-a)^4+(1-b)^4+(1-c)^4+(1-d)^4}{(1-a)(1-b)(1-c)(1-d)}$$

证明 注意到

$$\frac{x^4+y^4+z^4+w^4}{xyzw} = \sum_{cyc} \frac{(x-y)^4}{xyzw} + 4\sum_{cyc} \frac{(x-y)^2}{zw} + \frac{2(x^2+z^2)(y^2+w^2)}{xyzw}$$

分别令 $x=a,y=b,z=c,w=d$ 及 $x=1-a,y=1-b,z=1-c,w=1-d$,即为不等式的左边与右边,又有

$$\sum_{cyc}\frac{(a-b)^4}{abcd}\geqslant\sum_{cyc}\frac{(1-a-1+b)^4}{(1-a)(1-b)(1-c)(1-d)}$$

$$4\sum_{cyc}\frac{(a-b)^2}{cd}\geqslant 4\sum_{cyc}\frac{(1-a-1+b)^2}{(1-c)(1-d)}$$

$$\frac{a^2+c^2}{ac}\geqslant\frac{(1-a)^2+(1-c)^2}{(1-a)(1-c)}$$

$$\frac{b^2+d^2}{bd}\geqslant\frac{(1-b)^2+(1-d)^2}{(1-b)(1-d)}$$

由以上几式知原不等式得证. 等号成立当且仅当 $a=b=c=d=\frac{1}{2}$.

例 3.15 (2007 年女子数学奥林匹克试题) 设整数 $n>3$,非负实数 a_1, $a_2,\cdots,a_n$ 满足 $a_1+a_2+\cdots+a_n=2$. 求

$$\frac{a_1}{a_2^2+1}+\frac{a_2}{a_3^2+1}+\cdots+\frac{a_n}{a_1^2+1}$$

的最小值.

解 本题最早出现在 *Methematical Reflections* 中,是一道 2003 年保加利亚竞赛题的推广(原题是 3 元),后被选为 2007 年女子数学奥林匹克试题. 据说当年做出此题的人寥寥无几,可见本题难度颇大. 本题的难点在于无论是用柯西或调整抑或是直接用局部不等式进行放缩皆难以奏效. 首先我们不难猜出答案为 $\frac{3}{2}$,等号成立当且仅当 $a_1=a_2=1,a_3=a_4=\cdots=a_n=0$ 及其轮换,而此时 $\frac{a_1}{a_2^2+1}=\frac{1}{2},\frac{a_2}{a_3^2+1}=1$,它们的地位不均等,故我们考虑将这两个单项拆项. 对于型如 $\frac{x}{y+1}$ 的单项,较为常用的方法是将其写为 $x-\frac{xy}{y+1}$ 的形式,对于本题

$$\begin{aligned}&\frac{a_1}{a_2^2+1}+\frac{a_2}{a_3^2+1}+\cdots+\frac{a_n}{a_1^2+1}=\\&a_1+a_2+\cdots+a_n-\left(\frac{a_1a_2^2}{a_2^2+1}+\frac{a_2a_3^2}{a_3^2+1}+\cdots+\frac{a_na_1^2}{a_1^2+1}\right)\geqslant\\&2-\frac{1}{2}(a_1a_2+a_2a_3+\cdots+a_na_1)\end{aligned}$$

于是我们只需证明

$$4(a_1a_2+a_2a_3+\cdots+a_na_1)\leqslant(a_1+a_2+\cdots+a_n)^2$$

这是一个常见的不等式,在许多竞赛书籍中都再现过,而这些书中的方法无外乎用数学归纳法,我们在这里给出一种巧妙的证明. 不妨设 $a_1=\max\{a_1,a_2,\cdots,$

$a_n\}$,则

$$4(a_1a_2+a_2a_3+\cdots+a_na_1)\leqslant 4a_1(a_2+a_4+\cdots+a_n)+4a_2a_3+4a_3a_4\leqslant 4(a_1+a_3)(a_2+a_4+\cdots+a_4)\leqslant (a_1+a_2+\cdots+a_n)^2$$

所以

$$\frac{a_1}{a_2^2+1}+\frac{a_2}{a_3^2+1}+\cdots+\frac{a_n}{a_1^2+1}\geqslant\frac{3}{2}$$

等号成立当且仅当 $a_1=a_2=1,a_3=a_4=\cdots=a_n=0$ 及其轮换.

注 当 $n=3m+2$ 时,我们在最后证明的 n 元不等式可加强为

$$\left(\sum_{i=1}^{3m+2}a_i\right)^2-2\sum_{i=1}^{3m+2}a_i\sum_{j=0}^{m}a_{i+3j+1}\geqslant 0$$

只需注意到

$$\text{LHS}\cdot\left(\sum_{i=1}^{n}a_i\right)=\sum_{i=1}^{n}a_i\left(\sum_{j=1}^{n}a_j-2\sum_{j=0}^{m}a_{i+3j+1}\right)^2+4\sum_{i=1}^{n}a_i\sum_{k=1}^{m}a_{i+3k-2}\sum_{j=k}^{m}a_{i+3j}\geqslant 0$$

对于 $\mathbf{R}_+^n$ 上 2 次型的不等式问题,通常被称为矩阵的偕正性(copositive matrices)问题.一个著名的结果是:判定给定二次型对应的矩阵不是偕正的是一个 NP 完全问题(Nondeterministic polynomial-time complete).与此对应,确定其是偕正的则是一个 co-NP 完全问题.NP 问题即是多项式复杂程度的非确定性问题,通俗地说这类问题至今仍未找到多项式时间算法,但却是可用多项式时间算法验证其准确性.与之对应的 P,是所有可在多项式时间内用确定算法求解的判定问题的集合.在 NP 问题中有一个子类,被称之为 NP 完全问题.NP 完全问题有重要的性质:它可以在多项式时间内求解,当且仅当所有的 NP 问题可以在多项式时间内求解.1971 年 Stephen A. Cook 和 Leonid Levin 独立地提出了下面的问题,即是否两个复杂度类 P 和 NP 是恒等的(P=NP?).2000 年初美国克雷数学研究所的科学顾问委员会选定了 7 个“千年大奖问题”,克雷数学研究所的董事会决定建立 700 万美元的大奖基金,每个“千年大奖问题”的解决都可获得百万美元的奖励.P=NP? 正是其中的一个问题,这一问题若能得到肯定的回答,那么 RSA 型密码的解密将能在多项式时间完成,对现有的互联网安全体系是一个不小的考验.

用到上题的拆分方法的题还有很多,我们再举一例.

例 3.16 $a,b,c>0,a+b+c=2$,求证

$$\frac{ab}{1+c^2}+\frac{bc}{1+a^2}+\frac{ca}{1+b^2}\leqslant 1$$

证法 1 利用上题所说的拆分方法,不等式等价于

$$abc\sum\frac{a}{a^2+1}+1-\sum bc\geqslant 0$$

事实上对于 $x \geqslant 0$,我们利用同样的拆分 AM - GM 不等式有

$$\frac{1}{x^2+1}=1-\frac{x^2}{x^2+1}\geqslant 1-\frac{x}{2}$$

利用上式我们只需证明

$$abc\sum a\left(1-\frac{a}{2}\right)+1-\sum bc\geqslant 0\Leftrightarrow$$

$$abc\sum bc+1-\sum bc\geqslant 0$$

设 $r=abc,q=ab+bc+ca$,由4次Schur不等式,我们有 $r\geqslant\frac{(q-1)(4-q)}{3}$ 由此

$$abc\sum bc+1-\sum bc=qr+1-q\geqslant\frac{q(q-1)(4-q)}{3}+1-q=$$

$$\frac{1}{3}(3-q)(1-q)^2\geqslant 0$$

命题得证！等式成立当且仅当 $a=b=1,c=0$ 或其轮换.

当然有时不一定需要对每一个分项都采用相同的局部不等式,打破对称性同样能使问题迎刃而解,证法2就是一个例子,它属于马腾宇(2007年IMO银牌得主).

证法2 不妨设 $a\leqslant b\leqslant c$,则

$$\frac{1}{1+a^2}\leqslant\frac{1+c^2-a^2}{1+c^2},\frac{1}{1+b^2}\leqslant\frac{1+c^2-b^2}{1+c^2}$$

故只需证明

$$\frac{(1+c^2-a^2)bc+(1+c^2-b^2)ac+ab}{1+c^2}\leqslant 1$$

上式化简后等价于

$$(c(a+b)-1)(1+c^2-ab)\leqslant 0$$

由于

$$1+c^2-ab\geqslant 0$$

$$c(a+b)-1\leqslant\left(\frac{a+b+c}{2}\right)^2-1=0$$

所以命题得证！

证法2打破对称性是为了使它们化至相同的分母,便于之后的证明,这与下面要介绍的证法3的思想是一样的.

证法3 我们证明局部不等式

$$\frac{bc}{a^2+1}\leqslant\frac{(b+c)bc}{ab(a+b)+bc(b+c)+ca(c+a)}$$

上式等价于

$$ab^2+b^2c+bc^2+c^2a\leqslant b+c$$

将 $a=2-b-c$ 代入 $\Leftrightarrow$

$$b^3+b-2b^2+c^3-2c^2+c\geqslant 0$$

上式显然,类似的有其余两式,相加即可.

证法3与证法2都是将各个单项化至相同的分母,以便于之后的证明,将分母变为相同往往能化繁为简,当然证法3有一种神来之笔的感觉,让我们再看2个类似的例子.

例3.17 (2005年中国国家集训队试题) $a,b,c>0,ab+bc+ca=\frac{1}{3}$,求证

$$\frac{1}{a^2-bc+1}+\frac{1}{b^2-ca+1}+\frac{1}{c^2-ab+1}\leqslant 3$$

证明 (韩京俊)原不等式等价于

$$\frac{1}{a(a+b+c)+\frac{2}{3}}+\frac{1}{b(a+b+c)+\frac{2}{3}}+\frac{1}{c(a+b+c)+\frac{2}{3}}\leqslant 3$$

由 Cauchy 不等式有

$$\frac{1}{a(a+b+c)+\frac{2}{3}}\leqslant\frac{a(a+b+c)+\frac{3}{2}(b+c)^2(a+b+c)^2}{(a+b+c)^4}=$$

$$\frac{a+\frac{3}{2}(b+c)^2(a+b+c)}{(a+b+c)^3}$$

类似地有其余两式,故只需证明

$$(a+b+c)^2+\frac{3(a+b+c)^2((a+b)^2+(b+c)^2+(c+a)^2)}{2}\leqslant$$

$$3(a+b+c)^4\Leftrightarrow(a+b+c)^2+3(a+b+c)^4-$$

$$3\sum ab(a+b+c)^2\leqslant 3(a+b+c)^4$$

上式为等式,不等式得证!

例3.18 (第46届IMO) $x,y,z>0,xyz\geqslant 1$ 证明

$$\frac{x^5-x^2}{x^5+y^2+z^2}+\frac{y^5-y^2}{y^5+z^2+x^2}+\frac{z^5-z^2}{z^5+x^2+y^2}\geqslant 0$$

证明 原不等式等价于

$$\sum\frac{x^2+y^2+z^2}{x^5+y^2+z^2}\leqslant 3$$

而由 Cauchy 不等式有

$$(x^5+y^2+z^2)(yz+y^2+z^2)\geqslant(\sqrt{x^5yz}+y^2+z^2)^2\geqslant(x^2+y^2+z^2)^2$$

即

$$\frac{x^2+y^2+z^2}{x^5+y^2+z^2}\leqslant\frac{yz+y^2+z^2}{x^2+y^2+z^2}$$

同理有

$$\frac{x^2+y^2+z^2}{y^5+z^2+x^2}\leqslant\frac{zx+z^2+x^2}{x^2+y^2+z^2},\frac{x^2+y^2+z^2}{z^5+x^2+y^2}\leqslant\frac{xy+x^2+y^2}{x^2+y^2+z^2}$$

把上述3个不等式相加并利用 $x^2+y^2+z^2\geqslant xy+yz+zx$,得

$$\sum\frac{x^2+y^2+z^2}{x^5+y^2+z^2}\leqslant\frac{2\sum x^2+\sum xy}{x^2+y^2+z^2}\leqslant 3$$

故原不等式得证!

注 本题条件还可增强为 $x,y,z\geqslant 0,x^2+y^2+z^2\leqslant 3$. 这样的话上面的方法失效了,难度有所增加,其证明我们留给读者.

在那年的IMO上,摩尔多瓦选手 Boreico Iurie 凭借下面的方法获得特别奖. 因为

$$\frac{x^5-x^2}{x^5+y^2+z^2}-\frac{x^5-x^2}{x^3(x^2+y^2+z^2)}=\frac{x^2(x^3-1)^2(y^2+z^2)}{x^3(x^5+y^2+z^2)(x^2+y^2+z^2)}\geqslant 0$$

所以

$$\sum\frac{x^5-x^2}{x^5+y^2+z^2}\geqslant\sum\frac{x^5-x^2}{x^3(x^2+y^2+z^2)}=$$
$$\frac{1}{x^2+y^2+z^2}\sum\left(x^2-\frac{1}{x}\right)\geqslant$$
$$\frac{1}{x^2+y^2+z^2}\sum(x^2-yz)\geqslant 0$$

这一方法虽然看似神奇,其实它是用到了局部不等式 $\frac{x}{y}\geqslant\frac{x}{z}$,其中 $x(z-y)\geqslant 0,y,z\geqslant 0$. 往往运用这一方法的证明往往极具观赏性,如 $a,b,c\in\left[\frac{1}{\sqrt{2}},\sqrt{2}\right]$,求证

$$\frac{3}{a+2b}+\frac{3}{b+2c}+\frac{3}{c+2a}\geqslant\frac{2}{a+b}+\frac{2}{b+c}+\frac{2}{c+a}$$

证明 (马腾宇)

$$\frac{3}{a+2b}-\frac{2}{a+b}=\frac{a-b}{(a+b)(a+2b)}=\frac{a-b}{6ab-(a-b)(2b-a)}\geqslant\frac{a-b}{6ab}=\frac{ac-bc}{6abc}\Rightarrow$$

$$\sum\frac{3}{a+2b}-\frac{2}{a+b}\geqslant\sum\frac{ac-bc}{6abc}=0$$

有时欲放缩至相同的分母我们常常使用待定系数法.

例 3.19 （第 42 届 IMO）$a,b,c>0$，求证

$$\frac{a}{\sqrt{a^2+8bc}}+\frac{b}{\sqrt{b^2+8ca}}+\frac{c}{\sqrt{c^2+8ab}}\geqslant 1$$

证明 本题各个分式的分母各不相同，对每一个分项直接利用重要不等式放缩很难成功，由于带有根号我们也无法适用之前介绍的分拆法，为此我们利用待定系数法，尝试找到使

$$\frac{a}{\sqrt{a^2+8bc}}\geqslant\frac{a^r}{a^r+b^r+c^r}$$

恒成立的实数 r，上式等价于

$$a^r+b^r+c^r\geqslant a^{r-1}\sqrt{a^2+8bc}$$

注意到原不等式成立当且仅当 $a=b=c$，即 a,b,c 的地位是等价的，故局部不等式等号成立时必有 $b=c$，而上式是齐次的，故我们令 $b=c=1$，则这样的 r 必满足

$$f(a)=a^r+2-a^{r-1}\sqrt{a^2+8}\geqslant 0$$

且此时 $f(a)$ 取最小值 0 时必有 $a=1$，于是

$$f'(1)=r-3(r-1)-\frac{1}{3}=0$$

由此解得 $r=\frac{4}{3}$，我们再验证 $r=\frac{4}{3}$ 时，确实有

$$\frac{a}{\sqrt{a^2+8bc}}\geqslant\frac{a^{\frac{4}{3}}}{a^{\frac{4}{3}}+b^{\frac{4}{3}}+c^{\frac{4}{3}}}\Leftrightarrow$$

$$(a^{\frac{4}{3}}+b^{\frac{4}{3}}+c^{\frac{4}{3}})^2\geqslant a^{\frac{2}{3}}(a^2+8bc)$$

而由 AM－GM 不等式有

$$(a^{\frac{4}{3}}+b^{\frac{4}{3}}+c^{\frac{4}{3}})^2-(a^{\frac{4}{3}})^2=(b^{\frac{4}{3}}+c^{\frac{4}{3}})(a^{\frac{4}{3}}+a^{\frac{4}{3}}+b^{\frac{4}{3}}+c^{\frac{4}{3}})\geqslant$$

$$2b^{\frac{2}{3}}c^{\frac{2}{3}}\cdot 4a^{\frac{2}{3}}b^{\frac{1}{3}}c^{\frac{1}{3}}=8a^{\frac{2}{3}}bc$$

故有

$$\frac{a}{\sqrt{a^2+8bc}}\geqslant\frac{a^{\frac{4}{3}}}{a^{\frac{4}{3}}+b^{\frac{4}{3}}+c^{\frac{4}{3}}}$$

同理可得

$$\frac{b}{\sqrt{a^2+8bc}}\geqslant\frac{b^{\frac{4}{3}}}{a^{\frac{4}{3}}+b^{\frac{4}{3}}+c^{\frac{4}{3}}},\frac{c}{\sqrt{a^2+8bc}}\geqslant\frac{c^{\frac{4}{3}}}{a^{\frac{4}{3}}+b^{\frac{4}{3}}+c^{\frac{4}{3}}}$$

于是

$$\frac{a}{\sqrt{a^2+8bc}}+\frac{b}{\sqrt{b^2+8ca}}+\frac{c}{\sqrt{c^2+8ab}}\geqslant 1$$

注 设参法是证明局部不等式的重要方法，本题中将分母化至 $a^r+b^r+c^r$ 是比较常用的，当然分母不一定拘泥于这种形式，让我们再看一例.

例 3.20 设 r_a,r_b,r_c 分别为 $\triangle ABC$ 的三边 a,b,c 相应的旁切圆半径，求证

$$\frac{a^2}{r_b^2+r_c^2}+\frac{b^2}{r_a^2+r_c^2}+\frac{c^2}{r_a^2+r_b^2}\geqslant 2$$

证明 作代数代换 $x=-a+b+c,y=-b+a+c,z=-c+a+b$，则 $x,y,z>0$，注意到

$$S_{\triangle ABC}=\frac{1}{4}\sqrt{(x+y+z)xyz}$$

$$r_a=\frac{2S_{\triangle ABC}}{b+c-a}=\frac{1}{2x}\sqrt{(x+y+z)xyz}$$

等等，通过计算，原不等式变为下面的代数不等式

$$\frac{y^2z^2(y+z)^2}{y^2+z^2}+\frac{z^2x^2(z+x)^2}{z^2+x^2}+\frac{x^2y^2(x+y)^2}{x^2+y^2}\geqslant 2xyz(x+y+z)$$

要证明上面的不等式，我们只需证明局部不等式

$$\frac{y^2z^2(y+z)^2}{y^2+z^2}\geqslant\frac{2xyz(x+y+z)y^2z^2}{x^2y^2+y^2z^2+z^2x^2}$$

上式展开后化简等价于

$$[(y^2+z^2)x-yz(y+z)]^2\geqslant 0$$

得证.

注 本题的局部不等式是通过求满足下式的参数 r 得到的

$$\frac{y^2z^2(y+z)^2}{y^2+z^2}\geqslant\frac{2xyz(x+y+z)y^rz^r}{x^ry^r+y^rz^r+z^rx^r}$$

例 3.21 a,b,c,d 是非负实数. 证明

$$\sqrt{1+\frac{7a}{b+c+d}}+\sqrt{1+\frac{7b}{c+d+a}}+\sqrt{1+\frac{7c}{d+a+d}}+\sqrt{1+\frac{7d}{a+b+c}}\geqslant 4\sqrt{\frac{10}{3}}$$

证明 由不等式的齐次性，不妨设 $a+b+c+d=4$. 令 $f(x)=\sqrt{1+\frac{7x}{4-x}}$，则我们有

$$f(x)\geqslant\frac{1}{3}\sqrt{\frac{2}{15}}(8+7x)$$

上式成立是因为

$$\frac{14(x-1)^2(2+7x)}{135(4-x)} \geqslant 0$$

用 a,b,c,d 分别代入 $f(x)$，并相加即得欲证不等式.

注 利用同样的方法，我们能得到

$$\sum_{i=1}^{n} \sqrt{1+\frac{7x_i}{\sum\limits_{j\neq i} x_j}} \geqslant n\sqrt{\frac{n+6}{n-1}}$$

本题的局部不等式看似很神奇，但其实并不高深，它的构造原理被称做切线法，即对于 $f(x)=\sqrt{1+\frac{7x}{4-x}}$，$g(x)=\frac{1}{3}\sqrt{\frac{2}{15}}(8+7x)$ 为 $f(x)$ 在 $x=1$ 处的切线，由 $g(x)\leqslant f(x)$ 知道当 $x\geqslant 0$ 时，$f(x)$ 的图象位于其在 $x=1$ 处的切线的上方，而等号成立条件为 $a=b=c=d=1$，故取 $x=1$ 能保证在 $x=1$ 时等号能成立，有时用求导来求其切线较繁且不知道是否恒有 $g(x)\leqslant f(x)$，故可用待定系数法解不等式 $f(x)\geqslant Ax+B$，且 $f(1)=A+B$，其中解得的 $A=f'(1)$. 切线法由来已久，最初起源无法考证，作者猜想切线法由拉格朗日乘数法演变而来. 切线法是处理 $\sum\limits_{i=1}^{n} f(x_i) \geqslant (\leqslant) F(x_1,x_2,\cdots,x_n)$ 类问题一种常见而有力的方法. 注意到切线法可以将每一个单项配出平方，我们称其为切线法配方原理. 对于一些单项式中含有两个变元的可以考虑将其中一个变元看做常数使用切线法.

例 3.22 $a,b,c>0$，求证

$$\frac{a^2}{\sqrt{a^2+\frac{1}{4}ab+b^2}}+\frac{b^2}{\sqrt{b^2+\frac{1}{4}bc+c^2}}+\frac{c^2}{\sqrt{c^2+\frac{1}{4}ca+a^2}} \geqslant \frac{2}{3}(a+b+c)$$

证明 注意到等号成立当且仅当 $a=b=c$，我们令

$$\frac{x^2}{\sqrt{x^2+\frac{1}{4}x+1}} \geqslant Ax+B$$

其中 $A,B\in\mathbf{R}$ 且 $A+B=\frac{2}{3}$，$x=\frac{a}{b}$.

则我们不难解得 $A=1$，$B=-\frac{1}{3}$，且此时不等式成立，即有

$$\frac{a^2}{\sqrt{a^2+\frac{1}{4}ab+b^2}} \geqslant a-\frac{b}{3}$$

于是将类似的 3 式相加即得结论，证毕！

当然切线法不仅仅对变元全相等取等时适用，让我们再看一个例子.

例 3.23 若 $x,y,z\geqslant 0$，$x+y+z=1$，求证

$$\frac{5}{2} \leqslant \frac{1}{1+x^2}+\frac{1}{1+y^2}+\frac{1}{1+z^2} \leqslant \frac{27}{10}$$

证明　对于不等式的右边，首先证明

$$\frac{1}{1+x^2} \leqslant -\frac{27}{50}(x-2) \Leftrightarrow$$
$$f(x)=27x^3-54x^2+27x-4 \geqslant 0$$
$$f'(x)=27(3x-1)(x-1)$$

这表明

$$\max_{0\leqslant x\leqslant 1} f(x)=\max\{f(1/3),f(1)\}=0$$

于是

$$\sum \frac{1}{1+x^2} \leqslant -\frac{27}{50}\sum x+\frac{54}{50}\cdot 3=\frac{27}{10}$$

等号成立在 $x=y=z=\frac{1}{3}$，对不等式左边，首先证明

$$\frac{1}{1+x^2} \geqslant -\frac{x}{2}+1 \Leftrightarrow x(x-1)^2 \geqslant 0$$

上式显然成立，于是

$$\sum \frac{1}{1+x^2} \geqslant -\frac{1}{2}\sum x+3=\frac{5}{2}$$

等号成立在 $x=1, y=z=0$，综上命题得证.

若 $f(x)$ 的图象不恒位于其在 $x=1$ 处的切线的上方，此时似乎切线法失效了，不过有时可以同时分类讨论来处理.

例 3.24　(2004 年中国西部数学竞赛) 设 a,b,c 是实数，满足 $a+b+c=3$，证明

$$\frac{1}{5a^2-4a+11}+\frac{1}{5b^2-4b+11}+\frac{1}{5c^2-4c+11} \leqslant \frac{1}{4}$$

证明　不妨设 $a=\max(a,b,c)$，我们先证明当 $x \leqslant \frac{9}{5}$ 时有

$$\frac{1}{5x^2-4x+11} \leqslant \frac{1}{24}(3-x) \Leftrightarrow (9-5x)(x-1)^2 \geqslant 0$$

下面我们分情况来讨论.

(1) 若 $a \leqslant \frac{9}{5}$，则

$$\sum \frac{1}{5a^2-4a+11} \leqslant \sum \frac{1}{24}(3-a)=\frac{1}{4}$$

(2) 若 $a > \frac{9}{5}$，则

$$\frac{1}{5a^2-4a+11}<\frac{1}{20}$$

又因为

$$5t^2-4t+11=5(t-\frac{2}{5})^2+\frac{51}{5}\geqslant\frac{51}{5}$$

故

$$\frac{1}{5b^2-4b+11}+\frac{1}{5c^2-4c+11}\leqslant\frac{10}{51}$$

于是

$$\sum\frac{1}{5a^2-4a+11}<\frac{1}{20}+\frac{10}{51}<\frac{1}{4}$$

综上命题得证!

切线法等价于证明$f(x)\geqslant Ax+B=g(x)$这样一个局部不等式,这给了我们一个启示,我们应该局限于构造一个线性函数$g(x)$,$g(x)$同样可以含有两次项甚至更高项,让我们看下面一题.

例 3.25 (Crux)$a,b,c>0,a^2+b^2+c^2=1$,求证

$$\frac{1}{1-ab}+\frac{1}{1-bc}+\frac{1}{1-ca}\leqslant\frac{9}{2}$$

证明 本题用切线法失效,我们尝试将$g(x)$设为两次型.

不妨设$a\geqslant b\geqslant c$,显然$2ab\leqslant a^2+b^2+c^2=1$,于是$\max(ab,bc,ca)\leqslant\frac{1}{2}$.

将ab看做x,我们设

$$\frac{1}{1-x}\leqslant A(x^2-\frac{1}{9})+B(x-\frac{1}{3})+\frac{3}{2}\Leftrightarrow$$

$$(x-\frac{1}{3})\left[\frac{2}{3}A(x+\frac{1}{3})+\frac{2}{3}B-\frac{1}{1-x}\right]\geqslant 0$$

再设

$$f(x)=\frac{2}{3}A(x+\frac{1}{3})+\frac{2}{3}B-\frac{1}{1-x}$$

则$x=\frac{1}{3}$是方程$f(x)=0$的根,解得$B=\frac{9}{4}-\frac{2}{3}A$,代入$f(x)$得

$$f(x)=\frac{2}{3}A(x-\frac{1}{3})+\frac{1-3x}{2(1-x)}=$$

$$(3x-1)\left(\frac{2}{9}A-\frac{1}{2(1-x)}\right)$$

又因为$x\leqslant\frac{1}{2}$,故当$A=\frac{9}{2},B=-\frac{1}{4}$时,$\frac{2}{9}A-\frac{1}{2(1-x)}\geqslant 0$,即此时有

$$\frac{1}{1-x}\leqslant\frac{9}{2}\left(x^2-\frac{1}{9}\right)-\frac{1}{4}\left(x-\frac{1}{3}\right)+\frac{3}{2}$$

化简得

$$\frac{1}{1-x}\leqslant\frac{9}{2}x^2-\frac{1}{4}x+\frac{13}{12}$$

当$0\leqslant x\leqslant\frac{1}{2}$时成立.

将ab,bc,ca分别代入并相加,化简之后原不等式只需证明

$$18(a^2b^2+b^2c^2+c^2a^2)-(ab+bc+ca)\leqslant 5$$

而$a^2+b^2+c^2=1$,于是上式等价于

$$18(a^2b^2+b^2c^2+c^2a^2)\leqslant 5(a^2+b^2+c^2)^2+(ab+bc+ca)(a^2+b^2+c^2)$$

展开化简之后为

$$5(a^4+b^4+c^4)+\sum a^3(b+c)+abc(a+b+c)\geqslant 8(a^2b^2+b^2c^2+c^2a^2)$$

另一方面4次Schur不等式为

$$a^4+b^4+c^4+abc(a+b+c)\geqslant 2(a^2b^2+b^2c^2+c^2a^2)$$

代入并利用AM - GM不等式,命题即得证!

注 利用相同的方法可证明当$a,b,c,d>0,a^2+b^2+c^2+d^2=1$时,有

$$\frac{1}{1-ab}+\frac{1}{1-bc}+\frac{1}{1-cd}+\frac{1}{1-da}\leqslant\frac{16}{3}$$

等一系列类似问题.

配方法

第4章

让我们再来回顾一下不等式的证明,什么是不等式证明的核心?不等式证明的本质是什么?其实在证明不等式中我们用到最简单的性质就是若 $a \geqslant b$,则 $a-b \geqslant 0$. 一般地有 $x \in \mathbf{R}$,有 $x^2 \geqslant 0$,那么对任意一个给定的不等式能否写成若干个平方和的形式,即对不等式进行配方是否一定是万能的呢?

1990 年著名数学家 Hilbert(希尔伯特)在巴黎召开的第二届世界数学家大会上,作了以《数学问题》为题的著名演讲,提出了 23 个数学问题,这 23 个数学问题对今后的 1 个多世纪的数学界产生了重大影响,其中第 17 个问题是关于平方和的,即实系数半正定多项式能否表示为若干个实系数有理函数的平方和(即 Sum of Square,简称 S. O. S). 1927 年,Artin(阿廷)在建立的后人称为 Artin-Schreier 理论的基础上解决了 Hilbert 第 17 问题,他证明了在实系数半正定多项式一定可以表示为若干个实系数有理函数的平方和,然而 Artin 的证明不是构造性的,所以如何构造半正定多项式的有理函数平方和表示,仍然是困难而有趣的问题.

4.1 差分配方法

配方法的形式有千万种,未知元的个数也不固定,这一节我们着重讨论三元轮换对称时的差分配方法,它基于差分思想,主要原理是将不等式写为如下基本形式

$$S_c(a-b)^2+S_b(a-c)^2+S_a(b-c)^2\geqslant 0$$

哪些形式的三元轮换对称不等式能写成这种形式呢? 在多项式方面有如下结论.

定理 4.1 若 $\alpha_1+\alpha_2+\alpha_3=\beta_1+\beta_2+\beta_3=k$,则

$$\sum_{cyc}a^{\alpha_1}b^{\alpha_2}c^{\alpha_3}-\sum_{cyc}a^{\beta_1}b^{\beta_2}c^{\beta_3}$$

能写成基本形式.

证明 若多项式 f_1-f_2 能写成基本形式,我们称 $f_1\backsim f_2$,显然 $\backsim$ 具有对称性及传递性,即若 $A\backsim B$,则 $B\backsim A$. 若 $A\backsim B$,$B\backsim C$,则 $A\backsim C$ 先证明对称形式的情形,首先

$$\sum_{sym}a^{m+n}-\sum_{sym}a^mb^n=\sum_{cyc}(a-b)^2\left(\frac{a^m-b^m}{a-b}\cdot\frac{a^n-b^n}{a-b}\right)$$

即

$$\sum_{sym}a^{m+n}\backsim\sum_{sym}a^mb^n$$

于是

$$\sum_{sym}a^{p+q+r}b^{p+q}c^p=(abc)^p\Big(\sum_{sym}a^{q+r}b^q\Big)\backsim\sum_{sym}a^{p+2q+r}(bc)^p\backsim$$

$$\sum_{sym}a^{p+2q+r}b^{2p}\backsim\sum_{sym}a^{3p+2q+r}\Rightarrow$$

$$\sum_{sym}a^{\alpha_1}b^{\alpha_2}c^{\alpha_3}\backsim\sum_{sym}a^k\backsim\sum_{sym}a^{\beta_1}b^{\beta_2}c^{\beta_3}$$

下证明轮换对称的情形,先用数学归纳法证明

$$\sum_{cyc}a^{\alpha_1}b^{\alpha_2}c^{\alpha_3}\backsim\sum_{cyc}a^{\alpha_1}b^{\alpha_3}c^{\alpha_2}$$

当 $\alpha_1+\alpha_2+\alpha_3=k=3$ 时

$$\sum_{cyc}a^2b-\sum_{cyc}ab^2=\frac{\sum(a-b)^3}{3}$$

结论成立,若结论在 $k\leqslant n$ 时成立,则当 $k=n+1$ 时. 若 $\min\{\alpha_1,\alpha_2,\alpha_3\}\geqslant 1$,则

$$\sum_{cyc}a^{\alpha_1}b^{\alpha_2}c^{\alpha_3}\backsim\sum_{cyc}a^{\alpha_1}b^{\alpha_3}c^{\alpha_2}(\text{可提出公因子 }abc)$$

再证明

$$\sum_{cyc} a^n b \backsim \sum_{cyc} ab^n$$

若 $n = 2m - 1(m \geqslant 2)$,则

$$\sum (a^{2m-1}b - ab^{2m-1}) = \sum (a^m b - ab^m) \sum a^{m-1} - abc\sum (a^{m-1}c^{m-2} - a^{m-2}c^{m-1})$$

而

$$\sum_{cyc} a^m b \backsim \sum_{cyc} ab^m, \sum_{cyc} a^{m-1}c^{m-2} \backsim \sum_{cyc} a^{m-2}c^{m-1}$$

于是

$$\sum_{cyc} a^{2m-1} b \backsim \sum_{cyc} ab^{2m-1}$$

若 $n = 2m(m \geqslant 2)$.

$$2\sum_{cyc} a^{2m} b - 2\sum_{cyc} ab^{2m} = \left(\sum_{cyc} a^m b - \sum_{cyc} ab^m\right) \sum_{cyc} a^m + \left(\sum_{cyc} a^{m+1} b - \sum_{cyc} ab^{m+1}\right) \sum a^{m-1} - abc\left(\sum_{cyc} a^m c^{m-2} - \sum_{cyc} a^{m-2} c^m\right)$$

而由归纳假设知

$$\sum_{cyc} a^m b \backsim \sum_{cyc} ab^m, \sum_{cyc} a^{m+1} b \backsim \sum_{cyc} ab^{m+1}, \sum_{cyc} a^m c^{m-2} \backsim \sum_{cyc} a^{m-2} c^m$$

故由数学归纳法有

$$\sum_{cyc} a^{2m} b \backsim \sum_{cyc} ab^{2m}$$

于是总有

$$\sum_{cyc} a^n b \backsim \sum_{cyc} ab^n$$

又因为

$$\sum_{cyc} a^p b^q - \sum_{cyc} a^q b^p = \sum a\left(\sum_{cyc} a^{p-1} b^q - \sum_{cyc} a^{q-1} b^p\right) + \left(\sum_{cyc} a^{q+1} b^{p-1} - \sum_{cyc} b^{p+1} a^{q-1}\right) + \sum abc(a^{q-1}b^{p-2} - b^{q-1}a^{p-2}), q \geqslant p + 1 \geqslant 3$$

由于由归纳假设知

$$\sum_{cyc} a^{p-1} b^q \backsim \sum_{cyc} a^{q-1} b^p, \sum_{cyc} a^{q-1} b^{p-2} \backsim \sum_{cyc} b^{q-1} a^{p-2}$$

而

$$\sum_{cyc} a^n b \backsim \sum_{cyc} ab^n$$

令 $(q,p) = (n - 1,2),(n - 2,2),\cdots$ 我们能得到

$$\sum_{cyc} a^p b^q \backsim \sum_{cyc} a^q b^p, p+q=n+1$$

于是当 $k=n+1$ 时命题也成立,故我们完成了归纳.

所以当 $\alpha_1+\alpha_2+\alpha_3=\beta_1+\beta_2+\beta_3=k$ 时

$$2\sum_{cyc} a^{\alpha_1}b^{\alpha_2}c^{\alpha_3}-2\sum_{cyc} a^{\beta_1}b^{\beta_2}c^{\beta_3}=\sum_{sym} a^{\alpha_1}b^{\alpha_2}c^{\alpha_3}-\sum_{sym} a^{\beta_1}b^{\beta_2}c^{\beta_3}+\sum_{cyc} a^{\alpha_1}b^{\alpha_2}c^{\alpha_3}-\sum_{cyc} a^{\alpha_1}b^{\alpha_3}c^{\alpha_2}+\sum_{cyc} a^{\beta_1}b^{\beta_2}c^{\beta_3}-\sum_{cyc} a^{\beta_1}b^{\beta_3}c^{\beta_2}$$

故

$$\sum_{cyc} a^{\alpha_1}b^{\alpha_2}c^{\alpha_3} \backsim \sum_{cyc} a^{\beta_1}b^{\beta_2}c^{\beta_3}$$

综上定理得证!

事实上,以上定理的证明已经给出了一般多项式的配方技巧. 将多项式配成基本形式对于初学者来说可能并不太容易,经过一段时间的操练或许会找到一些诀窍.

下面我们列出 3 元 2,3,4 次多项式时的情况,读者也可作为练习

$$a^2+b^2+c^2-ab-ac-bc=\frac{(a-b)^2+(b-c)^2+(c-a)^2}{2}$$

$$a^3+b^3+c^3-3abc=\frac{1}{2}(a+b+c)((a-b)^2+(b-c)^2+(c-a)^2)$$

$$a^2b+b^2c+c^2a-ab^2-bc^2-ca^2=\frac{(a-b)^3+(b-c)^3+(c-a)^3}{3}$$

$$a^3+b^3+c^3-a^2b-b^2c-c^2a=\frac{(2a+b)(a-b)^2+(2b+c)(b-c)^2+(2c+a)(c-a)^2}{3}$$

$$a^4+b^4+c^4-a^3b-b^3c-c^3a=\frac{(3a^2+2ab+b^2)(a-b)^2+(3b^2+2bc+c^2)(b-c)^2+(3c^2+2ca+a^2)(c-a)^2}{4}$$

$$b^3a+a^3c+c^3b-a^3b-b^3c-c^3a=\frac{a+b+c}{3}((a-b)^3+(b-c)^3+(c-a)^3)$$

$$a^4+b^4+c^4-a^2b^2-b^2c^2-c^2a^2=\frac{(a+b)^2(a-b)^2+(b+c)^2(b-c)^2+(c+a)^2(c-a)^2}{2}$$

当然对于根式等其他类型的情况往往也可以化至基本形式. 在一些较为复杂的式子中配方可以利用以下几点:

$$P(a,b,c) \backsim Q(a,b,c), A(a,b,c) \backsim B(a,b,c)$$

$$(1) P(a,b,c)A(a,b,c) \backsim Q(a,b,c)B(a,b,c).$$

只需注意到

$$P(a,b,c)A(a,b,c)-Q(a,b,c)B(a,b,c)=$$
$$P(a,b,c)(A(a,b,c)-B(a,b,c))+B(a,b,c)(P(a,b,c)-Q(a,b,c))$$

(2) $\dfrac{P(a,b,c)}{A(a,b,c)}\backsim\dfrac{Q(a,b,c)}{B(a,b,c)}$.

(3) $\sqrt{P(a,b,c)A(a,b,c)}\backsim\sqrt{Q(a,b,c)B(a,b,c)}$.

(2) 把(3) 的证明留给读者.

当然 $\backsim$ 的对称性及传递性这两个基本性质也是值得注意的.

由上面的讨论知,能表示成基本形式的三元轮换对称多项式还是非常广泛的,那么化至基本形式之后下一步又该如何处理呢?

当然如果在基本形式中系数 S_a,S_b,S_c 是非负的那么不等式显然得证.下面我们来讨论 S_a,S_b,S_c 中有负数的情形.

一般地,在对称形式下,我们可以不妨设 $a\geqslant b\geqslant c$,对于轮换对称的问题,我们还需要多考虑一种情况:$c\geqslant b\geqslant a$.对于 $a\geqslant b\geqslant c$,我们能得到下述结论:

若 $S_b\geqslant 0$,由于 $(a-c)^2\geqslant(a-b)^2+(b-c)^2$,故

$$S_c(a-b)^2+S_b(a-c)^2+S_a(b-c)^2\geqslant$$
$$(S_c+S_b)(a-b)^2+(S_b+S_a)(b-c)^2$$

所以剩下的只需证明:$S_a+S_b\geqslant 0,S_c+S_b\geqslant 0$.

通常的这两个不等式能够很容易地证明,这是因为它们没有诸如:$(a-b)^2,(b-c)^2,(c-a)^2$ 的平方项.

若 $S_b\leqslant 0$,由于 $(a-c)^2\leqslant 2(a-b)^2+2(b-c)^2$,故

$$S_c(a-b)^2+S_b(a-c)^2+S_a(b-c)^2\geqslant$$
$$(S_c+2S_b)(a-b)^2+(2S_b+S_a)(b-c)^2$$

同理只需证明:$S_c+2S_b\geqslant 0$,以及 $2S_b+S_a\geqslant 0$.它们的证明同样是容易的.

有时我们需要作更精确的放缩.比如较为常用的

$$\frac{a-c}{b-c}\geqslant\frac{a}{b},a\geqslant b\geqslant c$$

由此,如果 $S_b,S_c\geqslant 0$,则

$$S_b(a-c)^2+S_a(b-c)^2=(b-c)^2\left(S_b\left(\frac{a-c}{b-c}\right)^2+S_a\right)\geqslant(b-c)^2\left(\frac{a^2S_b}{b^2}+S_a\right)$$

故如果我们证明了:$a^2S_b+b^2S_a\geqslant 0$,那么原命题就得证了.

将上面的讨论总结我们不难得到如下定理.

定理 4.2 对于如下形式的函数

$$S=f(a,b,c)=S_a(b-c)^2+S_b(a-c)^2+S_c(a-b)^2$$

其中 S_a,S_b,S_c 是 a,b,c 的函数,以下 5 种情况中任意一种成立时,$S\geqslant 0$.

(1) $S_a, S_b, S_c \geqslant 0$.

(2) $a \geqslant b \geqslant c$ 且 $S_b, S_b + S_c, S_b + S_a \geqslant 0$.

(3) $a \geqslant b \geqslant c$ 且 $S_a, S_c, S_a + 2S_b, S_c + 2S_b \geqslant 0$.

(4) $a \geqslant b \geqslant c$ 且 $S_b, S_c \geqslant 0, a^2 S_b + b^2 S_a \geqslant 0$.

(5) $S_a + S_b + S_c \geqslant 0$ 且 $S_a S_b + S_b S_c + S_c S_a \geqslant 0$.

注 事实上,如果 $S \geqslant 0$ 对所有的 a,b,c 成立,我们必须有 $S_a + S_b|_{a+b} \geqslant 0, S_b + S_c|_{b+c} \geqslant 0, S_c + S_a|_{c=a} \geqslant 0$ ($S_a + S_b|_{a=b}$ 为 $S_a + S_b$ 当 $a = b$ 时). 对于对称不等式,我们有 $S_a = S_b$. 当 $a = b$ 时,S_a 必须是非负的,这通常有助于我们去处理一些求最佳系数的问题.

我们注意到化成(1)之后只需证明 S_a, S_b, S_c 的一些简单关系就可证明原题,这比直接证明相比多数情况下应该会变得更为方便. 当然还要视具体情形而定,这里罗列出的5条性质是比较常见的,一旦失效,我们还可以通过增加一些分类讨论予以解决. 下面来看一些例子.

例 4.1 $a,b,c > 0$,求证

$$\sum \frac{a^3}{a^2 + 2b^2} \geqslant \sum \frac{a^3}{2a^2 + b^2}$$

证明 原不等式等价于

$$\sum_{cyc} \frac{a^3(a^2 - b^2)}{(a^2 + 2b^2)(2a^2 + b^2)} \geqslant 0$$

利用切线法配方技巧(或待定系数法),我们有

$$\sum_{cyc} \left(\frac{a^3(a + b)(a - b)}{(a^2 + 2b^2)(2a^2 + b^2)} - \frac{2}{9}(a - b) \right) \geqslant 0 \Leftrightarrow$$

$$\sum_{cyc} \frac{(a - b)^2(5a^3 + 14a^2 b + 4ab^2 + 4b^3)}{(a^2 + 2b^2)(2a^2 + b^2)} \geqslant 0$$

上式显然!

例 4.2 (2005 年 IMO) x, y, z 是实数且 $xyz \geqslant 1$,证明:

$$\frac{x^5 - x^2}{x^5 + y^2 + z^2} + \frac{y^5 - y^2}{y^5 + z^2 + x^2} + \frac{z^5 - z^2}{z^5 + y^2 + x^2} \geqslant 0$$

证明 首先我们将它齐次化

$$\frac{x^5 - x^2}{x^5 + y^2 + z^2} \geqslant \frac{x^5 - x^2 \cdot xyz}{x^5 + (y^2 + z^2)xyz} \geqslant \frac{x^4 - x^2 yz}{x^4 + yz(y^2 + z^2)}$$

$$\frac{x^4 - x^2 yz}{x^4 + yz(y^2 + z^2)} \geqslant \frac{2x^4 - x^2(y^2 + z^2)}{2x^4 + (y^2 + z^2)}$$

设 $a = x^2, b = y^2, c = z^2$,我们需要证明

$$\sum \frac{2a^2 - a(b + c)}{2a^2 + (b + c)^2} \geqslant 0 \Leftrightarrow$$

$$\sum(a-b)\left(\frac{a}{2a^2+(b+c)^2}-\frac{b}{2b^2+(a+c)^2}\right)\geqslant 0\Leftrightarrow$$

$$\sum(a-b)^2\frac{c^2+c(a+b)+a^2-ab+b^2}{(2a^2+(b+c)^2)(2b^2+(a+c)^2)}\geqslant 0$$

上式显然成立. 等号当 $a=b=c=1$ 时成立.

例 4.3 (1999 年马其顿数学奥林匹克)$a,b,c>0,a^2+b^2+c^2=1$,求证

$$a+b+c+\frac{1}{abc}\geqslant 4\sqrt{3}$$

证明 齐次化后等价于

$$a+b+c+\frac{(a^2+b^2+c^2)^2}{abc}\geqslant 4\sqrt{3(a^2+b^2+c^2)}$$

注意到

$$\sqrt{3(a^2+b^2+c^2)}\backsim a+b+c,\frac{(a^2+b^2+c^2)^2}{abc}\backsim 3(a+b+c)\Leftrightarrow$$

$$\frac{(a^2+b^2+c^2)^2-3abc(a+b+c)}{abc}\geqslant 4\left(\sqrt{3(a^2+b^2+c^2)}-(a+b+c)\right)$$

于是欲证不等式等价于

$$\frac{(a^2+b^2+c^2)^2-3abc(a+b+c)}{abc}\geqslant 4\frac{3(a^2+b^2+c^2)-(a+b+c)^2}{\sqrt{3(a^2+b^2+c^2)}+a+b+c}\Leftrightarrow$$

$$\sum(a-b)^2\frac{(a+b)^2+3c^2}{2abc}\geqslant\sum(a-b)^2\frac{4}{\sqrt{3(a+b^2+c^2)}+a+b+c}$$

然而我们有

$$\sqrt{3(a^2+b^2+c^2)}+a+b+c\geqslant 2(a+b+c)$$

于是我们只需证明

$$\sum(a-b)^2\frac{(a+b)^2+3c^2}{2abc}\geqslant\sum(a-b)^2\frac{2}{a+b+c}\Leftrightarrow$$

$$\sum(a-b)^2\left(\frac{(a+b)^2+3c^2}{2abc}-\frac{2}{a+b+c}\right)\geqslant 0$$

又由于

$$(a+b+c)((a+b)^2+3c^2)\geqslant c(a+b)^2\geqslant 4abc\Rightarrow$$

$$\frac{(a+b)^2+3c^2}{2abc}-\frac{2}{a+b+c}\geqslant 0$$

故不等式得证!

例 4.4 (2004 Mosp)$a,b,c\geqslant 0$,求证

$$a^3+b^3+c^3+3abc\geqslant ab\sqrt{2a^2+2b^2}+bc\sqrt{2b^2+2c^2}+ca\sqrt{2c^2+2a^2}$$

证明 这是另一种形式的 3 次 Schur 不等式加强.

我们知道

$$\sqrt{2a^2+2b^2} \backsim (a+b),\sqrt{2b^2+2c^2} \backsim (b+c),\sqrt{2c^2+2a^2} \backsim (c+a)$$

为了配方,两边同时减去 $\sum\limits_{sym} a^2b$,等价于

$$\sum_{cyc}(a^3+abc-a^2b-a^2c) \geqslant \sum_{cyc}(ab\sqrt{2a^2+2b^2}-a^2b-ab^2)$$

此时等式两边都能写成三元的基本形式

$$左边 = \sum_{cyc}(a-b)^2\left(\frac{a+b-c}{2}\right)$$

$$右边 = \sum(a-b)^2\left(\frac{ab}{\sqrt{2(a^2+b^2)}+a+b}\right)$$

于是原不等式等价于

$$\sum_{cyc}(a-b)^2\left(\frac{a+b-c}{2}-\frac{ab}{\sqrt{2(a^2+b^2)}+a+b}\right) \geqslant 0$$

注意到有 $\sqrt{2(a^2+b^2)} \geqslant (a+b)$,则 $\Leftarrow$

$$\sum_{cyc}(a-b)^2\left(\frac{a+b-c}{2}-\frac{ab}{2(a+b)}\right) \geqslant 0 \Leftrightarrow$$

$$\sum_{cyc}(a-b)^2\left(\frac{a^2+ab+b^2-ac-bc}{2(a+b)}\right) \geqslant 0$$

设 $S_c=\dfrac{a^2+ab+b^2-ac-bc}{2(a+b)}$ 及类似两式. 不妨设 $a \geqslant b \geqslant c$,则 $S_b, S_c \geqslant 0$. 又因为 $(a-c)^2 \geqslant (a-b)^2+(b-c)^2$,故我们有

$$(a-b)^2S_c+(b-c)^2S_a+(c-a)^2S_b \geqslant$$

$$(a-b)^2(S_c+S_b)+(b-c)^2(S_a+S_b) \geqslant 0$$

而 $S_c+S_b \geqslant 0$. 于是只需证明 $S_a+S_b \geqslant 0$,而

$$S_a+S_b=\frac{c^2+cb+b^2-ba-ca}{2(b+c)}+\frac{c^2+ca+a^2-ba-bc}{2(a+c)} \geqslant 0 \Leftrightarrow$$

$$(c^2+cb+b^2-ba-ca)(a+c)+(c^2+ca+a^2-ba-bc)(b+c) \geqslant 0 \Leftrightarrow$$

$$c^2(a+b+2c) \geqslant 0$$

上式显然,命题得证!

例 4.5 $a,b,c>0$,且 $abc=1$,求证

$$\frac{1}{(1+a)^3}+\frac{1}{(1+b)^3}+\frac{1}{(1+c)^3}+\frac{5}{(1+a)(1+b)(1+c)} \geqslant 1$$

证明 两边同乘 $(1+a)(1+b)(1+c)$ 得

$$\sum\frac{(1+b)(1+c)}{(1+a)^2}+5 \geqslant (1+a)(1+b)(1+c)=2+\sum a+\sum ab \Leftrightarrow$$

$$\sum \frac{(1+b)(1+c)}{(1+a)^2}+3 \geqslant \sum a \sum ab \Leftrightarrow$$

$$\sum \left(\frac{(1+b)(1+c)}{(1+a)^2}+1-a-bc\right) \geqslant 0 \Leftrightarrow$$

$$\sum \frac{b+c-a^2-a^3}{(1+a)^2} \geqslant 0 \Leftrightarrow$$

$$\sum \frac{b+c}{(1+a)^2} \geqslant \sum \frac{a^2}{1+a}=\sum \frac{a^2}{abc+a}=\sum \frac{a}{bc+1} \Leftrightarrow$$

$$\sum \left(\frac{a}{(1+b)^2}+\frac{a}{(1+c)^2}-\frac{a}{bc+1}\right) \geqslant 0$$

只需证

$$\frac{1}{(1+b)^2}+\frac{1}{(1+c)^2}-\frac{1}{bc+1} \geqslant 0$$

上式 $\Leftrightarrow$

$$bc(b-c)^2+(bc-1)^2 \geqslant 0$$

显然成立. 等号成立当且仅当 $a=b=c=1$,证毕.

例 4.6 $a,b,c \geqslant 1, a+b+c=9$,证明

$$\sqrt{ab+bc+ca} \leqslant \sqrt{a}+\sqrt{b}+\sqrt{c}$$

证明 不等式两边平方后 $\Leftrightarrow$

$$ab+bc+ca \leqslant 9+2(\sqrt{ab}+\sqrt{bc}+\sqrt{ca})$$

下面实施配方 $\Leftrightarrow$

$$2(a+b+c)-2(\sqrt{ab}+\sqrt{bc}+\sqrt{ca}) \leqslant 27-(ab+bc+ca) \Leftrightarrow$$

$$\sum (\sqrt{a}-\sqrt{b})^2 \leqslant \frac{(a+b+c)^2}{3}-(ab+bc+ca)=\sum \frac{1}{6}(a-b)^2 \Leftrightarrow$$

$$\sum \left(\frac{1}{6}(\sqrt{a}+\sqrt{b})^2-1\right)(\sqrt{a}-\sqrt{b})^2 \geqslant 0$$

下设 $a \geqslant b \geqslant c$,则 $a \geqslant 3, b,c \geqslant 1$,显然有

$$\frac{1}{6}(\sqrt{a}+\sqrt{b})^2 \geqslant 1, \frac{1}{6}(\sqrt{a}+\sqrt{c})^2 \geqslant 1$$

于是

$$\sum \left(\frac{1}{6}(\sqrt{a}+\sqrt{b})^2-1\right)(\sqrt{a}-\sqrt{b})^2 \geqslant$$

$$\left(\frac{1}{6}(\sqrt{c}+\sqrt{b})^2+\frac{1}{6}(\sqrt{a}+\sqrt{c})^2-2\right)(\sqrt{b}-\sqrt{c})^2+$$

$$\left(\frac{1}{6}(\sqrt{a}+\sqrt{b})^2-1\right)(\sqrt{a}-\sqrt{b})^2$$

又因为

$$\frac{1}{6}(\sqrt{c}+\sqrt{b})^2+\frac{1}{6}(\sqrt{a}+\sqrt{c})^2=\frac{1}{6}(a+b+2c)+\frac{1}{3}(\sqrt{bc}+\sqrt{ac})\geqslant$$

$$\frac{10}{6}+\frac{1}{3}(1+\sqrt{3})>2$$

命题得证.

下面的这道题目非常著名.

例 4.7 （1996 年伊朗数学奥林匹克）对所有的 $a,b,c>0$,证明

$$\frac{1}{(a+b)^2}+\frac{1}{(b+c)^2}+\frac{1}{(c+a)^2}\geqslant\frac{9}{4(ab+bc+ca)}$$

证明 （杨学枝）我们证明更强的命题.

$x,y,z>0,u,v,w>0$,有

$$\sum\frac{1}{(y+z)(v+w)}\geqslant\frac{9}{2\sum x(v+w)}\Leftrightarrow$$

$$\sum\frac{\sum x(v+w)}{(y+z)(v+w)}\geqslant\frac{9}{2}\Leftrightarrow$$

$$\left(\sum\frac{x}{y+z}-\frac{3}{2}\right)+\left(\sum\frac{u}{v+w}-\frac{3}{2}\right)+\left(\sum\frac{yw+zv}{(y+z)(v+w)}-\frac{3}{2}\right)\geqslant 0$$

注意到

$$\sum\frac{2x}{y+z}=3+\sum\left(\frac{x+y}{y+z}+\frac{y+z}{x+y}-2\right)=3+\sum\frac{(x-y)^2}{(y+z)(z+x)}$$

所以等价于

$$\sum\frac{(x-y)^2}{(y+z)(z+x)}+\sum\frac{(u-v)^2}{(u+w)(v+w)}+\sum\frac{(y-z)(w-v)}{(y+z)(w+v)}\geqslant 0$$

注意到

$$\sum\frac{(y-z)^2}{(y+z)^2}+\sum\frac{(u-v)^2}{(u+v)^2}\geqslant 2\sum\frac{(y-z)(v-w)}{(y+z)(w+v)}$$

为此我们只需证明

$$\sum\frac{(y-z)^2}{(x+y)(x+z)}\geqslant\frac{1}{2}\sum\frac{(y-z)^2}{(y+z)^2}$$

不妨设 $x\geqslant y\geqslant z$.

$$\Leftrightarrow\sum\left[\frac{2}{(x+y)(x+z)}-\frac{1}{(y+z)^2}\right](y-z)^2\geqslant 0$$

则

$$\frac{2}{(x+y)(x+z)}-\frac{1}{(y+z)^2}\geqslant 0,\frac{2}{(y+z)(y+x)}-\frac{1}{(z+x)^2}\geqslant 0$$

于是只需证明

$$\left[\frac{2}{(y+z)(y+x)}-\frac{1}{(z+x)^2}\right](z-x)^2+$$

$$\left[\frac{2}{(z+x)(z+y)}-\frac{1}{(x+y)^2}\right](x-y)^2\geqslant 0$$

利用$\frac{x-z}{y-z}\geqslant\frac{x+z}{y+z}$,有$\Leftarrow$

$$\frac{1}{(x+y)(x+z)}-\frac{1}{(y+z)^2}+\frac{(x+z)^2}{(x+y)(y+z)^3}\geqslant 0\Leftarrow$$

$$(x+z)^3+(y+z)^3\geqslant(x+y)(x+z)(y+z)$$

而事实上我们有

$$(x+z)^3+(y+z)^3\geqslant(x+z)(y+z)(x+y+2z)\geqslant(x+y)(x+z)(y+z)$$

不等式得证!

注　这个不等式形式非常漂亮和简单.当然它是非常困难的,如果你从来没有见到过它.本题可以称作经典.它有其几何背景.

a,b,c是三角形的三边长,r_a,r_b,r_c是三角形相应的旁切圆的半径,求证

$$\frac{r_a^2}{a^2}+\frac{r_b^2}{b^2}+\frac{r_c^2}{c^2}\geqslant\frac{9}{4}$$

据西安交通大学的刘健介绍这个不等式最早可能是英国人J. E. Bigby发现的,之后在1994年被刘健与陈计先生重新发现,在1996年被作为伊朗的国家以选拔考试题.证明可见《数学通讯》1994年第3期第34页.它的代数等价就是*CRUX Mathematicorum*1994年的问题1940.

这个不等式还衍生出了不少试题,我们在这里仅举一例它的加强.

例4.8　(Vasile Cirtoaje)$a,b,c>0,ab+bc+ca=1$,求证

$$\sum\frac{1+a^2b^2}{(a+b)^2}\geqslant\frac{5}{2}$$

证明　先完成配方.

$$\begin{aligned}\sum\frac{1+a^2b^2}{(a+b)^2}-\frac{5}{2}&=\sum\frac{(1-ab)^2}{(a+b)^2}+\sum\frac{2ab}{(a+b)^2}-\frac{5}{2}=\\&\sum\frac{c^2(a+b)^2}{(a+b)^2}-\sum\frac{(a-b)^2}{2(a+b)^2}-1=\\&\sum a^2-\sum ab-\sum\frac{(a-b)^2}{2(a+b)^2}=\\&\frac{1}{2}\sum\left[1-\frac{1}{(a+b)^2}\right](a-b)^2\end{aligned}$$

下面我们证明

$$\sum\left[1-\frac{1}{(a+b)^2}\right](a-b)^2\geqslant 0$$

不妨设 $a \geqslant b \geqslant c$,注意到此时

$$1-\frac{1}{(a+b)^2}=\frac{a^2+2ab+b^2-ab-bc-ca}{(a+b)^2} \geqslant \frac{a^2+2ab+b^2-ab-b^2-ba}{(a+b)^2} \geqslant 0$$

$$1-\frac{1}{(a+c)^2}=\frac{a^2+c^2+2ac-ab-bc-ca}{(a+c)^2} \geqslant \frac{a^2+c^2-ab}{(a+b)^2} \geqslant 0$$

$$\left(\frac{a-c}{b-c}\right)^2 \geqslant \frac{a^2}{b^2} \geqslant \frac{(c+a)^2}{(b+c)^2}$$

于是只需证明

$$\frac{(a+c)^2}{(b+c)^2}\left[1-\frac{1}{(a+c)^2}\right]+1-\frac{1}{(b+c)^2} \geqslant 0 \Leftrightarrow$$

$$\frac{(a+c)^2}{(b+c)^2}+1-\frac{2}{(b+c)^2} \geqslant 0 \Leftrightarrow$$

$$a^2+c^2+2ac+b^2+c^2+2bc-2ab-2ac-2bc \geqslant 0$$

上式显然,故原不等式成立.

例 4.9 (韩京俊)非负实数 a,b,c 满足 $a+b+c=1$,证明

$$\frac{\sqrt{a}}{b+ca}+\frac{\sqrt{b}}{c+ab}+\frac{\sqrt{c}}{a+bc} \geqslant \frac{9\sqrt{3}}{4}$$

证明 首先证明一个引理,若 $a,b,c \geqslant 0$,$a+b+c=1$,则有

$$64(ab+bc+ca) \geqslant 243(a+b)^2(b+c)^2(c+a)^2 \qquad (*)$$

令 $p=a+b+c=1$,$q=ab+bc+ca$,$r=abc$,则$(*)$等价于 $64q \geqslant 243(q-r)^2$. 分以下两种情况讨论.

(1) 如果 $q \geqslant \frac{3}{25}$,由 3 次 Schur 不等式知 $r \geqslant \frac{4q-1}{9}$,则

$$243(q-r)^2 \leqslant 243\left(q-\frac{4q-1}{9}\right)^2=3(5q+1)^2$$

只需证明

$$75q^2+30a+3 \leqslant 64q \Leftrightarrow (3q-1)(25q-3) \leqslant 0$$

这是显然成立的.

(2) 如果 $q<\frac{3}{25}<\frac{64}{243}$,显然有

$$64q \geqslant 243q^2 \geqslant 243(q-r)^2$$

引理得证.

回到原不等式,原不等式等价于

$$\sum_{cyc}\frac{\sqrt{a}}{(b+a)(b+c)} \geqslant \frac{9\sqrt{3}}{4} \Leftrightarrow \sum_{cyc}\sqrt{a}(a+c) \geqslant \frac{9\sqrt{3}}{4}(a+b)(b+c)(c+a)$$

利用式(＊),则只需证明

$$\sum_{cyc}\sqrt{a}(a+c)\geqslant 2\sqrt{ab+bc+ca}\sqrt{a+b+c}\Leftrightarrow$$

$$\sum_{cyc}a(a+c)^2+2\sum_{cyc}\sqrt{ab}(a^2+ab+bc+ca)\geqslant 4(ab+bc+ca)(a+b+c)\Leftrightarrow$$

$$\sum_{cyc}(a^3-a^2b+2a^2\sqrt{ab})-6abc\geqslant(ab+bc+ca)\sum(\sqrt{a}-\sqrt{b})^2$$

也即

$$A+B\geqslant(ab+bc+ca)\sum(\sqrt{a}-\sqrt{b})^2$$

其中

$$A=\frac{1}{3}\sum(a-b)^2(2a+b)$$

$$B=\sum(\sqrt{a}-\sqrt{b})^2((\sqrt{a}+\sqrt{b})^2(a+b+c)-\frac{1}{3}(5a^2+4a\sqrt{ab}+3ab+2b\sqrt{ab}+b^2))$$

而上式可以写成$\sum(\sqrt{a}-\sqrt{b})^2S_c\geqslant 0$.

其中

$$S_c=C-D=3b^2+6\sqrt{ab}(a+b+c)\geqslant 0$$

$$C=(\sqrt{a}+\sqrt{b})^2(2a+b)+3(\sqrt{a}+\sqrt{b})^2(a+b+c)$$

$$D=(5a^2+4a\sqrt{ab}+3ab+2b\sqrt{ab}+b^2)$$

于是原不等式得证.等号当且仅当$a=b=c$时取得.

注　本题化至证明

$$\sum_{cyc}a(a+c)^2+2\sum_{cyc}\sqrt{ab}(a^2+ab+bc+ca)\geqslant 4(ab+bc+ca)(a+b+c)$$

后,由AM－GM不等式知

$$\sum_{cyc}a(a+c)^2\geqslant 4\sum_{cyc}a^2c$$

$$\sum_{cyc}\sqrt{ab}(a^2+ab+bc+ca)\geqslant 4\sum_{cyc}ab(a+c)$$

将上面两式相加即证得原题.

例4.10　$a,b,c>0$,求证

$$a^2+b^2+c^2\geqslant\frac{9ab^3}{5a^2+4b^2}+\frac{9bc^2}{5b^2+4c^2}+\frac{9ca^3}{5c^2+4a^2}$$

证明　不等式等价于

$$\sum\left(b^2-\frac{9ab^3}{5a^2+4b^2}\right)\geqslant 0\Leftrightarrow$$

$$\sum\frac{b^2(5a-4b)(a-b)}{5a^2+4b^2}\geqslant 0\Leftrightarrow$$

$$\sum\left(\frac{18b^2(5a-4b)(a-b)}{5a^2+4b^2}-(a^2-b^2)\right)\geqslant 0\Leftrightarrow$$

$$\sum\frac{(a-b)^2(76b^2-10ab-5a^2)}{5a^2+4b^2}\geqslant 0$$

设 $x=\dfrac{76c^2-10bc-5b^2}{5b^2+4c^2}$, y,z 类似. 若 $a\geqslant b\geqslant c$,则

$$y=\frac{76a^2-10ac-5c^2}{4a^2+5c^2}\geqslant 0$$

注意到

$$\frac{a^2}{4a^2+5c^2}\geqslant\frac{b^2}{4b^2+5c^2}\geqslant\frac{b^2}{5b^2+4c^2}$$

$$76a^2-10ac-5c^2\geqslant 76b^2-10bc-5c^2\geqslant 0$$

所以

$$a^2y+2b^2x=\frac{a^2(76a^2-10ac-5c^2)}{4a^2+5c^2}+\frac{2b^2(76c^2-10bc-5b^2)}{5b^2+4c^2}\geqslant$$

$$\frac{b^2(76b^2-10bc-5c^2)}{5b^2+4c^2}+\frac{2b^2(76c^2-10bc-5b^2)}{5b^2+4c^2}=$$

$$\frac{b^2(66b^2-30bc+147c^2)}{5b^2+4c^2}\geqslant 0$$

我们还有

$$76a^2-10ac-5c^2\geqslant 76a^2-10ab-5b^2\geqslant 0\Rightarrow$$

$$\frac{1}{4a^2+5c^2}\geqslant\frac{1}{4a^2+5b^2}\geqslant\frac{1}{5a^2+4b^2}\Rightarrow$$

$$y+2z=\frac{76a^2-10ac-5c^2}{4a^2+5c^2}+\frac{2(76b^2-10ab-5a^2)}{5a^2+4b^2}\geqslant$$

$$\frac{76a^2-10ab-5b^2}{5a^2+4b^2}+\frac{2(76b^2-10ab-5a^2)}{5a^2+4b^2}=$$

$$\frac{66a^2-30ab+147b^2}{5a^2+4b^2}\geqslant 0$$

又因为

$$(a-c)^2\geqslant\max\left\{\frac{a^2}{b^2}(b-c)^2,(a-b)^2\right\}$$

于是

$$2\sum x(b-c)^2=[y(a-c)^2+2x(b-c)^2]+[y(a-c)^2+2z(a-b)^2]\geqslant$$
$$\left[y\cdot\frac{a^2}{b^2}(b-c)^2+2x(b-c)^2\right]+(a-b)^2(y+2z)=$$
$$\frac{(b-c)^2}{b^2}(a^2y+2b^2x)+(a-b)^2(y+2z)\geqslant 0$$

若 $c\geqslant b\geqslant a$,我们有

$$x=\frac{76c^2-10bc-5b^2}{5b^2+4c^2}\geqslant\frac{61c^2}{5b^2+4c^2}\geqslant\frac{61}{9}>6$$
$$z=\frac{76b^2-10ab-5a^2}{5a^2+4b^2}\geqslant\frac{61b^2}{5a^2+4b^2}\geqslant\frac{61}{9}>6$$

故

$$x(b-c)^2+z(a-b)^2\geqslant 6[(a-b)^2+(b-c)^2]\geqslant 3(a-c)^2$$

只需证明

$$3+y\geqslant 0\Leftrightarrow 3+\frac{76a^2-10ac-5c^2}{4a^2+5c^2}\geqslant 0\Leftrightarrow 88a^2-10ac+10c^2\geqslant 0$$

上式显然,原不等式等号成立当且仅当 $a=b=c$.

注 当用一些我们已知的方法无法得到结果时就要学会变通,尝试分情况讨论.我们可以用相同方法证明.

$$a^2+b^2+c^2\geqslant\frac{5ab^3}{3a^2+2b^2}+\frac{5bc^3}{3b^2+2c^2}+\frac{5ca^3}{3c^2+2a^2}$$

4.2 其他配方法

例 4.11 (2007 年罗马尼亚数学奥林匹克)$a_1,a_2,\cdots,a_n,b_1,b_2,\cdots,b_n\in$ **R**,满足

$$\sum_{i=1}^n a_i^2=\sum_{i=1}^n b_i^2=1,\sum_{i=1}^n a_ib_i=0$$

求证

$$\left(\sum_{i=1}^n a_i\right)^2+\left(\sum_{i=1}^n b_i\right)^2\leqslant n$$

证明 设 $A=\sum_{i=1}^n a_i,B=\sum_{i=1}^n b_i$,则

$$0\leqslant\sum_{i=1}^n(1-Aa_i-Bb_i)^2=$$
$$\sum_{i=1}^n(1+A^2a_i^2+B^2b_i^2-2Aa_i-2Bb_i+2ABa_ib_i)=$$

$$\sum_{i=1}^{n}1+A^2\sum_{i=1}^{n}a_i^2+B^2\sum_{i=1}^{n}b_i^2-2A\sum_{i=1}^{n}a_i-2B\sum_{i=1}^{n}b_i+2AB\sum_{i=1}^{n}a_ib_i=$$

$$n+A^2+B^2-2A^2-2B^2+0=n-(A^2+B^2)$$

我们完成了证明.

例 4.12 (Crux1998;Mohammed Aassila,Komal)$a,b,c>0$,求证

$$\frac{1}{a(b+1)}+\frac{1}{b(c+1)}+\frac{1}{c(a+1)}\geqslant\frac{3}{1+abc}$$

证明 注意到

$$\sum\frac{1+abc}{a(1+b)}-3=\sum\frac{1-ab+(bc-1)a}{a+ab}=$$

$$\sum\left(\frac{1-ab}{a+ab}+\frac{ab-1}{1+a}\right)=\sum\frac{(ab-1)^2}{(a+ab)(1+a)}$$

故命题得证!

注 事实上我们有更强式

$$\frac{1}{a(b+1)}+\frac{1}{b(c+1)}+\frac{1}{c(a+1)}\geqslant\frac{3}{\sqrt[3]{abc}(\sqrt[3]{abc}+1)}$$

对于这题也并不难证明,事实上

$$\frac{1+abc+a+ab}{a+ab}+\frac{1+abc+b+bc}{b+bc}+\frac{1+abc+c+ca}{c+ca}=$$

$$(1+abc)\left(\frac{1}{a(b+1)}+\frac{1}{b(c+1)}+\frac{1}{c(a+1)}\right)+3=$$

$$\frac{1+a}{ab+a}+\frac{b+1}{bc+b}+\frac{c+1}{ca+c}+\frac{b(c+1)}{b+1}+\frac{c(a+1)}{c+1}+\frac{a(b+1)}{a+1}\geqslant$$

$$\frac{3}{\sqrt[3]{abc}}+3\sqrt[3]{abc}$$

还可以用 Cauchy-Schwarz(柯西 - 许瓦尔兹)不等式证明.

证明 设 $a=\frac{\lambda x}{y},b=\frac{\lambda y}{z},c=\frac{\lambda z}{x}$,其中 $x,y,z,\lambda>0$.

我们只需证明

$$\frac{yz}{\lambda xy+zx}+\frac{zx}{\lambda yz+xy}+\frac{xy}{\lambda zx+yz}\geqslant\frac{3}{\lambda+1}$$

再设 $u=yz,v=zx,w=xy\Leftrightarrow$

$$\frac{u}{\lambda w+v}+\frac{v}{\lambda u+w}+\frac{w}{\lambda v+u}\geqslant\frac{3}{\lambda+1}$$

由 Cauchy-Schwarz 不等式有

$$\left(\frac{u}{\lambda w+v}+\frac{v}{\lambda u+w}+\frac{w}{\lambda v+u}\right)[u(\lambda w+v)+v(\lambda u+w)+$$

$$w(\lambda v+u)]\geqslant(u+v+w)^2$$

注意到

$$u(\lambda w+v)+v(\lambda u+w)+w(\lambda v+u)=$$
$$(\lambda+1)(uv+vw+wu)\leqslant\frac{\lambda+1}{3}(u+v+w)^2$$

于是我们证明了命题.

例 4.13 $x,y,z\in\mathbf{R}$,求下式的最小值.

$$\sum\frac{x^2}{(3x-2y-z)^2}$$

解 设

$$a=\frac{4x+2y+z}{7},b=\frac{4y+2z+x}{7},c=\frac{4z+2x+y}{7}$$

故

$$\sum\frac{x^2}{(3x-2y-z)^2}=\frac{1}{49}\sum\left(\frac{2a-b}{a-b}\right)^2=\frac{1}{49}\left(5+\left(\sum\frac{a}{a-b}\right)^2\right)\geqslant\frac{5}{49}$$

当 $x=-1,y=0,z=4$ 及其轮换时等号取到,故最小值是$\frac{5}{49}$.

例 4.14 $a,b,c\in\mathbf{R}$,求证

$$(a^2+ab+b^2)(b^2+bc+c^2)(c^2+ca+a^2)\geqslant$$
$$3(a^2b+b^2c+c^2a)(ab^2+bc^2+ca^2)$$

证明

$$\text{LHS}-\text{RHS}=(a-b)^2(b-c)^2(c-a)^2$$

上式显然.

注 本题还可以这样证明.

证明 由 Cauchy 不等式得

$(a^2+ab+b^2)(b^2+bc+c^2)(c^2+ca+a^2)=$

$\frac{1}{16}(3(a+b)^2+(a-b)^2)((2ab+ac+bc+2c^2)^2+3c^2(a-b)^2)\geqslant$

$\frac{1}{16}[\sqrt{3}(a+b)(2ab+ac+bc+2c^2)+\sqrt{3}c(a-b)^2]^2=$

$\frac{3}{4}(a^2b+b^2c+c^2a+ab^2+bc^2+ca^2)^2\geqslant$

$3(a^2b+b^2c+c^2a)(ab^2+bc^2+ca^2)$

例 4.15 $a,b,c\in\mathbf{R},k\geqslant0$,求证

$$\sum\frac{(a-kb)(a-kc)}{(b-c)^2}\geqslant\frac{8+8k-3k^2}{4}$$

证明 注意到有

$$\frac{(a-kb)(a-kc)}{(b-c)^2}+\frac{k^2}{4}=\frac{(2a-kb-kc)^2}{4(b-c)^2}$$

只需证明

$$\sum\frac{(2a-kb-kc)^2}{(b-c)^2}\geqslant 8(k+1)$$

易知

$$\sum\frac{2a-kb-kc}{b-c}\cdot\frac{2b-kc-ka}{c-a}=-4(k+1)$$

于是原不等式等价于

$$\sum\frac{(2a-kb-kc)^2}{(b-c)^2}\geqslant -2\sum\frac{2a-kb-kc}{b-c}\cdot\frac{2b-kc-ka}{c-a}\Leftrightarrow$$

$$\left(\sum\frac{2a-kb-kc}{b-c}\right)^2\geqslant 0$$

上式显然.

例 4.16 $x,y,z\geqslant 0$,求证

$$\frac{x}{1+x+xy}+\frac{y}{1+y+yz}+\frac{z}{1+z+zx}\leqslant 1$$

证明 不等式等价于

$$\frac{1}{yz+1+y}-\frac{1}{\frac{1}{x}+1+y}+\frac{1}{1+\frac{1}{yz}+\frac{1}{z}}-\frac{1}{x+1+\frac{1}{z}}\geqslant 0\Leftrightarrow$$

$$\frac{1-xyz}{(yz+1+y)(1+x+xy)}+\frac{(xyz-1)z}{(yz+1+y)(xz+z+1)}\geqslant 0\Leftrightarrow$$

$$\frac{(1-xyz)^2}{(yz+1+y)(1+x+xy)(xz+z+1)}\geqslant 0$$

于是命题得证!

例 4.17 (《福建中学数学》,陈计)$p,q,r\geqslant 0,a,b,c\in\mathbf{R}$,求证

$$[(q+r)a+(r+p)b+(p+q)c]^2\geqslant 4(p+q+r)(pbc+qca+rab)$$

证明 不妨设 $a=\max\{a,b,c\}$,则

$$[(q+r)a+(r+p)b+(p+q)c]^2-4(p+q+r)(pbc+qca+rab)=$$

$$[(q-r)a+(r+p)b-(p+q)c]^2+4qr(a-b)(a-c)\geqslant 0$$

注 本题有其几何背景.

设 P 是 $\triangle ABC$ 一个内点,r_1,r_2,r_3 是 P 到 a,b,c 的长度,Δ 是其面积,则

$$r_2r_3+r_3r_1+r_1r_2\leqslant\frac{4\Delta^2}{2bc+2ca+2ab-a^2-b^2-c^2}$$

等号成立当且仅当 $r_1:r_2:r_3=(b+c-a):(c+a-b):(a+b-c)$,事实上有

$$[(q+r)a+(r+p)b+(p+q)c]^2\geqslant 4(p+q+r)(pbc+qca+rab)$$

对所有的实数 a,b,c 及 $pqr(p+q+r)\geqslant 0$ 成立.

对于本题可以令 $p=f(b),q=f(c),r=f(a)$ 等,得到一系列轮换对称不等式. 例如,令 $q=c^k,r=a^k,p=b^k$,则我们得到

$$\left[\sum_{cyc}a^k(a+b)\right]^2\geqslant 4\sum a^k\sum_{cyc}a^{k+1}b$$

特别的取 $k=1$ 有

$$\left(\sum a^2+\sum ab\right)^2\geqslant 4\sum a\sum_{cyc}a^2b$$

等号成立当且仅当 $a=b=c,b=\dfrac{2}{\sqrt{5}+1}a,c=0$ 及其轮换.

上述结论堪称优美,我们可以由此证明一些不等式,如 $a,b,c,k>0$,求证

$$\sum\frac{a^2+bc}{b+kc}\geqslant\frac{2(a+b+c)}{k+1}$$

证明 由 Cauchy-Schwarz 不等式有

$$\left(\sum\frac{a^2+bc}{b+kc}\right)\left(\sum(a^2+bc)(b+kc)\right)\geqslant\left(\sum a^2+\sum ab\right)^2\Leftarrow$$

$$(k+1)\left(\sum a^2+\sum ab\right)^2\geqslant 2\left(\sum a\right)\left(\sum(a^2+bc)(b+kc)\right)$$

又因为有

$$\left(\sum a^2+\sum ab\right)^2\geqslant 4\left(\sum a\right)\left(\sum a^2b\right)$$

$$\left(\sum a^2+\sum ab\right)^2\geqslant 4\left(\sum a\right)\left(\sum ab^2\right)$$

故将上述第一个式子加上 k 倍的第二个式子即证明了原命题.

例 4.18 $a,b,c\in\mathbf{R}$,求证

$$3(a^4+b^4+c^4)+4a^3b+4b^3c+4c^3a\geqslant 0$$

证明 注意到有恒等式

$$3(a^4+b^4+c^4)+4a^3b+4b^3c+4c^3a=$$

$$\frac{1}{7}\sum_{cyc}(4a^2-2b^2-c^2+2ac+4ab)^2\geqslant 0$$

等号成立当且仅当 $a=b=c=0$.

注 本题中的恒等式是怎么来的,用这样的配方法能证明满足下面不等式的 k 的最大值是多少呢?

$$a^4+b^4+c^4+k(a^3b+b^3c+c^3a)\geqslant 0$$

看似不可思议的证明背后有它的原理,本题我们用的是待定系数法,即设

$$a^4+b^4+c^4+k(a^3b+b^3c+c^3a)=$$

$$\sum_{cyc}(\alpha a^2+\beta b^2+\gamma c^2+xbc+yac)^2\geqslant 0,\alpha>0$$

由此得

$$\alpha=\frac{(y-x)xy+\sqrt{P}}{2(x^2-xy+y^2)},\beta=-\frac{\alpha x}{y}-x,\gamma=-\frac{\alpha y}{x}$$

其中 $P=(2x^4-x^3y+2x^2y^2-xy^3+2y^4)xy,x<0,y<0$,解得

$$k=\frac{2(\beta x+\gamma y)}{\alpha^2+\beta^2+\gamma^2}=\frac{-2(x^3y+xy^3+(x+y)\sqrt{P})}{(x+y)((x+y)(x^2+y^2)+\sqrt{P})}$$

设 $\frac{x}{y}+\frac{y}{x}=t$,则

$$k_{\text{best}}\geqslant\max_{t\geqslant 2}\frac{2(\sqrt{2t^3+3t^2-4t-4}-t)}{t^2+2t-\sqrt{2t^3+3t^2-4t-4}}=1.48941118\cdots>\frac{10}{7}$$

利有计算机软件求 k 的最大值算得的结果一样,可见配方法能处理本题最强时的结果.

当 $t=t_{\max}=3.5279\cdots$ 时有 $\frac{x}{y}=3.2171\cdots$

特别地,当 $x=-2,y=-1$ 时,$\alpha=\frac{5}{3},\beta=-\frac{4}{3},\gamma=-\frac{5}{6}$;或当 $x=-1,y=-2$ 时

$$3(a^4+b^4+c^4)+4(a^3b+b^3c+c^3a)\geqslant 0\Leftrightarrow$$
$$\sum_{cyc}(10a^2-8b^2-5c^2-6ac-12bc)^2\geqslant 0\Leftrightarrow$$
$$\sum_{cyc}(4a^2-2b^2-c^2+2ac+4ab)^2\geqslant 0$$

例 4.19 (Crux, Vasile Cirtoaje)$a,b,c\in\mathbf{R}$,求证

$$(a^2+b^2+c^2)^2\geqslant 3(a^3b+b^3c+c^3a)$$

证明 本题十分有名,凡之后提到的 Vasile 不等式均是指此.本题利用差分配方法难以证明,Vasile 曾给出了如下解答.

$$4((a^2+b^2+c^2)-(bc+ca+ab))((a^2+b^2+c^2)^2-3(a^3b+b^3c+c^3a))=$$
$$((a^3+b^3+c^3)-5(a^2b+b^2c+c^2a)+4(b^2a+c^2b+a^2c))^2+$$
$$3((a^3+b^3+c^3)-(a^2b+b^2c+c^2a)-2(b^2a+c^2b+a^2c)+6abc)^2$$

不等式成立当且仅当 $a=b=c,a:b:c=\sin^2\frac{4\pi}{7}:\sin^2\frac{2\pi}{7}:\sin^2\frac{\pi}{7}$ 及其轮换.

注 上面的证明看似不可思议,但实际上却是非常自然的,对于如下函数

$$g(a,b,c)=(a^2+b^2+c^2)^2-3(a^3b+b^3c+c^3a),(a,b,c)\in\mathbf{R}^3$$

我们想要证明 $g(a,b,c)\geqslant 0$ 对任意的实数 a,b,c 成立.固定其中的一组 (a,b,c),我们再考察数组 $(a+d,b+d,c+d)$,其中 $d\in\mathbf{R}$,那么何时 $g(a+d,b+d,c+d)$ 会最小呢?其实求 $g(a+d,b+d,c+d)$ 的最小值就是求 $g(a+d,b+d,c+d)-g(a,b,c)$ 的最小值((a,b,c) 是固定的),而

$$g(a+d,b+d,c+d)-g(a,b,c)=$$
$$d^2((a^2+b^2+c^2)-(bc+ca+ab)+d))(a^3+b^3+c^3)-$$
$$d(5(a^2b+b^2c+c^2a))-4(b^2a+c^2b+a^2c)$$

上式是一个二次函数,它取到最小值时有

$$d=-\frac{(a^3+b^3+c^3)-5(a^2b+b^2c+c^2a)+4(b^2a+c^2b+a^2c)}{2((a^2+b^2+c^2)-(bc+ca+ab))}$$

这即是当 $g(a+d,b+d,c+d)$ 最小时 d 的值,于是对于此时的 d 有

$$g(a,b,c)\geqslant g(a+d,b+d,c+d)$$

我们要证明 $g(a,b,c)\geqslant 0$,只需证明 $g(a+d,b+d,c+d)\geqslant 0$. 此时我们得到

$$g(a+d,b+d,c+d)=\frac{3(\sum a^3-\sum_{cyc}a^2b-2\sum_{cyc}b^2a+6abc)^2}{4(\sum a^2-\sum ab)}\geqslant 0$$

而我们有

$$g(a,b,c)=g(a+d,b+d,c+d)-(g(a+d,b+d,c+d)-g(a,b,c))$$

经过一些必要的计算,我们就能得到 Vasile 那不可思议的恒等式.

尽管上面的证明思想自然但是却需要机器的帮助,是否有适合于手工证明的方法呢? 答案是肯定的.

$$2((a^2+b^2+c^2)^2-3(a^3b+b^3c+c^3a))=$$
$$(a^2-2ab+bc-c^2+ca)^2+(b^2-2bc+ca-a^2+ab)^2+$$
$$(c^2-2ca+ab-b^2+bc)^2\geqslant 0$$

其主要思想是就是待定系数法配方. 令

$$(a^2+b^2+c^2)^2-3(a^3b+b^3c+c^3a)=$$
$$\sum_{cyc}(k_1a^2+k_2b^2+k_3c^2+k_4ab+k_5bc+k_6ac)^2$$

再试图解出一组满足要求的 k_1,k_2,k_3,k_4,k_5,k_6,解并不是唯一的,我们也有

$$(a^2+b^2+c^2)^2-3(a^3b+b^3c+c^3a)=\frac{1}{6}\sum_{cyc}(a^2-2b^2+c^2+3bc-3ca)^2\geqslant 0$$

本题还衍生出了不少有趣的题目,如:

若 $a,b,c\in\mathbf{R}$,则

$$E=a^4+b^4+c^4+ab^3+bc^3+ca^3-2(a^3b+b^3c+c^3a)\geqslant 0$$

上面的不等式也有基于上述思想的两种证明.

$$4(a^2+b^2+c^2-ab-bc-ca)\cdot E=(A-3C+2D)^2+3(A-2B+C)^2\geqslant 0$$

其中 $A=a^3+b^3+c^3,B=a^2b+b^2c+c^2a,C=ab^2+bc^2+ca^2,D=3abc$.

$$(a^4+b^4+c^4)+(b^3a+c^3b+a^3c)-2(a^3b+b^3c+c^3a)=$$
$$\frac{1}{2}((a^2-b^2+bc-ab)^2+(b^2-c^2+ca-bc)^2+(c^2-a^2+ab-ca)^2)\geqslant 0$$

等号成立当且仅当 $a=b=c,(a,b,c)\backsim\left(1+2\cos\frac{\pi}{9},1+2\cos\frac{2\pi}{9},-1\right)$.

注意到 Vasile 不等式等价于

$$a^2(a-b)(a-2b)+b^2(b-c)(b-2c)+c^2(c-a)(c-2a)\geqslant 0$$

它与4次 schur 不等式十分相似,我们也可以用类似的方法证明4次 Schur 不等式

$$[a^2(a-b)(a-c)+b^2(b-a)(b-c)+c^2(c-a)(c-b)]=$$
$$\frac{1}{2}\sum(a^2-b^2+bc-ca)^2\geqslant 0$$

当然配方也可以打破对称性,如上述两题都可证明如下

$$(a^2+b^2+c^2)^2-3(a^3b+b^3c+c^3a)=$$
$$\frac{1}{4}(a^2+b^2-3ab+3ac-2c^2)^2+\frac{3}{4}(a^2-ab-ac-b^2+2bc)^2$$
$$a^4+b^4+c^4+ab^3+bc^3+ca^3-2(a^3b+b^3c+c^3a)=$$
$$\frac{1}{4}(a^2-ab+2ac+b^2-bc-2c^2)^2+\frac{3}{4}(a^2-ab-b^2+bc)^2$$

借助于计算机的帮助,我们能得到更为一般的恒等式

$$\sum x^4+(p+q-1)\sum x^2y^2-p\sum x^3y-q\sum xy^3=$$
$$\frac{1}{4}[2x^2-y^2-z^2-pxy+(p+q)yz-qzx]^2+$$
$$\frac{1}{12}[3y^2-3z^2-(p+2q)xy-(p-q)yz+(2p+q)zx]^2$$

Vasile 还得到另一个结果. $p,q,r,a,b,c\in\mathbf{R}$,若 $3(1+r)\geqslant p^2+pq+q^2$,则

$$\sum a^4+r\sum a^2b^2+(p+q-r-1)abc\sum a\geqslant p\sum a^3b+q\sum ab^3$$

当 $3(1+r)=p^2+pq+q^2$ 式,不等式可由下面3个恒等式分别证得

$$\sum(2a^2-b^2-c^2-pab+(p+q)bc-qca)^2\geqslant 0$$
$$\sum(3b^2-3c^2-(p+2q)ab-(p-q)bc+(2p+q)ca)^2\geqslant 0$$
$$3(2a^2-b^2-c^2-pab+(p+q)bc-qca)^2+$$
$$(3b^2-3c^2-(p+2q)ab-(p-q)bc+(2p+q)ca)^2\geqslant 0$$

最近 Vasile 指出 $3(1+r)\geqslant p^2+pq+q^2$ 这一条件还是必要的,也即此为 $\mathbf{R}^3$ 上有零点(1,1,1)的3元4次轮换对称不等式成立的充分必要条件.

4.3 有理化技巧

在遇到根式不等式的时候,根式往往难以处理,即使配方法也很难完成证

明. 此时将不等式有理化就显得非常重要,在这一节中我们来谈谈有理化的常用技巧.

直接利用基本不等式或者切线法去根号是比较基本的方法.

例 4.20 $a,b,c>0$,求证

$$\sqrt{\frac{a^4+2b^2c^2}{a^2+2bc}}+\sqrt{\frac{b^4+2c^2a^2}{b^2+2ca}}+\sqrt{\frac{c^4+2a^2b^2}{c^2+2ab}}\geqslant a+b+c$$

证明 利用 Cauchy 不等式有

$$(a^4+b^2c^2+b^2c^2)(a+b+c)(a+c+b)\geqslant(a^2+2bc)^3$$

类似地有其他两式,于是

$$\sum\sqrt{\frac{a^4+2b^2c^2}{a^2+2bc}}\geqslant\sum\frac{a^2+2bc}{a+b+c}=a+b+c$$

相加即证得原题!

寻找一些近似量再用重要不等式做一些放缩也是常用的方法.

举一些例子,若 $A\approx B$,且 $A\geqslant B$,则

$$\frac{\sqrt{A}}{\sqrt{B}}=\frac{A}{\sqrt{AB}}\geqslant\frac{2A}{A+B}=\frac{\sqrt{AB}}{B}\leqslant\frac{A+B}{2B}$$

其中 $A\approx B$ 表示当变元取到不等式等号成立条件时有 $A=B$,我们不仅仅局限于可对 A,B 使用 AM - GM 不等式,还可以考虑 Cauchy 等重要不等式.

例 4.21 $a,b,c>0,abc=1$,求证

$$\frac{1}{\sqrt{2a+2ab+1}}+\frac{1}{\sqrt{2b+2bc+1}}+\frac{1}{\sqrt{2c+2ca+1}}\geqslant 1$$

证法 1 由于

$$(x+1)^2-(2x+1)=x^2\geqslant 0$$

于是

$$\frac{1}{\sqrt{2x+1}}\geqslant\frac{1}{x+1}$$

$$\sum_{cyc}\frac{1}{\sqrt{2a+2ab+1}}\geqslant\sum_{cyc}\frac{1}{a+ab+1}=1$$

得证!

证法 2 设 $a=\frac{x}{y},b=\frac{z}{x},c=\frac{y}{z}$,于是不等式变为

$$\sqrt{\frac{x}{x+2y+2z}}+\sqrt{\frac{y}{y+2z+2x}}+\sqrt{\frac{z}{z+2x+2y}}\geqslant 1$$

而

$$\sqrt{\frac{x}{x+2y+2z}}=\frac{x}{\sqrt{x(x+2y+2z)}}\geqslant\frac{2x}{x+(x+2y+2z)}=\frac{x}{x+y+z}$$

故命题得证!

例 4.22 $a,b,c>0$,求证

$$\sum \sqrt{\frac{a(b+c)}{a^2+bc}} \geqslant 2$$

证明 我们设 $A=a(b+c)$,$B=a^2+bc$,则

$$\sum \sqrt{\frac{a(b+c)}{a^2+bc}}=\sum \frac{a(b+c)}{\sqrt{(ab+ac)(a^2+bc)}} \geqslant \sum \frac{2a(b+c)}{(a+b)(a+c)}=2$$

欲证不等式得证.

这种方法有时需要无中生有.

例 4.23 $a,b,c \geqslant 0$ 且满足 $a+b+c=1$,求证

$$\sqrt{a+b^2}+\sqrt{b+c^2}+\sqrt{c+a^2} \geqslant 2$$

证明 (Vo Quoc Ba Can) 两边同时减去 $\sum a$,则 $\Leftrightarrow$

$$\sum\left(\sqrt{a+b^2}-b\right) \geqslant 1 \Leftrightarrow \sum \frac{a}{b+\sqrt{a+b^2}} \geqslant 1$$

由 AM - GM 不等式有

$$\begin{aligned}\frac{a}{b+\sqrt{a+b^2}}&=\frac{a(a+b)}{b(a+b)+(a+b)\sqrt{a+b^2}} \geqslant \\ &\frac{2a(a+b)}{2b(a+b)+(a+b)^2+a+b^2}= \\ &\frac{2a(a+b)}{2a^2+5ab+4b^2+ca}\end{aligned}$$

只需证明

$$\begin{aligned}&\sum \frac{2a(a+b)}{2a^2+5ab+4b^2+ca} \geqslant 1 \Leftrightarrow \\ &4\sum a^4b^2+3\sum a^3b^2c-19\sum a^2b^3c+16\sum a^4bc-12a^2b^2c^2 \geqslant 0 \Leftrightarrow \\ &4\left(\sum a^4b^2-\sum a^2b^3c\right)+3\left(\sum a^3b^2c-3a^2b^2c^2\right)+ \\ &15\left(\sum a^4bc-\sum a^2b^3c\right)+\left(\sum a^4bc-3a^2b^2c^2\right) \geqslant 0\end{aligned}$$

上式由 AM - GM 不等式显然.

这一方法对非根式不等式也有效.

例 4.24 $a,b,c>0$,$a+b+c \geqslant 3$,求证

$$\frac{1}{a^2+b+c}+\frac{1}{b^2+c+a}+\frac{1}{c^2+a+b} \leqslant 1$$

证明 注意到 $1+b+c \approx a^2+b+c$,可考虑分子分母同时乘以 $1+b+c$,再进行放缩

$$\sum \frac{1+b+c}{(a^2+b+c)(1+b+c)} \leqslant \sum \frac{1+b+c}{(a+b+c)^2} = \frac{3+2\sum a}{\left(\sum a\right)^2} \leqslant 1$$

得证.

注 本题进行放缩后各个分母归一了,这种证明的思想在局部不等式中已有过介绍.

对于一些较为困难的问题利用简单的不等式直接放缩就往往失效了,利用我们之前所说的近似量常常能使问题迎刃而解. 对于根式 A 及有理式 B,若 $A \approx B$,且 $A \geqslant (\leqslant) B$,则

$$\pm A \mp B = \frac{\pm A^2 \mp B^2}{A+B} \leqslant (\geqslant) \frac{\pm A^2 \mp B^2}{2B}$$

概括地来讲就是先差分再放缩,下面我们来看几个例子.

例 4.25 $a,b,c \geqslant 0$,且至多有 1 数为 0. 求证

$$\sum \frac{\sqrt{ab+4bc+4ac}}{a+b} \geqslant \frac{9}{2}$$

证明 本题难度较大,直接放缩难以启效,故考虑先将不等式两边平方,于是不等式等价于

$$\sum \frac{bc+4ac+4ab}{(b+c)^2} + 2\sum \frac{\sqrt{(4ab+c(4a+b))(4ab+c(a+4b))}}{(a+c)(b+c)} \geqslant \frac{81}{4}$$

利用 Cauchy-Schwarz 不等式有

$$\sqrt{(4ab+c(4a+b))(4ab+c(a+4b))} \geqslant 4ab + c\sqrt{(4a+b)(a+4b)}$$

然而这依旧有根式,但解决根式不等式的钥匙就是有理化,去根号. 故我们需要寻找与 $\sqrt{(4a+b)(a+4b)}$ 近似的量与之进行差分,去根号,注意到

$$\sqrt{(4x+y)(x+4y)} - 2(x+y) = \frac{9xy}{\sqrt{(4x+y)(x+4y)}+2(x+y)} \geqslant \frac{9xy}{\frac{(4x+y)+(x+4y)}{2}+2(x+y)} = \frac{2xy}{x+y}$$

故我们有

$$\sqrt{(4x+y)(x+4y)} \geqslant \frac{2(x^2+3xy+y^2)}{x+y}$$

于是只需证明

$$\sum ab\frac{1}{(a+b)^2} + 3\sum \frac{a}{b+c} + 2\sum \frac{4ab(a+b)+2c(a+b)^2+2abc}{(a+b)(b+c)(c+a)} \geqslant \frac{81}{4}$$

注意到由 1996 伊朗不等式(例 4.7)有

$$\sum ab\sum\frac{1}{(a+b)^2}\geqslant\frac{9}{4}$$

又

$$\sum\frac{4ab(a+b)+2c(a+b)^2+2abc}{(a+b)(b+c)(c+a)}=\frac{6\sum\limits_{sym}a^2b+18abc}{\sum\limits_{sym}a^2b+2abc}=6+\frac{6abc}{\sum\limits_{sym}a^2b+2abc}$$

于是只需证明

$$\frac{12abc}{\sum\limits_{sym}a^2b+2abc}+3\frac{\sum a(a+b)(a+c)}{\sum\limits_{sym}a^2b+2abc}\geqslant 6$$

两边同除以 3 乘以 $\sum\limits_{sym}a^2b+2abc$,等价于证明

$$\sum a^3+3abc\geqslant\sum_{sym}a^2b$$

此即为 3 次 Schur 不等式,于是原题得证!

注 本题是著名的 1996 伊朗不等式的加强.

关于不等式右边式子的上界估计,我们能得到如下结果.

$a,b,c>0$,有

$$\sum\frac{\sqrt{ab+4bc+4ac}}{a+b}\leqslant\frac{3}{2\sqrt{2}}\left(\sqrt{\frac{b+c}{a}}+\sqrt{\frac{c+a}{b}}+\sqrt{\frac{a+b}{c}}\right)$$

证明 由于

$$\frac{\sqrt{4(bc+4ab+4ac)}}{b+c}=\sqrt{\frac{16a}{b+c}+\frac{4bc}{(b+c)^2}}\leqslant\sqrt{\frac{16a+b+c}{b+c}}$$

于是只需证明

$$\frac{3}{\sqrt{2}}\sum\sqrt{\frac{b+c}{a}}\geqslant\sum\sqrt{\frac{16a+b+c}{b+c}}$$

两边平方,我们有

$$\left(\sum\sqrt{\frac{b+c}{a}}\right)^2=\sum\frac{b+c}{a}+2\sum\sqrt{\frac{(a+b)(a+c)}{bc}}\geqslant$$

$$\sum\frac{b+c}{a}+2\sum\frac{a+\sqrt{bc}}{\sqrt{bc}}=$$

$$\sum\frac{b+c}{a}+2\sum\frac{a}{\sqrt{bc}}+6\geqslant$$

$$\sum\frac{b+c}{a}+4\sum\frac{a}{b+c}+6=$$

$$\sum a\left(\frac{1}{b}+\frac{1}{c}\right)+4\sum\frac{a}{b+c}+6\geqslant$$

$$8\sum\frac{a}{b+c}+6$$

$$\left(\sum\sqrt{\frac{16a+b+c}{b+c}}\right)^2=\sum\frac{16a+b+c}{b+c}+2\sum\sqrt{\frac{(16a+b+c)(16b+c+a)}{(a+c)(b+c)}}\leqslant$$

$$\sum\frac{16a+b+c}{b+c}+\sum\left(\frac{16a+b+c}{a+c}+\frac{16b+c+a}{b+c}\right)=$$

$$18\sum\frac{a}{b+c}+54$$

只需证明

$$\frac{9}{2}\left(8\sum\frac{a}{b+c}+6\right)\geqslant 18\sum\frac{a}{b+c}+54\Leftrightarrow$$

$$\sum\frac{a}{b+c}\geqslant\frac{3}{2}$$

上式为 Nesbitt 不等式,欲证不等式等号成立当且仅当 $a=b=c$.

例 4.26 $a,b,c\geqslant 0, a+b+c=3$,求证

$$\sqrt{3-ab}+\sqrt{3-bc}+\sqrt{3-ca}\geqslant 3\sqrt{2}$$

证明 (刘雨晨)由 $3-ab\approx 3-\frac{(a+b)^2}{4}, \frac{(3+c)^2}{8}\approx 3-\frac{(a+b)^2}{4}$,又 $\sum\sqrt{\frac{(3+c)^2}{8}}=3\sqrt{2}$,想到证明

$$\sum\left[\sqrt{3-ab}-\sqrt{3-\frac{(a+b)^2}{4}}\right]\geqslant\sum\left[\sqrt{\frac{(3+c)^2}{8}}-\sqrt{3-\frac{(a+b)^2}{4}}\right]\Leftrightarrow$$

$$\sum\frac{\left(\frac{a-b}{2}\right)^2}{\sqrt{3-ab}+\sqrt{3-\frac{(a+b)^2}{4}}}\geqslant\frac{\frac{3}{8}(c-1)^2}{\sqrt{\frac{(3+c)^2}{8}}+\sqrt{3-\frac{(a+b)^2}{4}}}$$

注意到

$$2\sqrt{3}\geqslant 2\sqrt{3-ab}\geqslant\sqrt{3-ab}+\sqrt{3-\frac{(a+b)^2}{4}}$$

$$\sqrt{\frac{(3+c)^2}{8}}+\sqrt{3-\frac{(a+b)^2}{4}}=\sqrt{\frac{(3+c)^2}{8}}+\sqrt{3-\frac{(3-c)^2}{4}}\geqslant$$

$$\frac{3}{2\sqrt{2}}+\frac{\sqrt{3}}{2}(\text{关于 } c \text{ 单调递增})>\sqrt{3}$$

于是只需证明

$$\sum\frac{(a-b)^2}{8\sqrt{3}}\geqslant\sum\frac{3(1-c)^2}{8\sqrt{3}}\Leftrightarrow$$

$$3\sum(a-b)^2 \geqslant \sum(a+b-2c)^2 \Leftrightarrow$$

$$\sum(a-b)^2 \geqslant 2\sum(a-c)(b-c)$$

上式为等式.

注 上述证明中寻找适当的 $A \approx B$ 是关键.

有时不需要将分母中的 A 放缩至 B,可以寻找一个较为简单的 C 代替.

例 4.27 a,b,c 为非负实数,满足 $a+b+c=1$,求证

$$\sum a\sqrt{8b^2+c^2} \leqslant 1$$

证明 注意到$\sqrt{8b^2+c^2} \approx \frac{8b}{3}+\frac{c}{3}$,则

$$\sqrt{8b^2+c^2}-\left(\frac{8b}{3}+\frac{c}{3}\right)=\frac{\frac{8}{9}(b-c)^2}{\sqrt{8b^2+c^2}+\frac{8b}{3}+\frac{c}{3}} \leqslant \frac{2(b-c)^2}{3(2b+c)}$$

即

$$3b+c-\frac{3bc}{2b+c} \geqslant \sqrt{8b^2+c^2}$$

于是只需证明

$$\left(\sum a\right)^2 \geqslant \sum a\left(3b+c-\frac{3bc}{2b+c}\right) \Leftrightarrow$$

$$3abc\sum\frac{1}{2b+c}+\sum a^2-2\sum ab \geqslant 0$$

由 Cauchy-Schwarz 不等式有

$$\sum\frac{1}{2b+c} \geqslant \frac{3}{a+b+c}$$

故只需证明

$$\frac{9abc}{a+b+c}+\sum a^2-2\sum ab \geqslant 0 \Leftrightarrow$$

$$\sum a^3+3abc \geqslant \sum bc(b+c)$$

上式即为 3 次 Schur 不等式.

注 与本题类似的还有一道,$a,b,c>0,a+b+c=1$,有

$$\sum a\sqrt{4b^2+c^2} \leqslant \frac{3}{4}$$

可证明如下局部不等式

$$2b+c-\frac{2bc(2b+c)}{4b^2+3bc+c^2} \geqslant \sqrt{4b^2+c^2}$$

其构造原理及之后的证明留给读者完成.

关于这一类型的放缩,比较常用的结果有

$$\frac{3a^2+2ab+3b^2}{2(a+b)}\geqslant\sqrt{2a^2+2b^2}\geqslant\frac{\sqrt{2}(a^2+b^2)+2(2-\sqrt{2})ab}{a+b}$$

上式为左右两边均为分母为$(a+b)$,分子为多项式时的最佳值. 利用上述的局部不等式我们可以证明.

(2004Mosp)$a,b,c\geqslant 0$,有

$$a^3+b^3+c^3+3abc\geqslant ab\sqrt{2a^2+2b^2}+bc\sqrt{2b^2+2c^2}+ca\sqrt{2c^2+2a^2}$$

若分母不要求$(a+b)$,则我们类似地有

$$\sqrt{2a^2+2b^2}-a-b=\frac{(a-b)^2}{\sqrt{2a^2+2b^2}+a+b}\leqslant\frac{(a-b)^2}{\sqrt{2}b+a+b}$$

等. 放缩的形式主要视等号成立条件(上式得放缩等号成立条件为$a=b$或$a=0$)及之后证明的繁简程度而定. 若利用一次放缩难以奏效,则可尝试作2次放缩,如

$$\sqrt{2(a^2+b^2)}-(a+b)=\frac{(a-b)^2}{\sqrt{2(a^2+b^2)}+(a+b)}\geqslant$$

$$\frac{2(a-b)^2(a+b)}{5a^2+6ab+5b^2}+a+b$$

虽然各种放缩可能形式上有所不同,但随着放缩次数的增加事实上得到的有理式也越来越接近原根式,当然式子也是越来越烦.

当将$\sqrt{a^2+b^2}$改为$\sqrt[n]{a^k+b^k}$时,T. Mildorf 得到如下结果:

$a,b>0,k\geqslant -1$,则有

$$\frac{(1+k)(a-b)^2+8ab}{4(a+b)}\geqslant\left(\frac{a^k+b^k}{2}\right)^{\frac{1}{k}}$$

其证明很困难,需要用到较深的知识,本书不作介绍.

有时我们也不能墨守成规,而需要灵活应变地使用有理化技巧.

例 4.28 $a,b,c\geqslant 0$,求证

$$3\sum a\geqslant 2\sum\sqrt{a^2+bc}$$

证明 注意到不等式等号成立条件为$\backsim(1,1,0)$. 为了差分之后保持原各个根式非负,考虑两边同时减去$2a+2b+2c$,则$\Leftrightarrow$

$$\sum\frac{bc}{\sqrt{a^2+bc}+a}\leqslant\frac{\sum a}{2}$$

我们考察$\dfrac{bc}{\sqrt{a^2+bc}+a}$,利用等号成立条件我们知道

$$\frac{bc}{\sqrt{a^2+bc}+a}\approx\frac{bc}{2a+b+c}\approx\frac{bc}{2}\left(\frac{1}{a+b}+\frac{1}{a+c}\right)$$

而

$$(a^2+bc)(2a+b+c)^2-(2bc+ca+ab)^2=$$
$$4a^4+4a^3(b+c)+4a^2bc+bc(b-c)^2\geqslant 0\Rightarrow$$
$$\sqrt{a^2+bc}\geqslant\frac{2bc+ca+ab}{2a+b+c}\Rightarrow\sum\frac{bc}{a+\sqrt{a^2+bc}}\leqslant$$
$$\sum\frac{bc}{a+\frac{2bc+ca+ab}{2a+b+c}}=\sum\frac{bc(2a+b+c)}{2(c+a)(a+b)}=\frac{a+b+c}{2}$$

证毕!

例 4.29 (孙世宝)设 $x,y,z\geqslant 0$,证明

$$1\leqslant\sum\frac{x^2}{\sqrt{(x^2+y^2+xy)(x^2+z^2+zx)}}\leqslant\frac{2\sqrt{3}}{3}$$

证明 先证明不等式的右边,由 Cauchy 不等式有

$$(x^2+xy+y^2)(x^2+xz+z^2)=$$
$$\left[\left(y+\frac{x}{2}\right)^2+\left(\frac{\sqrt{3}}{2}x\right)^2\right]\left[\left(z+\frac{x}{2}\right)^2+\left(\frac{\sqrt{3}}{2}x\right)^2\right]^2\geqslant$$
$$\left[\left(y+\frac{x}{2}\right)\frac{\sqrt{3}}{2}x+\left(z+\frac{x}{2}\right)\frac{\sqrt{3}}{2}x\right]^2=\frac{3}{4}x^2(x+y+z)^2$$

于是

$$\sum\frac{x^2}{\sqrt{(x^2+y^2+xy)(x^2+z^2+zx)}}\leqslant\frac{2}{\sqrt{3}}\sum\frac{x}{x+y+z}=\frac{2}{\sqrt{3}}$$

不等式右边得证!

对于不等式的左边,困扰我们的是如何去根号.

注意到此时等号成立条件为 $\backsim(1,1,1)$,而我们有

$$\sqrt{(x^2+y^2+xy)(x^2+z^2+zx)}\approx x^2+yz+x\sqrt{yz}\approx x^2+yz+x\cdot\frac{y^2+z^2}{y+z}$$

故我们猜想有

$$\sqrt{(x^2+y^2+xy)(x^2+z^2+zx)}\leqslant x^2+yz+x\cdot\frac{y^2+z^2}{y+z}\Leftrightarrow$$
$$\frac{\frac{3}{4}x^2(y-z)^2}{\sqrt{(x^2+y^2+xy)(x^2+z^2+zx)}+x^2+yz+\frac{xy+xz}{2}}\leqslant\frac{(y-z)^2x}{2(y+z)}$$
$$\sqrt{(x^2+y^2+xy)(x^2+z^2+zx)}+x^2+yz+\frac{xy+xz}{2}\geqslant\frac{3}{2}x(y+z)$$

而

$$\sqrt{(x^2+y^2+xy)(x^2+z^2+zx)} \geqslant xz+xy+x\sqrt{yz} \geqslant xz+xy$$

于是我们有

$$\frac{x^2}{\sqrt{(x^2+y^2+xy)(x^2+z^2+zx)}} \geqslant \frac{x^2(y+z)}{\sum x^2(y+z)}$$

将类似三式相加即得欲证不等式.

Schur 不等式与初等多项式法

第5章

5.1 Schur 不等式及其拓展

5.1.1 Schur 不等式

Issai Schur(伊赛·舒尔),1875 年 1 月 10 日出生于俄罗斯帝国的第聂伯河岸的莫吉廖夫(现属白俄罗斯),Schur 一生大部分时间在德国度过,1894 年舒尔进入柏林大学攻读数学与物理专业,1901 年取得博士学位,1903 年成为柏林大学讲师,1911 年成为波恩大学教授,1916 年返回柏林,1919 年被提升为正教授,他的主要成就是在群表示论方面的奠基性工作,研究领域也涉及数论、分析等. 1929 年成为俄罗斯科学院外籍院士,1941 年 1 月 10 日在其66 岁生日时逝于巴勒斯坦的特拉维夫(现属以色列),Schur 不等式在证明对称不等式中有广泛应用.

作为本节的开始,我们先给出 Schur 不等式在特殊情况下的一个推广,即 U. C. Guha 不等式.

例 5.1(Guha 不等式)　若 $p>0,a,b,c,\alpha,\beta,\gamma\geqslant 0$,且 $a^{\frac{1}{p}}+c^{\frac{1}{p}}\leqslant b^{\frac{1}{p}},\alpha^{\frac{1}{p+1}}+\gamma^{\frac{1}{p+1}}\geqslant\beta^{\frac{1}{p+1}}$,则

$$\alpha bc-\beta ac+\gamma ab\geqslant 0$$

证明 由 Cauchy 不等式推广得

$$\left[a^{\frac{1}{p+1}}(\alpha c)^{\frac{1}{p+1}}+c^{\frac{1}{p+1}}(\gamma a)^{\frac{1}{1+p}}\right]^{p+1}\leqslant(\alpha c+\gamma a)(a^{\frac{1}{p}}+c^{\frac{1}{p}})^{p}$$

亦即

$$ac(\alpha^{\frac{1}{p+1}}+\gamma^{\frac{1}{1+p}})^{p+1}\leqslant(\alpha c+\gamma a)(a^{\frac{1}{p}}+c^{\frac{1}{p}})^{p}$$

又我们有

$$a^{\frac{1}{p}}+c^{\frac{1}{p}}\leqslant b^{\frac{1}{p}},\alpha^{\frac{1}{p+1}}+\gamma^{\frac{1}{p+1}}\geqslant\beta^{\frac{1}{p+1}}$$

带入即得欲证命题.

注 类似地我们能得到当 $-1<p<0$ 或 $p<-1$ 时类似的结论. 在 Guha 不等式中设 $p=1$,并不失一般性的设 $0\leqslant z\leqslant y\leqslant x$,令 $a=y-z,b=x-z,c=x-y,\alpha=x^{\lambda},\beta=y^{\lambda},\gamma=z^{\lambda}$,则结论即为 Schur 不等式.

例 5.2 $a,b,c>0$,满足 $a+b+c=3$,求证

$$\sum_{cyc}\frac{a}{3a^{2}+abc+27}\leqslant\frac{3}{31}$$

证明 由 3 次 Schur 不等式有

$$3abc\geqslant4(ab+bc+ca)-9$$

设 $s=\dfrac{4(ab+bc+ca)+72}{9}$,我们只需证明

$$\sum\frac{3a}{9a^{2}+4(ab+bc+ca)+72}\leqslant\frac{3}{31}\Leftrightarrow$$

$$\sum\left(1-\frac{31a(a+b+c)}{9a^{2}+4(ab+bc+ca)+72}\right)\geqslant0\Leftrightarrow$$

$$\sum\frac{(7a+8c+10b)(c-a)-(7a+8b+10c)(a-b)}{a^{2}+s}\geqslant0\Leftrightarrow$$

$$\sum(a-b)^{2}\frac{8a^{2}+8b^{2}+15ab+10c(a+b)+s}{(a^{2}+s)(b^{2}+s)}\geqslant0$$

得证.

例 5.3 (2008Turkey) 对正实数 a,b,c,如果 $a+b+c=1$,证明

$$\frac{a^{2}b^{2}}{c^{3}(a^{2}-ab+b^{2})}+\frac{b^{2}c^{2}}{a^{3}(b^{2}-bc+c^{2})}+\frac{c^{2}a^{2}}{b^{3}(c^{2}-ca+a^{2})}\geqslant\frac{3}{ab+bc+ca}$$

证明 令 $x=\dfrac{1}{a},y=\dfrac{1}{b},z=\dfrac{1}{c}$,只需证明

$$\sum\frac{z^{3}}{x^{2}-xy+y^{2}}\geqslant\frac{3(xy+yz+zx)}{x+y+z}$$

事实上,我们有更强式

$$\sum\frac{z^{3}}{x^{2}-xy+y^{2}}\geqslant x+y+z\geqslant\frac{3(xy+yz+zx)}{x+y+z}$$

直接证明更强式,由 Cauchy 不等式,我们可以得到

$$\sum \frac{z^3}{x^2-xy+y^2} \geqslant \frac{(x^2+y^2+z^2)^2}{\sum z(x^2-xy+y^2)}$$

于是只需证明

$$(x^2+y^2+z^2)^2 \geqslant (x+y+z)\sum[z(x^2-xy+y^2)] \Leftrightarrow$$

$$x^4+y^4+z^4+xyz(x+y+z) \geqslant x^3(y+z)+y^3(z+x)+z^3(x+y)$$

此即 4 次 Schur 不等式,这是显然成立的.

故原不等式成立. 等号当且仅当 $a=b=c$ 时取得.

例 5.4 $a,b,c \geqslant 0$,求证

$$\sum_{cyc} a\sqrt{b^2-bc+c^2} \leqslant \sum a^2$$

证明 (韩京俊)注意到本题的取等条件为 $a=b=c$ 或 $a=b,c=0$ 及其轮换. 考虑先用 Cauchy 不等式去根号,再处理.

$$\sum_{cyc} a\sqrt{b^2-bc+c^2} = \sum_{cyc}\sqrt{a}\sqrt{ab^2-abc+ac^2} \leqslant$$

$$\sqrt{\sum a}\sqrt{\sum(ab^2-abc+ac^2)}$$

于是我们只需证明

$$\sqrt{\sum a}\sqrt{\sum(ab^2-abc+ac^2)} \leqslant \sum a^2$$

上式两边平方化简之后即为 4 次 Schur 不等式,故命题得证!

注 本题为林博(第 50 届 IMO 金牌)提出的猜想.

例 5.5 (2006 年 IMO 预选题)a,b,c 为三角形三边长,求证

$$\sum \frac{\sqrt{b+c-a}}{\sqrt{b}+\sqrt{c}-\sqrt{a}} \leqslant 3$$

证明 由 a,b,c 为三角形三边长知存在 $x,y,z>0$,满足 $\sqrt{b}+\sqrt{c}-\sqrt{a}=x$, $\sqrt{c}+\sqrt{a}-\sqrt{b}=y$, $\sqrt{a}+\sqrt{b}-\sqrt{c}=z$,原不等式等价于

$$\sum \frac{\sqrt{x^2+xy+xz-yz}}{x} \leqslant 3\sqrt{2} \Leftrightarrow$$

$$\sum \sqrt{1-\frac{(x-y)(x-z)}{2x^2}} \leqslant 3$$

由 $\sqrt{1-m} \leqslant 1-\frac{m}{2}(a<1)$,知有

$$\sqrt{1-\frac{(x-y)(x-z)}{2x^2}} \leqslant 1-\frac{(x-y)(x-z)}{4x^2}$$

带入化简后知只需证明

$$\sum x^{-2}(x-y)(x-z) \geqslant 0$$

上式即为0次Schur不等式.

例5.6 （韩京俊）证明:对非负实数a,b,c,我们有

$$a\sqrt{a^2+bc}+b\sqrt{b^2+ca}+c\sqrt{c^2+ab} \geqslant \sqrt{2}(ab+bc+ca)$$

证明 （郑凡(第50届IMO金牌得主)）由4次Schur不等式我们有

$$a\sqrt{a^2+bc}+b\sqrt{b^2+ca}+c\sqrt{c^2+ab} \geqslant$$

$$\frac{1}{\sqrt{2}}(a(a+\sqrt{bc})+b(b+\sqrt{ca})+c(c+\sqrt{ab})) \geqslant$$

$$\frac{1}{\sqrt{2}}(\sqrt{ab}(a+b)+\sqrt{bc}(b+c)+\sqrt{ca}(ca)) \geqslant \sqrt{2}(ab+bc+ca)$$

得证!

注 郑凡的证明让人欣赏到了不等式的证明之美,在之后我们还会介绍本题的命制背景.

例5.7 （1996年伊朗数学奥林匹克）对所有的$x,y,z \geqslant 0$,至多有一数为0,求证

$$\frac{1}{(x+y)^2}+\frac{1}{(y+z)^2}+\frac{1}{(z+x)^2} \geqslant \frac{9}{4(xy+yz+zx)}$$

证明 注意到

$$(xy+yz+zx)\left(\frac{1}{(x+y)^2}+\frac{1}{(y+z)^2}+\frac{1}{(z+x)^2}\right)=$$

$$(xy+yz+xz)\frac{(x+y)^2(y+z)^2+(y+z)^2(z+x)^2+(z+x)^2(x+y)^2}{(x+y)^2(y+z)^2(z+x)^2}$$

但我们有

$$(xy+yz+zx)((x+y)^2(y+z)^2+(y+z)^2(z+x)^2+(z+x)^2(x+y)^2)=$$

$$\sum(x^5y+2x^4y^2+\frac{5}{2}x^4yz+13x^3y^2z+4x^2y^2z^2)$$

$$(x+y)^2(y+z)^2(z+x)^2=\sum_{sym}(x^4y^2+x^4yz+x^3y^3+6x^3y^2z+\frac{5}{3}x^2y^2z^2)$$

通过一些计算有

$$\sum_{sym}(4x^5y-x^4y^2-3x^3y^3+x^4yz-2x^3y^2z+x^2y^2z^2) \geqslant 0$$

由3次Schur不等式有

$$\sum_{sym}(x^3-2x^2y+xyz) \geqslant 0$$

两边同乘xyz得

$$\sum_{sym}(x^4yz-2x^3y^2z+x^2y^2z^2) \geqslant 0 \tag{1}$$

由 AM - GM 不等式有

$$\sum_{sym}((x^5y-x^4y^2)+3(x^5y-x^3y^3))\geqslant 0 \qquad (2)$$

利用(1),(2) 知命题得证.

例 5.8 $a,b,c\geqslant 0,a^3+b^3+c^3=3$,求证

$$a^4b^4+b^4c^4+c^4a^4\leqslant 3$$

证明 本题若直接齐次化次数太高,较难处理,考虑利用条件逐步"升次".

$$\begin{aligned}9\sum b^4c^4&=9\sum b^3c^3\cdot bc\leqslant 3\sum b^3c^3(b^3+c^3+1)=\\&3\sum b^3c^3(b^3+c^3)+3\sum b^3c^3=\\&\sum b^3c^3(b^3+c^3)+2\sum b^3c^3(b^3+c^3)+3\sum b^3c^3\leqslant\\&\sum a^9+3a^3b^3c^3+2\sum b^3c^3(b^3+c^3)+\\&3\sum b^3c^3=(3\text{ 次 Schur 不等式})\\&3(\sum a^3)^2=27\end{aligned}$$

故命题得证!

例 5.9 $x,y,z>0$,求证

$$\frac{y^3}{x^3}+\frac{z^3}{y^3}+\frac{x^3}{z^3}\geqslant\sum\sqrt{\frac{y(z^2+xy)}{2x^2z}}$$

证明 (韩京俊)令$\frac{y}{x}=a,\frac{z}{y}=b,\frac{x}{z}=c$,则 $abc=1$,于是不等式等价于

$$\sum a^3\geqslant\sum a\sqrt{\frac{b+c}{2}}$$

利用 3 次 Schur 不等式我们有

$$\sum a^3\geqslant\sum a^2(b+c)-3abc=\sum a^2(b+c)-3$$

另一方面

$$\sum a\sqrt{\frac{b+c}{2}}\leqslant\sum(\sqrt{(b+c)a^2+2}-1)\Leftarrow$$

$$\sum a^2(b+c)\geqslant\sum\sqrt{(b+c)a^2+2}$$

又因为

$$\sum\sqrt{(b+c)a^2+2}\leqslant\sum\frac{(a^2(b+c)+2)+4}{4}\leqslant\sum a^2(b+c)$$

从而命题得证!

例 5.10 $a,b,c\geqslant 0$,求证

$$\sum a(a-b)(a-c)(a-2b)(a-2c)\geqslant 0$$

证明 由于

$$(a-2b)(a-2c)=(a-b-c)^2-(b-c)^2$$

$$\sum a(b-c)^2(a-b)(a-c)=0$$

故原不等式等价于

$$\sum a(b+c-a)^2(a-b)(a-c)\geqslant 0$$

不妨设 $a\geqslant b\geqslant c\geqslant 0$,则我们有

$$a(b+c-a)^2(a-b)(a-c)\geqslant b(b+c-a)^2(a-b)(b-c)$$

$$c(a+b-c)^2(c-a)(c-b)\geqslant c(a+b-c)^2(a-b)(b-c)$$

于是只需证明

$$b(b+c-a)^2+c(a+b-c)^2-b(a+c-b)^2\geqslant 0$$

化简之后为

$$c(b+c-a)^2+4bc(b-c)\geqslant 0$$

上式显然成立. 命题得证.

等式成立当且仅当 $(a,b,c)\backsim(1,1,1)$ 或 $(a,b,c)\backsim(1,1,0)$ 或 $(a,b,c)\backsim(2,1,1)$.

5.1.2 Schur 不等式的拓展

由于 Schur 不等式在证明不等式时很有效,所以 Schur 不等式的不少拓展也应运而生. 可以将 Schur 不等式的形式与差分配方法结合起来,即将不等式写成

$$f(a,b,c)=M(a-b)^2+N(a-c)(b-c)$$

显然当 $M,N\geqslant 0$ 时,$f(a,b,c)\geqslant 0$. 这一方法也被称之为 SOS-Schur 法.

例 5.11 已知 a,b,c 为正数,证明

$$\frac{a+b}{b+c}+\frac{b+c}{c+a}+\frac{c+a}{a+b}+\frac{3(ab+bc+ca)}{(a+b+c)^2}\geqslant 4$$

证明 不失一般性,设 $c=\min(a,b,c)$,我们有

$$\frac{a+b}{b+c}+\frac{b+c}{c+a}+\frac{c+a}{a+b}-3=\frac{1}{(a+c)(b+c)}(a-b)^2+\frac{1}{(a+b)(b+c)}(a-c)(b-c)$$

$$\frac{3(ab+bc+ca)}{(a+b+c)^2}-1=-\frac{1}{(a+b+c)^2}(a-b)^2-\frac{1}{(a+b+c)^2}(a-c)(b-c)$$

因此

$$f(a,b,c)=M(a-b)^2+N(a-c)(b-c)$$

其中

$$M=\frac{1}{(a+c)(b+c)}-\frac{1}{(a+b+c)^{2}}$$

和

$$N=\frac{1}{(a+b)(b+c)}-\frac{1}{(a+b+c)^{2}}$$

显然 $M,N\geqslant 0$,因此原不等式得证.

下面的这个结论,形式与 Schur 不等式较为相似.

定理5.1 a,b,c,x,y,z 为非负实数且满足 $a\geqslant b\geqslant c$,$ax\geqslant by$ 或者 $cz\geqslant by$,则有

$$x(a-b)(a-c)+y(b-c)(b-a)+z(c-a)(c-b)\geqslant 0$$

证明 首先我们来考虑 $ax\geqslant by$ 这种情况.

容易证明 $ax-by\geqslant c(x-y)$. 事实上如果 $x-y\leqslant 0$,那么由 $ax-by\geqslant 0$ 以及 $c(x-y)\leqslant 0$,即可得到 $ax-by\geqslant c(x-y)$,又如果 $x-y\geqslant 0$,我们有 $b(x-y)\geqslant c(x-y)$,所以

$$ax-by\geqslant bx-by=b(x-y)\geqslant c(x-y)$$

故 $ax-by\geqslant c(x-y)$,也即 $(a-c)x-(b-c)y\geqslant 0$,因此

$$x(a-b)(a-c)+y(b-c)(b-a)=(a-b)[(a-c)x-(b-c)y]\geqslant 0$$

而又由于 $c\leqslant a$,$c\leqslant b$,则 $z(c-a)(c-b)\geqslant 0$,因此

$$x(a-b)(a-c)+y(b-c)(b-a)+z(c-a)(c-b)\geqslant 0$$

同理我们可以证明 $cz\geqslant by$ 的情况. 于是定理得证.

注 显然 $x\geqslant y$ 或者 $z\geqslant y$ 时,定理中的不等式也成立.

例5.12 $a,b,c>0$,求证

$$\sum a^{3}+3abc\geqslant\sum ab\sqrt{2(a^{2}+b^{2})}$$

证明 由 Cauchy 不等式我们有

$$\left(\sum ab\sqrt{2(a^{2}+b^{2})}\right)^{2}\leqslant\left(\sum ab(a+b)\right)\left(\sum\frac{2ab(a^{2}+b^{2})}{a+b}\right)$$

只需证明

$$\frac{\left(\sum a^{3}+3abc\right)^{2}}{\sum ab(a+b)}\geqslant 2\sum\frac{ab(a^{2}+b^{2})}{a+b}$$

利用 AM - GM 不等式有

$$\frac{\left(\sum a^{3}+3abc\right)^{2}}{\sum ab(a+b)}\geqslant 2\left(\sum a^{3}+3abc\right)-\sum ab(a+b)\Leftrightarrow$$

$$2\left(\sum a^{3}+3abc\right)-\sum ab(a+b)\geqslant 2\sum\frac{ab(a^{2}+b^{2})}{a+b}\Leftrightarrow$$

$$2\sum a(a-b)(a-c)\geqslant\sum\frac{ab(a-b)^2}{a+b}\Leftrightarrow$$
$$\sum\left(\frac{a^2}{a+b}+\frac{a^2}{a+c}\right)(a-b)(a-c)\geqslant 0$$

上式符合定理5.1的形式，于是我们只需验证上式满足所需的条件即可，由于原不等式是对称的，显然可设 $a\geqslant b\geqslant c$，只需验证 $x\geqslant y$ 或者 $z\geqslant y$. 而 $x\geqslant y$ 等价于

$$\frac{a^2}{a+b}+\frac{a^2}{a+c}\geqslant\frac{b^2}{b+c}+\frac{b^2}{b+a}\Leftrightarrow$$
$$(a-b)\left[1+\frac{ab+bc+ca}{(a+c)(b+c)}\right]\geqslant 0$$

这是显然成立的，于是上式满足定理5.1所需的两个条件，则原不等式得证.

例 5.13 设 $a,b,c>1$ 且满足 $a+b+c=9$. 证明

$$\sqrt{ab+bc+ca}\leqslant\sqrt{a}+\sqrt{b}+\sqrt{c}$$

证明 $\sqrt{a}=x,\sqrt{b}=y,\sqrt{c}=z$，我们有

$$x^2+y^2+z^2=9,9\min\{x^2,y^2,z^2\}\geqslant x^2+y^2+z^2$$

则原不等式等价于

$$x+y+z\geqslant\sqrt{x^2y^2+y^2z^2+z^2x^2}\Leftrightarrow$$
$$(x+y+z)^2(x^2+y^2+z^2)\geqslant 9(x^2y^2+y^2z^2+z^2x^2)\Leftrightarrow$$
$$3(x^2+y^2+z^2)^2-9(x^2y^2+y^2z^2+z^2x^2)\geqslant$$
$$3(x^2+y^2+z^2)^2-(x+y+z)^2(x^2+y^2+z^2)\Leftrightarrow$$
$$3\sum(x^2-y^2)(x^2-z^2)\geqslant 2(x^2+y^2+z^2)\sum(x-y)(x-z)\Leftrightarrow$$
$$\sum(x-y)(x-z)[3(x+y)(x+z)-2(x^2+y^2+z^2)]\geqslant 0\Leftrightarrow$$
$$\sum(x-y)(x-z)[x^2+3x(y+z)+3yz-2y^2-2z^2]\geqslant 0\Leftrightarrow$$
$$\sum(x-y)(x-z)[x^2+3x(y+z)-yz]-2\sum(x-y)(x-z)(y-z)^2\geqslant 0\Leftrightarrow$$
$$\sum(x-y)(x-z)[x^2+3x(y+z)-yz]\geqslant 0$$

所以不等式等价于

$$X(x-y)(x-z)+Y(y-z)(y-x)+Z(z-x)(z-y)\geqslant 0$$

其中 $X=x^2+3x(y+z)-yz,Y,Z$ 的表达式类似可以写出.

因为 $9x^2\geqslant x^2+y^2+z^2$，我们有

$$x^2\geqslant\frac{y^2+z^2}{8}\geqslant\frac{(y+z)^2}{16}$$

所以

$$X \geqslant \frac{y^2+z^2}{8}+\frac{3(y+z)^2}{4}-yz \geqslant \frac{yz}{4}+3yz-yz>0$$

类似地 $Y,Z \geqslant 0$,不妨设 $x \geqslant y \geqslant z$,则

$$X-Y=(x^2-y^2)+4z(x-y) \geqslant 0$$

因此由定理 5.1 知原不等式成立,等号当且仅当 $a=b=c=3$.

例 5.14　对正实数 a,b,c,证明

(1) $\dfrac{a^2+2bc}{(b+c)^2}+\dfrac{b^2+2ac}{(c+a)^2}+\dfrac{c^2+2ab}{(a+b)^2} \geqslant \dfrac{9}{4}$.

(2) $\dfrac{a^2+bc}{b^2+bc+c^2}+\dfrac{b^2+ac}{c^2+ca+a^2}+\dfrac{c^2+ab}{a^2+ab+b^2} \geqslant 2$.

证明　先证明(1),由定理 5.1 可得到

$$\frac{(a-b)(a-c)}{(b+c)^2}+\frac{(b-c)(b-a)}{(c+a)^2}+\frac{(c-a)(c-b)}{(a+b)^2} \geqslant 0 \qquad (*)$$

这是因为由不等式的对称性可设 $a \geqslant b \geqslant c$,而此时显然有 $\dfrac{1}{(b+c)^2} \geqslant \dfrac{1}{(c+a)^2}$,故上式成立.

而由 1996 伊朗不等式有

$$\frac{bc+ca+ab}{(b+c)^2}+\frac{bc+ca+ab}{(c+a)^2}+\frac{bc+ca+ab}{(a+b)^2} \geqslant \frac{9}{4} \qquad (**)$$

注意到

$$a^2+2bc=(a-b)(a-c)+(bc+ca+ab)$$
$$b^2+2ca=(b-c)(b-a)+(bc+ca+ab)$$
$$c^2+2ab=(c-a)(c-b)+(bc+ca+ab)$$

于是我们将(*)和(* *)相加,即可得到

$$\frac{a^2+2bc}{(b+c)^2}+\frac{b^2+2ac}{(c+a)^2}+\frac{c^2+2ab}{(a+b)^2} \geqslant \frac{9}{4}$$

不等式(1) 得证.

再证明(2),由定理 5.1 即有

$$\frac{(a-b)(a-c)}{b^2+bc+c^2}+\frac{(b-c)(b-a)}{c^2+ca+a^2}+\frac{(c-a)(c-b)}{a^2+ab+b^2} \geqslant 0$$

不难验证上式满足定理 5.1 所需的条件.

我们再证明如下不等式

$$\frac{a(b+c)}{b^2+bc+c^2}+\frac{b(c+a)}{c^2+ca+a^2}+\frac{c(a+b)}{a^2+ab+b^2} \geqslant 2$$

事实上

$$\frac{a(b+c)}{b^2+bc+c^2}+\frac{b(c+a)}{c^2+ca+a^2}+\frac{c(a+b)}{a^2+ab+b^2}-2=$$

$$\frac{bc(b-c)^2(b^2+bc+c^2)+ca(c-a)^2(c^2+ca+a^2)+ab(a-b)^2(a^2+ab+b^2)}{(b^2+bc+c^2)(c^2+ca+a^2)(a^2+ab+b^2)}$$

$\geqslant 0$

这是显然成立的,由于

$$a^2+bc=(a-b)(a-c)+a(b+c)$$
$$b^2+ca=(b-c)(b-a)+b(c+a)$$
$$c^2+ab=(c-a)(c-b)+c(a+b)$$

将以上得到的两个不等式相加,即可得到

$$\frac{a^2+bc}{b^2+bc+c^2}+\frac{b^2+ac}{c^2+ca+a^2}+\frac{c^2+ab}{a^2+ab+c^2}\geqslant 2$$

于是不等式(2)也得证,当且仅当 $a=b=c$ 时取得等号.

命题得证.

例 5.15 (Tiks)$a,b,c>0$,证明

$$\frac{a^2}{(2a+b)(2a+c)}+\frac{b^2}{(2b+c)(2b+a)}+\frac{c^2}{(2c+a)(2c+b)}\leqslant\frac{1}{3}$$

证明 欲证不等式可以写成

$$\frac{1}{3}-\sum\frac{a^2}{(2a+b)(2a+c)}=$$

$$\sum\left(\frac{a}{3(a+b+c)}-\frac{a^2}{(2a+b)(2a+c)}\right)=$$

$$\sum\frac{1}{3(a+b+c)}\cdot\frac{a}{(2a+b)(2a+c)}(a-b)(a-c)=$$

$$\frac{1}{3(a+b+c)}\sum\frac{a}{(2a+b)(2a+c)}(a-b)(a-c)$$

所以只需证明

$$x(a-b)(a-c)+y(b-c)(b-a)+z(c-a)(c-b)\geqslant 0$$

其中 $x=\frac{a}{(2a+b)(2a+c)},y=\frac{b}{(2b+c)(2b+a)},z=\frac{c}{(2c+a)(2c+b)}$,不妨设 $a\geqslant b\geqslant c$,我们证明 $ax\geqslant by\Leftrightarrow$

$$a\frac{a}{(2a+b)(2a+c)}\geqslant b\frac{b}{(2a+c)(2b+a)}\Leftrightarrow$$

$$a(2b+a)a(2b+c)\geqslant b(2a+b)b(2a+c)$$

而又有

$$a(2b+a)\geqslant b(2a+b),a(2b+c)\geqslant b(2a+c)$$

因此 $ax \geqslant by$ 成立,故由定理5.1知原不等式即得证.

不等式等号成立当且仅当 $a = b = c$.

对于定理5.1的形式,有更为一般的结论,我们将它们罗列如下,限于篇幅,就不再一一介绍了.

定理5.2 $a,b,c \in \mathbf{R}, x,y,z \geqslant 0$,则

$$x(a-b)(a-c)+y(b-c)(b-a)+z(c-a)(c-b) \geqslant 0$$

成立,当满足下面条件中的任意一个.

(1) $a \geqslant b \geqslant c, x \geqslant y$.

(2) $a \geqslant b \geqslant c, z \geqslant y$.

(3) $a \geqslant b \geqslant c, x+z \geqslant y$.

(4) $a,b,c \geqslant 0, a \geqslant b \geqslant c, ax \geqslant by$.

(5) $a,b,c \geqslant 0, a \geqslant b \geqslant c, cz \geqslant by$.

(6) $a,b,c \geqslant 0, a \geqslant b \geqslant c, ax+cz \geqslant by$.

(7) x,y,z 是三角形三边长.

(8) x,y,z 是锐角三角形三边长.

(9) ax,by,cz 是三角形三边长.

(10) ax,by,cz 是锐角三角形三边长.

(11) 存在一个下凸函数 $t: I \to \mathbf{R}_+$,其中 I 是一个包含实数 a,b,c 的区间,满足 $x=t(a), y=t(b), z=t(c)$.

注 (8)等价于:a,b,c 是三角形的三条边,$x,y,z \in \mathbf{R}$,求证

$$a^2(x-y)(x-z)+b^2(y-x)(y-z)+c^2(z-y)(z-x) \geqslant 0$$

证明 令 $t_1 = x-y, t_2 = y-z$,则

$$a^2(x-y)(x-z)+b^2(y-x)(y-z)+c^2(z-y)(z-x)=$$

$$a^2t_1(t_1+t_2)-b^2t_1t_2+c^2t_2(t_1+t_2)=$$

$$a^2t_1^2+(a^2-b^2+c^2)t_1t_2+c^2t_2^2=$$

$$t_2^2\left(a^2\left(\frac{t_1}{t_2}\right)^2+(a^2-b^2+c^2)\frac{t_1}{t_2}+c^2\right)$$

$$\Delta=(a^2-b^2+c^2)^2-4a^2c^2=$$

$$(a+b+c)(a-b+c)(a-b-c)(a+b-c) \leqslant 0$$

于是不等式成立.

这一结论被称为三角形边的嵌入不等式(Wolstenholme's inequality of Schur's type),于1867年最早出现在J. Wolstenholme的一本书中;1964年,Oppenheim和Davies曾用配方法证明了这一结果.

我们这里有必要指出的是,存在如下恒等式

$$\sum x(a-b)(a-c)=\frac{1}{2}\sum(y+z-x)(b-c)^2$$

等式右边为差分配方的基本形式,由此我们可以较为方便地使用差分配方中的一些结论,如(7) 可由此直接推出. 然而对于其他的结论却并不能容易地由差分配方的结论推得. 能写成差分配方基本形式的转换对称多项式是一般的,但是上面的这些例题若用差分配方却并不容易,故这两个方法是可以互补的.

5.2 初等多项式法

我们在之前介绍了 Schur 不等式及它的拓展,意识到其在证明不等式中是一个有用的工具. 注意到三元对称不等式能唯一地表示为关于初等多项式 $a+b+c,ab+bc+ca,abc$ 的多项式. 所以我们可以将不等式 $f(a,b,c)\geqslant 0$ 转化为 $g(a+b+c,ab+bc+ca,abc)\geqslant 0$,利用 Schur 不等式得到的初等多项式之间的一些关系来证明. 为方便起见我们常常设 $a+b+c=p,ab+bc+ca=q,abc=r$. 所以这一方法也被称之为 p,q,r 法.

先将关于 p,q,r 的一些常用的不等式罗列如下:

(1)$p^3-4pq+9r\geqslant 0$.

(2)$p^4-5p^2q+4q^2+6pr\geqslant 0$.

(3)$pq-9r\geqslant 0$.

(4)$p^2q+3pr-4q^2\geqslant 0$.

(5)$2p^3+9r-7pq\geqslant 0$.

(6)$pq^2-2p^2r-3qr\geqslant 0$.

(7)$2q^3+9r^3-7pqr\geqslant 0$.

我们只证明其中几个,其余的留给读者作为练习.

(1) 由3次 Schur 不等式 $\sum a(a-b)(a-c)\geqslant 0$,展开即可得到 $a^3+b^3+c^3+3abc\geqslant\sum ab(a+b)$. 易算得到 $a^3+b^3+c^3=p^3-2pq-\sum ab(a+b)$,且 $\sum ab(a+b)=(ab+bc+ca)(a+b+c)-3abc=pq-3r$. 代入整理即可得到式(1).

对于(2) 的证明,同理由四次 Schur 不等式展开 $\sum a^2(a-b)(a-c)\geqslant 0$,作适当的处理即可得证.

而由 AM - GM 不等式,(3) 显然成立.

对于(4),也即

$$(a+b+c)^2(ab+bc+ca)+3(a+b+c)abc-4(ab+bc+ca)^2\geqslant 0\Leftrightarrow$$
$$(a^2+b^2+c^2)(ab+bc+ca)-2(ab+bc+ca)^2+3(a+b+c)abc\geqslant 0$$

展开化简,即证

$$\sum(a^3b+b^3a)\geqslant 2\sum a^2b^2$$

这是显然成立的,故(4) 得证.

接着来证明式(5),事实上由式(1) 有 $2p^3\geqslant 8pq-18r$,代入则只需证明 $pq-9r\geqslant 0$,此即式(3),故(5) 亦成立.

下面让我们来看初等多项式法的应用.

例 5.16 a,b,c 为正数,求证

$$\frac{a}{b+c}+\frac{b}{c+a}+\frac{c}{a+b}+\frac{3\sqrt[3]{abc}}{2(a+b+c)}\geqslant 2$$

证明 设 $a+b+c=1,ab+bc+ca=x$,利用 Cauchy 不等式,则我们要证

$$\frac{1}{2(ab+bc+ca)}+\frac{3}{2}\sqrt[3]{abc}\geqslant 2$$

事实上,我们易得到 $ab+bc+ca\leqslant\frac{1}{3}$.

于是如果 $ab+bc+ca\leqslant\frac{1}{4}$,则原不等式显然成立.

而若 $ab+bc+ca\geqslant\frac{1}{4}$,由 3 次 Schur 不等式,我们有 $9abc\geqslant 4x-1$.

故只需要证明

$$\frac{1}{2(ab+bc+ca)}+\frac{3}{2}\sqrt[3]{\frac{4(ab+bc+ca)-1}{9}}\geqslant 2\Leftarrow$$
$$\frac{3}{8}(4x-1)\geqslant\left(2-\frac{1}{2x}\right)^3\Leftarrow$$
$$(4x-1)(3x-1)(x^2-5x+1)\geqslant 0$$

此时,由于$\frac{1}{4}\leqslant ab+bc+ca\leqslant\frac{1}{3}$,故上式成立,故原不等式成立,等号成立当且仅当 $a=b=c$ 或 $a=b,c=0$ 及其轮换,命题得证.

例 5.17 已知非负实数 a,b,c 满足 $ab+bc+ca+6abc=9$. 确定 k 的最大值,使得下式恒成立.

$$a+b+c+kabc\geqslant k+3$$

解 取 $a=b=3,c=0$,则有 $k\leqslant 3$. 下面来证明

$$a+b+c+3abc\geqslant 6$$

令 $p=a+b+c,q=ab+bc+ca,r=abc$,则由题意有

$$9=q+6r\geqslant 3r^{\frac{2}{3}}+6r\Rightarrow r\leqslant 1\Rightarrow q=9-6r\geqslant 3$$

而 $p^2 \geqslant 3q$，故 $p \geqslant 3$. 欲证明 $p+3r \geqslant 6$，也即证 $2p-q \geqslant 3$，下面分情况讨论.

(1) 若 $p \geqslant 6$，则原式显然成立.

(2) 若 $3 \leqslant p \leqslant 6$.

① 如果 $p^2 \geqslant 4q$，则

$$2p-q \geqslant 2p-\frac{p^2}{4}=\frac{(p-2)(6-p)}{4}+3 \geqslant 3$$

② 如果 $p^2 \leqslant 4q$，由于 $r \geqslant \frac{p(4q-p^2)}{9}$，则

$$27=3q+18r \geqslant 3q+2p(4q-p^2) \Leftrightarrow$$
$$(p+1)(p-3)(p-6) \leqslant 0$$

成立. 综上有，$k_{\max}=3$.

例 5.18 $a,b,c \geqslant 1, a+b+c=9$，证明

$$\sqrt{ab+bc+ca} \leqslant \sqrt{a}+\sqrt{b}+\sqrt{c}$$

证明 （韩京俊）作代换 $a=x+1, b=y+1, c=z+1$，则条件变为 $x+y+z=6, x,y,z \geqslant 0$，我们需要证明

$$\sqrt{\sum (x+1)(y+1)} \leqslant \sum \sqrt{x+1}$$

两边平方后等价于

$$\sum xy+2\sum x+3 \leqslant \sum x+3+2\sum \sqrt{(x+1)(y+1)} \Leftrightarrow$$
$$\sum xy+6 \leqslant 2\sum \sqrt{(x+1)(y+1)} \Leftrightarrow$$
$$\sum xy \leqslant 2\sum \frac{xy+x+y}{\sqrt{(x+1)(y+1)}+1}$$

由 AM - GM 不等式有

$$\sqrt{(x+1)(y+1)} \leqslant \frac{x+y+2}{2}$$

故只需证明

$$\sum xy \leqslant 4\sum \frac{xy+x+y}{x+y+4}$$

利用 Cauchy 不等式有

$$\sum \frac{xy+x+y}{x+y+4} \geqslant \frac{\left(\sum (xy+x+y)\right)^2}{\sum (xy+x+y)(x+y+4)}$$

故我们只需证明

$$\frac{\left(\sum xy+12\right)^2}{\sum_{sym} x^2y+6\sum xy+2\sum x^2+48} \geqslant \frac{\sum xy}{4} \Leftrightarrow$$

$$4\left(\sum xy\right)^2+24^2+96\sum xy \geqslant \sum xy\left(\sum_{sym} x^2y+6\sum xy+2\sum x^2+48\right)$$

设$\sum xy = q, xyz = r$,则

$$\sum_{sym} x^2y = 6q - 3r \Leftrightarrow$$

$$4q^2 + 24^2 + 96q \geqslant 8q^2 - 3qr + 120q$$

由3次Schur不等式有

$$72 + 3r \geqslant 8q \Leftrightarrow 3rq \geqslant 8q^2 - 72q$$

由此,只需证明

$$4q^2 + 24^2 \geqslant 96q \Leftrightarrow (q - 12)^2 \geqslant 0$$

故原不等式得证!

注 本题条件$a, b, c \geqslant 1$可改进,在判定定理一章中我们会有介绍,其证明难度大增.

有时还可以利用初等不等式来化简,再进行配方证明.

例5.19 (韩京俊)$a, b, c \geqslant 0$,至多只有一个为0,求证

$$\sum \frac{a}{2} \geqslant \sum \frac{bc}{\sqrt{(a+b)(a+c)}} \geqslant \frac{\sqrt{3\sum ab}}{2}$$

证明 先证明右边的不等式,由Cauchy不等式我们有

$$\sum \frac{bc}{\sqrt{(a+b)(a+c)}} \geqslant \frac{\left(\sum bc\right)^2}{\sum bc\sqrt{(a+b)(a+c)}}$$

于是只需证明

$$\left(\sum bc\right)^{\frac{3}{2}} \geqslant \frac{\sqrt{3}}{2}\sum bc\sqrt{(a+b)(a+c)} \Leftrightarrow$$

$$\left(\sum bc\right)^{\frac{3}{2}} \geqslant \frac{\sqrt{3}}{2}\sum \sqrt{bc(ac+bc)(ab+bc)}$$

再由Cauchy不等式有

$$\left(\frac{\sqrt{3}}{2}\sum \sqrt{bc(ac+bc)(ab+bc)}\right)^2 \leqslant \frac{3}{4}\sum bc\sum (ac+bc)(ab+bc) \leqslant$$

$$\sum bc\left(\sum bc\right)^2 = \left(\sum bc\right)^3$$

故右边得证!

再证明左边的不等式,仍由Cauchy不等式有

$$\left(\sum \frac{bc}{\sqrt{(a+b)(a+c)}}\right)^2 \leqslant \sum bc\sum \frac{bc}{(a+b)(a+c)} =$$

$$\sum bc\frac{\sum bc(b+c)}{(a+b)(a+c)(b+c)}$$

设$\sum a = p, \sum ab = q, abc = r$,则只需证明

$$q\frac{pq-3r}{pq-r}\leqslant\frac{p^2}{4}\Leftrightarrow 4pq^2-12qr\leqslant p^3q-p^2r\Leftrightarrow$$
$$(p^2-3q)r\leqslant q(p^3+9r-4pq)\Leftrightarrow$$
$$\sum(a-b)^2abc\leqslant\sum ab\sum(a+b-c)(a-b)^2\Leftrightarrow$$
$$\sum(a^2b+ab^2+b^2c+a^2c-bc^2-ac^2)(a-b)^2\geqslant 0$$

不妨设 $a\geqslant b\geqslant c$,则

$$(a^2b+ab^2+b^2c+a^2c-bc^2-ac^2)(a-b)^2\geqslant 0$$
$$(b^2c+c^2b+b^2a+c^2a-a^2b-a^2c)(b-c)^2+$$
$$(a^2c+ac^2+a^2b+c^2b-b^2a-b^2c)(a-c)^2\geqslant$$
$$(b^2c+c^2b+b^2a+c^2a-a^2b-a^2c+a^2c+ac^2+$$
$$a^2b+c^2b-b^2a-b^2c)(b-c)^2\geqslant 0$$

综上原不等式得证!

例 5.20 $x,y,z>0$,求证

$$3\sqrt[4]{\frac{x^2+y^2+z^2}{12}}\geqslant\frac{x}{\sqrt{x+y}}+\frac{y}{\sqrt{y+z}}+\frac{z}{\sqrt{z+x}}\geqslant\sqrt[4]{\frac{27(yz+zx+xy)}{4}}$$

证明 先证明不等式右边,利用 Cauchy 不等式推广有

$$\left(\sum\frac{x}{\sqrt{x+y}}\right)\left(\sum\frac{x}{\sqrt{x+y}}\right)\left(\sum x(x+y)\right)\geqslant(x+y+z)^3\Leftrightarrow$$

$$\sum\frac{x}{\sqrt{x+y}}\geqslant\sqrt{\frac{(x+y+z)^3}{x^2+y^2+z^2+xy+yz+zx}}$$

所以我们只需要证明

$$\left(\frac{(x+y+z)^3}{x^2+y^2+z^2+xy+yz+zx}\right)^2\geqslant\frac{27}{4}(yz+zx+xy)$$

令 $x+y+z=1,xy+yz+zx=t$. 因此我们只要证明

$$\left(\frac{1}{1-t}\right)^2\geqslant\frac{27t}{4}\Leftrightarrow 2t(1-t)^2\leqslant\frac{8}{27}$$

而由于 $t\leqslant\frac{1}{3}$,由 AM - GM 不等式知上式成立.

对于不等式左边,我们需要证明的是

$$\sum_{cyc}\frac{x}{\sqrt{x+y}}\leqslant\sqrt[4]{\frac{27}{4}(x^2+y^2+z^2)}$$

注意到(证明可见凹凸函数一节)

$$\sqrt{\frac{x}{x+y}}+\sqrt{\frac{y}{y+z}}+\sqrt{\frac{z}{z+x}}\leqslant\frac{3}{\sqrt{2}}$$

于是

$$\sum_{cyc}\frac{x}{\sqrt{x+y}}=\sum_{cyc}\left(\sqrt[4]{\frac{x}{x+y}}\right)\left(\sqrt[4]{\frac{x^3}{x+y}}\right)\leqslant$$
$$\sqrt{\left(\sum_{cyc}\sqrt{\frac{x}{x+y}}\right)\left(\sum_{cyc}\sqrt{\frac{x^3}{x+y}}\right)}\leqslant$$
$$\sqrt{\frac{3}{\sqrt{2}}\sum_{cyc}x\sqrt{\frac{x}{x+y}}}$$

则只需证明

$$\left(\frac{3}{\sqrt{2}}\sum_{cyc}x\sqrt{\frac{x}{x+y}}\right)^2\leqslant\frac{27}{4}(x^2+y^2+z^2)$$

也即

$$\left(\sum_{cyc}x\sqrt{\frac{x}{x+y}}\right)^2\leqslant\frac{3}{2}(x^2+y^2+z^2)$$

而我们又有

$$\left(\sum_{cyc}x\sqrt{\frac{x}{x+y}}\right)^2=\left(\frac{\sum x\sqrt{x}\sqrt{y+z}\sqrt{z+x}}{\sqrt{(x+y)(y+z)(z+x)}}\right)^2=$$
$$\frac{\left(\sum(x\sqrt{y+z})(\sqrt{x}\sqrt{z+x})\right)^2}{(x+y)(y+z)(z+x)}\leqslant$$
$$\frac{\left(\sum x^2(y+z)\right)\left(\sum x(z+x)\right)}{(x+y)(y+z)(z+x)}$$

令 $p=x+y+z,q=xy+yz+zx,r=xyz$，则需要证明

$$\frac{(pq-3r)(p^2-q)}{pq-r}\leqslant\frac{3}{2}(p^2-2q)\Leftrightarrow$$
$$2(p^3q-pq^2-3p^3r+3qr)\leqslant3(p^3q-p^2r-2pq^2+2qr)\Leftrightarrow$$
$$p^3q+3p^2r\geqslant4pq^2\Leftrightarrow p^2q+3pr\geqslant4q^2\Leftrightarrow$$
$$(x+y+z)^2(xy+yz+zx)+3xyz(x+y+z)\geqslant4(xy+yz+zx)^2\Leftrightarrow$$
$$(x^2+y^2+z^2)(xy+yz+zx)+2(xy+yz+zx)^2+3xyz(x+y+z)\geqslant$$
$$4(xy+yz+zx)^2\Leftrightarrow$$
$$(x^2+y^2+z^2)(xy+yz+zx)+3xyz(x+y+z)\geqslant2(xy+yz+zx)^2\Leftrightarrow$$
$$(x^2+y^2+z^2)(xy+yz+zx)\geqslant2(x^2y^2+y^2z^2+z^2x^2)+xyz(x+y+z)\Leftrightarrow$$
$$\sum_{sym}x^3y\geqslant2\sum_{sym}x^2y^2\Leftrightarrow\sum_{sym}xy(x-y)^2\geqslant0$$

上式显然成立. 等号当且仅当 $x=y=z$ 时取得.

当我们转化为证明 $g(a+b+c,ab+bc+ca,abc)\geqslant0$ 时，还可以将不等式看做 $a+b+c,ab+bc+ca$ 或 abc 的函数，利用单调性或凹凸性及它们之间的关

系来证明.

例 5.21 $a,b,c>0$,没有两个同时为0,求证

$$\frac{ab+ac-bc}{b^2+c^2}+\frac{bc+ba-ca}{c^2+a^2}+\frac{ca+cb-ab}{a^2+b^2}\geqslant\frac{3}{2}$$

证明 设 $a+b+c=p=1,ab+bc+ca=q,abc=r$,原不等式等价于

$$12q^3-11q^2+2q+2r(2q+1)-9r^2\geqslant 0$$

设 $f(r)=2r(2q+1)-9r^2+12q^3-11q^2+2q\Rightarrow f'(r)=4q+2-18r^2\geqslant 0.$

(1) $q\leqslant\frac{1}{4}$,注意到 $r\geqslant 0$,则 $\Rightarrow$

$$f(r)\geqslant f(0)=12q^3-11q^2+2q=q(4q-1)(3q-2)\geqslant 0$$

(2) $q\geqslant\frac{1}{4}$,由3次Schur不等式有 $r\geqslant\frac{4q-1}{9}$,则 $\Rightarrow$

$$f(r)\geqslant f\left(\frac{4q-1}{9}\right)=36q^3-33q^2+10q-1=(4q-1)(3q-1)^2\geqslant 0$$

得证.

例 5.22 $a,b,c\geqslant 0,a^2+b^2+c^2=1$,求证

$$(2-3ab)(2-3bc)(2-3ca)\geqslant 1$$

证明 设 $x=a+b+c,y=ab+bc+ca,z=abc$,于是 $a^2+b^2+c^2=x^2-2y=1$,故我们只需证明

$$(2-3ab)(2-3bc)(2-3ca)\geqslant 1\Leftrightarrow$$
$$7-12y+3\cdot 3z(2x-3z)\geqslant 0$$

设 $f(t)=t(u-t)\left(t\leqslant\frac{u}{2}\right)$,其中 $t=3z,u=2x$,则

$$f'(t)=u-2t\geqslant 0$$

而又

$$x-3z=(a+b+c)(a^2+b^2+c^2)-3abc\geqslant 6abc\geqslant 0$$

由3次Schur不等式我们有

$$a^3+b^3+c^3+3abc\geqslant ab(a+b)+bc(b+c)+ca(c+a)\Leftrightarrow$$
$$z\geqslant\frac{4xy-x^3}{9}(\text{注意到 } x^2=1+2y)$$

所以我们有

$$7-12y+3\cdot 3z(2x-3z)\geqslant 7-12y+3\cdot\frac{4xy-x^3}{3}\left(2x-\frac{4xy-x^3}{3}\right)=$$
$$7-12y+\frac{1}{3}(1+2y)(2y-1)(7-2y)=$$
$$\frac{1}{3}(1-y)(4y^2-10y+7)\geqslant$$

$$0(\text{注意到 } y=ab+bc+ca\leqslant a^2+b^2+c^2=1)$$

于是命题得证!

例 5.23 $a,b,c\geqslant 0$,没有两个同时为0,求证

$$\sum\sqrt{\frac{a^2+ab+b^2}{c^2+ab}}\geqslant\frac{3\sqrt{6}}{2}$$

证明 由 Cauchy 推广得

$$\left(\sum\sqrt{\frac{a^2+ab+b^2}{c^2+ab}}\right)^2\left(\sum\frac{(a+b)^3(c^2+ab)}{a^2+ab+b^2}\right)\geqslant 8\left(\sum a\right)^3$$

于是只需要证明

$$\frac{16}{27}\left(\sum a\right)^3\geqslant\sum\frac{(a+b)^3(c^2+ab)}{a^2+ab+b^2}\Leftrightarrow$$

$$\frac{16}{27}\left(\sum a\right)^3\geqslant\sum\frac{(a+b)(a^2+2ab+b^2)(c^2+ab)}{a^2+ab+b^2}\Leftrightarrow$$

$$\frac{16}{27}\left(\sum a\right)^3\geqslant 2\sum ab(a+b)+\sum\frac{ab(a+b)(c^2+ab)}{a^2+ab+b^2}$$

由于 $a^2+ab+b^2\geqslant\frac{3}{4}(a+b)^2$,故只需证明 $\Leftrightarrow$

$$\frac{16}{27}\left(\sum a\right)^3\geqslant 2\sum ab(a+b)+\frac{4}{3}\sum\frac{ab(c^2+ab)}{a+b}\Leftrightarrow$$

$$\frac{16}{27}\left(\sum a\right)^3\geqslant 2\sum ab(a+b)+\frac{1}{3}\sum\frac{4a^2b^2}{a+b}+\frac{4}{3}abc\sum\frac{c}{a+b}$$

注意到有 $\frac{4a^2b^2}{a+b}\leqslant ab(a+b)$,只需证明

$$\frac{16}{27}\left(\sum a\right)^3\geqslant\frac{7}{3}\sum ab(a+b)+\frac{4}{3}abc\sum\frac{c}{a+b}\Leftrightarrow$$

$$\frac{16}{9}\left(\sum a\right)^3\geqslant 7\sum ab(a+b)+4abc\sum\frac{c}{a+b}$$

不妨设 $a+b+c=1$,设 $q=ab+bc+ca$,$r=abc$,我们有 $\frac{q^2}{3}\geqslant r\geqslant\frac{(4q-1)(1-q)}{6}$(此即4次 Schur 不等式). 欲证不等式变为

$$\frac{16}{9}\geqslant 7(q-3r)+4r\left(\frac{1+q}{q-r}-3\right)\Leftrightarrow$$

$$f(r)=297r^2+(52-324q)r-16q+63q^2\leqslant 0$$

于是 $f(r)$ 是下凸函数,所以

$$f(r)\leqslant\max\left\{f\left(\frac{q^2}{3}\right),f\left(\frac{(4q-1)(1-q)}{6}\right)\right\}$$

但

$$f\left(\frac{q^2}{3}\right)=\frac{1}{3}q(3q-1)(33q^2-97q+48)\leqslant 0$$

$$f\left(\frac{(4q-1)(1-q)}{6}\right)=\frac{1}{12}(3q-1)(528q^3-280q^2+29q+5)\leqslant 0$$

其中

$$528q^2-280q^2+29q+5=q^3\left(\frac{5}{q^3}+\frac{29}{q^2}-\frac{280}{q}+528\right)=$$

$$q^3\left[\left(\frac{1}{q}-3\right)\left(\frac{5}{q^2}+\frac{44}{q}-148\right)+84\right]\geqslant 0$$

故我们证明了原不等式.

下面是一些轮换对称的问题.此时我们可以尝试一些常用的轮换对称不等式,使欲证不等式变为对称.

例 5.24 (Vo Quoc Ba Can) $a,b,c>0,a+b+c=3$,求证

$$\frac{a}{2b+1}+\frac{b}{2c+1}+\frac{c}{2a+1}\leqslant\frac{1}{abc}$$

证明 展开后等价于

$$7+4abc\sum ab+4\sum ab\geqslant 2\sum a^2b^2+13abc+4abc\sum_{cyc}a^2c$$

由 $\sum\limits_{cyc}a^2c+abc\leqslant 4$(证明可见打破对称与分类讨论一章),有

$$7+4abc\sum ab+4\sum ab\geqslant 2\sum a^2b^2+13abc+4abc(4-abc)$$

设 $q=\sum ab,r=abc,f(r)=4r^2+(4q-17)r-2q^2+4q+7$,则

$$f'(r)=8r+4q-17$$

由于 $\frac{12q-27}{9}\leqslant r\leqslant\frac{q}{3}$,若 $4q+8r-17\geqslant 0$,则 $f'(r)\geqslant 0\Rightarrow$

$$f(r)\geqslant f\left(\frac{12q-27}{9}\right)=\frac{94(3-q)^2}{9}\geqslant 0$$

若 $4q+8r-17\leqslant 0$,则 $f'(r)\leqslant 0\Rightarrow$

$$f(r)\geqslant f\left(\frac{q}{3}\right)=\frac{(3-q)(2q+21)}{9}\geqslant 0$$

结合两方面知不等式得证!

注 本题还可以这样证明.

证明 (韩京俊)两边同乘以 abc 后等价于

$$\frac{a^2bc}{2b+1}+\frac{b^2ac}{2c+1}+\frac{c^2ab}{2a+1}\leqslant 1\Leftrightarrow$$

$$\sum_{cyc}\frac{a^2c}{2}-\sum_{cyc}\frac{a^2c}{2(2b+1)}\leqslant 1\Leftrightarrow$$

$$\sum_{cyc}a^2c-2\leqslant\sum_{cyc}\frac{a^2c}{2b+1}\Leftarrow$$

$$\sum_{cyc}a^2c-2\leqslant\frac{\left(\sum_{cyc}a^2c\right)^2}{6abc+\sum_{cyc}a^2c}\Leftrightarrow$$

$$3\sum_{cyc}a^2c\cdot abc\leqslant 6abc+\sum_{cyc}a^2c$$

上式整理后 $\Leftrightarrow$

$$\left(\sum_{cyc}a^2c+abc-4\right)(3abc-1)\leqslant(1-abc)(4-3abc)\Leftrightarrow$$

或 $$\sum_{cyc}a^2c(3abc-1)\leqslant 6abc$$

由 $\sum_{cyc}a^2c+abc\leqslant 4,abc\leqslant 1$ 知上面两式必有一成立.

不等式得证！等号成立当且仅当 $a=b=c=1$.

仿上述证明我们还能证明在相同条件下,有

$$\frac{a}{3b+1}+\frac{b}{3c+1}+\frac{c}{3a+1}\leqslant\frac{3}{4abc}$$

例 5.25 非负实数 a,b,c 满足 $a^2+b^2+c^2=3$,证明

$$\frac{a}{ab+3}+\frac{b}{bc+3}+\frac{c}{ca+3}\leqslant\frac{3}{4}$$

证明 将上式完全展开,等价于证明

$$4abc\sum ab+12\sum_{cyc}ab^2+36abc+36\sum a\leqslant 3a^2b^2c^2+9abc\sum a+27\sum ab+81$$

由于 $\sum_{cyc}a^2c+abc\leqslant\frac{4}{27}\left(\sum a\right)^3$(证明可见打破对称与分类讨论一章),于是只需证明

$$4abc\sum ab+12\left(\frac{4}{27}(a+b+c)^3-abc\right)+36abc+36\sum a\leqslant$$

$$3a^2b^2c^2+9abc\sum a+27\sum ab+81$$

令 $p=a+b+c,q=ab+bc+ca,r=abc$,则有 $p^2-2q=3$,并且有 $\frac{(p^2-3)^2}{4}=q^2\geqslant 3pr$,于是只需证明

$$f(r)=3r^2-(2p^2-9p+18)r-\frac{16}{9}p^3+\frac{27}{2}p^2-36p+\frac{81}{2}\geqslant 0$$

由于

$$f' = 6r - 2p^2 + 9p - 18 \leqslant \frac{(p^2-3)^2}{2p} - 2p^2 + 9p - 18 =$$

$$\frac{(p-1)(p-3)(p^2+2)-18}{2p} \leqslant 0$$

于是

$$f(r) \geqslant f\left(\frac{(p^2-3)^2}{12p}\right) =$$

$$\frac{(p-3)(3p^7-15p^6+27p^5-247p^4+717p^3-1953p^2+621p-81)}{144p^2}$$

易知$\sqrt{3} \leqslant p \leqslant 3$,于是有

$$\begin{aligned}&3p^7-15p^6+27p^5-247p^4+717p^3-1\ 953p^2+621p-81=\\&3p^6(p-3)-6p^5(p-\sqrt{3})+(27-6\sqrt{3})p^4(p-3)-\\&(166+18\sqrt{3})p^3(p-\sqrt{3})+(663-166\sqrt{3})p^2(p-\sqrt{3})-\\&(2\ 451+663\sqrt{3})p^2+621p-81\leqslant\\&-(2\ 451+663\sqrt{3})p^2+621p-81\leqslant 0\end{aligned}$$

上式显然成立,于是原不等式成立,当且仅当$a=b=c=1$时取得等号.

我们还可以将轮换对称式用初等对称多项式表示,通过导数来证明问题.

例 5.26 设a,b,c是正实数,求证

$$\frac{a}{b}+\frac{b}{c}+\frac{c}{a}+\frac{7(ab+bc+ca)}{a^2+b^2+c^2} \geqslant \frac{17}{2}$$

证明 我们只需要考虑$a \leqslant c \leqslant b$的情形. 这是因为

$$\frac{a}{c}+\frac{b}{c}+\frac{c}{a}+\frac{(b-a)(c-a)(b-c)}{abc}=\frac{a}{c}+\frac{c}{b}+\frac{b}{a}$$

设$a+b+c=p,ab+bc+ca=q,abc=r$,则

$$\frac{a}{b}+\frac{b}{c}+\frac{c}{a}=\frac{pq-3r-\sqrt{-4p^3r-4q^3+p^2q^2-27r^2+18pqr}}{2r}$$

我们不妨设$q=1$,则$p \geqslant \sqrt{3}, r \leqslant 1$,于是

$$\frac{a}{b}+\frac{b}{c}+\frac{c}{a}+\frac{7(ab+bc+ca)}{a^2+b^2+c^2}-\frac{17}{2}=$$

$$\frac{p-3r-\sqrt{-4p^3r-4+p^2-27r^2+18pr}}{2r}+\frac{7}{p^2-2}-\frac{17}{2}=f(r)$$

我们有

$$f'(r)=\frac{p^2-p\sqrt{p^2-27r^2-r(4p^3-18p)-4}-4-r(2p^3-9p)}{27r^2\sqrt{p^2-27r^2-r(4p^3-18p)-4}}=0\Leftrightarrow$$

$$r=\frac{-2p^2\pm\sqrt{(p^2-3)^3}+9}{p(p^4-9p^2+27)}$$

所以

$$f(r)\geqslant f\left(\frac{-2p^2+\sqrt{(p^2-3)^3}+9}{p(p^4-9p^2+27)}\right)=$$

$$\frac{2x^5+6x^4-9x^3-5x^2+3x+3}{2(x^2+1)(x+1)}\Bigg|_{x=\sqrt{p^2-3}\geqslant 0}=$$

$$\frac{(x-1)^2(2x^3+10x^2+9x+3)}{2(x^2+1)(x+1)}\geqslant 0$$

等号成立时有 $x=1\Rightarrow p=2, r=\frac{1}{7}$,此时 a,b,c 满足

$$\begin{cases}a+b+c=2\\ab+bc+ca=1\\abc=\frac{1}{7}\end{cases}$$

即 a,b,c 是 $x^3-2x^2+x-\frac{1}{7}=0$ 的 3 个根.

$$x_1=\frac{\sqrt{7}}{14}\left(\sqrt{7}-\tan\left(\frac{\pi}{7}\right)\right)$$

$$x_2=\frac{\sqrt{7}}{14}\left(\sqrt{7}-\tan\left(\frac{2\pi}{7}\right)\right)$$

$$x_3=\frac{\sqrt{7}}{14}\left(\sqrt{7}-\tan\left(\frac{4\pi}{7}\right)\right)$$

证毕.

最后的这一个问题,方法比较特别,难度也较大.

例 5.27 设 a,b,c 为非负实数,且没有两个同时为 0,证明

$$\frac{a^3}{a^2+b^2}+\frac{b^3}{b^2+c^2}+\frac{c^3}{c^2+a^2}\geqslant\frac{\sqrt{3(a^2+b^2+c^2)}}{2}$$

证明 将不等式写成如下形式

$$\left(\sum\frac{a^3+b^3}{a^2+b^2}-\frac{a+b}{2}\right)\geqslant\sqrt{3\sum a^2}-\sum a+\sum\frac{b^3-a^3}{a^2+b^2}\Leftrightarrow$$

$$\sum\frac{(a-b)^2(a+b)}{2(a^2+b^2)}\geqslant\sum\frac{(a-b)^2}{\sqrt{3\sum a^2}+\sum a}+$$

$$\frac{(a-b)(b-c)(c-a)\left(\sum a^2b^2+abc\sum a\right)}{(a^2+b^2)(b^2+c^2)(c^2+a^2)}$$

由于$\sqrt{3\sum a^2}\geqslant\sum a$,故只需证明

$$\sum\frac{(a-b)^2(a+b)}{2(a^2+b^2)}\geqslant\frac{(a-b)^2}{2\sum a}+\frac{(a-b)(b-c)(c-a)(\sum a^2b^2+abc\sum a)}{(a^2+b^2)(b^2+c^2)(c^2+a^2)}\Leftrightarrow$$

$$\sum(a-b)^2\left(\frac{a+b}{a^2+b^2}-\frac{1}{a+b+c}\right)\geqslant\frac{2(a-b)(b-c)(c-a)(\sum a^2b^2+abc\sum a)}{(a^2+b^2)(b^2+c^2)(c^2+a^2)}\Leftrightarrow$$

$$\sum(a-b)^2\frac{2ab+ac+bc}{a^2+b^2}\geqslant\frac{2(a-b)(b-c)(c-a)(\sum a)(\sum a^2b^2+abc\sum a)}{(a^2+b^2)(b^2+c^2)(c^2+a^2)}$$

利用 AM - GM 不等式,我们可以得到

$$\sum(a-b)^2\frac{2ab+ac+bc}{a^2+b^2}\geqslant$$

$$3\sqrt[3]{\frac{(a-b)^2(b-c)^2(c-a)^2(2ab+ac+bc)(2bc+ab+ac)(2ac+bc+ba)}{(a^2+b^2)(b^2+c^2)(c^2+a^2)}}$$

于是仍然需要证明

$$3\sqrt[3]{\frac{(a-b)^2(b-c)^2(c-a)^2(2ab+ac+bc)(2bc+ab+ac)(2ac+bc+ba)}{(a^2+b^2)(b^2+c^2)(c^2+a^2)}}\geqslant$$

$$\frac{2(a-b)(b-c)(c-a)(\sum a)(\sum a^2b^2+abc\sum a)}{(a^2+b^2)(b^2+c^2)(c^2+a^2)}\Leftrightarrow$$

$$27\left[\prod(2ab+ac+bc)\right]\left[\prod(a^2+b^2)^2\right]\geqslant$$

$$8\left[\prod(a-b)\right](\sum a)^3(\sum a^2b^2+abc\sum a)^3$$

利用 Cauchy 不等式推广得

$$\prod(2ab+ac+bc)\geqslant 2(\sum ab)^3$$

又由$(x+y)(y+z)(z+x)\geqslant\frac{8}{9}(xy+yz+zx)(x+y+z)$,有

$$\prod(a^2+b^2)^2\geqslant\frac{64}{81}(\sum a^2)^3(\sum a^2b^2)^3$$

由这两个式子,只需证明

$$\frac{16}{3}(\sum ab)^3(\sum a^2)^2(\sum a^2b^2)^2\geqslant$$

$$\left[\prod(a-b)\right](\sum a)^3(\sum a^2b^2+abc\sum a)^3$$

现在,注意到

$$8(\sum a^2b^2)^2(\sum ab)^2-3(\sum a^2b^2+abc\sum a)^3=$$

$$8(\sum a^2b^2)^2(\sum a^2b^2+2ab\sum a)-3(\sum a^2b^2+ab\sum a)^3=$$

$$A(\sum a^2b^2 - abc\sum a) \geqslant 0$$

其中

$$A = 5(\sum a^2b^2)^2 + 12abc(\sum a^2b^2)(\sum a) + 3a^2b^2c^2(\sum a)^2$$

则只需证明

$$2(\sum ab)(\sum a^2)^2 \geqslant [\prod(a-b)](\sum a)^3$$

不失一般性,假设 $a+b+c=1$,令 $q=ab+bc+ca, r=abc$,则

$$(a-b)(b-c)(c-a) \leqslant \sqrt{(a-b)^2(b-c)^2(c-a)^2} = \sqrt{q^2-4q^3+2(9q-2)r-27r^2}$$

我们需要证明的是

$$2q(1-2q)^2 \geqslant \sqrt{q^2-4q^3+2(9q-2)r-27r^2}$$

下面分两种情况讨论.

(1) 如果 $9q \leqslant 2$,由于

$$2(1-2q)^2 - \sqrt{1-4q} = (\sqrt{1-4q}-\frac{1}{2})^2 + \frac{1}{4}[2(1-4q)^2+1] \geqslant 0$$

所以

$$2q(1-2q)^2 - \sqrt{q^2-4q^3+2(9q-2)r-27r^2} \geqslant q[2(1-2q)^2-\sqrt{1-4q}] \geqslant 0$$

(2) 如果 $9q \geqslant 2$,那么

$$\sqrt{q^2-4q^3+2(9q-2)r-27r^2} = \sqrt{\frac{4}{27}(1-3q)^3 - \frac{1}{27}(27r-9q+2)^2} \leqslant \sqrt{\frac{4}{27}(1-3q)^3}$$

于是

$$2q(1-2q)^2 - \sqrt{q^2-4q^3+2(9q-2)r-27r^2} \geqslant$$

$$2q(1-2q)^2 - \sqrt{\frac{4}{27}(1-3q)^3} = 2q(1-2q)^2 - \frac{2}{9}(1-3q)\sqrt{3(1-3q)} \geqslant$$

$$2q(1-2q)^2 - \frac{2}{9}(1-3q) = \frac{8}{729}(9q-2)(81q^2-63q+13) + \frac{46}{729} \geqslant 0$$

因此,原不等式成立,当且仅当 $a=b=c$ 时取得等号.

注 如果利用有理化技巧中的方法将 $\sqrt{3(a^2+b^2+c^2)} \approx (a+b+c)$ 去掉根号,则转化为证明

$$\sum S_a(b-c)^2 \geqslant 0$$

其中

$$S_a = \frac{2c(a+b+c)}{b^2+c^2} - 1$$

用分类讨论法是十分困难的.

重要不等式法

第6章

6.1 AM-GM 不等式

AM-GM 不等式可以算作最基本的常用不等式了,它的证明不计其数,本书就省略了. 这一节主要介绍 AM-GM 不等式及与其相关不等式的应用.

例 6.1 $a,b,c,d\in\mathbf{R}$,求证

$$\sqrt{\frac{a^2+b^2+c^2+d^2}{4}}\geqslant\sqrt[3]{\frac{abc+bcd+bda+cda}{4}}$$

证明 设 $x=a^2+d^2,y=b^2+c^2$.

由 AM - GM 不等式有

$$\sqrt[3]{\frac{abc+bcd+bda+cda}{4}}=\sqrt[3]{\frac{(a+d)bc+(b+c)ad}{4}}\leqslant$$

$$\sqrt[3]{\frac{\sqrt{2(a^2+d^2)}\ \frac{b^2+c^2}{2}+\sqrt{2(b^2+c^2)}\ \frac{a^2+d^2}{2}}{4}}=$$

$$\sqrt[3]{\frac{(\sqrt{x}+\sqrt{y})(\sqrt{x+y})\sqrt{2}}{8}}\leqslant\sqrt{\frac{x+y}{4}}$$

得证.

例 6.2 已知 a,b,c 为正数,求证

$$(a^2+ab+b^2)(b^2+bc+c^2)(c^2+ca+a^2)\geqslant(ab+bc+ca)^3$$

证明 设 $k=\sqrt[3]{(a^2+ab+b^2)(b^2+bc+c^2)(c^2+ca+a^2)}$

则结论转化为 $k\geqslant ab+bc+ca$,由 AM - GM 不等式

$$\frac{a^2}{a^2+ab+b^2}+\frac{c^2}{b^2+bc+c^2}+\frac{ca}{c^2+ca+a^2}\geqslant3\frac{ca}{k}$$

$$\frac{b^2}{a^2+ab+b^2}+\frac{bc}{b^2+bc+c^2}+\frac{c^2}{c^2+ca+a^2}\geqslant3\frac{bc}{k}$$

$$\frac{ab}{a^2+ab+b^2}+\frac{b^2}{b^2+bc+c^2}+\frac{a^2}{c^2+ca+a^2}\geqslant3\frac{ab}{k}$$

以上三式相加即得

$$3\geqslant3\frac{ab+bc+ca}{k}\Rightarrow k\geqslant ab+bc+ca$$

证毕.

注 本题可由卡尔松不等式可直接得证.

卡尔松不等式:$n\times m$ 非负实数矩阵中,m 列每列元素之和的几何平均不小于 n 行每行元素的几何平均之和. 事实上,卡尔松不等式可以用类似的方法证明.

例 6.3 (2007 年罗马尼亚数学奥林匹克)$a_1,a_2,\cdots,a_n,b_1,b_2,\cdots,b_n\in\mathbf{R}$,满足

$$\sum_{i=1}^{n}a_i^2=\sum_{i=1}^{n}b_i^2=1,\sum_{i=1}^{n}a_ib_i=0$$

求证

$$\left(\sum_{i=1}^{n}a_i\right)^2+\left(\sum_{i=1}^{n}b_i\right)^2\leqslant n$$

证明 设

$$A=\sum_{i=1}^{n}a_i,c_i=a_iA,B=\sum_{i=1}^{n}b_i,d_i=b_iB$$

则由 AM - GM 不等式有

$$A^2+B^2=\sum_{i=1}^{n}(c_i+d_i)=\sum_{i=1}^{n}(c_i^2+d_i^2)=\sum_{i=1}^{n}(c_i+d_i)^2\geqslant0\frac{\left(\sum_{i=1}^{n}(c_i+d_i)\right)^2}{n}$$

命题得证.

例 6.4 $a,b,c\geqslant0$,求证

$$(a^2+b^2+c^2)^2\geqslant4(a-b)(b-c)(c-a)(a+b+c)$$

证明 不妨设 $a\geqslant b,a\geqslant c$.

若 $b \geqslant c$,则不等式显然成立.

若 $b \leqslant c$,则由 AM - GM 不等式,我们有

$$\begin{aligned}&(a-b)(b-c)(c-a)(a+b+c)=\\&(a-b)(c-b)(a-c)(a+b+c)=\\&(a^2-b^2+ac-bc)(c-b)(a-c)\leqslant\\&(a^2+ac)\cdot c\cdot(a-c)=ac(a^2-c^2)\leqslant\\&\frac{(2ac)^2+(a^2-c^2)^2}{4}=\frac{1}{4}(a^2+c^2)^2\leqslant\\&\frac{1}{4}(a^2+b^2+c^2)^2\end{aligned}$$

等号成立当且仅当 $b=0,a=(1+\sqrt{2})c$ 及其轮换.

例 6.5 (2008 年 IMO 预选题) 设 a,b,c,d 是正实数,满足 $abcd=1$ 及

$$a+b+c+d>\frac{a}{b}+\frac{b}{c}+\frac{c}{d}+\frac{d}{a}$$

求证

$$a+b+c+d<\frac{b}{a}+\frac{c}{b}+\frac{d}{c}+\frac{a}{d}$$

证明 由 Cauchy 不等式,我们知道

$$\begin{aligned}&(a+b+c+d)(ab+bc+cd+da)>\\&\left(\frac{a}{b}+\frac{b}{c}+\frac{c}{d}+\frac{d}{a}\right)(ab+bc+cd+da)\geqslant(a+b+c+d)^2\Rightarrow\\&ab+bc+cd+da>a+b+c+d\end{aligned}$$

只需证明

$$\frac{b}{a}+\frac{c}{b}+\frac{d}{c}+\frac{a}{d}\geqslant ab+bc+cd+da$$

利用 AM - GM 不等式有

$$\begin{aligned}&\left(\frac{b}{a}+\frac{c}{d}\right)+\left(\frac{c}{b}+\frac{d}{a}\right)+\left(\frac{d}{c}+\frac{a}{b}\right)+\left(\frac{a}{d}+\frac{b}{c}\right)\geqslant\\&2(ab+bc+cd+da)>\\&(ab+bc+cd+da)+(a+b+c+d)>\\&(ab+bc+cd+da)+\frac{a}{b}+\frac{b}{c}+\frac{c}{d}+\frac{d}{a}\end{aligned}$$

命题得证.

例 6.6 $a^2+b^2+c^2=1,a,b,c\in\mathbf{R}^+$,求证:

$$\sum\frac{1}{1-\left(\frac{a+b}{2}\right)^2}\leqslant\frac{9}{2}$$

证明 （李超，2009年中国国家集训队队员）对于条件出现两次的，比较自然的想法是要把不等式的左边分子分母同时向两次方向靠，由 AM - GM 不等式有

$$\sum \frac{1}{1-\left(\frac{a+b}{2}\right)^2}-3=\sum \frac{\left(\frac{a+b}{2}\right)^2}{1-\left(\frac{a+b}{2}\right)^2}=$$

$$\sum \frac{(a+b)^2}{3a^2+3b^2+4c^2-2ab}\leqslant \sum \frac{(a+b)^2}{2a^2+2b^2+4c^2}\Leftarrow$$

$$\sum \frac{(a+b)^2}{a^2+b^2+2c^2}\leqslant 3$$

由 Cauchy 不等式，有

$$\Leftarrow \sum \frac{a^2}{a^2+c^2}+\sum \frac{b^2}{b^2+c^2}\leqslant 3\Leftrightarrow$$

$$\sum \frac{a^2}{a^2+c^2}+\sum \frac{c^2}{a^2+c^2}\leqslant 3$$

上式为等式，命题得证.

注 本题系 $a^2+b^2+c^2=1, a,b,c\in \mathbf{R}^+$，则

$$\sum \frac{1}{1-ab}\leqslant \frac{9}{2}$$

的加强.

例 6.7 $a,b,c,d\geqslant 0$，求证

$$(a+b+c+d)^{\frac{3}{2}}\geqslant (a+b)\sqrt{c}+(b+c)\sqrt{d}+(c+d)\sqrt{a}+(d+a)\sqrt{b}$$

证明 不妨设 $a+b+c+d=4$，命题变为

$$(a+b)\sqrt{c}+(b+c)\sqrt{d}+(c+d)\sqrt{a}+(d+a)\sqrt{b}\leqslant 8$$

由 AM - GM 不等式有

$$\begin{aligned}2LHS\leqslant &(a+b)(c+1)+(b+c)(d+1)+\\&(c+d)(a+1)+(d+a)(b+1)=\\&8+2ac+2bd+(a+c)(b+d)\leqslant\\&8+\frac{(a+c)^2}{2}+\frac{(b+d)^2}{2}+(a+c)(b+d)=\\&8+\frac{1}{2}(a+b+c+d)^2+16\end{aligned}$$

所以命题得证！

例 6.8 $x_i\geqslant 0, i=1,2,\cdots,n, n\geqslant 2$，求最小的 C，使得

$$C\left(\sum_{i=1}^{n}x_i\right)^4\geqslant \sum_{1\leqslant i<j\leqslant n}x_ix_j(x_i^2+x_j^2)$$

解　一方面取 $x_1=x_2=1, x_3=x_4=\cdots=x_n$，得 $C\geqslant \frac{1}{8}$.

另一方面由 AM - GM 不等式有

$$\left(\sum_{i=1}^{n} x_i\right)^4=\left(\sum_{i=1}^{n} x_i^2+2\sum_{1\leqslant i<j\leqslant n} x_ix_j\right)^2\geqslant 4\left(\sum_{i=1}^{n} x_i^2\right)\left(2\sum_{1\leqslant i<j\leqslant n} x_ix_j\right)=$$
$$8\left(\sum_{i=1}^{n} x_i^2\right)\sum_{1\leqslant i<j\leqslant n} x_ix_j\geqslant 8\sum_{1\leqslant i<j\leqslant n} x_ix_j(x_i^2+x_j^2)$$

故 $C_{\min}=\frac{1}{8}$.

注　这题一般的解法为调整，上述证明可谓是妙不可言.

例 6.9　$a,b,c\geqslant 0$，求证

$$a^2b^2(a-b)^2+b^2c^2(b-c)^2+c^2a^2(c-a)^2\geqslant 2abc(a-b)(b-c)(c-a)$$

证明　由 AM - GM 不等式知

$$\sum\left[a^2b^2(a-b)^2\right]=\frac{1}{2}\sum a^2\left[b^2(a-b)^2+c^2(a-c)^2\right]\geqslant$$
$$abc\sum a\mid(a-b)(a-c)\mid$$

显然

$$2abc(a-b)(b-c)(c-a)\leqslant 2abc\mid(a-b)(b-c)(c-a)\mid$$

故只需证明

$$\sum a\mid(a-b)(a-c)\mid\geqslant 2\mid(a-b)(b-c)(c-a)\mid\Leftrightarrow\sum\left|\frac{a}{b-c}\right|\geqslant 2$$

不妨设 $a\geqslant b\geqslant c$，则我们有

$$\text{LHS}\geqslant\frac{a}{b-c}+\frac{b}{a-c}\geqslant\frac{a}{b}+\frac{b}{a}\geqslant 2$$

命题得证！

例 6.10　$a,b,c\geqslant 0$，求证

$$\sqrt[3]{\frac{(a+2b)(b+2c)(c+2a)}{27}}\geqslant\sqrt{\frac{ab+ac+bc}{3}}$$

证明　不等式两边 3 次方后等价于

$$(a+2b)(b+2c)(c+2a)\geqslant(ab+bc+ca)\sqrt{3(ab+bc+ca)}$$

由 AM - GM 不等式有

$$\sqrt{3(ab+bc+ca)}\leqslant\frac{1}{2}\left(a+b+c+\frac{3(ab+bc+ca)}{a+b+c}\right)$$

于是只需证明

$$2(a+2b)(b+2c)(c+2a)(a+b+c)\geqslant$$
$$(ab+bc+ca)\left[(a+b+c)^2+3(ab+bc+ca)\right]$$

两边展开化简后等价于

$$\sum_{cyc} a^3b + 5\sum_{cyc} ab^3 - 3\sum a^2b^2 - 3abc\sum a \geqslant 0 \Leftrightarrow$$

$$\sum ab(a-2b)^2 + \sum_{cyc} ab^3 + \sum a^2b^2 - 3abc\sum a \geqslant 0$$

由 AM - GM 不等式有

$$\sum_{cyc} ab^3 \geqslant abc\sum a, \sum a^2b^2 \geqslant abc\sum a$$

而由 Cauchy 不等式一节中的例题知

$$\sum ab(a-2b)^2 \geqslant abc\sum a$$

于是我们完成了证明.

注 事实上对于满足 $a,b,c \geqslant 0, ab+bc+ca=3$,使得如下不等式成立

$$(a+kb)(b+kc)(c+ka) \geqslant (k+1)^3$$

的 k 的取值范围为

$$\frac{3\sqrt[3]{4}-2-\sqrt{18\sqrt[3]{2}-12\sqrt[3]{4}}}{2} \leqslant k \leqslant \frac{3\sqrt[3]{4}-2+\sqrt{18\sqrt[3]{2}-12\sqrt[3]{4}}}{2}$$

有兴趣的读者不妨一试.

例 6.11 (Turkevici) 设 a,b,c,d 是非负实数,求证

$$a^4+b^4+c^4+d^4+2abcd \geqslant a^2b^2+a^2c^2+a^2d^2+b^2c^2+b^2d^2+c^2d^2$$

证明 不妨设 $a \geqslant b \geqslant c \geqslant d$,原不等式等价于

$$(a^2-c^2)^2+(b^2-c^2)^2+(a^2-d^2)^2+(b^2-d^2)^2 \geqslant 2(ab-cd)^2$$

由 AM - GM 不等式及 Cauchy 不等式有

$$(a^2-d^2)^2+(b^2-d^2)^2 \geqslant \frac{1}{2}(a^2+b^2-2d^2)^2 \geqslant$$

$$\frac{1}{2}(2ab-2d^2)^2 \geqslant \frac{1}{2}(2ab-2cd)^2 = 2(ab-cd)^2$$

命题得证!

例 6.12 $a,b,c,d>0$,求证

$$\prod_{cyc}(a+b+nc)a^2b^2c^2d^2 \leqslant \frac{(2+n)^4}{2^{12}}\left[\prod_{cyc}(a+b)\right]^3$$

证明 由 AM - GM 不等式有

$$\prod_{cyc}(a+b+nc) \leqslant \left(\frac{(n+2)(a+b+c+d)}{4}\right)^4$$

于是只需证明

$$(a+b+c+d)^4a^2b^2c^2d^2 \leqslant \frac{1}{16}\left[\prod_{cyc}(a+b)\right]^3$$

两边同除 $a^6b^6c^6d^d$ 后等价于

$$16\left(\frac{1}{abc}+\frac{1}{bcd}+\frac{1}{cda}+\frac{1}{dab}\right)^4 \leqslant \left[\left(\frac{1}{a}+\frac{1}{b}\right)\left(\frac{1}{b}+\frac{1}{c}\right)\left(\frac{1}{c}+\frac{1}{d}\right)\left(\frac{1}{d}+\frac{1}{a}\right)\right]^3$$

设

$$x=\frac{1}{a},y=\frac{1}{b},z=\frac{1}{c},w=\frac{1}{d}\Leftrightarrow$$

$$16(xyz+yzw+zwx+wxy)^4 \leqslant (x+y)^3(y+z)^3(z+w)^3(w+x)^3$$

注意到

$$\begin{aligned}&4(xyz+yzw+zwx+wxy)^2=4[xy(z+w)+zw(x+y)]^2\leqslant\\&4\left(\frac{x+y}{2}\sqrt{xy}(z+w)+\frac{z+w}{2}\sqrt{zw}(x+y)\right)^2=\\&(z+w)^2(x+y)^2(xy+zw+2\sqrt{xyzw})\leqslant\\&(z+w)^2(x+y)^2(x+w)(y+z)\end{aligned}$$

同理有

$$4(xyz+yzw+zwx+wxy)^2 \leqslant (z+w)(x+y)(x+w)^2(y+z)^2$$

将两式相乘即证.

例 6.13 已知 m 为正偶数,且实数 $x_1,x_2,\cdots,x_n$ 满足 $\sum\limits_{i=1}^{n} x_i^m=1$,求

$$\max \min_{1\leqslant i<j\leqslant n} |x_i-x_j|$$

证明 (孙世宝)首先来证明一个引理:

引理 m 为正偶数,则对任意实数 a,b,有

$$\frac{a^m+b^m}{2}\geqslant\left(\frac{a-b}{2}\right)^m$$

引理的证明 设 $x,y\geqslant 0$,由幂平均不等式有 $\frac{x^m+y^m}{2}\geqslant\left(\frac{x+y}{2}\right)^m$,得 $\frac{|a|^m+|b|^m}{2}\geqslant\left(\frac{|a|+|b|}{2}\right)^m$,又 $|a|+|b|\geqslant|a-b|$,于是有

$$\frac{a^m+b^m}{2}\geqslant\left(\frac{|a-b|}{2}\right)^m\geqslant\left(\frac{a-b}{2}\right)^m$$

引理证毕. 回到原不等式,不妨设 $x_1\geqslant x_2\geqslant\cdots\geqslant x_n$,并记 $S=\sum\limits_{i=1}^{n}(n+1-2i)^m$, $t=\min\limits_{1\leqslant i<j\leqslant n}|x_i-x_j|$,若 $i<j$,则

$$\begin{aligned}|x_i-x_j|=&|(x_i-x_{i+1})+(x_{i+1}-x_{i+2})+\cdots+(x_{j-1}-x_j)|=\\&|x_i-x_{i+1}|+|x_{i+1}-x_{i+2}|+\cdots+\\&|x_{j-1}-x_j|\geqslant(j-i)t\end{aligned}$$

也即 $|x_i-x_{n+1-i}|\geqslant|n+1-2i|t,i=1,2,\cdots,n$,又由引理可得到

$$\frac{x_i^m+x_{n+1-i}^m}{2}\geqslant\left(\frac{x_i-x_{n+1-i}}{2}\right)^m\geqslant\left[\frac{(n+1-2i)t}{2}\right]^m=\frac{(n+1-2i)^m t^m}{2^m}$$

由 $\sum_{i=1}^{n} x_i^m = 1$,知

$$1 = \sum \frac{x_i^m + x_{n+1-i}^m}{2} \geqslant \frac{t^m}{2^m}\sum_{i=1}^{n}(n+1-2i)^m$$

于是有 $t \leqslant \frac{2}{\sqrt[m]{S}}$,等号成立当且仅当数列 x_n 是等差数列,且 $x_i + x_{n+1-i} = 0$,也即等差数列 x_n 的前 n 项和 $s_n = x_1 + x_2 + \cdots + x_n = 0$ 时取得. 因此

$$\max \min_{1\leqslant i<j\leqslant n} |x_i - x_j| = \frac{2}{\sqrt[m]{\sum_{i=1}^{n}(n+1-2i)^m}}$$

例 6.14 (Carleman(卡尔曼)不等式)$a_i \geqslant 0, i = 1,2,\cdots,n$,求证

$$\sum_{k=1}^{n}\sqrt[k]{\prod_{i=1}^{k} a_i} < e\sum_{i=1}^{n} a_i$$

证明 不等式右边的 e 很容易让人联想到 $\lim_{k\to+\infty}(1+\frac{1}{k})^k = e$. 更进一步有 $(1+\frac{1}{k})^k < e$.

我们先尝试用 AM - GM 不等式去根号.

设 $a_1b_1 = a_2b_2 = \cdots = a_nb_n$,其中 $b_i \geqslant 0, i = 1,2,\cdots,n$.

则由 AM - GM 不等式有

$$\sum_{k=1}^{n}\sqrt[k]{\prod_{i=1}^{k} a_i} = \sum_{k=1}^{n}\frac{1}{\sqrt[k]{\prod_{i=1}^{k} b_i}}\sqrt[k]{\prod_{i=1}^{k}(a_ib_i)} \leqslant$$

$$\sum_{k=1}^{n}\frac{1}{\sqrt[k]{\prod_{i=1}^{k} b_i}}\frac{\sum_{i=1}^{n} a_ib_i}{k} = \sum_{i=1}^{k} a_ib_i\sum_{k=1}^{n}\frac{1}{k\sqrt[k]{\prod_{i=1}^{k} b_i}}$$

对于上面这一类型的和式常规的处理方法是裂项.

为此令 $\sqrt[k]{\prod_{i=1}^{k} b_i} = k+1, k = 1,2,\cdots,n$,则 $b_i = \frac{(i+1)i}{i^{i-1}}, i = 1,2,\cdots,n$,于是

$$\sum_{i=1}^{k} a_ib_i\sum_{k=1}^{n}\frac{1}{k\sqrt[k]{\prod_{i=1}^{k} b_i}} \leqslant \sum_{i=1}^{n} a_i\left(\frac{i+1}{i}\right)^i \leqslant e\sum_{i=1}^{n} a_i$$

注 事实上我们能用数学归纳法证明更强的命题.

$$\sum_{k=1}^{n}\sqrt[k]{\prod_{i=1}^{k} a_i} + n\sqrt[n]{\prod_{i=1}^{n} a_i} < e\sum_{i=1}^{n} a_i$$

本题也可看做是著名的 Hardy 不等式的推广.

例 6.15 $x \in \mathbf{R}$,求下面函数的最大值

$$f(x)=|\sin x(a+\cos x)|$$

解 由 Cauchy 不等式及 AM - GM 不等式有

$$\begin{aligned}f^2(x)=&\frac{1}{\lambda^2}\sin^2 x(a\lambda+\lambda\cos x)^2\leqslant\\&\frac{1}{\lambda^2}\sin^2 x(\lambda^2+\cos^2 x)(a^2+\lambda^2)\leqslant\\&\frac{1}{\lambda^2}\left(\frac{\sin^2 x+\lambda^2+\cos^2 x}{2}\right)(a^2+\lambda^2)=\\&\frac{1}{\lambda^2}\left(\frac{1+\lambda^2}{2}\right)^2(a^2+\lambda^2)\end{aligned}$$

等号成立当且仅当 $\lambda^2=a\cos x,\sin^2 x=\lambda^2+\cos^2 x$,消去 x 得

$$2\lambda^4+a^2\lambda^2-a^2=0$$

解得

$$\lambda^2=\frac{1}{4}(\sqrt{a^4+8a^2}-a^2),\cos x=\frac{1}{4}(\sqrt{a^2+8}-a)$$

于是当 $x=2k\pi\pm\arccos\left(\frac{1}{4}(a^2+8)-a\right),k\in\mathbf{R},f(x)$ 有最大值

$$f(x)_{\max}=\frac{\sqrt{a^4+8a^2}-a^2+4}{8}\sqrt{\frac{\sqrt{a^4+8a^2}+a^2+2}{2}}$$

注 用这个方法可以解决在 $\triangle ABC$ 中 $\sin A+\sin B+k\sin C$ 的最大值问题. 例如,在 $\triangle ABC$ 中有

$$\sin A+\sin B+5\sin C\leqslant\frac{\sqrt{198+2\sqrt{201}}(\sqrt{201}+3)}{40}$$

例 6.16 $a,b,c\geqslant 0$,满足 $a+b+c=3$,求证

$$\sqrt{a+bc}+\sqrt{b+ca}+\sqrt{c+ab}\geqslant\sqrt{2}(ab+bc+ca)$$

证明 由 AM - GM 不等式有

$$\sum\left(\sqrt{a+bc}+\sqrt{a+bc}+\frac{(a+bc)^2}{2\sqrt{2}}\right)\geqslant\sum\frac{3(a+bc)}{\sqrt{2}}$$

故只需证明

$$\sum\left(\frac{3(a+bc)}{\sqrt{2}}-\frac{(a+bc)^2}{2\sqrt{2}}\right)\geqslant 2\sqrt{2}(ab+bc+ca)$$

而我们有

$$(a+b+c)^2\geqslant 3(ab+bc+ca)\Leftrightarrow a+b+c\geqslant ab+bc+ca\Leftrightarrow$$
$$2(a+b+c)^2\geqslant(ab+bc+ca)^2+(a+b+c)^2\Leftrightarrow$$

$$6(a+b+c) \geqslant \sum (b^2c^2 + 2abc + a^2 + 2bc) \Leftrightarrow$$

$$6\sum (a+bc) \geqslant \sum ((a+bc)^2 + 8bc) \Leftrightarrow$$

$$\sum \left(\frac{3(a+bc)}{\sqrt{2}} - \frac{(a+bc)^2}{2\sqrt{2}}\right) \geqslant 2\sqrt{2}(ab+bc+ca)$$

于是我们证明了命题.

注　我们亦可证明

$$\sum \sqrt[3]{a+bc} \geqslant \sqrt[3]{2}(ab+bc+ca)$$

证明　若 $ab+bc+ca \leqslant 1$,不妨设 $a=\max\{a,b,c\}$,于是 $a \geqslant 1$. 显然有 $b+c<1$,如若不然,我们有

$$1 \geqslant ab+bc+ca > (b+c)a \geqslant a$$

矛盾. 又 $a+b+c=3$,于是我们有 $a \geqslant 2$,故

$$\sum \sqrt[3]{a+bc} > \sqrt[3]{2} > \sqrt[3]{2}(ab+bc+ca)$$

若 $ab+bc+ca>1$,首先证明

$$\sum 2(a+bc) \geqslant \sum (a+bc)^2 \Leftrightarrow$$

$$(a^2+b^2+c^2-ab-bc-ca)(ab+bc+ca-1) \geqslant 0$$

由 AM - GM 不等式有

$$\sum \sqrt[3]{a+bc} + \sqrt[3]{\frac{(a+bc)^4}{2^3}} + \sqrt[3]{\frac{(a+bc)^4}{2^3}} \geqslant \sum \frac{3(a+bc)}{\sqrt[3]{4}}$$

故只需证明

$$\sum 3(a+bc) \geqslant \sum 2bc + \sqrt[3]{4(a+bc)^4}$$

再由 AM - GM 不等式有

$$\frac{1}{3}\sum (a+bc)^2 + (a+bc)^2 + 4 \geqslant \sum \sqrt[3]{4(a+bc)^4} \Leftarrow$$

$$\sum 3(a+bc) \geqslant 4 + \sum 2bc + \frac{2}{3}(a+bc)^2$$

上式成立是因为

$$\sum \frac{4}{3}a = 4, \sum \frac{4}{3}(a+bc) \geqslant \sum \frac{2}{3}(a+bc)^2, \sum \frac{1}{3}a + \frac{5}{3}b \geqslant \sum 2bc$$

于是我们完成了证明.

那么对于 $\sqrt[n]{a+bc} + \sqrt[n]{b+ca} + \sqrt[n]{c+ab}$,结果又是怎样的呢? 我们有

$$a,b,c>0, a+b+c=3, 0<n\leqslant 1$$

$$\sum (a+bc)^n \geqslant \frac{2^n}{2}(3+ab+bc+ca), ab+bc+ca \geqslant 1$$

$$\sum (a+bc)^n > \frac{2^n}{2}(1+ab+bc+ca), ab+bc+ca<1$$

例 6.17 (Vo Quoc Ba Can)a,b,c 是非负实数,且 $abc=1$,证明

$$\frac{a}{\sqrt[k]{8+b^3}}+\frac{b}{\sqrt[k]{8+c^3}}+\frac{c}{\sqrt[k]{8+a^3}} \geqslant \sqrt[k]{3^{k-2}}$$

对所有的 $k \geqslant 1, k \in \mathbf{R}$ 成立.

证明 由加权 AM - GM 不等式得

$$a^3+8+9(k-1) \geqslant 9k\left(\frac{8+a^3}{9}\right)^{\frac{1}{k}}$$

即

$$\frac{a^3+9k-1}{9k} \geqslant \sqrt[n]{\frac{8+a^3}{9}}$$

同理可得

$$\frac{b^3+9k-1}{9k} \geqslant \left(\frac{8+b^3}{9}\right)^{\frac{1}{k}}$$

$$\frac{c^3+9k-1}{9k} \geqslant \left(\frac{8+c^3}{9}\right)^{\frac{1}{k}}$$

令 $9k-1=m$,于是我们只需证明

$$\sum \frac{a}{b^3+m} \geqslant \frac{3}{m+1}$$

其中 $m \geqslant 0$,作代换 $a=\frac{x}{y}, b=\frac{z}{x}, c=\frac{y}{z}$,其中 $x,y,z>0$,不等式变为

$$\sum \frac{x^4}{y(z^3+kx^3)} \geqslant \frac{3}{k+1}$$

由 Cauchy-Schwarz 不等式有

$$\sum \frac{x^4}{y(z^3+kx^3)} \geqslant \frac{(x^2+y^2+z^2)^2}{\sum_{cyc} yz^3+k\sum_{cyc} x^3y}$$

Vasile 不等式告诉我们有

$$\sum_{cyc} yz^3 \leqslant \frac{1}{3}(x^2+y^2+z^2)^2$$

$$\sum_{cyc} x^3y \leqslant \frac{1}{3}(x^2+y^2+z^2)^2$$

所以命题得证.

例 6.18 $a,b,c \geqslant 0$,且 $a+b+c=2$,求证

$$\frac{b}{a^2+1}+\frac{c}{b^2+1}+\frac{a}{c^2+1} \geqslant \frac{18}{13}$$

证明　由加权 AM - GM 不等式有

$$36(a^2+1)=9a^2+9a^2+9a^2+9a^2+4+4+4+4+4+4+4+4+4\geqslant 13\sqrt[13]{9^4 4^9 a^8}$$

我们有

$$\frac{b}{a^2+1}=b-\frac{a^2b}{a^2+1}\geqslant b-\frac{36a^2b}{13\sqrt[13]{9^4 4^9 a^8}}$$

同理有另外两式,相加之后有

$$\frac{b}{a^2+1}+\frac{c}{b^2+1}+\frac{a}{c^2+1}\geqslant 2-\frac{36}{13\sqrt[13]{9^4 4^9}}\left(a^{\frac{18}{13}}b+b^{\frac{18}{13}}c+c^{\frac{18}{13}}a\right)$$

于是只需证明

$$a^{\frac{18}{13}}b+b^{\frac{18}{13}}c+c^{\frac{18}{13}}a\leqslant\frac{2^{\frac{31}{13}}}{3^{\frac{18}{13}}}$$

注意到

$$\left(a^{\frac{18}{13}}b+b^{\frac{18}{13}}c+c^{\frac{18}{13}}a\right)^{13}\leqslant(b+c+a)\left(a^{\frac{3}{2}}b+b^{\frac{3}{2}}c+c^{\frac{3}{2}}a\right)^{12}$$

所以只需证明

$$a^{\frac{3}{2}}b+b^{\frac{3}{2}}c+c^{\frac{3}{2}}a\leqslant\sqrt{\frac{32}{27}}$$

上式在 Cauchy 不等式一节中已有过证明.

命题得证,等号成立当且仅当 $a=b=c=\frac{2}{3}$.

注　本题分母中 a^2+1 的常数1并不是最佳的,事实上我们有:$a,b,c\geqslant 0$,且 $a+b+c=3$,$0\leqslant t\leqslant 3+2\sqrt{3}$,则

$$\frac{a}{b^2+t}+\frac{b}{c^2+t}+\frac{c}{a^2+t}\geqslant\frac{3}{1+t}$$

等号成立当且仅当 $t=3+2\sqrt{3}$,$a=0$,$b=3-\sqrt{3}$,$c=\sqrt{3}$.

下面我们来讨论一个有趣的问题.

当 $x+y+z=p+q+r$,且 $x,y,z,p,q,r\geqslant 0$ 时是否一定有

$$\sum_{cyc}a^x b^y c^z\geqslant\sum a^p b^q c^r$$

首先不妨设 $z=\min(x,y,z)$,显然 $z\leqslant\min(p,q,r)$. 否则取 c 为无穷小,不等式不成立. 我们在不等式两边同除以 $a^z b^z c^z$. 于是只需探讨 $\sum a^x b^y\geqslant\sum a^p b^q c^r$. 且 $x+y=p+q+r$,$x,y,p,q,r\geqslant 0$,x,y 不为0的情况,x,y 中有数为0的情况显然. 事实上我们可以得到如下结论.

例 6.19　(韩京俊) 对于正实数 a,b,c 以及非负实数 x,y,p,q,r,满足 $x+$

$y=p+q+r$,不等式

$$\sum_{cyc} a^x b^y \geqslant \sum_{cyc} a^p b^q c^r$$

成立的充要条件是

$$\left(\frac{q}{x}+\frac{p}{y}-1\right)\left(\frac{r}{x}+\frac{q}{y}-1\right)\left(\frac{p}{x}+\frac{r}{y}-1\right) \geqslant 0$$

证明 充分性. 若$\left(\frac{q}{x}+\frac{p}{y}-1\right)$,$\left(\frac{r}{x}+\frac{q}{y}-1\right)$,$\left(\frac{p}{x}+\frac{r}{y}-1\right)$中有两数非正.

我们不妨设

$$\frac{q}{x}+\frac{p}{y} \leqslant 1, \frac{r}{x}+\frac{q}{y} \leqslant 1$$

又 $x+y=p+q+r$,故

$$px^2+qy^2-rxy \leqslant 0, qx^2+ry^2-pxy \leqslant 0$$

故

$$p \geqslant q\frac{x}{y}+r\frac{y}{x} \geqslant q\frac{x}{y}+\left(p\frac{x}{y}+q\frac{y}{x}\right)\frac{y}{x}=p+q\frac{x}{y}+q\frac{x^2}{y^2}>p$$

矛盾!

所以

$$\frac{q}{x}+\frac{p}{y} \geqslant 1, \frac{r}{x}+\frac{q}{y} \geqslant 1, \frac{p}{x}+\frac{r}{y} \geqslant 1$$

欲证明原不等式,我们取

$$\alpha=\frac{px^2+qy^2-rxy}{x^3+y^3}, \beta=\frac{qx^2+ry^2-pxy}{x^3+y^3}, \gamma=\frac{rx^2+py^2-qxy}{x^3+y^3}$$

则

$$\alpha=\frac{px^2+qy^2-rxy}{x^3+y^3}=\frac{xy\left(\frac{px}{y}+\frac{qy}{x}-r\right)}{x^3+y^3}=\frac{xy\left((x+y)\left(\frac{p}{y}+\frac{q}{x}\right)-r\right)}{x^3+y^3} \geqslant 0$$

同理 $\gamma \geqslant 0, \beta \geqslant 0$,不难验证 $\alpha+\gamma+\beta=1$.

由 AM - GM 不等式我们有

$$\alpha a^x b^y+\beta b^x c^y+\gamma c^x a^y \geqslant a^p b^q c^r$$
$$\alpha b^x c^y+\beta c^x a^y+\gamma a^x b^y \geqslant b^p c^q a^r$$
$$\alpha c^x a^y+\beta a^x b^y+\gamma b^x c^y \geqslant c^p a^q b^r$$

将上述三式相加即得欲证不等式.

必要性. 用反证法,由充分性证明知若命题不成立,则必存在$\frac{q}{x}+\frac{p}{y}<1$.

设 $n=xy-qy-px$,我们取 $a=3^{\frac{x-y}{n}}, b=3^{\frac{x}{n}}, c=1$,易验证此时不等式不成立.

综上所述,命题得证.

在本节的最后让我们来看一个经典的问题.

例 6.20 $x_i > 0, i = 1,2,\cdots,n$,其中 $x_{n+1} = x_1, x_{n+2} = x_2$.

求证

$$\sum_{i=1}^{n} \frac{x_i}{x_{i+1} + x_{i+2}} > \frac{5n}{12}$$

证明 设 $b + ab = a$,则 $b = \frac{a}{1 + a}$(其中 $b \neq 1$),则

$$\frac{x_i}{x_{i+1} + x_{i+2}} + a = \frac{x_i + bx_{i+1}}{x_{i+1} + x_{i+2}} + \frac{a(bx_{i+1} + x_{i+2})}{x_{i+1} + x_{i+2}}$$

利用 AM - GM 不等式有

$$\begin{aligned}
\sum_{i=1}^{n} \frac{x_i}{x_{i+1} + x_{i+2}} = & \sum_{i=1}^{n} \frac{x_i + bx_{i+1}}{x_{i+1} + x_{i+2}} + \sum_{i=1}^{n} \frac{a(bx_{i+1} + x_{i+2})}{x_{i+1} + x_{i+2}} - an = \\
& \sum_{i=1}^{n} \frac{x_i + bx_{i+1}}{x_{i+1} + x_{i+2}} + \sum_{i=1}^{n} \frac{a(bx_i + x_{i+1})}{x_i + x_{i+1}} - an \geqslant \\
& 2\sum_{i=1}^{n} \sqrt{a \cdot \frac{(x_i + bx_{i+1})(bx_i + x_{i+1})}{(x_{i+1} + x_{i+2})(x_i + x_{i+1})}} - an = \\
& 2\sum_{i=1}^{n} \sqrt{a \cdot \frac{b(x_i + x_{i+1})^2 + (1 - b)x_i x_{i+1}}{(x_{i+1} + x_{i+2})(x_i + x_{i+1})}} - an > \\
& 2\sum_{i=1}^{n} \sqrt{ab \cdot \frac{x_i + x_{i+1}}{x_{i+1} + x_{i+2}}} - an = \\
& \frac{2a}{\sqrt{1 + a}} \sum_{i=1}^{n} \sqrt{\frac{x_i + x_{i+1}}{x_{i+1} + x_{i+2}}} - an \geqslant \\
& \left(\frac{2a}{\sqrt{1 + a}} - a\right) n
\end{aligned}$$

当 $a = \frac{5}{4}$ 时,$\frac{2a}{\sqrt{1 + a}} - a = \frac{5}{12}$,此时

$$\sum_{i=1}^{n} \frac{x_i}{x_{i+1} + x_{i+2}} > \frac{5n}{12}$$

故命题得证!

注 事实上我们可以求得 $\max\left(\frac{2a}{\sqrt{1 + a}} - a\right) = k$ 的值,此时

$$a = -1 + \frac{(x^2 + 4 + 2x)^2}{36x^2} \approx 1.147\ 899\ 036$$

$$k = -\frac{y}{6} + \frac{106}{3y} + \frac{4}{3} \approx 0.418\ 587\ 820\ 4 > \frac{5}{12}$$

其中 $x=\sqrt[3]{116+12\sqrt{93}}$，$y=\sqrt[3]{(1\ 828+372\sqrt{93})}$.

a，k 分别是下面代数方程的非负实数.

$$a^3+2a^2-a-3=0, 23k-4k^2+k^3-9=0$$

再来介绍一下本题的背景，美国数学家夏皮诺（H. S. Shapiro）在《美国数学月刊》上提出了如下 n 元轮换对称不等式的问题.

设 $x_1, x_2, \cdots, x_n>0$，其中 $x_{n+1}=x_1$，$x_{n+2}=x_2$，则

$$\sum_{i=1}^{n}\frac{x_i}{x_{i+1}+x_{i+2}}\geqslant\frac{n}{2}$$

对所有正整数 $n\geqslant 2$ 都成立.

上面的问题有反例，现在证明了对 $n=2,3,4,5,6,7,8,9,10,11,12,13,15,17,19,21,23$ 时成立，对其余的正整数 n 不成立. 而由于循环不等式 $S_n\geqslant 0.5n$ 不成立（对所有的 n），于是就有人去研究 $S_n\geqslant rn$，现在求得 $r\approx 0.494\ 5$. 而当 n 趋向于无穷大时，有人证明了 $r<1/2-7\cdot 10^{-8}$，而我们所给出的 k，据作者所知目前是初等方法中最佳的.

6.2 Cauchy-Schwarz 不等式

数学上，Cauchy-Schwarz（柯西－许瓦尔兹）不等式，又称许瓦尔兹不等式或柯西－布尼亚科夫斯基－许瓦尔兹不等式，是一条很多场合都用得上的不等式，例如线性代数的矢量、数学分析的无穷级数和乘积的积分、和概率论的方差和协方差. 不等式以奥古斯丁·路易·柯西（Augustin Louis Cauchy）（法国数学家 1789 年 8 月 21 日 ～ 1857 年 5 月 23 日），赫尔曼·阿曼杜斯·许瓦尔兹（Hermann Amandus Schwarz）（德国数学家）和维克托·雅科夫列维奇·布封亚科夫斯基（Виктор Яковлевич Буняковский）的名字命名. Cauchy 不等式是大数学家 Cauchy 在研究数学分析中的“留数”问题时得到的. 但从历史的角度讲，该不等式应当称 Cauchy-Buniakowsky-Schwarz 不等式（为了叙述方便下文中均简称其为 Cauchy 或 Cauchy-Schwarz 不等式），因为正是后两位数学家彼此独立地在积分学中推而广之，并将这一不等式应用到近乎完善的地步. 一般习惯上把 Cauchy-Schwarz 不等式中的离散形式叫做柯西不等式，把连续函数积分形式叫做许瓦尔兹不等式.

在初等领域，柯西不等式同样是一个非常重要的不等式，灵活巧妙地应用它，可以使一些较为困难的问题迎刃而解. 在证明不等式、解三角形相关问题、求函数最值、解方程等问题中均有应用，当然在本节中我们以介绍它在证明不等式中的应用为主.

例 6.21 （1999 年乌克兰数学奥林匹克）$x,y,z\geqslant 0,x+y+z=1$，求证

$$ax+by+cz+2\sqrt{(xy+yz+zx)(ab+bc+ca)}\leqslant a+b+c$$

证明 两次利用 Cauchy-Schwarz 不等式

$$ax+by+cz+\sqrt{2(ab+bc+ca)\cdot 2(xy+yz+zx)}\leqslant$$
$$\sqrt{x^2+y^2+z^2}\sqrt{a^2+b^2+c^2}+\sqrt{2(ab+bc+ca)\cdot 2(xy+yz+zx)}\leqslant$$
$$\sqrt{x^2+y^2+z^2+2xy+2yz+2zx}\sqrt{a^2+b^2+c^2+2ab+2bc+2ca}=$$
$$a+b+c$$

故原不等式成立！

例 6.22 $a,b,c\in\mathbf{R}$，求证

$$2(1+abc)+\sqrt{2(1+a^2)(1+b^2)(1+c^2)}\geqslant(1+a)(1+b)(1+c)$$

证明 由 Cauchy 不等式有

$$\sqrt{2(1+a^2)(1+b^2)(1+c^2)}=$$
$$\sqrt{[(1+a)^2+(1-a)^2][(b+c)^2+(1-bc)^2]}\geqslant$$
$$(1+a)(b+c)+(1-a)(bc-1)=$$
$$(1+a)(1+b)(1+c)-2(1+abc)$$

移项即得欲证不等式！

例 6.23 $a,b,c>0$，求证

$$\sqrt[3]{\frac{a+b}{a+c}}+\sqrt[3]{\frac{b+c}{b+a}}+\sqrt[3]{\frac{c+a}{c+b}}\leqslant\frac{a+b+c}{\sqrt[3]{abc}}$$

证明 由 Cauchy 推广得

$$\left(\sqrt[3]{\frac{a+b}{a+c}}+\sqrt[3]{\frac{b+c}{b+a}}+\sqrt[3]{\frac{c+a}{c+b}}\right)^3\leqslant 6(a+b+c)\left(\frac{1}{a+b}+\frac{1}{b+c}+\frac{1}{c+a}\right)\leqslant$$
$$3(a+b+c)\left(\frac{1}{a}+\frac{1}{b}+\frac{1}{c}\right)$$

只需证明

$$\frac{(a+b+c)^3}{abc}\geqslant 3(a+b+c)\left(\frac{1}{a}+\frac{1}{b}+\frac{1}{c}\right)\Leftrightarrow$$
$$(a+b+c)^2\geqslant 3(ab+bc+ca)$$

我们完成了证明.

例 6.24 （李黎）圆内接四边形 $ABCD$（逆时针排列），设 $AB=b,BC=a,AC=c,AD=d,CD=e,BD=f$，求证

$$a\sqrt{d^2+x}+b\sqrt{e^2+x}=c\sqrt{f^2+x}$$

仅有实数解 $x=0$.

证明 （韩京俊）由托勒密定理知 $ad+be=cf$，显然 $x=0$ 为解.

下证当 $x \neq 0$ 时方程无解.

$$a\sqrt{d^2+x}+b\sqrt{e^2+x}=c\sqrt{f^2+x}\Leftrightarrow$$

$$a(\sqrt{d^2+x}-d)+b(\sqrt{e^2+x}-e)=c(\sqrt{f^2+x}-f)\Leftrightarrow$$

$$\frac{a}{\sqrt{d^2+x}+d}+\frac{b}{\sqrt{e^2+x}+e}=\frac{c}{\sqrt{f^2+x}+f}$$

而由 Cauchy 不等式有

$$\frac{a}{\sqrt{d^2+x}+d}+\frac{b}{\sqrt{e^2+x}+e}\geqslant\frac{(a+b)^2}{a\sqrt{d^2+x}+ad+b\sqrt{e^2+x}+be}=$$

$$\frac{(a+b)^2}{c[\sqrt{f^2+x}+f]}\Rightarrow\frac{c}{\sqrt{f^2+x}+f}\geqslant\frac{\frac{(a+b)^2}{c}}{\sqrt{f^2+x}+f}\Rightarrow c\geqslant a+b$$

这与在三角形中 $c<a+b$ 矛盾.

故方程仅有实数解 $x=0$.

例 6.25 $a,b,c\geqslant 0$ 且满足 $abc=1$,求证

$$\frac{1+a+ab}{a(a+b)^4}+\frac{1+b+bc}{b(b+c)^4}+\frac{1+c+ca}{c(c+a)^4}\geqslant\frac{81}{16(ab+bc+ca)^2}$$

证明 当 $abc=1$ 时我们有

$$\sum\frac{a}{1+a+ab}=1$$

由 Cauchy-Schwarz 不等式及伊朗 1996 不等式,我们有

$$\sum\frac{1+a+ab}{a(a+b)^4}=\left(\sum\frac{1+a+ab}{a(a+b)^4}\right)\left(\sum\frac{a}{1+a+ab}\right)\geqslant$$

$$\left(\sum\frac{1}{(a+b)^2}\right)^2\geqslant\frac{81}{16(ab+bc+ca)^2}$$

于是我们完成了证明.

例 6.26 (2008 年 IMO)$a,b,c\in\mathbf{R}$,求证

$$\left(\frac{a}{a-b}\right)^2+\left(\frac{b}{b-c}\right)^2+\left(\frac{c}{c-a}\right)^2\geqslant 1$$

证明 由 Cauchy 不等式有

$$\left[\sum_{cyc}\left(\frac{a}{a-b}\right)^2\right]\left[\sum_{cyc}(a-b)^2(a-c)^2\right]\geqslant$$

$$\left(\sum_{cyc}|a||a-c|\right)^2\geqslant\left(\sum_{cyc}a^2-\sum_{cyc}ab\right)^2$$

而又有恒等式

$$\sum_{cyc}(a-b)^2(a-c)^2=\sum_{cyc}(a-b)^2(a-c)^2+$$

$$2\sum(a-b)(a-c)(b-c)(b-a)=$$

$$\left(\sum (a-b)(a-c)\right)^2=\left(\sum a^2-\sum ab\right)^2$$

故命题得证！

注　本题证明方法层出不穷，不过基于 Cauchy 不等式的证明还是让人眼前一亮.

例 6.27　(2002 年越南数学奥林匹克)$a,b,c\in\mathbf{R}$，且 $a^2+b^2+c^2=9$，求证

$$2(a+b+c)-abc\leqslant 10$$

证明　不妨设 $a\leqslant b\leqslant c\Rightarrow 9\geqslant\frac{3}{2}(a^2+b^2)\geqslant 3ab\Leftrightarrow 3\geqslant ab$. 于是我们有

$$2(a+b+c)-abc=2(a+b)+c(2-ab)\leqslant$$

$$\sqrt{(a^2+b^2+2ab+c^2)(8-4ab+a^2b^2)}=$$

$$\sqrt{(9+2ab)(a^2b^2-4ab+8)}\Leftrightarrow$$

$$(9+2ab)(a^2b^2-4ab+8)\leqslant 100\Leftrightarrow$$

$$(7-2ab)(ab+2)^2\geqslant 0$$

上式显然. 等号成立当且仅当 $a=2,b=2,c=-1$ 及其轮换.

注　利用相同的方法可以证明一道波兰的试题 $x,y,z>0,x^2+y^2+z^2=2$，有

$$x+y+z\leqslant xyz+2$$

例 6.28　非负实数 a,b,c 满足 $a+b+c=2$，证明

$$\sqrt{a+b-2ab}+\sqrt{b+c-2bc}+\sqrt{c+a-2ca}\geqslant 2$$

证明　首先易见原不等式等价于

$$\sum\sqrt{(a+b)(a+b+c)-4ab}\geqslant 2\sqrt{2}\Leftrightarrow$$

$$\sum\sqrt{c(a+b)+(a-b)^2}\geqslant 2\sqrt{2}$$

平方并由 Cauchy 不等式得只要证

$$\sum a^2+\sum\sqrt{bc(a+b)(a+c)}+\sum(a-b)(a-c)\geqslant 4=(a+b+c)^2$$

再由 Cauchy 不等式只要证

$$\sum a^2+\sum bc+\sum a\sqrt{bc}+\sum(a-b)(a-c)\geqslant(a+b+c)^2\Leftrightarrow$$

$$\sum a^2+\sum a\sqrt{bc}\geqslant 2\sum ab$$

令 $\sqrt{a}=x,\sqrt{b}=y,\sqrt{c}=z$，由 4 次 Schur 不等式得

$$\text{左边}=\sum x^4+\sum xyz^2\geqslant\sum x^3(y+z)\geqslant 2\sum x^2y^2=\text{右边}$$

证毕！等号成立当且仅当 $a=b=c=\frac{2}{3}$ 或 $a=b=1,c=0$ 及其轮换.

例 6.29　$a,b,c>0$，求证

$$\sum_{cyc}\frac{1}{\sqrt{a^2+bc}}\leqslant\sum_{cyc}\frac{\sqrt{2}}{a+b}$$

证明 利用 Cauchy-Schwarz 不等式我们有

$$\left(\sum\frac{1}{\sqrt{a^2+bc}}\right)^2\leqslant\left(\sum\frac{1}{(a+b)(a+c)}\right)\left(\sum\frac{(a+b)(a+c)}{a^2+bc}\right)=$$

$$\frac{2\sum a}{(a+b)(b+c)(c+a)}\left(\sum\frac{a(b+c)}{a^2+bc}+3\right)$$

于是只需证明

$$\frac{2\sum a}{(a+b)(b+c)(c+a)}\left(\sum\frac{a(b+c)}{a^2+bc}+3\right)\leqslant 2\left(\sum\frac{1}{a+b}\right)^2\Leftrightarrow$$

$$\sum\frac{a(b+c)}{a^2+bc}+3\leqslant\frac{\left(\sum a^2+3\sum ab\right)^2}{(a+b)(b+c)(c+a)\sum a}\Leftrightarrow$$

$$\sum\frac{a(b+c)}{a^2+bc}-3\leqslant\frac{\sum a^4-\sum a^2b^2}{(a+b)(b+c)(c+a)\sum a}\Leftrightarrow$$

$$\sum(a-b)(a-c)\left(\frac{1}{a^2+bc}+\frac{1}{(b+c)(a+b+c)}\right)\geqslant 0$$

不妨设 $a\geqslant b\geqslant c$,由于 $a-c\geqslant\frac{a}{b}(b-c)$,故只需证明

$$a\left(\frac{1}{a^2+bc}+\frac{1}{(b+c)(a+b+c)}\right)\geqslant b\left(\frac{1}{b^2+ca}+\frac{1}{(a+c)(a+b+c)}\right)\Leftrightarrow$$

$$c(a^2-b^2)[(a-b)^2+ab+bc+ca]\geqslant 0$$

上式显然,等号成立当且仅当 $a=b=c$.

例 6.30 (Joel Zinn,美国数学月刊)$a_1,a_2,\cdots,a_n$ 是正实数,求证

$$\frac{1}{a_1}+\frac{2}{a_1+a_2}+\cdots+\frac{n}{a_1+a_2+\cdots+a_n}<\frac{2}{a_1}+\frac{2}{a_2}+\cdots+\frac{2}{a_n}$$

证明 由 Cauchy 不等式我们有

$$\sum_{i=1}^{k}a_i\sum_{i=1}^{k}\frac{i^2}{a_i}\geqslant\left(\sum_{i=1}^{k}i\right)^2=\frac{k^2(k+1)^2}{4}$$

于是

$$\sum_{k=1}^{n}\frac{k}{\sum\limits_{i=1}^{k}a_i}\leqslant\sum_{k=1}^{n}\frac{4}{k(k+1)^2}\sum_{i=1}^{k}\frac{i^2}{a_i}<2\sum_{i=1}^{n}\frac{i^2}{a_i}\sum_{k=i}^{n}\frac{2k+1}{k^2(k+1)^2}=$$

$$2\sum_{i=1}^{n}\frac{i^2}{a_i}\sum_{k=i}^{n}\left(\frac{1}{k^2}-\frac{1}{(k+1)^2}\right)=$$

$$2\sum_{i=1}^{n}\frac{i^2}{a_i}\left(\frac{1}{i^2}-\frac{1}{(n+1)^2}\right)<$$

$$2\cdot\sum_{i=1}^{n}\frac{i^2}{a_i}\cdot\frac{1}{i^2}=2\sum_{i=1}^{n}\frac{1}{a_i}$$

注 本题中的系数2不能再改为更小的常数,本题可看做著名的Hardy不等式的推广($p=-1$),Hardy不等式为

$$\sum_{i=1}^{n}\left(\frac{1}{n}\sum_{k=1}^{n}a_k\right)^p<\left(\frac{p}{p-1}\right)^p\sum_{i=1}^{n}a_i^p$$

其中 $a_i>0,i=0,1,\cdots,n,p>1$,当 $0<p<1$ 时不等式反向.

例6.31 $a_i,b_i,c_i>0,i=1,2,\cdots,n$,求证

$$\sum_{i=1}^{n}(a_i+b_i+c_i)\sum_{i=1}^{n}\frac{b_ic_i+c_ia_i+a_ib_i}{a_i+b_i+c_i}\sum_{i=1}^{n}\frac{a_ib_ic_i}{b_ic_i+c_ia_i+a_ib_i}\leqslant\sum_{i=1}^{n}a_i\sum_{i=1}^{n}b_i\sum_{i=1}^{n}c_i$$

证明 先证明几个引理.

引理1

$$\sum_{i=1}^{n}(a_i+b_i)\sum_{i=1}^{n}\frac{a_ib_i}{a_i+b_i}\leqslant\sum_{i=1}^{n}a_i\sum_{i=1}^{n}b_i\Leftrightarrow$$

$$\sum_{i=1}^{n}\frac{4a_ib_i}{a_i+b_i}\leqslant\frac{4\left(\sum_{i=1}^{n}a_i\right)\left(\sum_{i=1}^{n}b_i\right)}{\sum_{i=1}^{n}a_i+\sum_{i=1}^{n}b_i}\Leftrightarrow$$

$$\sum_{i=1}^{n}\left(a_i+b_i-\frac{4a_ib_i}{a_i+b_i}\right)\geqslant\sum_{i=1}^{n}a_i+\sum_{i=1}^{n}b_i-\frac{4\left(\sum_{i=1}^{n}a_i\right)\left(\sum_{i=1}^{n}b_i\right)}{\sum_{i=1}^{n}a_i+\sum_{i=1}^{n}b_i}\Leftrightarrow$$

$$\sum_{i=1}^{n}\frac{(a_i-b_i)^2}{a_i+b_i}\geqslant\frac{\left(\sum_{i=1}^{n}a_i-\sum_{i=1}^{n}b_i\right)^2}{\sum_{i=1}^{n}a_i+\sum_{i=1}^{n}b_i}$$

由Cauchy-Schwarz不等式有

$$\sum_{i=1}^{n}\frac{(a_i-b_i)^2}{a_i+b_i}\geqslant\frac{\left(\sum_{i=1}^{n}(a_i-b_i)\right)^2}{\sum_{i=1}^{n}(a_i+b_i)}=\frac{\left(\sum_{i=1}^{n}a_i-\sum_{i=1}^{n}b_i\right)^2}{\sum_{i=1}^{n}a_i+\sum_{i=1}^{n}b_i}$$

引理1得证!

引理2

$$\sum_{i=1}^{n}(a_i+b_i+c_i)\sum_{i=1}^{n}\frac{b_ic_i+c_ia_i+a_ib_i}{a_i+b_i+c_i}\leqslant\sum_{i=1}^{n}a_i\sum_{i=1}^{n}b_i+\sum_{i=1}^{n}c_i\sum_{i=1}^{n}b_i+\sum_{i=1}^{n}a_i\sum_{i=1}^{n}c_i$$

由引理 1 我们有

$$\sum_{i=1}^{n}((a_i+b_i)+c_i)\sum_{i=1}^{n}\frac{(a_i+b_i)c_i}{a_i+b_i+c_i}\leqslant\left(\sum_{i=1}^{n}a_i+\sum_{i=1}^{n}b_i\right)\sum_{i=1}^{n}c_i$$

我们有其他两个类似的不等式,将他们相加得

$$\sum_{i=1}^{n}(a_i+b_i+c_i)\sum_{i=1}^{n}\frac{b_ic_i+c_ia_i+a_ib_i}{a_i+b_i+c_i}\leqslant\sum_{i=1}^{n}a_i\sum_{i=1}^{n}b_i+\sum_{i=1}^{n}c_i\sum_{i=1}^{n}b_i+\sum_{i=1}^{n}a_i\sum_{i=1}^{n}c_i$$

引理 2 得证!

引理 3

$$\left(\sum_{i=1}^{n}a_i\sum_{i=1}^{n}b_i+\sum_{i=1}^{n}c_i\sum_{i=1}^{n}b_i+\sum_{i=1}^{n}a_i\sum_{i=1}^{n}c_i\right)\sum_{i=1}^{n}\frac{a_ib_ic_i}{b_ic_i+c_ia_i+a_ib_i}\leqslant\sum_{i=1}^{n}a_i\sum_{i=1}^{n}b_i\sum_{i=1}^{n}c_i$$

利用引理 1,设 $t_i=\frac{c_ib_i}{b_i+c_i}$,我们有

$$\sum_{i=1}^{n}(a_i+t_i)\sum_{i=1}^{n}\frac{a_it_i}{a_i+t_i}\leqslant\sum_{i=1}^{n}a_i\sum_{i=1}^{n}t_i$$

$$\sum_{i=1}^{n}(c_i+b_i)\sum_{i=1}^{n}\frac{c_ib_i}{c_i+b_i}\leqslant\sum_{i=1}^{n}c_i\sum_{i=1}^{n}b_i$$

利用上面两式可推得引理 3.

将引理 1,2,3 相乘即得欲证不等式.

注 本题的引理 1 在不少书籍中都有出现,可用数学归纳法证之,在这里我们再给出一种基于 Cauchy 不等式的证明

$$\sum_{i=1}^{n}\frac{a_ib_i}{a_i+b_i}\sum_{i=1}^{n}(a_i+b_i)=\sum_{i=1}^{n}\left(a_i-\frac{a_i^2}{a_i+b_i}\right)\sum_{i=1}^{n}(a_i+b_i)=$$

$$\sum_{i=1}^{n}a_i\sum_{i=1}^{n}b_i+\left(\sum_{i=1}^{n}a_i\right)^2-\sum_{i=1}^{n}(a_i+b_i)\sum_{i=1}^{n}\frac{a_i^2}{a_i+b_i}\leqslant$$

$$\sum_{i=1}^{n}a_i\sum_{i=1}^{n}b_i$$

下面几个例子利用 Cauchy-Schwarz 不等式去根号.

例 6.32 已知 $a,b,c>0,abc=1$,求证

$$\sqrt{3a^2+4}+\sqrt{3b^2+4}+\sqrt{3c^2+4}\leqslant\sqrt{7}(a+b+c)$$

证明 首先将原式转化为齐次式. 为此,令 $a=x^3,b=y^3,c=z^3$,则 $xyz=1$,欲证式可变为

$$\sum_{cyc}\sqrt{3x^6+4x^2y^2z^2}\leqslant\sqrt{7}(x^3+y^3+z^3)\Leftrightarrow$$

$$\sum_{cyc}x\sqrt{3x^4+4y^2z^2}\leqslant\sqrt{7(x^3+y^3+z^3)}$$

由 Cauchy-Schwarz 不等式

$$\left(\sum_{cyc} x\sqrt{3x^4+4y^2z^2}\right)^2 \leqslant (x^2+y^2+z^2)\sum_{cyc}(3x^4+4y^2z^2)$$

下面我们证明

$$(x^2+y^2+z^2)\sum_{cyc}(3x^4+4y^2z^2) \leqslant 7(x^3+y^3+z^3)^2$$

展开即化为

$$4\sum_{cyc}x^6+14\sum_{cyc}x^3y^3 \geqslant 7\sum_{sym}x^4y^2+12x^2y^2z^2$$

由于

$$x^6+y^6+z^6-3x^2y^2z^2=\frac{1}{2}(x^2+y^2+z^2)((x^2-y^2)^2+(y^2-z^2)^2+(z^2-x^2)^2)$$

$$x^4y^2+x^2y^4-2x^3y^3=x^2y^2(x-y)^2$$

所以要证式进一步转化为

$$2(x^2+y^2+z^2)((x^2-y^2)^2+(y^2-z^2)^2+(z^2-x^2)^2) \geqslant 7\sum_{cyc}x^2y^2(x-y)^2$$

而我们有

$2(x^2+y^2+z^2)(x^2-y^2)^2 \geqslant 2(x^2+y^2)(x+y)^2(x-y)^2 \geqslant$

$16x^2y^2(x-y)^2 \geqslant 7x^2y^2(x-y)^2 \Rightarrow$

$2(x^2+y^2+z^2)((x^2-y^2)^2+(y^2-z^2)^2+(z^2-x^2)^2) \geqslant 7\sum_{cyc}x^2y^2(x-y)^2$

故命题得证！等号成立当且仅当 $x=y=z$，即 $a=b=c=1$.

例 6.33 $a,b,c \geqslant 0, k \geqslant -2$，求证

$$\sqrt{\frac{a^2}{a^2+kab+b^2}}+\sqrt{\frac{b^2}{b^2+kbc+c^2}}+\sqrt{\frac{c^2}{c^2+kca+a^2}} \geqslant \min\left\{1,\frac{3}{\sqrt{k+2}}\right\}$$

证明 设 $x=\frac{b}{a}, y=\frac{c}{b}, z=\frac{a}{c}$，且 $xyz=1$，我们需要证明

$$\sum\frac{1}{\sqrt{x^2+kx+1}} \geqslant \min\left\{1,\frac{3}{\sqrt{k+2}}\right\}$$

当 $k \geqslant 7$ 时，由于 $x,y,z>0$ 及 $xyz=1$. 故存在 $m,n,p>0$，满足 $x=\frac{n^2p^2}{m^4}, y=\frac{p^2m^2}{n^4}$，$z=\frac{m^2n^2}{p^4}$，不等式变为

$$\sum\frac{m^4}{\sqrt{m^8+km^4n^2p^2+n^4p^4}} \geqslant \frac{3}{\sqrt{k+2}}$$

由 Cauchy 不等式推广得

$$\text{LHS}^2\sum m(m^8+km^4n^2p^2+n^4p^4) \geqslant (m^3+n^3+p^3)^3$$

于是只需证明

$$(k+2)(m^3+n^3+p^3)^3 \geqslant 9\sum m(m^8+km^4n^2p^2+n^4p^4) \Leftrightarrow$$

$$k\sum m^3\left(\left(\sum m^3\right)^2-9m^2n^2p^2\right)+2\left(\sum m^3\right)^3-9\sum m(m^8+n^4p^4) \geqslant 0$$

又因为 $k \geqslant 7$ 且 $(m^3+n^3+p^3)^2-9m^2n^2p^2 \geqslant 0$,于是只需证明 $k=7$ 的情况 $\Leftarrow$

$$(m^3+n^3+p^3)^3 \geqslant \sum m(m^8+7m^4n^2p^2+n^4p^4) \Leftrightarrow$$

$$(5m^6n^3+2m^3n^3p^3-7m^5n^2p^2)+\sum_{sym}(m^6n^3-m^4n^4p) \geqslant 0$$

上式由 AM - GM 不等式可得.

当 $-2<k<7$ 时,有

$$\sum \frac{1}{\sqrt{x^2+kx+1}} \geqslant \sum \frac{1}{\sqrt{x^2+7x+1}} \geqslant 1$$

综上命题得证.

例 6.34 (2006 年中国国家集训队)设 $x_1,x_2,\cdots,x_n \geqslant 0$,且 $\sum\limits_{i=1}^{n} x_i=1$,求证

$$\sum_{i=1}^{n}\sqrt{x_i}\sum_{i=1}^{n}\frac{1}{\sqrt{1+x_i}} \leqslant \frac{n^2}{\sqrt{n+1}}$$

证明 由 Cauchy 不等式有

$$\sum_{i=1}^{n}\sqrt{x_i}\sum_{i=1}^{n}\frac{1}{\sqrt{1+x_i}}=\sum_{i=1}^{n}\sqrt{x_i}\left(\sum_{i=1}^{n}\sqrt{1+x_i}-\sum_{i=1}^{n}\frac{x_i}{\sqrt{1+x_i}}\right) \leqslant$$

$$\sum_{i=1}^{n}\sqrt{x_i}\left(\sum_{i=1}^{n}\sqrt{1+x_i}-\frac{\left(\sum\limits_{i=1}^{n}\sqrt{x_i}\right)^2}{\sum\limits_{i=1}^{n}\sqrt{1+x_i}}\right) \leqslant$$

$$\sum_{i=1}^{n}\sqrt{x_i}\left(\sqrt{n(n+1)}-\frac{\left(\sum\limits_{i=1}^{n}\sqrt{x_i}\right)^2}{\sqrt{n(n+1)}}\right)$$

令 $\sum\limits_{i=1}^{n}\sqrt{x_i}=y$,则 $0<y \leqslant \sqrt{n}$,只需证明

$$y\left(\sqrt{n(n+1)}-\frac{y^2}{\sqrt{n(n+1)}}\right) \leqslant \frac{n^2}{\sqrt{n+1}} \Leftrightarrow$$

$$y^3-(n+1)ny+n^2\sqrt{n} \geqslant 0$$

$$(y-\sqrt{n})(y^2+\sqrt{n}y-n^2) \geqslant 0$$

上式显然,命题得证!等号成立当且仅当 $x_1=x_2=\cdots=x_n$.

注 《走向 IMO2006》中的三角解法十分繁琐. 而我们利用 Cauchy 不等式得到了简证,本题还可以证明更强的命题.

设 $x_1,x_2,\cdots,x_n\geqslant 0,0\leqslant\lambda\leqslant n$ 且 $\sum_{i=1}^{n}x_i=1$,求证

$$\sum_{i=1}^{n}\sqrt{x_i}\sum_{i=1}^{n}\frac{1}{\sqrt{1+\lambda x_i}}\leqslant\frac{n^2}{\sqrt{n+\lambda}}$$

证明 由 Cauchy 不等式有

$$\left(\sum_{i=1}^{n}\sqrt{x_i}\right)^2\leqslant\sum_{i=1}^{n}(1+\lambda x_i)\sum_{i=1}^{n}\frac{x_i}{1+\lambda x_i}=$$

$$\frac{n+\lambda}{\lambda}\sum_{i=1}^{n}\frac{\lambda x_i}{1+\lambda x_i}=\frac{n+\lambda}{\lambda}\left(n-\sum_{i=1}^{n}\frac{1}{1+\lambda x_i}\right)$$

$$\sum_{i=1}^{n}\frac{1}{\sqrt{1+\lambda x_i}}\leqslant\sqrt{n\sum_{i=1}^{n}\frac{1}{1+\lambda x_i}}$$

设 $x=\sum_{i=1}^{n}\frac{1}{1+\lambda x_i}$,则

$$\text{LHS}\leqslant\sqrt{\frac{n+\lambda}{\lambda}\left(n-\sum_{i=1}^{n}\frac{1}{1+\lambda x_i}\right)}\sqrt{n\sum_{i=1}^{n}\frac{1}{1+\lambda x_i}}=$$

$$\sqrt{\frac{n(n+\lambda)}{\lambda}}\sqrt{(n-x)x}$$

注意到

$$x=\sum_{i=1}^{n}\frac{1}{1+\lambda x_i}\geqslant\frac{n^2}{\sum_{i=1}^{n}(1+\lambda x_i)}=\frac{n^2}{n+\lambda}\geqslant\frac{n}{2}$$

所以

$$\sqrt{\frac{n(n+\lambda)}{\lambda}}\sqrt{(n-x)x}\leqslant\sqrt{\frac{n(n+\lambda)}{\lambda}}\sqrt{\left(\frac{n^2}{n+\lambda}\right)\left(n-\frac{n^2}{n+\lambda}\right)}=\frac{n^2}{\sqrt{n+\lambda}}$$

于是原不等式得证!

例 6.35 $a,b,c\geqslant 0$,求证

$$\sum_{cyc}\sqrt{a^2+ab+b^2}\leqslant\sqrt{\sum_{cyc}(5a^2+4ab)}$$

证明 由 Cauchy-Schwarz 不等式,我们有

$$\text{LHS}^2\leqslant 2(a+b+c)\sum\frac{a^2+ab+b^2}{a+b}=$$

$$2\sum(a^2+ab+b^2)+2\sum\frac{c(a^2+ab+b^2)}{a+b}=$$

$$4\sum a^2+6\sum ab-2abc\sum\frac{1}{a+b}$$

于是只需证明

$$\sum a^2+2abc\sum\frac{1}{a+b}\geqslant 2\sum ab\Rightarrow$$

$$\sum a^2+\frac{9abc}{a+b+c}\geqslant 2\sum ab\Leftrightarrow$$

$$\sum a(a-b)(a-c)\geqslant 0$$

上式即为 3 次 Schur 不等式.

注 本例向我们展现了 Cauchy 不等式使用的新途径,利用类似的方法我们能证明 $a,b,c\geqslant 0$ 时,有

$$\sum_{cyc}\sqrt{4a^2+ab+4b^2}\leqslant\sqrt{\sum_{cyc}(22a^2+5ab)}$$

$$\sum_{cyc}\sqrt{9a^2-2ab+9b^2}\leqslant 2\sqrt{\sum_{cyc}(13a^2-ab)}$$

例 6.36 设 a,b,c 是正实数,求证

$$\left(\sum_{cyc}\frac{a}{b+c}\right)^2\leqslant\left(\sum_{cyc}\frac{a^2}{bc+c^2}\right)\left(\sum_{cyc}\frac{a}{a+b}\right)$$

证明 我们先证明一个引理

$$\left(\sum a^2b^2+abc\sum a\right)\left(\sum a^2+\sum ab\right)\leqslant\left(\sum a^2(b+c)\right)^2$$

引理的证明 设

$$\sum a=p,\sum ab=q,abc=r\Leftrightarrow$$

$$(q^2-pr)(p^2-q)\leqslant(pq-3r)^2\Leftrightarrow$$

$$9r^2+p^3r+q^3\geqslant 7pqr$$

而我们有

$$9r^2+p^3r\geqslant 4pqr,q^3\geqslant 3pqr$$

故引理得证!

由引理及 Cauchy-Schwarz 不等式我们有

$$\text{RHS}\geqslant\frac{(a^2+b^2+c^2)^2(a+b+c)^2}{\left(\sum a^2b^2+abc\sum a\right)\left(\sum a^2+\sum ab\right)}\geqslant\frac{(a^2+b^2+c^2)^2(a+b+c)^2}{\left(\sum a^2(b+c)\right)^2}$$

于是只需证明

$$\frac{(a^2+b^2+c^2)(a+b+c)}{a^2(b+c)+b^2(c+a)+c^2(a+b)}\geqslant\frac{a}{b+c}+\frac{b}{c+a}+\frac{c}{a+b}\Leftrightarrow$$

$$\frac{(a^2+b^2+c^2)(a+b+c)}{(a+b)(b+c)(c+a)-2abc}\geqslant\frac{a}{b+c}+\frac{b}{c+a}+\frac{c}{a+b}\Rightarrow$$

$$(a^2+b^2+c^2)(a+b+c)\geqslant a(a+b)(a+c)+b(b+c)(b+a)+$$

$$c(c+a)(c+b)-2abc\left(\frac{a}{b+c}+\frac{b}{c+a}+\frac{c}{a+b}\right)$$

上式成立是因为

$$\text{RHS} \leqslant a(a+b)(a+c)+b(b+c)(b+a)+c(c+a)(c+b)-3abc=(a^2+b^2+c^2)(a+b+c)=\text{LHS}$$

于是我们证明了原不等式.

当直接用 Cauchy 不等式难以证明时,可以尝试分情况讨论.

例 6.37 a,b,c 是非负实数,至多有一数为 0,证明

$$\frac{1}{(a+2b)^2}+\frac{1}{(b+2c)^2}+\frac{1}{(c+2a)^2} \geqslant \frac{1}{ab+bc+ca}$$

证明 我们分两种情况讨论.

(1) 若 $4(ab+bc+ca) \geqslant a^2+b^2+c^2$,则由 Cauchy-Schwarz 不等式我们有

$$\left(\sum \frac{1}{(a+2b)^2}\right)\left(\sum (a+2b)^2(a+2c)^2\right) \geqslant 9\left(\sum a\right)^2$$

于是只需证明

$$9\left(\sum a\right)^2\left(\sum ab\right) \geqslant \sum (a+2b)^2(a+2c)^2 \Leftrightarrow$$

$$9\left(\sum a\right)^2\left(\sum ab\right) \geqslant \left(\sum a\right)^4+18\left(\sum ab\right)^2 \Leftrightarrow$$

$$\left(\sum a^2-\sum ab\right)\left(4\sum ab-\sum a^2\right) \geqslant 0$$

成立.

(2) 若 $a^2+b^2+c^2>4(ab+bc+ca)$,不妨设 $a=\max\{a,b,c\}$. 下证 $a \geqslant 2(b+c)$. 事实上如果 $a<2(b+c)$,则我们有

$$a^2+b^2+c^2-4(ab+bc+ca)=$$

$$a(a-2b-2c)+b(b-a)+c(c-a)-4bc \leqslant 0$$

矛盾! 故 $a \geqslant 2(b+c)$,由 AM - GM 不等式我们有

$$\frac{1}{(a+2b)^2}+\frac{1}{(b+2c)^2} \geqslant \frac{2}{(a+2b)(b+2c)}$$

于是只需证明

$$\frac{2}{(a+2b)(b+2c)} \geqslant \frac{1}{ab+bc+ca} \Leftrightarrow b(a-2b-2c) \geqslant 0$$

上式显然成立,故命题得证! 等号成立当且仅当 $a=b=c$.

对于多变元的不等式也可以打破对称,在局部用 Cauchy 不等式进行放缩.

例 6.38 (2007 年中国西部数学竞赛) 设 a,b,c 是实数,满足 $a+b+c=3$,证明

$$\frac{1}{5a^2-4a+11}+\frac{1}{5b^2-4b+11}+\frac{1}{5c^2-4c+11} \leqslant \frac{1}{4}$$

证明 本题在局部不等式中已经有过介绍,这里我们给出一种基于 Cauchy-Schwarz 不等式的证明,显然存在 a,b 满足

$$(a-1)(b-1) \geqslant 0 \Rightarrow a^2+b^2 \leqslant 1+(a+b-1)^2=c^2-4c+5$$

原不等式等价于

$$\left(5-\frac{51}{5a^2-4a+11}\right)+\left(5-\frac{51}{5b^2-4b+11}\right)\geqslant\frac{51}{5c^2-4c+11}-\frac{11}{4}$$

即

$$\frac{(5a-2)^2}{5a^2-4a+11}+\frac{(5b-2)^2}{5b^2-4b+11}\geqslant\frac{83+44c-55c^2}{4(5c^2-4c+11)}$$

由 Cauchy-Schwarz 不等式我们有

$$\frac{(5a-2)^2}{5a^2-4a+11}+\frac{(5b-2)^2}{5b^2-4b+11}\geqslant$$
$$\frac{(5(a+b)-4)^2}{5(a^2+b^2)-4(a+b)+22}\geqslant\frac{(5c-11)^2}{5c^2-16c+35}$$

于是只需证明

$$\frac{(5c-11)^2}{5c^2-16c+35}\geqslant\frac{83+44c-55c^2}{4(5c^2-4c+11)}\Leftrightarrow$$
$$(c-1)^2(775c^2-2\ 150c+2\ 419)\geqslant 0$$

上式显然成立.

之后我们举的几个例子都有一定难度.

例 6.39 非负实数 $a_1,a_2,\cdots,a_{100}$ 满足 $a_1^2+a_2^2+\cdots+a_{100}^2=1$,证明

$$a_1^2a_2+a_2^2a_3+\cdots+a_{100}^2a_1<\frac{12}{25}$$

证明 令 $S=\sum\limits_{k=1}^{100}a_k^2a_{k+1}$,其中 $a_{101}=a_1$,则由 Cauchy 不等式和 AM - GM 不等式有

$$(3S)^2=\left(\sum_{k=1}^{100}a_{k+1}(a_k^2+2a_{k+1}a_{k+2})\right)^2\leqslant\left(\sum_{k=1}^{100}a_{k+1}^2\right)\left(\sum_{k=1}^{100}(a_k^2+2a_{k+1}a_{k+2})^2\right)=$$
$$1\cdot\sum_{k=1}^{100}(a_k^2+2a_{k+1}a_{k+2})^2=\sum_{k=1}^{100}(a_k^4+4a_k^2a_{k+1}a_{k+2}+4a_{k+1}^2a_{k+2}^2)\leqslant$$
$$\sum_{k=1}^{100}(a_k^4+2a_k^2(a_{k+1}^2+a_{k+2}^2)+4a_{k+1}^2a_{k+2}^2)=\sum_{k=1}^{100}(a_k^4+6a_k^2a_{k+1}^2+2a_k^2a_{k+2}^2)$$

而我们又有

$$\sum_{k=1}^{100}(a_k^4+2a_k^2a_{k+1}^2+2a_k^2a_{k+2}^2)\leqslant\left(\sum_{k=1}^{100}a_k^2\right)^2$$

以及

$$\sum_{k=1}^{100}a_k^2a_{k+1}^2\leqslant\left(\sum_{i=1}^{50}a_{2i-1}^2\right)\left(\sum_{j=1}^{50}a_{2j}^2\right)$$

由此,我们可以得到

$$(3S)^2\leqslant\left(\sum_{k=1}^{100}a_k^2\right)^2+4\left(\sum_{i=1}^{50}a_{2i-1}^2\right)\left(\sum_{j=1}^{50}a_{2j}^2\right)\leqslant 1+\left(\sum_{i=1}^{50}a_{2i-1}^2+\sum_{j=1}^{50}a_{2j}^2\right)^2=2$$

因此

$$S \leqslant \frac{\sqrt{2}}{3} < \frac{12}{25}$$

例 6.40 a,b,c 非负,且不全为0,求证

$$\frac{a}{a+b+7c}+\frac{b}{b+c+7a}+\frac{c}{c+a+7b}+\frac{2}{3}\cdot\frac{ab+bc+ca}{a^2+b^2+c^2} \leqslant 1$$

证明 由于

$$\frac{a}{a+b+c}-\frac{a}{a+b+7c}=\frac{6ca}{(a+b+c)(a+b+7c)}$$

于是我们只需证明

$$\sum \frac{ca}{a+b+7c} \geqslant \frac{(a+b+c)(ab+bc+ca)}{9(a^2+b^2+c^2)}$$

若 $a=b=0$ 或 $b=c=0$ 或 $c=a=0$,不等式变为了等式.

对于 $a+b>0,b+c>0,c+a>0$,由 Cauchy-Schwarz 不等式,我们得到

$$\sum \frac{ca}{a+b+7c} \geqslant \frac{(ab+bc+ca)^2}{\sum ca(a+b+7c)}$$

于是我们只需证明

$$9(ab+bc+ca)(a^2+b^2+c^2) \geqslant (a+b+c)(7\sum a^2b+\sum ab^2+3abc) \Leftrightarrow$$

$$\sum a^3b+4\sum ab^3-4\sum a^2b^2 \geqslant abc\sum a \Leftrightarrow$$

$$\sum ab(a-2b)^2 \geqslant abc\sum a$$

利用 Cauchy-Schwarz 不等式,我们有

$$\left[\sum ab(a-2b)^2\right]\left(\sum c\right) \geqslant \left[\sum \sqrt{abc}(a-2b)\right]^2 = abc(a+b+c)^2$$

由此

$$\sum ab(a-2b)^2 \geqslant abc\sum a$$

故命题得证! 等号成立当且仅当 $(a,b,c) \sim (1,1,1),(2,1,0),(1,0,0)$.

注 本题最后化至的不等式

$$\sum ab(a-2b)^2 \geqslant abc\sum a$$

本身也是一个有趣的问题,它可等价于如下形式

$$a(a+b^3)+b(b+c^3)+c(c+a^3)+2abc(a+b+c) \geqslant 12$$

其中 $a,b,c \geqslant 0, ab+bc+ca=3$.

不等式等号成立当且仅当 $(a,b,c) \in \{(1,1,1),(\frac{\sqrt{6}}{2},\sqrt{6},0),(\sqrt{6},0,\frac{\sqrt{6}}{2}),$

$(0,\frac{\sqrt{6}}{2},\sqrt{6})\}$.

其在证明不等式中也有应用.

例 6.41 $a,b,c,d\geqslant 0$,没有 3 个同时为 0,求证

$$\sqrt{\frac{a}{a+b+c}}+\sqrt{\frac{b}{b+c+d}}+\sqrt{\frac{c}{c+d+a}}+\sqrt{\frac{d}{d+a+b}}\leqslant\frac{4}{\sqrt{3}}$$

证明 本题为轮换对称,我们希望去根号之后能使乘积中的其中一项是对称的,方便计算,由 Cauchy 不等式有

$$\left(\sum_{cyc}\sqrt{\frac{a}{a+b+c}}\right)^2\leqslant\left(\sum_{cyc}(a+b+d)(a+c+d)\right)\cdot$$
$$\left(\sum_{cyc}\frac{a}{(a+b+c)(a+b+d)(a+c+d)}\right)=$$
$$\frac{2(2(a+b+c+d)^2+(a+c)(b+d))((a+c)(b+d)+ac+bd)}{(a+b+c)(b+c+d)(c+d+a)(d+a+b)}$$

于是我们只需证明

$$8\prod(a+b+c)\geqslant 3(2(\sum a)^2+(a+c)(b+d))((a+c)(b+d)+ac+bd)$$

设 $F(a,b,c,d)=\text{LHS}-\text{RHS}=f(bd)$,由于 $\deg f\leqslant 2$,所以

$$f(x)\geqslant\min\left\{f(0),f\left(\frac{(b+d)^2}{4}\right)\right\}\Rightarrow$$
$$F(a,b,c,d)\geqslant\min\left\{F(a,b+d,c,0),F\left(a,\frac{b+d}{2},c,\frac{b+d}{2}\right)\right\}\geqslant$$
$$\min\left\{F(a+c,b+d,0,0),F\left(\frac{a+c}{2},b+d,\frac{a+c}{2},0\right),\right.$$
$$\left.F\left(a+c,\frac{b+d}{2},0,\frac{b+d}{2}\right),F\left(\frac{a+c}{2},\frac{b+d}{2},\frac{a+c}{2},\frac{b+d}{2}\right)\right\}$$

注意到

$$F(a+c,b+d,0,0)=8(x+y)^2xy-3(2(x+y)^2+xy)xy=$$
$$(2(x+y)^2-3xy)xy\geqslant 0(a+c=x,b+d=y)$$

$$F\left(\frac{a+c}{2},b+d,\frac{a+c}{2},0\right)=16x(2x+y)(x+y)^2-6x(x+2y)(x+y)(4x+y)=$$
$$2x(x+y)(4x^2-3xy+2y^2)\geqslant 0\left(x=\frac{a+c}{2},y=b+d\right)$$

$$F\left(a+c,\frac{b+d}{2},0,\frac{b+d}{2}\right)=16x(2x+y)(x+y)^2-6x(x+2y)(x+y)(4x+y)=$$
$$2x(x+y)(4x^2-3xy+2y^2)\geqslant 0\left(x=\frac{b+d}{2},y=a+c\right)$$

$$F\left(\frac{a+c}{2},\frac{b+d}{2},\frac{a+c}{2},\frac{b+d}{2}\right)=$$
$$8(2x+y)^2(x+2y)^2-12(2x^2+5xy+2y^2)(x^2+4xy+y^2)=$$

$$4(2x+y)(x+2y)(x-y)^2 \geqslant 0 \left(x=\frac{a+c}{2}, y=\frac{b+d}{2}\right)$$

于是命题得证,等号成立当且仅当 $a=b=c=d$.

例 6.42 (马腾宇,黄晨笛)$x_i>0, i=1,2,\cdots,n$,且满足 $\sum_{i=1}^{n} x_i=1$,求证

$$\sum_{i=1}^{n} \sqrt{x_i^2+x_{i+1}^2} \leqslant 2-\frac{1}{\frac{\sqrt{2}}{2}+\sum_{i=1}^{n} \frac{x_i^2}{x_{i+1}}}$$

证明 (黄晨笛)本题难度较大,原题属于马腾宇,由黄晨笛加强并给出了下面这个漂亮的证明

$$\Leftrightarrow \sum_{i=1}^{n}\left(x_i+x_{i+1}-\sqrt{x_i^2+x_{i+1}^2}\right) \geqslant \frac{1}{\frac{\sqrt{2}}{2}+\sum_{i=1}^{n} \frac{x_i^2}{x_{i+1}}} \Leftrightarrow$$

$$\sum_{i=1}^{n} \frac{x_i^2}{\frac{x_i^2}{x_{i+1}}+x_i+\frac{x_i}{x_{i+1}} \sqrt{x_i^2+x_{i+1}^2}} \geqslant \frac{1}{\sqrt{2}+2 \sum_{i=1}^{n} \frac{x_i^2}{x_{i+1}}}$$

由 Cauchy-Schwarz 不等式我们有

$$\sum_{i=1}^{n} \frac{x_i^2}{\frac{x_i^2}{x_{i+1}}+x_i+\frac{x_i}{x_{i+1}} \sqrt{x_i^2+x_{i+1}^2}} \sum_{i=1}^{n}\left(\frac{x_i^2}{x_{i+1}}+x_i+\frac{x_i}{x_{i+1}} \sqrt{x_i^2+x_{i+1}^2}\right) \geqslant$$

$$\left(\sum_{i=1}^{n} x_i\right)^2=1$$

于是我们只需证明

$$\sum_{i=1}^{n}\left(\frac{x_i^2}{x_{i+1}}+x_i+\frac{x_i}{x_{i+1}} \sqrt{x_i^2+x_{i+1}^2}\right) \leqslant \sqrt{2}+2 \sum_{i=1}^{n} \frac{x_i^2}{x_{i+1}} \Leftrightarrow$$

$$\sum_{i=1}^{n}\left(\frac{x_i^2}{x_{i+1}} \sqrt{x_i^2+x_{i+1}^2}-\frac{x_i^2}{x_{i+1}}\right) \leqslant \sqrt{2}-1 \Leftrightarrow$$

$$\sum_{i=1}^{n} \frac{x_i x_{i+1}}{\sqrt{x_i^2+x_{i+1}^2}+x_i} \leqslant \sqrt{2}-1$$

又因为

$$\sqrt{x_i^2+x_{i+1}^2} \geqslant \frac{x_i+x_{i+1}}{\sqrt{2}}$$

于是只需证明

$$\sum_{i=1}^{n} \frac{x_i x_{i+1}}{(1+\sqrt{2}) x_i+x_{i+1}} \leqslant 1-\frac{\sqrt{2}}{2} \Leftrightarrow$$

$$\sum_{i=1}^{n}\frac{x_ix_{i+1}}{(1+\sqrt{2})x_i+x_{i+1}}\leqslant\sum_{i=1}^{n}\left(\frac{3-2\sqrt{2}}{2}x_i+\frac{\sqrt{2}-1}{2}x_{i+1}\right)\Leftrightarrow$$

$$\sum_{i=1}^{n}\frac{(\sqrt{2}-1)(x_i-x_{i+1})^2}{2[(1+\sqrt{2})x_i+x_{i+1}]}\geqslant 0$$

故我们证明了原不等式!

例 6.43 设 a,b,c 为非负实数,且没有两个同时为 0,证明

$$\frac{a^3}{a^2+b^2}+\frac{b^3}{b^2+c^2}+\frac{c^3}{c^2+a^2}\geqslant\frac{\sqrt{3(a^2+b^2+c^2)}}{2}$$

证明 考虑到不等式两边中只有分母是奇数次的,故考虑用 Cauchy 不等式将其化为偶数次,之后可作代换,达到降次的目的.

由 Cauchy 不等式推广得

$$\left(\sum_{cyc}\frac{a^3}{a^2+b^2}\right)^2\left[\sum_{cyc}(a^2+b^2)^2(a^2+c^2)^3\right]\geqslant$$

$$\left[\sum_{cyc}a^2(a^2+c^2)\right]^3=\frac{1}{8}\left[\sum_{cyc}(a^2+b^2)^2\right]^3$$

所以只需证明

$$\frac{1}{8}\left[\sum_{cyc}(a^2+b^2)^2\right]^3\geqslant\frac{3}{4}\left(\sum_{cyc}a^2\right)\left[\sum_{cyc}(a^2+b^2)^2(a^2+c^2)^3\right]$$

设 $\sqrt{x}=a^2+b^2,\sqrt{y}=b^2+c^2,\sqrt{z}=c^2+a^2,x+y+z=3$.

欲证不等式变为

$$9\geqslant(\sqrt{x}+\sqrt{y}+\sqrt{z})(xy\sqrt{x}+yz\sqrt{y}+zx\sqrt{z})$$

而由 Cauchy 不等式有

$$3=\sqrt{3(x+y+z)}\geqslant\sqrt{x}+\sqrt{y}+\sqrt{z}$$

则只需证明

$$xy\sqrt{x}+yz\sqrt{y}+zx\sqrt{z}\leqslant 3$$

再次由 Cauchy 不等式有

$$(xy\sqrt{x}+yz\sqrt{y}+zx\sqrt{z})^2\leqslant\sum xy\sum_{cyc}x^2y$$

下面证明

$$\sum xy\sum_{cyc}x^2y\leqslant 9\Leftrightarrow\sum xy\sum x\sum_{cyc}x^2y\leqslant 27\Leftrightarrow$$

$$\sum xy\left[\sum_{cyc}x^3y+\left(\sum xy\right)^2-3xyz\right]\leqslant 27$$

利用 Vasile 不等式,只需证明

$$\sum xy\left[\sum_{cyc}\frac{1}{3}\left(\sum x^2\right)^2+\left(\sum xy\right)^2-3xyz\right]\leqslant 27$$

设 $t = xy + yz + zx \Leftrightarrow$

$$t[(9-2t)^2 + 3t^2 - 9xyz] \leqslant 81 \Leftrightarrow t(7t^2 - 36t + 81 - 9xyz) \leqslant 81$$

利用3次Schur不等式,有

$$3xyz \geqslant 4t - 9$$

所以我们有

$$\begin{aligned} t(7t^2 - 36t + 81 - 9xyz) - 81 \leqslant & t(7t^2 - 36t + 81 - 12t + 27) - 81 = \\ & t(7t^2 - 48t + 108) - 81 = \\ & (t-3)(7t^2 - 27t + 27) \leqslant 0 \end{aligned}$$

从而我们证明了原命题.

注 关于本题证明的 $xy\sqrt{x} + yz\sqrt{y} + zx\sqrt{z} \leqslant 3$,为下述命题的特殊形式.

对于非负实数 $a,b,c,a+b+c=3$,证明:

对于任意 $k \geqslant 0$,有

$$a^k b + b^k c + c^k a \leqslant \max\left\{3, \frac{3^{k+1}k^k}{(k+1)^{k+1}}\right\}$$

这一结论的证明十分困难,我们将在之后的章节中介绍.

当一些常规的放缩法失效时可考虑待定系数,可以尝试利用题目与Cauchy不等式的取等条件加以解决.

例6.44 (Jack Garfunkel, Crux,2007年中国国家集训队)$a,b,c \geqslant 0$,求证

$$\sum_{cyc} \frac{a}{\sqrt{a+b}} \leqslant \frac{5}{4}\sqrt{a+b+c}$$

证明 本题难度颇大,等号成立条件为 $a=3,b=1,c=0$ 及其轮换,这给我们证明带来不小的困难.

由Cauchy-Schwarz不等式,我们有

$$\left(\sum \frac{a}{\sqrt{a+b}}\right)^2 \leqslant \sum a(xa+yb+zc) \sum \frac{a}{(a+b)(xa+yb+zc)}$$

其中 x,y,z 非负,为待定系数.

上述不等式中等号成立当且仅当

$$\frac{a}{(a+b)(xa+yb+zc)^2 a} = \frac{b}{(b+c)(xb+yc+za)^2 b} = \frac{c}{(c+a)(xc+ya+zb)^2 c}$$

故当 $a=3,b=1,c=0$ 及其轮换时上面的等式必成立,即有

$$(a+b)(xa+yb+zc)^2 = 4(3x+y)^2 = (x+3z)^2 = (b+c)(xb+yc+za)^2$$

(注意体会Cauchy不等式的取等条件,想想看为什么只有一个等式了?)

化简得

$$5x + 2y = 3z$$

为了之后证明方便,我们希望 $\sum a(xa+yb+zc) = x\sum a^2 + (y+z)\sum ab$ 有因

子 $a+b+c$，即有 $2x=y+z$ 有如上两个关于 x,y,z 的方程，我们有 $x=5y$，令 $y=1$，解得 $x=5,z=9$.

注意到有

$$\sum a(5a+b+9c)\sum \frac{a}{(a+b)(5a+b+9c)}=$$

$$5(a+b+c)^2\sum \frac{a}{(a+b)(5a+b+9c)}$$

于是我们只需证明

$$(a+b+c)\sum \frac{a}{(a+b)(5a+b+9c)}\leqslant \frac{5}{16}$$

等价于证明

$$5\prod(a+b)(5a+b+9c)-$$

$$16\sum a\sum_{cyc}(a(b+c)(c+a)(5b+c+9a)(5c+a+9b))\geqslant 0$$

上式的证明也并不简单，但注意到取等条件，展开之后我们将含有 abc 的项先提出，再将剩余的项配成 $S_a(a-3b)^2+S_b(b-3c)^2+S_c(c-3a)^2$ 的形式，得到只需证明(中间计算过程复杂，此处省略)

$$\sum ab(a+b)(a+9b)(a-3b)^2+243\sum a^3b^2c+$$

$$835\sum a^3bc^2+232\sum a^4bc+1\ 230a^2b^2c^2\geqslant 0$$

上式显然成立，故我们证明了命题.

注 在之后凡出现 Jack Garfunkel 不等式均指本题.

本题的证明方法给了一个关于使用 Cauchy 不等式的新思路，在处理一些难度较大的问题时可以考虑使用，若得到 $5x+2y=3z$ 之后，令 $c=0,a=3$，对欲证不等式关于 b 求导后发现，$b=1$ 为其一驻点，否则应首先满足 $b=1$ 为函数驻点时 x,y,z 之间满足的关系而不是 $2x=y+z$. 本题若 $2x\neq y+z$，则仍存在满足不等式成立的 x,y,z，有兴趣的读者可以一试.

让我们再看一个方法类似的例子.

例 6.45 $a,b,c\geqslant 0$，没有两个同时为 0，满足 $a+b+c=1$，求证

$$a\sqrt{4b^2+c^2}+b\sqrt{4c^2+a^2}+c\sqrt{4a^2+b^2}\leqslant \frac{3}{4}$$

证明 由 Cauchy 不等式有

$$\left(\sum a\sqrt{4b^2+c^2}\right)^2\leqslant \sum a(xa+yb+zc)\sum \frac{a(4b^2+c^2)}{(2b+c)(xa+yb+zc)}$$

其中 x,y,z 非负，为待定系数.

仿照上题我们能得到

$$\frac{(xa+yb+zc)^2}{4b^2+c^2}=\frac{(xb+yc+za)^2}{4c^2+a^2},a=b=\frac{1}{2}\Rightarrow y=x+2z$$

若令 $a+b+c\mid\sum a(xa+yb+zc)=x\sum a^2+(y+z)\sum ab\Rightarrow$

$2x=y+z\Rightarrow z=1,y=5,x=3$

于是只需证明

$$3(a+b+c)^2\sum_{cyc}\frac{a(4b^2+c^2)}{3a+5b+c}\leqslant\frac{9(a+b+c)^4}{16}\Leftrightarrow$$

$$\sum_{cyc}\frac{a(4b^2+c^2)}{3a+5b+c}\leqslant\frac{3(a+b+c)^2}{16}$$

然而可惜的是上面的不等式不恒成立(如 $c=8,b=\frac{1}{44},c=\frac{1}{123}$),我们不得不再另辟蹊径. 为了简化之后的运算,我们想到令 $x=0$. 这可以使分母中少掉 a 这一项,而且 $\sum a(xa+yb+zc)=(y+z)ab$ 有利于使用初等不等式法.

此时解得 $y=2,z=1$,即由 Cauchy 不等式得

$$\left(\sum a\sqrt{4b^2+c^2}\right)^2\leqslant\left[\sum a(2b+c)\right]\left[\sum\frac{a(4b^2+c^2)}{2b+c}\right]=$$

$$3\sum ab\left[\sum\frac{a(4b^2+c^2)}{2b+c}\right]$$

于是只需证明

$$\frac{3}{16(ab+bc+ca)}\geqslant\frac{a(4b^2+c^2)}{2b+c}+\frac{b(4c^2+a^2)}{2c+a}+\frac{c(4a^2+b^2)}{2a+b}\Leftrightarrow$$

$$\frac{3}{16(ab+bc+ca)}+4abc\left(\frac{1}{2b+c}+\frac{1}{2c+a}+\frac{1}{2a+b}\right)\geqslant3(ab+bc+ca)$$

再次由 Cauchy 不等式有

$$\frac{1}{2b+c}+\frac{1}{2c+a}+\frac{1}{2a+b}\geqslant\frac{3}{a+b+c}=3$$

只需证明

$$\frac{1}{16(ab+bc+ca)}+4abc\geqslant ab+bc+ca$$

设 $x=ab+bc+ca$,则 $0\leqslant x\leqslant\frac{1}{3}$,由 4 次 Schur 不等式有

$$abc\geqslant\frac{(4x-1)(1-x)}{6}$$

所以

$$\frac{1}{16(ab+bc+ca)}+4abc-ab-ac-bc=\frac{1}{16x}-x+4abc\geqslant$$

$$\frac{1}{16x}-x+\frac{2}{3}(4x-1)(1-x)=\frac{(3-8x)(1-4x)^2}{48x}$$

等号成立当且仅当 $a=\frac{1}{2},b=\frac{1}{2},c=0$ 及其轮换.

注 用类似的方法我们能证明在相同的条件下有

$$a\sqrt{k^2b^2+c^2}+b\sqrt{k^2c^2+a^2}+c\sqrt{k^2a^2+b^2}\leqslant \max\left\{\frac{\sqrt{k^2+1}}{3},\frac{k+1}{4}\right\}$$

我们将它的证明留给读者.

6.3 其他的不等式

其他重要的不等式还有 Minkovski 不等式、排序不等式、Chebyshev 不等式、Bernoulli 不等式等.

例 6.46 $a,b,c\geqslant 0$,求证

$$\sqrt{a^2-a+1}+\sqrt{b^2-b+1}+\sqrt{c^2-c+1}\geqslant \sqrt{(a+b+c)^2-3(a+b+c)+9}$$

证明 由 Minkovski 不等式有

$$\frac{1}{\sqrt{2}}(\sqrt{2a^2-2a+2}+\sqrt{2b^2-2b+2}+\sqrt{2c^2-2c+2})=$$

$$\frac{1}{\sqrt{2}}(\sqrt{a^2+(a-1)^2+1}+\sqrt{b^2+(b-1)^2+1}+\sqrt{c^2+(c-1)^2+1})\geqslant$$

$$\frac{1}{\sqrt{2}}\sqrt{(a+b+c)^2+(a+b+c-3)^2+3^2}=$$

$$\frac{1}{\sqrt{2}}\sqrt{2(a+b+c)^2-6(a+b+c)+18}=$$

$$\sqrt{(a+b+c)^2-3(a+b+c)+9}$$

命题得证!

例 6.47 (韩京俊)证明对非负实数 a,b,c,我们有

$$a\sqrt{a^2+bc}+b\sqrt{b^2+ca}+c\sqrt{c^2+ab}\geqslant \sqrt{2}(ab+bc+ca)$$

证法 1 由 Minkowski 不等式我们有

$$a\sqrt{a^2+bc}+b\sqrt{b^2+ca}+c\sqrt{c^2+ab}=$$

$$\sqrt{(a^2)^2+(a\sqrt{bc})^2}+\sqrt{(b^2)^2+(b\sqrt{ca})^2}+\sqrt{(c^2)^2+(c\sqrt{ab})^2}\geqslant$$

$$\sqrt{(a^2+b^2+c^2)^2+(a\sqrt{bc}+b\sqrt{ca}+c\sqrt{ab})^2}$$

于是我们只需证明

$$(a^2+b^2+c^2)^2+(a\sqrt{bc}+b\sqrt{ca}+c\sqrt{ab})^2\geqslant 2(ab+bc+ca)^2\Leftrightarrow$$

$$a^4+b^4+c^4+2abc(\sqrt{ab}+\sqrt{bc}+\sqrt{ca})\geqslant 3abc(a+b+c)$$

由 4 次 Schur 不等式有

$$a^4+b^4+c^4\geqslant a^3(b+c)+b^3(c+a)+c^3(a+b)-abc(a+b+c)$$

故只需证明

$$a^3(b+c)+b^3(c+a)+c^3(a+b)+$$
$$2abc(\sqrt{ab}+\sqrt{bc}+\sqrt{ca})\geqslant 4abc(a+b+c)$$

由 AM - GM 不等式有

$$a^3b+a^3c+abc\sqrt{bc}+abc\sqrt{bc}\geqslant 4a^2bc$$
$$b^3c+b^3a+abc\sqrt{ca}+abc\sqrt{ca}\geqslant 4b^2ca$$
$$c^3a+c^3b+abc\sqrt{ab}+abc\sqrt{ab}\geqslant 4c^2ab$$

将上面的 3 个不等式相加,就得到了我们想证明的结论.

证法 2 欲证不等式等价于

$$\sum\sqrt{\left(\frac{a}{bc}\right)^2+\frac{1}{bc}}\geqslant\sqrt{2}\sum\frac{1}{a}$$

由 Minkowski 不等式有

$$\sum\sqrt{\left(\frac{a}{bc}\right)^2+\frac{1}{bc}}\geqslant\sqrt{\left(\sum\frac{a}{bc}\right)^2+\left(\sum\frac{1}{\sqrt{bc}}\right)^2}$$

我们有

$$\left(\sum\frac{a}{bc}\right)^2+\left(\sum\frac{1}{\sqrt{bc}}\right)^2=\sum\frac{a^2}{b^2c^2}+2\sum\frac{1}{a\sqrt{bc}}+2\sum\frac{1}{a^2}+\sum\frac{1}{ab}$$

由 AM - GM 不等式有

$$\frac{a^2}{b^2c^2}+\frac{2}{a\sqrt{bc}}\geqslant\frac{3}{bc}\Rightarrow\sum\frac{a^2}{b^2c^2}+2\sum\frac{1}{a\sqrt{bc}}\geqslant 3\sum\frac{1}{bc}$$

所以

$$\sqrt{\left(\sum\frac{a}{bc}\right)^2+\left(\sum\frac{1}{\sqrt{bc}}\right)^2}\geqslant\sqrt{2\left(\sum\frac{1}{a}\right)^2}=\sqrt{2}\sum\frac{1}{a}$$

我们完成了证明.

注 本题用了两种不同的 Minkowski 不等式法证明,第一种容易想到,第二种方法证法简洁.

例 6.48 $a,b,c>0,c\geqslant b\geqslant a$ 且 $a+b+c=\frac{1}{a}+\frac{1}{b}+\frac{1}{c}$,求证

$$ab^2c^3\geqslant 1$$

证明 (汪野,入选 2008 年国家集训队)由条件有

$$\left(\sum ab\right)^2\geqslant 3\sum a\cdot abc=3\sum ab\Rightarrow ab+bc+ca\geqslant 3$$

$$ab^2c^3=a^2b^2c^2\cdot\frac{c}{a}\geqslant$$

$$\frac{1}{3}a^2b^2c^2\left(\frac{c}{a}+\frac{b}{b}+\frac{a}{c}\right)\geqslant$$

$$\frac{1}{3}a^2b^2c^2\cdot\frac{1}{3}(a+b+c)\left(\frac{1}{a}+\frac{1}{b}+\frac{1}{c}\right)\text{（排序不等式）}=$$

$$\frac{1}{9}a^2b^2c^2\left(\frac{1}{a}+\frac{1}{b}+\frac{1}{c}\right)^2=\frac{1}{9}(ab+bc+ca)^2\geqslant 1$$

从而原不等式得证.

注 本题也可由分类讨论证明,不过显然上面的证明更佳,再次让我们体会到了不等式的证明之美.

例 6.49 (2007 年塞尔维亚数学奥林匹克)$x,y,z>0,x+y+z=1$,求证

$$\frac{x^{k+2}}{x^{k+1}+y^k+z^k}+\frac{y^{k+2}}{y^{k+1}+z^k+x^k}+\frac{z^{k+2}}{z^{k+1}+x^k+y^k}\geqslant\frac{1}{7}$$

证明 不妨设 $x\geqslant y\geqslant z$,易知

$$\frac{x^{k+1}}{x^{k+1}+y^k+z^k}\geqslant\frac{y^{k+1}}{y^{k+1}+z^k+x^k}\geqslant\frac{z^{k+1}}{z^{k+1}+x^k+y^k}$$

$$z^{k+1}+x^k+y^k\geqslant y^{k+1}+z^k+x^k\geqslant x^{k+1}+y^k+z^k$$

利用 Chebyshev 不等式有

$$\frac{x^{k+2}}{x^{k+1}+y^k+z^k}+\frac{y^{k+2}}{y^{k+1}+z^k+x^k}+\frac{z^{k+2}}{z^{k+1}+x^k+y^k}\geqslant$$

$$\frac{x+y+z}{3}\left(\frac{x^{k+1}}{x^{k+1}+y^k+z^k}+\frac{y^{k+1}}{y^{k+1}+z^k+x^k}+\frac{z^{k+1}}{z^{k+1}+x^k+y^k}\right)=$$

$$\frac{1}{3}\sum\frac{x^{k+1}}{x^{k+1}+y^k+z^k}\cdot\frac{\sum(x^{k+1}+y^k+z^k)}{\sum(x^{k+1}+y^k+z^k)}\geqslant$$

$$\frac{1}{3}\left(3\sum x^{k+1}\right)\frac{1}{\sum x^{k+1}+2\sum x^k}\geqslant$$

$$\sum x^{k+1}\frac{1}{\sum x^{k+1}+6\sum x^{k+1}}=\frac{1}{7}$$

命题获证.

例 6.50 (Crux1988,Walther Janous)设 $a,b,c\geqslant 0$,求证

$$\frac{a}{\sqrt{a+b}}+\frac{b}{\sqrt{b+c}}+\frac{c}{\sqrt{c+a}}\geqslant\frac{\sqrt{a}+\sqrt{b}+\sqrt{c}}{\sqrt{2}}$$

证明 设 $a=x^2,b=y^2,c=z^2$.

$$4\left(\frac{x^2}{\sqrt{x^2+y^2}}+\frac{y^2}{\sqrt{y^2+z^2}}+\frac{z^2}{\sqrt{z^2+x^2}}\right)^2\geqslant 2(x+y+z)^2\Leftrightarrow$$

$$\sum\frac{4x^4}{x^2+y^2}+\sum\frac{8x^2y^2}{\sqrt{(x^2+y^2)(y^2+z^2)}}\geqslant 2\sum x^2+4\sum xy\Leftrightarrow$$

$$\sum\frac{2x^4+2y^4}{x^2+y^2}+\sum\frac{2x^4-2y^4}{x^2+y^2}+\sum\frac{8x^2y^2}{\sqrt{(x^2+y^2)(y^2+z^2)}}\geqslant$$

$$2\sum x^2+4\sum xy\Leftrightarrow$$

$$\sum\frac{2x^4+2y^4}{x^2+y^2}+2\sum(x^2-y^2)+\sum\frac{8x^2y^2}{\sqrt{(x^2+y^2)(y^2+z^2)}}\geqslant$$

$$\sum(x^2+y^2+4xy)\Leftrightarrow$$

$$\sum\frac{8x^2y^2}{\sqrt{(x^2+y^2)(y^2+z^2)}}\geqslant\sum\frac{(x^2+y^2+4xy)(x^2+y^2)-2x^4-2y^4}{x^2+y^2}\Leftrightarrow$$

$$\sum\frac{8x^2y^2}{\sqrt{(x^2+y^2)(y^2+z^2)}}\geqslant\sum\frac{-x^4+4x^3y+2x^2y^2+4xy^3-y^4}{x^2+y^2}\Leftrightarrow$$

$$\sum\frac{8x^2y^2}{\sqrt{(x^2+y^2)(y^2+z^2)}}\geqslant\sum\frac{8x^2y^2-(x-y)^4}{x^2+y^2}$$

而$\sqrt{x^2+y^2},\sqrt{y^2+z^2},\sqrt{z^2+x^2}$与$\frac{x^2y^2}{\sqrt{x^2+y^2}},\frac{y^2z^2}{\sqrt{y^2+z^2}},\frac{z^2x^2}{\sqrt{z^2+x^2}}$大小顺序相同.

由排序不等式有

$$\sum\frac{8x^2y^2}{\sqrt{(x^2+y^2)(y^2+z^2)}}\geqslant\sum\frac{8x^2y^2}{\sqrt{(x^2+y^2)(x^2+y^2)}}=$$

$$\sum\frac{8x^2y^2}{x^2+y^2}\geqslant\sum\frac{8x^2y^2-(x-y)^4}{x^2+y^2}$$

命题得证!

例 6.51 设$a,b,c>0$,证明

$$\sum\sqrt{\frac{a^3}{a^2+ab+b^2}}\geqslant\frac{\sqrt{a}+\sqrt{b}+\sqrt{c}}{\sqrt{3}}$$

证明 两边平方后,原不等式等价于

$$\sum\frac{a^3}{a^2+ab+b^2}+2\sum\sqrt{\frac{a^3b^3}{(a^2+ab+b^2)(b^2+bc+c^2)}}\geqslant$$

$$\frac{1}{3}\left(\sum a+2\sum\sqrt{ab}\right)$$

而由排序不等式,我们可以得到

$$2\sum\sqrt{\frac{a^3b^3}{(a^2+ab+b^2)(b^2+bc+c^2)}}\geqslant 2\sum\frac{\sqrt{a^3b^3}}{a^2+ab+b^2}$$

于是我们只需要证明

$$\sum \frac{a^3}{a^2+ab+b^2}+2\sum \frac{\sqrt{a^3b^3}}{a^2+ab+b^2} \geqslant \frac{1}{3}(\sum a+2\sum \sqrt{ab})$$

注意到

$$\sum \frac{a^3}{a^2+ab+b^2}=\sum \frac{b^3}{a^2+ab+b^2}$$

则原不等式

$$\Leftrightarrow \frac{6\sqrt{a^3b^3}}{a^2+ab+b^2} \geqslant \sum a+2\sum \sqrt{ab}-\sum \frac{3a^3}{a^2+ab+b^2} \Leftrightarrow$$

$$\sum \frac{6\sqrt{a^3b^3}}{a^2+ab+b^2} \geqslant \frac{1}{2}\sum \left(a+b+4\sqrt{ab}-\frac{3a^3+3b^3}{a^2+ab+b^2}\right) \Leftarrow$$

$$\frac{12\sqrt{a^3b^3}}{a^2+ab+b^2} \geqslant a+b+4\sqrt{ab}-\frac{3a^3+3b^3}{a^2+ab+b^2}$$

整理即得到

$$2\sqrt{ab}(\sqrt{a}-\sqrt{b})^2(a-b)^2 \geqslant 0$$

故原不等式成立,当且仅当 $a=b=c$ 时取得等号.

下面我们介绍 Bernoulli 不等式在证明不等式中的应用.

例 6.52 $a,b,c \geqslant 1$,求证

$$\frac{(a+b)^{2c-1}}{(a+b+1)^{2c}}+\frac{(b+c)^{2a-1}}{(b+c+1)^{2a}}+\frac{(c+a)^{2b-1}}{(c+a+1)^{2b}} \leqslant \frac{2}{a+b+c}$$

由 Bernoulli 不等式得

$$\left(\frac{a+b+1}{a+b}\right)^c=\left(1+\frac{1}{a+b}\right)^c \geqslant 1+\frac{c}{a+b}=\frac{a+b+c}{a+b} \Rightarrow$$

$$\left(\frac{a+b+1}{a+b}\right)^{2c} \geqslant \frac{(a+b+c)^2}{(a+b)^2}$$

所以

$$\sum \frac{(a+b)^{2c-1}}{(a+b+1)^{2c}}=\sum \frac{1}{a+b}\left(\frac{a+b}{a+b+1}\right)^{2c} \leqslant$$

$$\sum \frac{1}{a+b}\cdot \frac{(a+b)^2}{(a+b+c)^2}=$$

$$\sum \frac{a+b}{(a+b+c)^2}=\frac{2}{a+b+c}$$

不等式得证!

例 6.53 $1>a \geqslant b \geqslant c>0$,求证

$$a^b+b^c+c^a \geqslant \frac{3}{2}$$

证明 我们先证明一个引理.

引理 若 $1>a,b>0$,则有 $a^b\geqslant\frac{a}{a+b}$,当 $a\geqslant1$ 时是显然的.

如果 $1>a,b>0$,由 Bernoulli 不等式有

$$a^b=\frac{a}{a^{1-b}}\geqslant\frac{a}{1-(1-b)(1-a)}=\frac{a}{a+b-ab}\geqslant\frac{a}{a+b}$$

于是引理得证.

回到原题,由引理有

$$a^b+b^c+c^a\geqslant\frac{a}{a+b}+\frac{b}{b+c}+\frac{c}{c+a}$$

下面我们证明

$$\frac{a}{a+b}+\frac{b}{b+c}+\frac{c}{c+a}\geqslant\frac{3}{2}$$

事实上

$$\left(\frac{a}{a+b}+\frac{b}{b+c}+\frac{c}{c+a}\right)-\left(\frac{b}{a+b}+\frac{c}{b+c}+\frac{a}{c+a}\right)=$$

$$\frac{(a-b)(b+c)(c+a)+(b-c)(a+b)(c+a)+(c-a)(a+b)(b+c)}{(a+b)(b+c)(c+a)}=$$

$$\frac{(c+a)(ab+ac-b^2-bc+ab+b^2-ca-cb)+(c-a)(a+b)(b+c)}{(a+b)(b+c)(c+a)}=$$

$$\frac{(a-c)(2bc+2ab-ab-ac-b^2-bc)}{(a+b)(b+c)(c+a)}=$$

$$\frac{(a-c)(a-b)(b-c)}{(a+b)(b+c)(c+a)}\geqslant0$$

$$\left(\frac{a}{a+b}+\frac{b}{b+c}+\frac{c}{c+a}\right)+\left(\frac{b}{a+b}+\frac{c}{b+c}+\frac{a}{c+a}\right)=3$$

所以

$$\frac{a}{a+b}+\frac{b}{b+c}+\frac{c}{c+a}\geqslant\frac{3}{2}$$

不等式的等号不会成立,我们完成了证明.

例 6.54 设 $a,b,c>0$,证明 $a^{b+c}+b^{c+a}+c^{a+b}\geqslant1$.

证明 我们分两部分进行证明,首先证明若 a,b,c 中,至少有一个大于 1,则不等式成立,不妨设 $a>1$,先证明一个引理.

引理

$$x^y>\frac{x}{x+y}(x>0,0<y<1)\Leftrightarrow x^y+yx^{y+1}>1$$

令 $f(x)=x^y+yx^{y+1}$,则 $f'(x)=yx^{y-1}(x+y-1)$.

显然有 $f(x)\geqslant f(1-y)=(1-y)^{y-1}>1$,引理得证.

回到原题.

(1) 若 $b+c\geqslant 1$,则 $a^{b+c}>1$,原不等式成立.

(2) 若 $b+c<1$,则有

$$a^{b+c}+b^{c+a}+c^{a+b}>\frac{a}{a+b+c}+b+c$$

而 $b-\frac{b}{a+b+c}>0$,故有

$$a^{b+c}+b^{c+a}+c^{a+b}>\frac{a}{a+b+c}+\frac{b}{a+b+c}+\frac{c}{a+b+c}=1$$

此时不等式成立.

下面来证明当 $a,b,c\leqslant 1$ 时的情形.

(1) 若 $a+b+c\leqslant 1$,根据 Bernoulli 不等式有

$$\frac{1}{a^{b+c}}\leqslant 1+\frac{(b+c)(1-a)}{a}\leqslant\frac{a+b+c}{a}$$

所以有 $a^{b+c}\geqslant\frac{a}{a+b+c}$,同理有

$$b^{c+a}\geqslant\frac{b}{a+b+c},c^{a+b}\geqslant\frac{c}{a+b+c}$$

三式相加即可.

(2) 若 $a+b+c\geqslant 1$,同样利用 Bernoulli 不等式

$$\frac{1}{a^{b}}\leqslant 1+\frac{b(1-a)}{a}=\frac{a+b(1-a)}{a}$$

$$\frac{1}{a^{c}}\leqslant 1+\frac{c(1-a)}{a}=\frac{a+c(1-a)}{a}\Rightarrow$$

$$a^{b+c}\geqslant\frac{a^{2}}{[a+b(1-a)][a+c(1-a)]}$$

即只要证明

$$\sum\frac{a^{2}}{[a+b(1-a)][a+c(1-a)]}\geqslant 1\Leftrightarrow$$

$$(a+b+c)^{2}\geqslant\sum[a+b(1-a)][a+c(1-a)]\Leftrightarrow$$

$$(ab+bc+ca)(a+b+c-1)+abc(3-a-b-c)\geqslant 0$$

显然成立,证毕.

上面两道形式类似,下面这题又与这两题有着些许的相似.

例 6.55 已知 $a_i(i=1,2,\cdots,n)$ 是正数,$S=\sum_{i=1}^{n}a_i$,证明

$$\sum_{i=1}^{n}(S-a_i)^{a_i}>n-1$$

证明 如果存在 $a_i \geqslant 1$,则欲证不等式显然成立.

下面假设 $0 < a_i < 1(i = 1,2,\cdots,n)$,若 $S - a_i \geqslant 1$,则有

$$(S - a_i)^{a_i} > \frac{S - a_i}{S}, \quad i = 1,2,\cdots,n$$

将以上 n 式相加,原命题即得证.

若 $S - a_i < 1$,则由 Bernoulli 不等式得

$$\left(\frac{1}{S - a_i}\right)^{a_i} < \left(1 + \frac{1}{S - a_i}\right)^{a_i} < 1 + \frac{a_i}{S - a_i} \Rightarrow (S - a_i)^{a_i} > \frac{S - a_i}{S}$$

将这 n 个不等式相加即可得到

$$\sum_{i=1}^{n} (S - a_i)^{a_i} > n - 1$$

证毕.

看了以上关于 Bernoulli 不等式的例题,千万不要以为它只对指数形不等式有效,广义 Bernoulli 不等式也是证明多项式形不等式问题的方法之一.

例 6.56 设 $a_i \geqslant -1(i = 1,2,\cdots,n)$, $\sum_{i=1}^{n} a_i \geqslant 0$,求证

$$\prod_{i=1}^{n} (a_i + 1) \geqslant 1 - \frac{n}{4}\left(\sum_{i=1}^{n} a_i^2\right)$$

证明 由广义 Bernoulli 不等式及 AM - CM 不等式有

$$\begin{aligned}
\prod_{i=1}^{n} (a_i + 1) &= \prod_{a_i \geqslant 0} (a_i + 1) \prod_{a_j \leqslant 0} (a_j + 1) \geqslant \\
&\left(1 + \sum_{a_i \geqslant 0} a_i\right)\left(1 + \sum_{a_j \leqslant 0} a_j\right) = \\
&1 + \sum_{a_i \geqslant 0} a_i + \sum_{a_j \geqslant 0} a_j + \sum_{a_i \geqslant 0} a_i \sum_{a_j \leqslant 0} a_j \geqslant \\
&1 - \frac{1}{4}\left(\sum_{a_i \geqslant 0} a_i - \sum_{a_j \leqslant 0} a_j\right)^2 = \\
&1 - \frac{1}{4}\left(\sum_{i=1}^{n} |a_i|\right)^2 \geqslant 1 - \frac{n}{4}\left(\sum_{i=1}^{n} a_i^2\right)
\end{aligned}$$

不等式得证!

例 6.57 对任意 $a_1,a_2,\cdots,a_n,b_1,b_2,\cdots,b_n$,求证

$$(b_1^2 + a_2^2 + \cdots + a_n^2)(a_1^2 + b_2^2 + \cdots + a_n^2)\cdots(a_1^2 + a_2^2 + \cdots + b_n^2) \geqslant$$
$$(a_1^2 + a_2^2 + \cdots + a_n^2)^{n-2}(a_1b_1 + a_2b_2 + \cdots + a_nb_n)^2$$

证明 a_n 全为 0 的情况显然,下证 a_n 不全为 0 的情况.

不妨设 $a_1^2 + a_2^2 + \cdots + a_n^2 = 1$.

按照 $a_i^2 - b_i^2 = c_i \geqslant 0$ 或 $a_i^2 - b_i^2 = c_i < 0$,把 $1,2,\cdots,n$ 分为两个集合 A,B.

则由广义 Bernoulli 不等式可得

$$\prod_{A}(1+c_i)\geqslant 1+\sum_{A}(c_i),\prod_{B}(1+c_i)\geqslant 1+\sum_{B}(c_i)\Rightarrow$$

$$\text{LHS}\geqslant\left(\sum_{A}(a_i^2)+\sum_{B}(b_i^2)\right)\left(\sum_{B}(a_i^2)+\sum_{A}(b_i^2)\right)\geqslant$$

RHS(Cauchy 不等式)

命题得证.

注 本题曾经是杨学枝老师提出的猜想,可看做 Crux2214 问题的推广:(Crux2214) 求最小的 $C(n)$,使得对 $x_i\geqslant 0,i=1,2,\cdots,n,n\geqslant 2$,下式成立

$$\sum_{i=1}^{n}\sqrt{x_i}\leqslant\sqrt{\prod_{i=1}^{n}x_i+C(n)}$$

事实上 $C(n)=(n-1)\sqrt[n-1]{n^{2-n}}$,我们令 $y_i=\sqrt{x_i},b_i=\dfrac{\sqrt{n-1}y_i}{\sqrt{C(n)}}$. 此时即为例题 $a_i=1(i=1,2,\cdots,n)$ 的情形. 不过这两个问题的处理手法完全相同,如果杨学枝老师知道 Crux2214 问题,或许就不会提这一猜想了.

最后,让我们来看 Bernoulli 不等式在证明数列不等式中的应用.

例 6.58 (韩京俊)$a_1,a_2,\cdots,a_n(n\geqslant 2)$ 满足 $a_1=0,(2a-a_i)a_{i+1}=1(i=1,2,\cdots,n-1),a_n=2a$. 求证

$$\frac{2n^2}{(n+1)^2}<a_n<\frac{2n^2+4n-6}{(n+1)^2}$$

证明 由 $(2a-a_1)=1,(2a-a_2)a_3=1,\cdots,(2a-a_{n-1})a_n=1$,得

$$4a^2\cdot a^{n-2}\geqslant(2a-a_1)a_2(2a-a_2)a_3\cdots(2a-a_{n-1})a_n=1\Rightarrow a\geqslant 4^{\frac{-1}{n}}$$

故由 Bernoulli 不等式得

$$a_n=2a\geqslant\frac{2}{4^{\frac{1}{n}}}=\frac{2}{(1+1)^{\frac{2}{n}}}\geqslant\frac{2}{1+\dfrac{2}{n}}=\frac{2n}{n+2}>\frac{2n^2}{(n+1)^2}$$

不等式左边得证,下证不等式右边.

为此我们令 $b_1=1,(2a-a_i)b_i^2=a_{i+1}b_{i+1}^2,b_i\geqslant 0,i=1,2,\cdots,n-1$,由于 $(2a-a_i)a_{i+1}=1$,故我们有

$$(2a-a_i)b_i^2+a_{i+1}+b_{i+1}^2=b_ib_{i+1}\Rightarrow 2a\sum_{i=1}^{n}b_i^2=2\sum_{i=1}^{n-1}b_ib_{i+1}$$

另一方面由 AM - GM 不等式有

$$\sum_{i=1}^{n-1}\frac{(i+1)(n-i)}{2i(n+1-i)}b_i^2+\sum_{i=1}^{n-1}\frac{i(n+1-i)}{2(i+1)(n-i)}b_{i+1}^2\geqslant\sum_{i=1}^{n-1}b_ib_{i+1}$$

注意到有

$$\frac{i(n+1-i)}{2(i+1)(n-i)}+\frac{(i+2)(n-i-1)}{2(i+1)(n-1)}=\frac{(i+1)(n-i)-1}{(i+1)(n-i)}\Rightarrow$$

$$\frac{2(n-1)}{2n}b_1^2+\frac{2(n-1)}{2n}b_n^2+\sum_{i=2}^{n-1}\frac{i(n-i+1)-1}{i(n-i+1)}b_i^2\geqslant\sum_{i=1}^{n-1}b_ib_{i+1}$$

又

$$\frac{2(n-1)}{2n}\leqslant 1-\frac{4}{(n+1)^2}$$

$$\frac{i(n-i+1)-1}{i(n-i+1)}=1-\frac{1}{i(n+1-i)}\leqslant 1-\frac{4}{(n+1)^2}$$

所以

$$\left[1-\frac{4}{(n+1)^2}\right]\sum_{i=1}^{n}b_i^2\geqslant\sum_{i=1}^{n-1}b_ib_{i+1}=\frac{2a}{2}\sum_{i=1}^{n}b_i^2\Rightarrow$$

$$2a\leqslant 2-\frac{8}{(n+1)^2}=\frac{2n^2+4n-6}{(n+1)^2}$$

不等式右边得证,综上,原命题得证!

注 事实上,本题可以通过数列的性质求得 $a=\cos\frac{\pi}{n+1}$,之后用 Talyor(泰勒)展开即可,不过我们在这里却给出了一个初等证明.

第7章 求导法

7.1 一阶导数

利用一阶导数的性质始终是处理函数极值问题的强有力"武器".通过求导还能起到降维消元的作用.虽然求导法很难让我们欣赏到优美的证明,但其作用不应该被我们忽视.

例7.1 (2008年中国国家队培训题)$0\leqslant a,b\leqslant 1$,求证

$$a^a+b^b\geqslant a^b+b^a$$

证明 (韩京俊)不妨设$a\geqslant b$,考察函数

$$f(x)=x^{ya}-x^{yb},a\geqslant x\geqslant b,1\geqslant ya-yb\geqslant 0$$

分别求关于x的导数有

$$(x^{y(a-b)})'=\frac{y(a-b)}{x}\cdot x^{y(a-b)}>0\Rightarrow x^{y(a-b)}\geqslant b^{y(a-b)}$$

由AM-GM不等式有

$$b^{1+b-a}1^{a+ab-b^2-b}\leqslant\left(\frac{a}{1+ab-b^2}\right)^{1+ab-b^2}\leqslant a$$

注意到

$$\begin{aligned}f'(x)=\frac{ya}{x}\cdot x^{ya}-\frac{yb}{x}\cdot x^{yb}=\frac{yx^{yb}}{x}(ax^{y(a-b)}-b)\geqslant\\(yx^{yb-1})(ab^{y(a-b)}-b)=\\(yx^{yb-1})b^{y(a-b)}(a-b^{1-y(a-b)})\geqslant 0\end{aligned}$$

于是

$$f(a) \geqslant f(b) \Rightarrow a^{ya} + b^{yb} \geqslant a^{yb} + b^{ya}$$

特别地令 $y=1$，即得本题.

注 利用相同的方法我们能证明 n 元的情形. $a_i \in [0,1]$，$i=1,2,\cdots,n$，则有

$$a_1^{a_1} + a_2^{a_2} + \cdots + a_n^{a_n} \geqslant a_1^{x_1} + a_2^{x_2} + \cdots + a_n^{x_n}$$

其中 $x_1,x_2,\cdots,x_n$ 是 $a_1,a_2,\cdots,a_n$ 的一个排列.

《走向 IMO2008》中刊登的是牟晓生的证明，用到了 Bernoulli 不等式及导数，过程较繁且难以推广.

例 7.2 $a,b,c>0$，且满足 $7(a^2+b^2+c^2)=11(ab+bc+ca)$，求证

(1) $\frac{51}{28} \leqslant \frac{a}{b+c} + \frac{b}{c+a} + \frac{c}{a+b} \leqslant 2$；

(2) $\frac{35}{3} \leqslant (a+b+c)\left(\frac{1}{a}+\frac{1}{b}+\frac{1}{c}\right) \leqslant \frac{135}{7}$.

证明 设 $a+b=1$，$x=ab$，则 $x=\frac{7c^2-11c+7}{25}$，而 $x \leqslant \frac{1}{4}$，故我们有 $c \in \left[\frac{1}{14},\frac{3}{2}\right]$，利用此我们有

$$\begin{aligned}\sum \frac{a}{b+c} = {} & (a+b+c)\left(\frac{1}{a+b}+\frac{1}{b+c}+\frac{1}{c+a}\right) - 3 = \\ & (1+c)\left(\frac{a+b+2c}{c^2+c(a+b)+ab}+1\right) - 3 = \\ & (c+1)\left(\frac{1+2c}{c^2+c+\frac{7c^2-11c+7}{25}}\right) - 3 = \\ & \frac{32(c+1)^3}{32c^2+14c+7} - 3 = f(c)\end{aligned}$$

而

$$f'(c) = \frac{32(c+1)^2(4c-1)(8c-7)}{(32c^2+14c+7)^2}$$

于是

$$f'(c)=0 \Leftrightarrow c=\frac{1}{4} \text{ 或 } c=\frac{7}{8}$$

所以我们有

$$\max f(c) = \max\left\{f\left(\frac{1}{4}\right), f\left(\frac{3}{2}\right)\right\} = 2$$

$$\min f(c) = \min\left\{f\left(\frac{1}{14}\right), f\left(\frac{7}{8}\right)\right\} = \frac{51}{28}$$

于是(1) 得证.

$$(a+b+c)\left(\frac{1}{a}+\frac{1}{b}+\frac{1}{c}\right)=(1+c)\left(\frac{25}{7c^2-11c+7}+\frac{1}{c}\right)=$$

$$\frac{7(c+1)^3}{c(7c^2-11c+7)}=g(c)$$

而

$$g'(c)=\frac{7(c+1)^2(4c-1)(7-8c)}{c^2(7c^2-11c+7)^2}$$

所以我们有

$$\max f(c)=\max\left\{f\left(\frac{1}{14}\right),f\left(\frac{7}{8}\right)\right\}=\frac{135}{7}$$

$$\min f(c)=\min\left\{f\left(\frac{1}{4}\right),f\left(\frac{3}{2}\right)\right\}=\frac{35}{3}$$

(2) 也得证,故我们完成了证明.

例 7.3 x,y,z 为非负实数,且满足 $xy+yz+xz=1$,证明

$$\frac{1}{\sqrt{x+y}}+\frac{1}{\sqrt{y+z}}+\frac{1}{\sqrt{z+x}}\geqslant 2+\frac{1}{\sqrt{2}}$$

证明 不失一般性,设 $x=\max(x,y,z)$,令 $a=y+z>0$,显然,$ax=1-yz\leqslant 1$,考虑函数

$$f(x)=\frac{1}{\sqrt{x+y}}+\frac{1}{\sqrt{y+z}}+\frac{1}{\sqrt{z+x}}=$$

$$\frac{1}{\sqrt{y+z}}+\sqrt{\frac{2x+y+z+2\sqrt{x^2+1}}{x^2+1}}=$$

$$\frac{1}{\sqrt{a}}+\sqrt{\frac{2x+a+2\sqrt{x^2+1}}{x^2+1}}$$

则

$$f'(x)=\frac{yz-x^2-x\sqrt{x^2+1}}{\sqrt{(x^2+1)^3(2x+a+2\sqrt{x^2+1})}}\leqslant 0$$

因此 $f(x)$ 为关于 x 的减函数,故有

$$f(x)\geqslant f\left(\frac{1}{a}\right)=\sqrt{a}+\frac{1}{\sqrt{a}}+\sqrt{\frac{a}{a^2+1}}=$$

$$(\sqrt{a}-1)^2\left[\frac{1}{\sqrt{a}}-\frac{(\sqrt{a}+1)^2}{2\sqrt{a(a^2+1)}+\sqrt{2}(a^2+1)}\right]+2+\frac{1}{\sqrt{2}}$$

由于

$$\frac{1}{\sqrt{a}}-\frac{(\sqrt{a}+1)^{2}}{2\sqrt{a(a^{2}+1)}+\sqrt{2}(a^{2}+1)}>0$$

于是

$$f(x)\geqslant f\left(\frac{1}{a}\right)\geqslant 2+\frac{1}{\sqrt{2}}$$

得证. 等号当且仅当 $x=y=1,z=0$ 及其轮换.

例 7.4 $n\geqslant 2,a_k,b_k>0,k=1,2,\cdots,n.\ S=\sum\limits_{k=1}^{n}a_k,T=b_1b_2\cdots b_n$,求证

$$\frac{1}{n-1}\sum_{i=1}^{n}\left(1-\frac{a_i}{S}\right)b_i\geqslant\left(\frac{T}{S}\sum_{j=1}^{n}\frac{a_j}{b_j}\right)^{\frac{1}{n-1}}$$

证明 设 $x_i=\dfrac{a_i}{S},y_i=\dfrac{b_i}{\sqrt[n]{T}}$,于是

$$\prod_{i=1}^{n}y_i=1\Leftrightarrow\frac{\sqrt[n]{T}}{n-1}\sum_{i=1}^{n}(1-x_i)y_i\geqslant\left(\sqrt[n]{T^{n-1}}\sum_{j=1}^{n}\frac{x_j}{y_j}\right)^{\frac{1}{n-1}}$$

若 $n=2$,则 $x_1=(1-x_2),y_1=\dfrac{1}{y_2}$.

于是不等式的等价于

$$[(1-x_1)y_1+(1-x_2)y_2]\geqslant\frac{x_1}{y_1}+\frac{x_2}{y_2}$$

上式为等式.

若 $n\geqslant 3$,则

$$\frac{1}{n-1}\sum_{i=1}^{n}(1-x_i)y_i\geqslant\left(\sum_{j=1}^{n}\frac{x_j}{y_j}\right)^{\frac{1}{n-1}}\Leftrightarrow$$

$$\frac{\sum\limits_{i=1}^{n}(1-x_i)y_i}{\sum\limits_{i=1}^{n}(1-x_i)}\geqslant\left(\sum_{j=1}^{n}\frac{x_j}{y_j}\right)^{\frac{1}{n-1}}=\left(\sum_{i=1}^{n}\frac{1}{y_i}-\sum_{i=1}^{n}\frac{(1-x_i)}{y_i}\right)^{\frac{1}{n-1}}$$

设$(1-x_i)=t_i$,则

$$\Rightarrow\frac{\sum\limits_{i=1}^{n}t_iy_i}{\sum\limits_{i=1}^{n}t_i}\geqslant\left(\sum_{i=1}^{n}\frac{1}{y_i}-\sum_{i=1}^{n}\frac{t_i}{y_i}\right)$$

由 Cauchy 不等式有

$$\left(\sum_{i=1}^{n}t_iy_i\right)\left(\sum_{i=1}^{n}\frac{t_i}{y_i}\right)\geqslant\left(\sum_{i=1}^{n}t_i\right)^{2}=(n-1)^{2}$$

于是

$$-\sum_{i=1}^{n}\frac{t_i}{y_i}\leqslant-\frac{(n-1)^2}{\sum\limits_{i=1}^{n}t_iy_i}$$

设 $\sum\limits_{i=1}^{n}t_iy_i=A$,则

$$A\geqslant\frac{n-1}{n}\left(\sum_{i=1}^{n}y_i\right)$$

在这种情况下只需证明

$$\frac{A}{n-1}\geqslant\left(\sum_{i=1}^{n}\frac{1}{y_i}-\frac{(n-1)^2}{A}\right)^{\frac{1}{n-1}}\Leftrightarrow$$

$$\sum_{i=1}^{n}\frac{1}{y_i}\leqslant\frac{A^{n-1}}{(n-1)^{n-1}}+\frac{(n-1)^2}{A}$$

考察

$$F(A)=\frac{A^{n-1}}{(n-1)^{n-1}}+\frac{(n-1)^2}{A}$$

$$F'(A)=\frac{\left(\frac{A}{n-1}\right)^n-1}{\left(\frac{A}{n-1}\right)^2}\geqslant0$$

所以函数是递增的,于是

$$\frac{A^{n-1}}{(n-1)^{n-1}}+\frac{(n-1)^2}{A}-\sum_{i=1}^{n}\frac{1}{y_i}\geqslant$$

$$\left(\sum_{i=1}^{n}\frac{y_i}{n}\right)^{n-1}+\frac{n-1}{\sum\limits_{i=1}^{n}\frac{y_i}{n}}\sum_{i=1}^{n}\frac{1}{y_i}-\sum_{i=1}^{n}\frac{1}{y_i}=$$

$$\frac{\left(\sum\limits_{i=1}^{n}\frac{y_i}{n}\right)^n-\left(\sum\limits_{i=1}^{n}\frac{y_i}{n}\right)\left(\sum\limits_{i=1}^{n}\frac{1}{y_i}\right)+(n-1)}{\left(\sum\limits_{i=1}^{n}\frac{y_i}{n}\right)}\geqslant0$$

得证.

注 本题等价于

$$a_1,a_2,\cdots,a_n,b_1,b_2,\cdots,b_n,n\geqslant2$$

求证

$$\left(\sum_{i=1}^{n}a_i\sum_{j\neq i}b_j\right)^{n-1}\geqslant(n-1)^{n-1}\left(\sum_{i=1}^{n}a_i\right)^{n-2}\left(\sum_{i=1}^{n}a_i\prod_{j\neq i}b_j\right)$$

我们可得到如下巧证.

证明 $n=2$ 时不等式变为等式.

$n\geqslant 3$ 时,我们不妨设 $b_1=\max\{b_1,b_2,\cdots,b_n\}$ 及 $b_n=\min\{b_1,b_2,\cdots,b_n\}$.

由 AM - GM 不等式我们有

$$(n-1)^{n-1}\sqrt{\left(\sum a_i\right)^{n-2}\left(\sum_{i=1}^{n}a_i\prod_{j\neq i}b_j\right)}\leqslant\left(\sum_{1<i<n}b_i\right)\left(\sum_{i=1}^{n}a_i\right)+\frac{\sum\limits_{i=1}^{n}a_i\prod\limits_{j\neq i}b_j}{\prod\limits_{1<i<n}b_i}$$

只需证明

$$\sum_{i=1}^{n}a_i\sum_{j\neq i}b_j\geqslant\left(\sum_{1<i<n}b_i\right)\left(\sum_{i=1}^{n}a_i\right)+\frac{\sum\limits_{i=1}^{n}a_i\prod\limits_{j\neq i}b_j}{\prod\limits_{1<i<n}b_i}\Leftrightarrow$$

$$\sum_{1<i<n}a_i\left(b_1+b_n-b_i-\frac{b_1b_n}{b_i}\right)\geqslant 0\Leftrightarrow$$

$$\sum_{1<i<n}\frac{a_i(b_1-b_i)(b_i-b_n)}{b_n}\geqslant 0$$

上式显然.

例 7.5 (2006 年中国国家队培训题)$a\geqslant b\geqslant c\geqslant d>0$,求证

$$\left(1+\frac{c}{a+b}\right)\left(1+\frac{d}{b+c}\right)\left(1+\frac{a}{c+d}\right)\left(1+\frac{b}{d+a}\right)\geqslant\left(\frac{3}{2}\right)^4$$

证明 考虑到等号成立的 $a=b=c=d$,故想办法降维,把 a 向 b 靠拢,c 向 d 靠拢.

$$\Leftrightarrow\frac{(a+b+c)(a+c+d)(a+b+d)}{(a+b)(a+d)}\cdot\frac{b+c+d}{(b+c)(c+d)}\geqslant\left(\frac{3}{2}\right)^4$$

固定 b,c,d,令

$$f(a)=\frac{(a+b+c)(a+c+d)(a+b+d)}{(a+b)(a+d)}$$

$$f'(a)=\frac{\left[\sum\limits_{cyc}(a+b+c)(a+b+d)(c+d)\right](a+b)(a+d)}{[(a+b)(a+d)]^2}-$$

$$\frac{[b(a+d)+d(a+b)](a+b+c)(a+c+d)(a+b+d)}{[(a+b)(a+d)]^2}=$$

$$\frac{g(a)}{[(a+b)(a+d)]^2}$$

$$\begin{aligned}g(a)=&(a+b)(a+c+d)(a+b+d)[(a+d)(b+c)-d(a+b+c)]+\\&(a+d)(a+b+c)(a+c+d)[(a+b)(a+d)-b(a+b+d)]+\\&(a+b)(a+d)(c+d)(a+b+c)(a+b+d)>0\end{aligned}$$

即 $f'(a)>0$,故 $f(a)_{\min}=f(b)$.

同理可得 $f(c)_{\min}=f(d)$.

于是只需证明

$$\frac{2b+d}{2b}\cdot\frac{b+2d}{b+d}\cdot\frac{b+2d}{2d}\cdot\frac{2b+d}{b+d}\geqslant\left(\frac{3}{2}\right)^4\Leftrightarrow$$

$$\frac{(2b+d)(b+2d)}{\sqrt{bd}(b+d)}\geqslant\frac{9}{2}\Leftrightarrow$$

$$4b^2+4d^2+10bd\geqslant 9b^{\frac{3}{2}}d^{\frac{1}{2}}+9d^{\frac{3}{2}}b^{\frac{1}{2}}$$

又因为

$$(b^{\frac{1}{2}}-d^{\frac{1}{2}})^4\geqslant 0\Leftrightarrow b^2+d^2+6bd\geqslant 4(b^{\frac{3}{2}}d^{\frac{1}{2}}+d^{\frac{3}{2}}b^{\frac{1}{2}})\Rightarrow$$

$$4b^2+4d^2+10bd\geqslant 16(b^{\frac{3}{2}}d^{\frac{1}{2}}+d^{\frac{3}{2}}b^{\frac{1}{2}})-14bd\geqslant$$

$$9b^{\frac{3}{2}}d^{\frac{1}{2}}+9d^{\frac{3}{2}}b^{\frac{1}{2}}$$

故命题得证!

注 本题证明虽长,但思路清晰,或许读者要问当没有本题的约束条件 $a\geqslant b\geqslant c\geqslant d$ 时结论又是怎样的?事实上我们有:

当 $a,b,c,d>0$ 时,有

$$\left(1+\frac{c}{a+b}\right)\left(1+\frac{d}{b+c}\right)\left(1+\frac{a}{c+d}\right)\left(1+\frac{b}{d+a}\right)\geqslant 4$$

证明 两边同乘以 $(a+b)(b+c)(c+d)(d+a)$ 后等价于

$$(a+b+c)(b+c+d)(c+d+a)(d+a+b)\geqslant$$

$$4(a+b)(b+c)(c+d)(d+a)$$

注意到有

$$(2a+b+b+2c)^2\geqslant 4(2a+b)(b+2c)\Rightarrow$$

$$(a+b+c)^2\geqslant(2a+b)(2c+b)$$

于是

$$\prod_{cyc}(a+b+c)^2\geqslant\prod_{cyc}(2a+b)(2b+a)\geqslant\prod_{cyc}2(a+b)^2=16\prod_{cyc}(a+b)^2\Rightarrow$$

$$(a+b+c)(b+c+d)(c+d+a)(d+a+b)\geqslant$$

$$4(a+b)(b+c)(c+d)(d+a)$$

于是我们证明了欲证不等式.

利用相同的方法我们能得到 n 元时的结论.

其系数还可以改进如下.

当 $a,b,c,d,k>0$ 时,有

$$\left(1+\frac{kc}{a+b}\right)\left(1+\frac{kd}{b+c}\right)\left(1+\frac{ka}{c+d}\right)\left(1+\frac{kb}{d+a}\right)\geqslant(k+1)^2$$

证明 我们不妨设 $(a-c)(b-d)\geqslant 0$,否则令 $(a',b',c',d')=(b,c,d,a)$,此时

$$P(a',b',c',d')=\left(1+\frac{kc}{a+b}\right)\left(1+\frac{kb}{b+c}\right)\left(1+\frac{ka}{c+d}\right)\left(1+\frac{kb}{d+a}\right)=P(a,b,c,d)$$

注意到

$$\left(1+\frac{kc}{a+b}\right)\left(1+\frac{kd}{b+c}\right)\geqslant 1+k\left(\frac{c}{a+b}+\frac{d}{b+c}\right)\geqslant 1+\frac{k(c+d)^2}{ac+bc+bd+cd}$$

$$\left(1+\frac{ka}{c+d}\right)\left(1+\frac{kb}{d+a}\right)\geqslant 1+k\left(\frac{a}{c+d}+\frac{b}{d+a}\right)\geqslant 1+\frac{k(a+b)^2}{ac+ad+bd+ba}$$

所以

$$P(a,b,c,d)\geqslant\left(1+\frac{k(c+d)^2}{ac+bc+bd+cd}\right)\left(1+\frac{k(a+b)^2}{ac+ad+bd+ba}\right)\geqslant$$
$$\left[1+\frac{k(a+b)(c+d)}{\sqrt{(ac+bc+bd+cd)(ac+ad+bd+ab)}}\right]^2$$

而

$$\frac{(a+b)(c+d)}{\sqrt{(ac+bc+bd+cd)(ac+ad+bd+ab)}}\geqslant$$
$$\frac{2(a+b)(c+d)}{ac+bc+bd+cd+ac+ad+bd+ab}$$

$$2(a+b)(c+d)-2ac-2bd-bc-cd-ad-ab=(a-c)(d-b)\geqslant 0$$

于是命题得证. 等号成立当且仅当 $a=c,b=d=0$ 或 $a=c=0,b=d$.

例 7.6 (Michael Rozenberg) a,b,c,d,e 为正数满足

$$abc+abd+abe+acd+ace+ade+bcd+bce+bde+cde=10$$

求证

$$1+\frac{13}{a+b+c+d+e}\geqslant\frac{36}{ab+bc+cd+da+ac+bd+ae+be+ce+de}$$

证明 令 $a+b+c+d+e=A,ab+bc+cd+da+ac+bd+ae+be+ce+de=B$.

考虑函数

$$f(x)=(x-a)(x-b)(x-c)(x-d)(x-e)=$$
$$x^5-Ax^4+Bx^3-10x^2+x\sum abcd-abcde$$

显然 $f(x)=0$ 有 5 个正实根 a,b,c,d,e, 因此 $f''(x)=20x^3-12Ax^2+6Bx-20=0$ 有三个正实根, 不妨设为 u,v,w, 由韦达定理有 $uvw=1,\alpha=u+v+w=\frac{3A}{5},\beta=uv+vw+uw=\frac{3B}{10}$.

我们需要证明的是

$$5+\frac{39}{\alpha}\geqslant\frac{54}{\beta}$$

由3次Schur不等式有

$$(U+V+W)^3+9UVW \geqslant 4(U+V+W)(UV+VW+UW)$$

我们令 $W=uv, U=vw, V=wu, \beta^3+9 \geqslant 4\alpha\beta$，也即

$$9 \geqslant \beta(4\alpha-\beta^2) \tag{1}$$

假设 $5+\frac{39}{\alpha}<\frac{54}{\beta}$，则

$$\alpha > \frac{39\beta}{54-5\beta} > 0$$

代入式(1) 并计算可得到

$$(\beta-3)(5\beta^3-39\beta^2+39\beta+162)<0 \Rightarrow$$

$$5\beta^3-39\beta^2+39\beta+162<0 \tag{2}$$

而由于 $\beta \leqslant 3$，于是式(2) 不成立，故假设不成立，原不等式得证.

注 本题利用到了若一个单变元多项式 $f(x)$ 有 n 个正实根，则 $f'(x)$ 有 $n-1$ 个正实根这一事实，可由Rolle定理直接推得.《对称不等式的取等判定》① 中的定理1就是作者利用这一方法得到的.

例7.7 $a,b,c,d \geqslant 0$，没有两个同时为0，且 $a+b+c+d=1$，求证

$$E(a,b,c,d)=\frac{a}{\sqrt{a+b}}+\frac{b}{\sqrt{b+c}}+\frac{c}{\sqrt{c+d}}+\frac{d}{\sqrt{d+a}} \leqslant \frac{3}{2}$$

证明 不妨设 (a,b,c,d) 为 E 的极值点.

若 a,b,c,d 无数为0，则由Fermat(费马) 定理知 $f(t)=E(a,b+t,c-t,d)$，必有 $f'(0)=0$. 注意到

$$f'(0)=\frac{-c-2d}{2(c+d)^{\frac{3}{2}}}+\frac{1}{\sqrt{b+c}}-\frac{a}{2(a+b)^{\frac{3}{2}}}$$

于是

$$\frac{-c-2d}{2(c+d)^{\frac{3}{2}}}+\frac{1}{\sqrt{b+c}}-\frac{a}{2(a+b)^{\frac{3}{2}}}=0$$

同样地对于 $g(t)=E(a+t,b,c,d-t)$，有 $g'(0)=0$，即

$$\frac{-a-2b}{2(a+b)^{\frac{3}{2}}}+\frac{1}{\sqrt{a+d}}-\frac{c}{2(c+d)^{\frac{3}{2}}}=0$$

所以我们有

$$\frac{1}{\sqrt{a+b}}+\frac{1}{\sqrt{c+d}}=\frac{1}{\sqrt{b+c}}+\frac{1}{\sqrt{a+d}}$$

① http://www.yau-awards.org/paper/E/5-复旦大学附属中学-完全对称不等式的取等判定.pdf.

由$\frac{1}{\sqrt{x}}+\frac{1}{1-\sqrt{x}}$的单调性知有$a+b=b+c$或$a+b=a+d$,即$a=c$或$b=d$,由对称性不妨设$a=c$,条件变为$a+2b+c=1$,此时

$$E(a,b,a,d)=\frac{a}{\sqrt{a+b}}+\frac{b}{\sqrt{a+b}}+\frac{a}{\sqrt{a+d}}+\frac{d}{\sqrt{d+a}}=$$
$$\sqrt{a+b}+\sqrt{a+d}\leqslant$$
$$\sqrt{2(a+b+a+d)}=\sqrt{2}<\frac{3}{2}$$

若a,b,c,d中存在0,我们不妨设$d=0$. 于是

$$E(a,b,c)=\frac{a}{\sqrt{a+b}}+\frac{b}{\sqrt{b+c}}+\sqrt{c}\leqslant$$
$$\frac{a}{\sqrt{a+b}}+\sqrt{(b+c)\left(\frac{b}{b+c}+1\right)}=$$
$$\frac{a}{\sqrt{a+b}}+\sqrt{1-a+b}\leqslant$$
$$\sqrt{(a+(1-a+b))\left(\frac{a}{a+b}+1\right)}\leqslant$$
$$\sqrt{(1+b)(2-b)}\leqslant$$
$$\frac{(1+b)+(2-b)}{2}=\frac{3}{2}$$

综上命题得证.

注 这题曾作为"1992年第三期征解题88"刊登在《数学通讯》(浙江丁义明提供).《数学通讯》1994年第五期登出了浙江石世昌长达4个多版面的证明. 借助于计算机的帮助我们能得到

$$\mathrm{Sup}\,|E(a,b,c,d)|=k=1.435\,266\,809\,258\,220\,931\,076\,3\cdots$$

其中k是下面不可约多项式的根.

$$16k^{16}+215k^{14}-6\,520k^{12}-119\,315k^{10}+2\,624\,314k^{8}-$$
$$13\,071\,319k^{6}+47\,083\,212k^{4}-63\,453\,437k^{2}+2\,805\,634$$

此时$d=\min\{a,b,c,d\}=0,a,b,c$分别是某个不可约8次多项式的根.

在本节的最后让我们来看一个十分困难的问题.

例7.8 对于非负实数$a,b,c,a+b+c=3$,证明:

对于任意$k\geqslant 0$,有

$$a^kb+b^kc+c^ka\leqslant \max\left\{3,\frac{3^{k+1}k^k}{(k+1)^{k+1}}\right\}$$

证明 我们将分3种情况讨论.

(1) 当 $1 \geqslant k > 0$,利用 Bernoulli 不等式

$$a^k b + b^k c + c^k a = b[1 + (a-1)]^k + c[1 + (b-1)]^k + a[1 + (c-1)]^k \leqslant$$
$$b[1 + k(a-1)] + c[1 + k(b-1)] + a[1 + k(c-1)] =$$
$$k(ab + bc + ca) + 3 - 3k \leqslant 3k + 3 - 3k = 3$$

(2) $1 < k < 2$ 时,首先,我们来证明如下引理.

引理 如果 $x \geqslant y \geqslant z \geqslant 0$,并且 $m > 1$,则有

$$x^m y + y^m z + z^m x \geqslant x y^m + y z^m + z x^m$$

考虑如下函数

$$f(x) = x^m y + y^m z + z^m x - x y^m - y z^m - z x^m =$$
$$(y - z) x^m - x(y^m - z^m) + y^m z - y z^m$$

我们有

$$f'(x) = m(y - z) x^{m-1} - y^m + z^m \geqslant$$
$$m(y - z) y^{m-1} - y^m + z^m =$$
$$(m-1) y^m - m y^{m-1} z + z^m \geqslant 0 \text{(加权 AM - GM 不等式)}$$

这就说明了 $f(x)$ 是增函数,于是 $f(x) \geqslant f(y) = 0$,于是引理得证.

由这个引理可知,我们只需证明 $a \geqslant b \geqslant c \geqslant 0$ 的情况.

记 $K = \max\left(3, \dfrac{3^{k+1} k^k}{(k+1)^{k+1}}\right)$,并且令 $a = c + s, b = c + t, s \geqslant t \geqslant 0$,我们的不等式等价于

$$g(c) = K\left(c + \frac{s+t}{3}\right)^{k+1} - (c+s)^k (c+t) - (c+t)^k c - c^k (c+s) \geqslant 0$$

我们有

$$g'(c) = K(k+1)\left(c + \frac{s+t}{3}\right)^k - k[(c+s)^{k-1}(c+t) + (c+t)^{k-1} c +$$
$$c^{k-1}(c+s)] - [(c+s)^k + (c+t)^k + c^k] \geqslant$$
$$3(k+1)\left(c + \frac{s+t}{3}\right)^k - k[(c+s)^{k-1}(c+t) + (c+t)^{k-1} c +$$
$$c^{k-1}(c+s)] - [(c+s)^k + (c+t)^k + c^k] =$$
$$3(k+1)\left(\frac{a+b+c}{3}\right)^k - k(a^{k-1} b + b^{k-1} c + c^{k-1} a) - (a^k + b^k + c^k)$$

下面来证明 $g'(c) \geqslant 0$,也即

$$6(k+1)\left(\frac{a+b+c}{3}\right)^k \geqslant 2k(a^{k-1} b + b^{k-1} c + c^{k-1} a) + 2(a^k + b^k + c^k) \tag{*}$$

令 $x = a^{k-1}, y = b^{k-1}, z = c^{k-1}$,并且 $m = \dfrac{1}{k-1} > 1$,应用如上引理,则有

$$(a^{k-1})^{\frac{1}{k-1}}b^{k-1}+(b^{k-1})^{\frac{1}{k-1}}c^{k-1}+(c^{k-1})^{\frac{1}{k-1}}a^{k-1}\geqslant$$
$$a^{k-1}(b^{k-1})^{\frac{1}{k-1}}+b^{k-1}(c^{k-1})^{\frac{1}{k-1}}+c^{k-1}(a^{k-1})^{\frac{1}{k-1}}$$

也即有

$$a^{k-1}b+b^{k-1}c+c^{k-1}a\leqslant ab^{k-1}+bc^{k-1}+ca^{k-1}$$

利用这个式子,只需证明

$$2(a^k+b^k+c^k)+k\sum a^{k-1}(3-a)\leqslant 6(k+1)\left(\frac{a+b+c}{3}\right)^k$$

我们令 $a+b+c=3$,则上式 $\Leftrightarrow$

$$(2-k)(a^k+b^k+c^k)+3k(a^{k-1}+b^{k-1}+c^{k-1})\leqslant 6(k+1)$$

设函数 $h(a)=(2-k)a^k+3ka^{k-1}-k(2k-1)(a-1)-2(k+1)$,于是

$$h'(a)=k(2-k)a^{k-1}+3k(k-1)a^{k-2}-k(2k-1)$$
$$h''(a)=k(k-1)(2-k)a^{k-2}+3k(k-1)(k-2)a^{k-3}=$$
$$k(k-1)(2-k)a^{k-3}(a-3)\leqslant 0$$

因此 $h'(a)$ 是减函数,注意到 $h'(1)=0$,故 $a=1$ 是 $h'(a)=0$ 的唯一正根.

于是我们可以得到对任意 $0\leqslant a\leqslant 3$,有 $h(a)\leqslant h(1)=0$ 成立,所以

$$(2-k)a^k+3ka^{k-1}\leqslant k(2k-1)(a-1)+2(k+1)$$

同理可以得到其余两个关于 b,c 的不等式,将三式相加即可得到

$$(2-k)(a^k+b^k+c^k)+3k(a^{k-1}+b^{k-1}+c^{k-1})\leqslant$$
$$k(2k-1)(a+b+c-3)+6(k+1)=6(k+1)$$

这就说明了 $g'(c)\geqslant 0$,则 $g(c)$ 为增函数,于是

$$g(c)\geqslant g(0)=K\left(\frac{s+t}{3}\right)^{k+1}-s^kt=K\left(\frac{s+t}{3}\right)^{k+1}-k^k\left(\frac{s}{k}\right)^kt\geqslant$$
$$K\left(\frac{s+t}{3}\right)^{k+1}-k^k\left(\frac{k\cdot\frac{s}{k}+t}{k+1}\right)^{k+1}=$$
$$\frac{1}{3^{k+1}}\left[K-\frac{3^{k+1}k^k}{(k+1)^k}\right](s+t)^{k+1}\geqslant 0$$

(3) 当 $k\geqslant 2$ 时,不妨设 $a=\max(a,b,c)$,由 Benoulli 不等式,我们有

$$(1+\frac{c}{a})^k\geqslant 1+\frac{kc}{a}\geqslant 1+\frac{2c}{a}$$

于是有

$$(a+c)^kb=a^kb(1+\frac{c}{a})^k\geqslant a^kb(1+\frac{2c}{a})=$$
$$a^kb+a^{k-1}bc+a^{k-2}abc\geqslant$$
$$a^kb+b^{k-1}bc+c^{k-2}ac^2=$$
$$a^kb+b^kc+c^ka$$

同时,我们应用加权 AM - GM 不等式

$$(a+c)^k b = k^k\left(\frac{a+c}{k}\right)^k b \leqslant k^k\left(\frac{k\frac{a+c}{k}+b}{k+1}\right)^{k+1} =$$

$$\frac{3^{k+1}k^k}{(k+1)^{k+1}} \leqslant \max\left\{3, \frac{3^{k+1}k^k}{(k+1)^{k+1}}\right\}$$

综合以上3种情况,我们就完成了这个不等式的证明.

7.2 凹、凸函数

有一些函数图象是向下凸出的(凸的),而有些是向上凸出的(凹的),以下凸函数 $y=f(x)$ 为例,通过其图象就不难发现,在曲线上任意取两个不同的点 $(x_1,f(x_1))$ 和 $(x_2,f(x_2))$,以它们为端点的直线段总是位于曲线的上方. 由于区间 (x_1,x_2) 中任意一点可表示成 $\lambda x_1+(1-\lambda)f(x_2)$ 必定大于它与曲线交点的纵坐标 $f(x_1)+(1-\lambda)f(x_2)$,由此我们有如下凸函数的定义.

定义 7.1 设函数 $f(x)$ 在区间 I 上定义,若对于 I 中的任意两点 x_1,x_2 和任意 $\lambda\in(0,1)$,都有

$$f(\lambda x_1-(1-\lambda)x_2)\leqslant \lambda f(x_1)+(1-\lambda)f(x_2)$$

则称 $f(x)$ 是 I 上的下凸函数.

若不等式严格成立,则称 $f(x)$ 在 I 上是严格下凸函数.

类似地可以给出上凸函数和严格上凸函数的定义.

请读者仔细体会凹凸函数的定义,这对之后更好地掌握其进一步性质大有帮助.

定理 7.2 设函数 $f(x)$ 在区间 I 上二阶可导,则 $f(x)$ 在区间 I 上是下凸函数的充分必要条件是:对于任意 $x\in I$ 有 $f''(x)\geqslant 0$.

特别地,若对于任意 $x\in I$ 有 $f''(x)>0$,则 $f(x)$ 在 I 上是严格下凸函数.

下凸(上凸)函数一个明显的特征就是若其二阶可导,则函数的最大值(最小值)必在区间 I 的端点处取到,这是解题中不容忽视的.

例 7.9 $x_i>0, m=\min\{x_i\}, M=\max\{x_i\}, i=1,2,3,\cdots,n$,求证

$$\sum_{i=1}^n x_i\sum_{i=1}^n\frac{1}{x_i}\leqslant n^2+\left[\frac{n^2}{4}\right]\left(\sqrt{\frac{m}{M}}-\sqrt{\frac{M}{m}}\right)^2$$

证明 我们将不等式左边看作 x_1 为变元的函数,此时

$$\sum_{i=1}^n x_i\sum_{i=1}^n\frac{1}{x_i}=ax_1+\frac{b}{x_1}+c=f(x_1)$$

$f''(x_i)=\frac{2b}{x^3}>0$,为下凸函数,故$f(x_1)$取到最大值时必有$x_1=m$或$x_1=M$.

同理,当不等式左边最大时必有$x_i=m$或$x_i=M$.

于是我们只需证明当$x+y=n$时$(x,y\in\mathbf{N})$,有

$$(xm+yM)\left(\frac{x}{m}+\frac{y}{M}\right)\leqslant n^2+\left[\frac{n^2}{4}\right]\left(\sqrt{\frac{m}{M}}-\sqrt{\frac{M}{m}}\right)^2\Leftrightarrow$$

$$(x+y)^2+\frac{(m-M)^2xy}{Mm}\leqslant n^2+\left[\frac{n^2}{4}\right]\left(\sqrt{\frac{m}{M}}-\sqrt{\frac{M}{m}}\right)^2\Leftrightarrow xy\leqslant\left[\frac{n^2}{4}\right]$$

上式显然成立.

例 7.10 $a,b,c\geqslant 0$满足$a\leqslant 1\leqslant b\leqslant c$,则

(1) 若$a+b+c=3$,有

$$a^2b+b^2c+c^2a\geqslant abc+2$$

(2) $ab+bc+ca=3$,有

$$a^2b+b^2c+c^2a\geqslant 3$$

证明 (1) 由条件我们有$c\geqslant b\geqslant\frac{a+c}{2}$.

由 AM - GM 不等式,我们有

$$b^2\geqslant b(a+c)-\frac{(a+c)^2}{4}$$

于是我们只需证明

$$f(b)=a^2b+\left[b(a+c)-\frac{(a+c)^2}{4}\right]c+c^2a-abc-\frac{2}{27}(a+b+c)^3\geqslant 0$$

容易发现$f(b)$对于$b>0$是上凸的,所以

$$f(b)\geqslant\min\left\{f(c),f\left(\frac{a+c}{2}\right)\right\}$$

进一步我们有

$$f(c)=\frac{1}{108}(17c-8a)(c-a)^2\geqslant 0,f\left(\frac{a+c}{2}\right)=\frac{1}{4}a(c-a)^2\geqslant 0$$

所以$f(b)\geqslant 0$,故(1)得证. 等号成立当且仅当$a=b=c=1$或$a=0,b=1,c=2$及其轮换. (2) 由条件我们有$ab+bc+ca\leqslant 3b^2,0\leqslant a\leqslant\frac{b(3b-c)}{b+c}$.

现在我们将不等式写为

$$a^2b+b^2c+c^2a\geqslant(ab+bc+ca)\sqrt{\frac{ab+bc+ca}{3}}$$

$$2a^2b^2+2b^3c+2abc^2\geqslant 2b(ab+bc+ca)\sqrt{\frac{ab+bc+ca}{3}}$$

由 AM - GM 不等式,我们有

$$2b\sqrt{\frac{ab+bc+ca}{3}} \leqslant b^2+\frac{ab+bc+ca}{3} \Leftrightarrow$$

$$2a^2b^2+2b^3c+2abc^2 \geqslant (ab+bc+ca)\left(b^2+\frac{ab+bc+ca}{3}\right)$$

$$f(a)=(5b^2-2bc-c^2)a^2+ab(4c^2-5bc-3b^2)+b^2c(3b-c) \geqslant 0$$

若 $5b^2-2bc-c^2 \leqslant 0$,则 $f(a)$ 是首系数小于等于 0 的关于 a 的两次多项式.

于是我们有

$$f(a) \geqslant \min\left\{f(0), f\left(\frac{b(3b-c)}{b+c}\right)\right\}$$

而

$$f(0)=b^2c(3b-c) \geqslant 0, f\left(\frac{b(3b-c)}{b+c}\right)=\frac{6b^2(3b-c)(2b+c)(b-c)^2}{(b+c)^2} \geqslant 0$$

所以 $f(a) \geqslant 0$.

若 $5b^2-2bc-c^2 \geqslant 0$,则

$$\begin{aligned}f'(a)=&2(5b^2-2bc-c^2)a+b(4c^2-5bc-3b^2) \leqslant \\ &2(5b^2-2bc-c^2)\frac{b(3b-c)}{b+c}+b(4c^2-5bc-3b^2)= \\ &\frac{3b(b-c)(9b^2-bc-2c^2)}{b+c} \leqslant 0\end{aligned}$$

由于

$$9b^2-bc-2c^2=2(5b^2-2bc-c^2)+b(3c-b) \geqslant 0$$

所以 $f(a)$ 在 $0 \leqslant a \leqslant \frac{b(3b-c)}{b+c}$ 上是递减的,于是有

$$f(a) \geqslant f\left(\frac{b(3b-c)}{b+c}\right)=\frac{6b^2(3b-c)(2b+c)(b-c)^2}{(b+c)^2} \geqslant 0$$

(2) 得证. 等号成立当且仅当 $a=b=c=1$ 或 $a=0, b=1, c=3$ 及其轮换.

综上命题得证!

例 7.11 设 x, y, z 是正实数满足

$$\max\{x, y\} < z \leqslant 1, 2\sqrt{3}xz \leqslant \sqrt{3}x+z, \sqrt{2}y+z \leqslant 2$$

求证

$$P=3x^2+2y^2+5z^2 \leqslant 7$$

证明 我们证明

$$x^2+z^2 \leqslant \frac{4}{3}, y^2+z^2 \leqslant \frac{3}{2}$$

事实上,若 $z \leqslant \frac{\sqrt{3}+1}{2\sqrt{3}} < \frac{4}{5}$,则我们有

$$x^2+z^2\leqslant 2z^2<\frac{32}{25}<\frac{4}{3},y^2+z^2\leqslant 2z^2<\frac{3}{2}$$

若 $1\geqslant z\geqslant\frac{\sqrt{3}+1}{2\sqrt{3}}$,结合条件我们有

$$x\leqslant\frac{z}{\sqrt{3}(2z-1)},y\leqslant\frac{2-z}{\sqrt{2}}$$

设 $x^2+z^2\leqslant z^2+\frac{z^2}{3(2z-1)^2}=f(z)$,则

$$f''(z)=2+\frac{2+8z}{3(2z-1)^4}>0$$

故 $f(z)$ 是下凸的,所以

$$f(z)\leqslant\max\left\{f(1),f\left(\frac{\sqrt{3}+1}{2\sqrt{3}}\right)\right\}=\max\left\{\frac{4}{3},\frac{2+\sqrt{3}}{3}\right\}=\frac{4}{3}$$

且

$$y^2+z^2\leqslant\frac{(2-z)^2}{2}+z^2=\frac{3z^2-4z+4}{2}$$

而 $z\geqslant\frac{\sqrt{3}+1}{2\sqrt{3}}>\frac{2}{3}$,所以

$$(z-1)(3z-2)\leqslant 0\Rightarrow 3z^2\leqslant 5z-2$$

又

$$y^2+z^2\leqslant\frac{(5z-2)-4z+4}{2}=\frac{z+2}{2}\leqslant\frac{3}{2}$$

注意到

$$3x^2+2y^2+5z^2=3(x^2+z^2)+2(y^2+z^2)\leqslant 7$$

于是命题得证,等号成立当且仅当 $x=1,y=\frac{1}{\sqrt{2}},z=\frac{1}{\sqrt{3}}$.

Jensen 不等式是凹凸函数方面的基本结论之一.

定理7.3 若 $f(x)$ 为区间 I 上的下凸(上凸)函数,则对与任意 $x_i\in I$ 和满足 $\sum_{i=1}^{n}\lambda_i=1$ 的 $\lambda_i>0(i=1,2,\cdots,n)$,成立

$$f\left(\sum_{i=1}^{n}\lambda_i x_i\right)\leqslant\sum_{i=1}^{n}\lambda_i f(x_i),f\left(\sum_{i=1}^{n}\lambda_i x_i\right)\geqslant\sum_{i=1}^{n}\lambda_i f(x_i)$$

特别地,取 $\lambda_i=\frac{1}{n}(i=1,2,\cdots,n)$,就有

$$f\left(\sum_{i=1}^{n}\frac{1}{n}x_i\right)\leqslant\frac{1}{n}\sum_{i=1}^{n}f(x_i),f\left(\sum_{i=1}^{n}\frac{1}{n}x_i\right)\geqslant\frac{1}{n}\sum_{i=1}^{n}f(x_i)$$

对于形如$f(x)=\sum_{i=1}^{n}f(x_i)\geqslant 0$的问题,Jensen 不等式应首先出现在我们的脑海.

例 7.12 $a_i>0,i=1,2,\cdots,n$,求证

$$\prod_{i=1}^{n}a_i^{a_i}\geqslant(a_1a_2\cdots a_n)^{\frac{1}{n}(a_1+a_2+\cdots+a_n)}$$

证明 考察函数$f(x)=x\ln x,f''(x)=\frac{1}{x}>0$,故$f(x)$是下凸函数.利用 Jensen 不等式,我们有

$$\frac{f(a_1)+f(a_2)+\cdots+f(a_n)}{n}\geqslant f\left(\frac{a_1+a_2+\cdots+a_n}{n}\right)\Leftrightarrow$$

$$\ln\prod_{i=1}^{n}a_i^{a_i}\geqslant\ln\left(\frac{a_1+a_2+\cdots+a_n}{n}\right)^{a_1+a_2+\cdots+a_n}$$

而由 AM - GM 不等式我们有

$$\left(\frac{a_1+a_2+\cdots+a_n}{n}\right)^{a_1+a_2+\cdots+a_n}\geqslant(a_1a_2\cdots a_n)^{\frac{1}{n}(a_1+a_2+\cdots+a_n)}$$

于是

$$\prod_{i=1}^{n}a_i^{a_i}\geqslant\left(\frac{a_1+a_2+\cdots+a_n}{n}\right)^{a_1+a_2+\cdots+a_n}\geqslant(a_1a_2\cdots a_n)^{\frac{1}{n}(a_1+a_2+\cdots+a_n)}$$

命题得证.

例 7.13 (2004 年中国西部数学竞赛)$a,b,c>0$,求证

$$\sqrt{\frac{a}{a+b}}+\sqrt{\frac{b}{b+c}}+\sqrt{\frac{c}{c+a}}\leqslant\frac{3\sqrt{2}}{2}$$

证明 设$a+b+c=1$,令

$$S=\sqrt{\frac{a}{a+b}}+\sqrt{\frac{b}{b+c}}+\sqrt{\frac{c}{c+a}}=$$

$$(a+c)\sqrt{\frac{a}{(a+b)(a+c)^2}}+(b+a)\sqrt{\frac{b}{(b+c)(b+a)^2}}+$$

$$(c+b)\sqrt{\frac{b}{(c+a)(c+b)^2}}$$

因为$\sqrt{x}$是下凸函数,由 Jensen 不等式我们有

$$S\leqslant 2\sqrt{\frac{a}{2(a+b)(a+c)}+\frac{b}{2(b+c)(b+a)}+\frac{c}{2(c+a)(c+b)}}=\sqrt{S'}$$

于是我们只需证明

$$S'\leqslant\frac{9}{2}$$

上式展开之后即等价于

$$\sum_{cyclic} a^2 b \geqslant 6abc$$

由 AM - GM 不等式显然.

注 本题的解法也可以这样理解,利用 Cauchy 不等式有

$$\sum_{cyc}\sqrt{\frac{a}{a+b}}=\sum_{cyc}(a+c)\sqrt{\frac{a}{(a+b)(a+c)^2}}\leqslant\sqrt{\sum_{cyc}\frac{2a}{(a+b)(a+c)}}\leqslant\frac{3}{\sqrt{2}}$$

从中我们可以看到对于函数 $f(x)=x^m$,m 为常数(本例为$\frac{1}{2}$),Jensen 不等式与 Cauchy 不等式的作用十分相似. 本题的处理方法能将较紧的轮换对称不等式转化为容易处理的对称不等式,值得注意.

例 7.14 若 $x \geqslant y \geqslant 1$,证明

$$\frac{x}{\sqrt{x+y}}+\frac{y}{\sqrt{y+1}}+\frac{1}{\sqrt{x+1}}\geqslant\frac{y}{\sqrt{x+y}}+\frac{x}{\sqrt{x+1}}+\frac{1}{\sqrt{y+1}}$$

证明 不难观察发现,当 $y=1$ 或者 $x=y$ 时取得等号,所以我们设 $x=y+a$,$y=1+b$,$b\geqslant 0$. 将不等式写成如下形式

$$\frac{x-y}{\sqrt{x+y}}+\frac{y-1}{\sqrt{y+1}}+\frac{1-x}{\sqrt{1+x}}\geqslant 0\Leftrightarrow$$

$$\frac{a}{\sqrt{2+a+2b}}+\frac{b}{\sqrt{2+b}}\geqslant\frac{a+b}{\sqrt{2+a+b}}$$

考虑函数 $f(x)=\frac{1}{\sqrt{x}}$,可得到 $f''(x)=\frac{3}{4\sqrt{x^5}}>0$,于是由 Jensen 不等式

$$af(2+a+2b)+bf(2+b)\geqslant(a+b)f\left(\frac{a(2+a+2b)+b(2+b)}{a+b}\right)=$$

$$(a+b)f\left(\frac{(a+b)^2+2(a+b)}{a+b}\right)=$$

$$\frac{a+b}{\sqrt{2+a+b}}$$

得证!

当一个函数在闭区间上不恒为下凸函数或上凸函数时虽然 Jensen 不等式失效,但赵斌得到的如下半凹半凸定理却有广泛应用.

定理 7.4 $x_1,x_2,\cdots,x_n$ 是 n 个实数,满足:

(1)$x_1\leqslant x_2\leqslant\cdots\leqslant x_n$;

(2)$x_1,x_2,\cdots,x_n\in[a,b]$;

(3)$x_1+x_2+\cdots+x_n=C$(C 是一个常数).

f 是一个定义在$[a,b]$上的函数,如果 f 在$[a,c]$上是上凸的(凹的),在

$[c,b]$ 上是下凸的(凸的),设 $F=f(x_1)+f(x_2)+\cdots+f(x_n)$,则 F 在 $x_1=x_2=\cdots=x_{k-1}=a, x_{k+1}=\cdots=x_n(k=1,2,\cdots,n)$ 时取极小值,F 在 $x_1=x_2=\cdots=x_{k-1}, x_{k+1}=\cdots=x_n=b(k=1,2,\cdots,n)$ 时取极大值.

证明 只证取极小值的情况(极大值的情况类似可证).

我们用数学归纳法证明.

如果不存在 $x_1,x_2,\cdots,x_n$ 或仅有 $x_1\in[a,c]$,则定理显然是正确的.

这是因为 $x_2,x_3,\cdots,x_n\in[c,b]$,所以

$$f(x_1)+f(x_2)+\cdots+f(x_n)\geqslant f(x_1)+(n-1)f\left(\frac{x_2+x_3+\cdots+x_n}{n-1}\right)$$

如果存在 $x_1,x_2,\cdots,x_i\in[a,c]$.

若 $x_1+x_2+\cdots+x_i-(i-1)a<c$,我们有

$$f(x_1)+f(x_2)+\cdots+f(x_i)\geqslant(i-1)f(a)+f(x_1+x_2+\cdots+x_i-(i-1)a)$$

否则不妨设 $m(1\leqslant m\leqslant i)$ 是最小的整数使得

$$x_1+x_2+\cdots+x_m-(m-1)a\geqslant c$$

则

$$\begin{aligned}&f(x_1)+f(x_2)+\cdots+f(x_n)\geqslant\\&(m-1)f(a)+f(x_1+x_2+\cdots+x_{m-1}-(m-2)a)+f(x_m)\geqslant\\&(m-1)f(a)+f(x_1+x_2+\cdots+x_{m-1}+x_m-c-(m-2)a)+f(c)\end{aligned}$$

我们使得它变为了 $i-1$ 的情形,故定理得证!

完全类似地我们有

定理 7.4 $x_1,x_2,\cdots,x_n$ 是 n 个实数满足:

(1) $x_1\leqslant x_2\leqslant\cdots\leqslant x_n$;

(2) $x_1,x_2,\cdots,x_n\in[a,b]$;

(3) $x_1+x_2+\cdots+x_n=C$(C 是常数).

f 是一个在 $[a,b]$ 上的函数,如果 f 在 $[a,c]$ 上是下凸的(凸的),在 $[c,b]$ 上是上凸的(凹的),设 $F=f(x_1)+f(x_2)+\cdots+f(x_n)$,则 F 在 $x_1=x_2=\cdots=x_{k-1}, x_{k+1}=\cdots=x_n=b(k=1,2,\cdots,n)$ 时取极小值,F 在 $x_1=x_2=\cdots=x_{k-1}=a, x_{k+1}=\cdots=x_n(k=1,2,\cdots,n)$ 时取极大值.

让我们来看一些例子,仅说明能将变元调整至两数相等.

例 7.15 设 $\triangle ABC$ 是一个锐角三角形,证明

$$\sum\frac{\cos^2A}{\cos A+1}\geqslant\frac{1}{2}$$

解 设 $f(x)=\dfrac{\cos^2x}{\cos x+1}$,容易证明 f 满足定理的条件.

故我们只需证明

$$\frac{\cos^2 A}{\cos A+1}+\frac{\cos^2 B}{\cos B+1}\geqslant\frac{1}{2}\left(A+B=\frac{\pi}{2}\right)$$

或

$$\sum\frac{\cos^2 A}{\cos A+1}\geqslant\frac{1}{2}(A=B)$$

例 7.16 $a,b,c\geqslant 0$

$$\sqrt{1+\frac{48a}{b+c}}+\sqrt{1+\frac{48b}{c+a}}+\sqrt{1+\frac{48c}{a+b}}\geqslant 15$$

解 设 $x=\frac{a}{a+b+c}$,y,z 作类似代换,注意到

$$\sqrt{1+\frac{48a}{b+c}}=\sqrt{\frac{48}{1-x}-47}$$

设 $f(t)=\sqrt{\frac{48}{1-t}-47}$,容易证明 f 满足上述定理,不妨设 $x\leqslant y\leqslant z$,于是我们只需证明

$$f(y)+f(z)\geqslant 15(y+z=1)$$

或

$$f(x)+f(y)+f(z)\geqslant 15(y=z)$$

当区间是无穷时,我们有

定理 7.6 $x_1,x_2,\cdots,x_n$ 是 n 个实数,满足:

(1)$x_1\leqslant x_2\leqslant\cdots\leqslant x_n$;

(2)$x_1,x_2,\cdots,x_n\in(-\infty,+\infty)$;

(3)$x_1+x_2+\cdots+x_n=C$(C 是一个常数).

f 是一个在$(-\infty,+\infty)$上的函数,如果 f 在$(-\infty,c]$上是上凸的(凹的),在$[c,+\infty)$上是下凸的(凸的).设 $F=f(x_1)+f(x_2)+\cdots+f(x_n)$,则 F 在 $x_2=x_3=\cdots=x_n$ 时取极小值,F 在 $x_1=x_2=\cdots=x_{n-1}$ 时取极大值.

证明 只证极小值的情形(极大值类似可证).

不妨设 $x_1,x_2,\cdots,x_i\in(-\infty,c]$.

因为 f 在$(-\infty,c]$上是上凸的,我们有

$$f(x_1)+f(x_2)+\cdots+f(x_i)\geqslant(i-1)f(c)+f(x_1+x_2+\cdots+x_i-(i-1)c)$$

$$(i-1)f(c)+f(x_{i+1})+f(x_{i+2})+\cdots+f(x_n)\geqslant$$

$$(n-1)f\left(\frac{(i-1)c+x_{i+1}+\cdots+x_n}{n-1}\right)\Rightarrow$$

$$f(x_1)+f(x_2)+\cdots+f(n)\geqslant$$

$$(n-1)f\left(\frac{(i-1)c+x_{i+1}+\cdots+x_n}{n-1}\right)+f(x_1+x_2+\cdots+x_i-(i-1)c)$$

所以定理得证!

当然我们还有

定理 7.7 $x_1,x_2,\cdots,x_n$ 是 n 个实数满足:

(1)$x_1\leqslant x_2\leqslant\cdots\leqslant x_n$;

(2)$x_1,x_2,\cdots,x_n\in(-\infty,+\infty)$;

(3)$x_1+x_2+\cdots+x_n=C$(C 是一个常数).

f 是一个在$(-\infty,+\infty)$上的函数,如果 f 在$(-\infty,c]$上是下凸的(凸的),在$[c,+\infty)$上是上凸的(凹的). 设 $F=f(x_1)+f(x_2)+\cdots+f(x_n)$,则 F 在 $x_1=x_2=\cdots=x_{n-1}$ 时取极小值,在 $x_1=x_2=\cdots=x_n$ 时取极大值.

我们再来看一个例子.

例 7.17 $x,y,z\geqslant 0,xyz=1$,求下式的最大值

$$\frac{1}{(1+x)^k}+\frac{1}{(1+y)^k}+\frac{1}{(1+z)^k}$$

解 设 $f(t)=\frac{1}{(1+e^t)^k}$,则

$$f''(t)=\frac{e^x(k(k+1)e^x-k)}{(1+e^x)^{k+2}}$$

不妨设 $x\leqslant y\leqslant z$,由上面的定理我们只需考察 $y=z$ 的情形.

注 读者可以尝试在求$\frac{1}{(1+x)^k}+\frac{1}{(1+y)^k}+\frac{1}{(1+z)^k}$的最大值时能否用到上面的定理.

当然这几个定理还有其他更广的应用,关于凹凸函数的结论还有很多,建议读者不要死记这些结论,而是掌握这些定理的证明思想,尝试调整变元,尽量使它们变为相等,起到降维的目的. 对于在 I 上 2 阶导只有一个零点的函数,一般我们都能成功降维. 当然我们也可以对于一些凹凸不定的题采取分类讨论的方法.

例 7.18 $a,b,c\geqslant 0,a+b+c=1$,求下式的最大值.

$$F(a,b,c)=\sqrt{\frac{1-a}{1+a}}+\sqrt{\frac{1-b}{1+b}}+\sqrt{\frac{1-c}{1+c}}$$

解 最大值是 $F(0.5,0.5,0)$.

注意到

$$f''=\frac{1-2x}{\sqrt{(1+x)^5(1-x)^3}}$$

不妨设 $a\leqslant b\leqslant c$.

若 $a+b\leqslant\frac{1}{2}$,我们有

$$f(a)+f(b)\leqslant f(0)+f(a+b)$$

若 $a+b>\frac{1}{2}$,我们有

$$f(a)+f(b)\leqslant f\left(a+b-\frac{1}{2}\right)+f\left(\frac{1}{2}\right)$$

故我们可以不妨设 a,b 中有数为 0 或者为$\frac{1}{2}$.

若 $a=0$,则

$$f(a)+f(b)+f(c)\leqslant 1+\frac{2}{\sqrt{3}}\left(b+c>\frac{1}{2}\right)$$

若 $a=\frac{1}{2}$,$a+b+c\geqslant\frac{3}{2}>1$,矛盾!

若 $b=0$,则

$$f(a)+f(b)+f(c)=1+1+0<1+\frac{2}{\sqrt{3}}$$

若 $b=\frac{1}{2}$,则

$$f(a)+f(b)+f(c)\leqslant f(0)+f(b)+f(a+c)=1+\frac{2}{\sqrt{3}}$$

所以我们的断言正确.

注 用相同的方法我们能求得 F 取到最小值时为 $F(1,0,0)$.

例 7.19 对所有的 $a,b,c\geqslant 0$,k 为任意实数,确定下式的下确界

$$S_k(a,b,c)=\left(\frac{a}{b+c}\right)^k+\left(\frac{b}{c+a}\right)^k+\left(\frac{a}{b+c}\right)^k$$

解 (黄晨笛)设 $S_k=\inf S(a,b,c)$,则

$$S_k=\begin{cases}\frac{3}{2^k},k\in(-\infty,0]\\ 2,k\in(0,\log_2 3-1)\\ \frac{3}{2^k},k\in(\log_2 3-1,+\infty)\end{cases}$$

为书写方便,我们记 $p=\log_2 3-1$.

(1)如果 $k\in(-\infty,0]$,则由 AM - GM 不等式得

$$S_k\geqslant 3\left[\left(\frac{b+c}{a}\right)\left(\frac{c+a}{b}\right)\left(\frac{a+b}{c}\right)\right]^{-k/3}\geqslant$$

$$3\left(\frac{2\sqrt{bc}}{a}\cdot\frac{2\sqrt{ca}}{b}\cdot\frac{2\sqrt{ab}}{c}\right)^{-k/3}=\frac{3}{2^k}$$

等号当且仅当 $a=b=c$ 取得.

(2) 如果 $k\in\left(0,\frac{1}{2}\right]$,对满足 $x+y=1$ 的所有 $x,y\in(0,1)$,有 $x^{2k}\geqslant x$,$y^{2k}\geqslant y$,所以 $x^{2k}+y^{2k}\geqslant x+y\geqslant 1$,令 $x=\frac{b}{b+c},y=\frac{c}{b+c}$,代入得到

$$b^{2k}+c^{2k}\geqslant(b+c)^{2k}$$

利用 AM - GM 不等式可得

$$\left(\frac{a}{b+c}\right)^k=\frac{a^{2k}}{a^k(b+c)^k}\geqslant\frac{2a^{2k}}{a^{2k}+(b+c)^{2k}}\geqslant\frac{2a^{2k}}{a^{2k}+b^{2k}+c^{2k}}$$

同理,我们可以得到

$$\left(\frac{b}{c+a}\right)^k\geqslant\frac{2b^{2k}}{a^{2k}+b^{2k}+c^{2k}}$$

$$\left(\frac{c}{a+b}\right)^k\geqslant\frac{2c^{2k}}{a^{2k}+b^{2k}+c^{2k}}$$

三式相加即有

$$S_k(a,b,c)=\left(\frac{a}{b+c}\right)^k+\left(\frac{b}{c+a}\right)^k+\left(\frac{a}{b+c}\right)^k\geqslant 2$$

由证明过程可以知道如果等号取得,则必有 $a=b+c,b=c+a,c=a+b$,这显然是不可能的,因此 $S_k>2$.

另一方面,如果我们令 $a,b\to\frac{1}{2},c\to 0^+$,则 $S_k(a,b,c)\to 2$,这说明 $S_k=2$.

(3) 如果 $k\in\left(\frac{1}{2},p\right]$,不妨设 $a+b+c=1$,不失一般性,令 $0<c\leqslant\frac{1}{3}$,则 $t=\frac{a+b}{2}\in\left[\frac{1}{3},\frac{1}{2}\right)$,此时我们有如下不等式

$$\sqrt{\frac{a}{1-a}}+\sqrt{\frac{b}{1-b}}\geqslant 2\sqrt{\frac{a+b}{2-a-b}}$$

这是因为由 Cauchy 不等式推广有

$$\left(\sqrt{\frac{a}{1-a}}+\sqrt{\frac{b}{1-b}}\right)^2(a^2(1-a)+b^2(1-b))\geqslant(a+b)^3$$

于是只需证明

$$\frac{(a+b)^3}{a^2+b^2-a^3-b^3}\geqslant\frac{4(a+b)}{2-a-b}\Leftrightarrow(a-b)^2\left(a+b-\frac{2}{3}\right)\geqslant 0$$

上式显然,于是由加权幂均不等式有

$$S_k(a,b,c)=\left(\frac{a}{1-a}\right)^k+\left(\frac{b}{1-b}\right)^k+\left(\frac{c}{1-c}\right)^k\geqslant$$

$$2\left[\frac{1}{2}\left(\sqrt{\frac{a}{1-a}}+\sqrt{\frac{b}{1-b}}\right)\right]^{2k}+\left(\frac{1-2t}{2t}\right)^{2k}\geqslant$$

$$2\left(\sqrt{\frac{a+b}{2-a-b}}\right)^{2k}+\left(\frac{1-2t}{2t}\right)^{k}=$$

$$2\left(\frac{t}{1-t}\right)^{k}+\left(\frac{1-2t}{2t}\right)^{k}=$$

$$\frac{2}{(2m+1)^{k}}+m^{k}$$

其中 $m=\frac{1}{2t}-1\in(0,\frac{1}{2})$，令 $f(m)=\frac{2}{(2m+1)^{k}}+m^{k}$，则有

$$f'(m)=\frac{k}{(2m+1)^{p+1}}[(2m+1)^{p+1}m^{p-1}-4]$$

令 $g(m)=(2m+1)^{p+1}m^{p-1}-4$，则

$$g'(m)=(2m+1)^{k}m^{k-2}(4km+k-1)$$

如果我们令 $m'=\frac{1-k}{4k}\in(0,\frac{1}{2})$，则有

$$g'(m)\begin{cases}<0, m\in(0,m')\\=0, m=m'\\>0, m\in(m',1/2]\end{cases}$$

这表明 g 在点 $m=m'$ 处取得最小值，并且注意到

$$\lim_{m\to0^{+}}g(m)=+\infty, g\left(\frac{1}{2}\right)=0$$

所以存在 $m''\in(0,\frac{1}{2})$ 满足如下条件

$$g(m)\begin{cases}>0, m\in(0,m'')\\=0, m=m' \text{ 或者 } m=\frac{1}{2}\\<0, m\in(m'',1/2]\end{cases}$$

这表明

$$f'(m)\begin{cases}>0, m\in(0,m'')\\=0, m=m'' \text{ 或者 } m=\frac{1}{2}\\<0, m\in(m'',1/2]\end{cases}$$

这表明 f 是先增后减，因此

$$S_{k}(a,b,c)\geqslant f(m)\geqslant\min\left[\min_{m\to0^{+}}f(m), f\left(\frac{1}{2}\right)\right]=\min(2,\frac{3}{2^{k}})=2$$

另一方面，如果我们令 $a,b\to\frac{1}{2}^{-}$，$c\to0^{+}$，则 $S_{k}(a,b,c)\to2$，这说明 $S_{k}=2$.

(4) 如果 $k\in(p,+\infty)$，由加权幂均不等式

$$S_k(a,b,c) \geqslant 3\left[\frac{S_k(a,b,c)}{3}\right]^{k/p} \geqslant 3\left(\frac{1}{2^p}\right)^{k/p} = \frac{3}{2^k}$$

此时 $a=b=c$ 可取得等号,综上,我们就证明了最初的结论.

注 利用上面的方法,我们可以证明如下类似的命题:

$a,b,c>0$,k 是给定的非负实数,设 $S_k=\left(\frac{a}{a+b}\right)^k+\left(\frac{b}{b+c}\right)^k+\left(\frac{c}{c+a}\right)^k$,

证明:

(a) 当 $0 \leqslant k \leqslant \log_2 3-1$ 时,$1<S_k \leqslant \frac{3}{2^k}$;

(b) 当 $\log_2 3-1<k<\log_2 3$ 时,$1<S_k<2$;

(c) 当 $k \geqslant \log_2 3$ 时,$\frac{3}{2^k} \leqslant S_k<2$.

与凹凸函数息息相关的还有优越理论,我们先来介绍著名的 Karamata 不等式.

定理 7.8 如果 $f(x)$ 是在 I 上是下凸(上凸)函数,$x_i,y_i \in \mathbf{R}, i=1,2,\cdots,n$,在 I 上取值满足 $(x_1,x_2,\cdots,x_n)>(y_1,y_2,\cdots,y_n)$,则

$$f(x_1)+f(x_2)+\cdots+f(x_n) \geqslant (\leqslant) f(y_1)+f(y_2)+\cdots+f(y_n)$$

其中 $>$ 表示优超于,即对于 $x_1 \geqslant x_2 \geqslant \cdots \geqslant x_n, y_1 \geqslant y_2 \geqslant \cdots \geqslant y_n$,有

$$\sum_{i=1}^{k} p_i x_i \geqslant \sum_{i=1}^{k} p_i y_i (k=1,2,\cdots,n) \sum_{i=1}^{n} p_i x_i=\sum_{i=1}^{n} p_i y_i$$

Karamata 不等式有时也被称为 Littlewood 不等式,它们只有细微区别. 在这里我们不直接证明 Karamata 不等式,而是处理它的加权形式,也就是 Fuchs(富克斯)不等式.①

定理 7.9 $f(x)$ 在 I 上是下凸(上凸)函数,$p_1,p_2,\cdots,p_n$ 是正实数. 设 $x_i,y_i \in \mathbf{R}, i=1,2,\cdots,n$,且 $(p_1x_1,p_2x_2,\cdots,p_nx_n)>(p_1y_1,p_2y_2,\cdots,p_ny_n)$,则有

$$p_1f(x_1)+p_2f(x_2)+\cdots+p_nf(x_n) \geqslant (\leqslant) p_1f(y_1)+p_2f(y_2)+\cdots+p_nf(y_n)$$

证明 设

$$c_i=\frac{f(y_i)-f(x_i)}{y_i-x_i}, A_i=p_1x_1+\cdots+p_ix_i, B_i=p_1y_1+\cdots+p_iy_i$$

$$\sum_{i=1}^{n} p_i f(x_i)-\sum_{i=1}^{n} p_i f(y_i)=\sum_{i=1}^{n} p_i c_i(x_i-y_i)=$$

$$\sum_{i=1}^{n}(c_i-c_{i+1})(p_1x_1+p_2x_2+\cdots+p_ix_i)-$$

---

① L. Fuchs, A new proof of an inequality of Hardy-Littlewood-Polya, Mat. Tidsskr. B. 1947, 53-54.

$$\sum_{i=1}^{n}(c_i - c_{i+1})(p_1y_1 + p_2y_2 + \cdots + p_iy_i) =$$
$$\sum_{i=1}^{n-1}(c_i - c_{i+1})(A_i - B_i) + c_n(A_n - B_n)$$

由于$f(x)$是下凸的,所以c_i单调递减,于是$c_i \geqslant c_{i+1}$,又$A_i \geqslant B_i(1 \geqslant k \geqslant n-1)$,$A_n = B_n$,于是定理得证!

上面的证明中用到了所谓的 Abel(阿贝尔)变换,即:如果$a_1,a_2,\cdots,a_n$,$b_1,b_2,\cdots,b_n$为实数,并且$S_i = a_1 + a_2 + \cdots + a_i, i = 1,2,\cdots,n$,那么

$$\sum_{i=1}^{n} a_ib_i = \sum_{i=1}^{n-1} S_i(b_i - b_{i+1}) + S_nb_n$$

有关数组之间的优超关系,有一个等价命题.

$\boldsymbol{a} = (a_1,a_2,\cdots,a_n)$,$\boldsymbol{b} = (b_1,b_2,\cdots,b_n)$,则$\boldsymbol{a} \succ \boldsymbol{b}$当且仅当对任意实数$x$,有
$|a_1 - x| + |a_2 - x| + \cdots + |a_n - x| \geqslant |b_1 - x| + |b_2 - x| + \cdots + |b_n - x|$
作者曾得到了如下结论:

例 7.20 $a_1 \geqslant a_2 \geqslant \cdots \geqslant a_n \geqslant 0, b_1 \geqslant b_2 \geqslant \cdots \geqslant b_n \geqslant 0$. 若$\sum_{i=1}^{j}\frac{a_i}{b_i} \geqslant j(n \geqslant j \geqslant 1)$,则有

$$(a_1,a_2,\cdots,a_n) \succ (b_1,b_2,\cdots,b_n)$$

证明 事实上有更强的命题:

$$(a_1,a_2,\cdots,a_n) \succ (b_1,b_2,\cdots,b_n)$$
$$\sum_{i=1}^{n-1} a_i - \sum_{i=1}^{n-1} b_i \geqslant \left(\sum_{i=1}^{n-1}\frac{a_i}{b_i} - n + 1\right) b_n$$

我们用数学归纳法来证明这一命题,当$k=1$时显然成立. 假设当$n=k$时命题成立,当$k+1$时,由条件有

$$a_{k+1} \geqslant \left(k + 1 - \sum_{i=1}^{k}\frac{a_i}{b_i}\right) b_{k+1}$$

根据归纳假设有$\sum_{i=1}^{j} a_i \geqslant \sum_{i=1}^{j} b_i (j = 1,2,\cdots,k)$,所以

$$(a_1,a_2,\cdots,a_{k+1}) \succ (b_1,b_2,\cdots,b_{k+1}) \Leftarrow$$
$$\sum_{i=1}^{n} a_i + (k + 1 - \sum_{i=1}^{k}\frac{a_i}{b_i}) b_{k+1} \geqslant \sum_{i=1}^{k+1} b_i \Leftrightarrow$$
$$\sum_{i=1}^{k} a_i - \sum_{i=1}^{k} b_i \geqslant \left(\sum_{i=1}^{k}\frac{a_i}{b_i} - k\right) b_{k+1}$$

注意到上式为另一欲证不等式,$b_{k+1} \geqslant b_k$,于是我们只需证明

$$\sum_{i=1}^{k} a_i - \sum_{i=1}^{k} b_i \geqslant \left(\sum_{i=1}^{k}\frac{a_i}{b_i} - k\right) b_k \Leftrightarrow$$

$$\sum_{i=1}^{k-1} a_i - \sum_{i=1}^{k-1} b_i \geqslant \left(\sum_{i=1}^{k-1} \frac{a_i}{b_i} - k + 1\right) b_k$$

上式由归纳假设得证！故命题对任意自然数 n 都成立，故原命题得证！

注　利用本题的结论及 Karamata 不等式，在本题的条件下我们可以得到

$$\sum_{i=1}^{n} a_i^2 \geqslant \sum_{i=1}^{n} b_i^2$$

等类似不等式.

下面我们着重介绍 Karamata 不等式在证明不等式中的应用.

例 7.21　$x,y,z>0$，求证

$$\sum \sqrt{\frac{x^3(y+z)(xy+xz+4yz)}{\left(\sum xy\right)^2}} \leqslant \sum \sqrt{x^2+\frac{xyz}{x+y+z}}$$

证明　设 $p=x+y+z, q=xy+yz+zx, r=xyz, a=\dfrac{x^3(y+z)(x(y+z)+4yz)}{q^2}$，$b,c$ 类似.

我们证明更强的命题：$f:\mathbf{R}^+\to\mathbf{R}$ 是下凸递增函数，则

$$\sum f(a) \leqslant \sum f\left(x^2+\frac{r}{p}\right)$$

不妨设 $x\geqslant y\geqslant z \Rightarrow a\geqslant b\geqslant c$，这是因为

$$q(a-b)=(x-y)(xy(x+y)+z(x^2+y^2)+4xyz)\geqslant 0$$

当然，我们有

$$x^2+\frac{r}{p}\geqslant y^2+\frac{r}{p}\geqslant z^2+\frac{r}{p}$$

所以由 Karamata 不等式，我们只需证明

$$a\geqslant x^2+\frac{r}{p} \Leftrightarrow 2xy(x^2-z^2)+2xz(x^2-y^2)+$$
$$xy^2(x-z)+xz^2(x-y)+yz(x^2-yz)\geqslant 0$$

$$a+b\geqslant x^2+y^2+\frac{2r}{p} \Leftrightarrow x^2y(x-z)+xy^2(y-z)+$$
$$z(x^3+y^3+2xyz)+xy(xy-z^2)\geqslant 0$$

$$a+b+c\leqslant x^2+y^2+z^2+\frac{3r}{p} \Leftrightarrow \sum_{cyc} x(x+2y+2z)(y-z)^2\geqslant 0$$

故命题得证.

注　由于形式复杂，本例若用其他方法，恐难以获证.

例 7.22　（2006 年中国国家队培训题）$a\geqslant b\geqslant c\geqslant d>0$，求证

$$\left(1+\frac{c}{a+b}\right)\left(1+\frac{d}{b+c}\right)\left(1+\frac{a}{c+d}\right)\left(1+\frac{b}{d+a}\right)\geqslant\left(\frac{3}{2}\right)^4$$

证明 本题等价于

$$\ln\frac{a+b+c}{3}+\ln\frac{b+c+d}{3}+\ln\frac{c+d+a}{3}+\ln\frac{d+a+b}{3}\geqslant$$
$$\ln\frac{a+b}{2}+\ln\frac{b+c}{2}+\ln\frac{c+d}{2}+\ln\frac{d+a}{2}$$

若 $a+d\geqslant b+c$,注意到 $f(x)=\ln x$ 是上凸函数,且

$$\frac{a+b+c}{3}\geqslant\frac{d+a+b}{3}\geqslant\frac{c+d+a}{3}\geqslant\frac{b+c+d}{3}$$
$$\frac{a+b}{2}\geqslant\frac{d+a}{2}\geqslant\frac{b+c}{2}\geqslant\frac{c+d}{2}$$

由 $a\geqslant b\geqslant c\geqslant d$ 有

$$\frac{a+b+c}{3}\leqslant\frac{a+b}{2},\frac{a+b+c}{3}+\frac{d+a+b}{3}\leqslant\frac{a+b}{2}+\frac{d+a}{2}$$
$$\frac{a+b+c}{3}+\frac{d+a+b}{3}+\frac{c+d+a}{3}\leqslant\frac{a+b}{2}+\frac{d+a}{2}+\frac{b+c}{2}$$
$$\sum_{cyc}\frac{a+b+c}{3}=\sum_{cyc}\frac{a+b}{2}$$

故由 Karamate 不等式知原不等式成立.

同理当 $a+d\leqslant b+c$ 时,原不等式也成立. 综上所证,等号成立当且仅当 $a=b=c=d$.

例 7.23 a,b,c,d 是非负实数满足 $a+b+c+d=1$,求证

$$\sqrt{a+b+c^2}+\sqrt{b+c+d^2}+\sqrt{c+d+a^2}+\sqrt{d+a+b^2}\geqslant 3$$

证明 欲证不等式等价于

$$\Leftrightarrow\sum\sqrt{(a+b)(a+b+c+d)+c^2}\geqslant 3(a+b+c+d)\Leftrightarrow$$
$$\sum\sqrt{P_2+Q_1}\geqslant\sum\sqrt{P_1+Q_1}$$

其中 $P_1=b^2+c^2+d^2+bc+cd+db$,$Q_1=bc+cd+db$ 等. 注意到 $P_i,Q_i(i=1,2,3,4)$ 与 a,b,c,d 的大小相反,即 $a\geqslant b$ 等价于 $Q_1\leqslant Q_2,P_1\leqslant P_2$. 我们得到 P_i 与 Q_i 大小顺序相同,故

$$\{P_1+Q_1,P_2+Q_2,P_3+Q_3,P_4+Q_4\}>$$
$$\{P_2+Q_1,P_3+Q_2,P_4+Q_3,P_1+Q_4\}$$

而 $f(x)=\sqrt{x}$ 是上凸函数,于是由 Karamata 不等式我们完成了证明,等号成立当且仅当 $(a,b,c,d)=\left(\frac{1}{4},\frac{1}{4},\frac{1}{4},\frac{1}{4}\right)$, $(1,0,0,0)$, $(0,1,0,0)$, $(0,0,1,0)$, $(0,0,0,1)$.

例 7.24 $a,b,c\geqslant 0,a+b+c=1$,求证

$$\sqrt{b^2+c}+\sqrt{c^2+a}+\sqrt{a^2+b}\geqslant 2$$

证明 注意到

$$\sum_{cyc}(b^2+c)=\sum_{cyc}(b+c)^2$$

所以 $(b^2+c,c^2+a,a^2+b)\prec((b+c)^2,(c+a)^2,(a+b)^2)\Leftrightarrow$

$$\begin{cases}\min\{b^2+c,c^2+a,a^2+b\}\geqslant\min\{(b+c)^2,(c+a)^2,(a+b)^2\}\\ \max\{b^2+c,c^2+a,a^2+b\}\leqslant\max\{(b+c)^2,(c+a)^2,(a+b)^2\}\end{cases}$$

不妨设 $a=\max\{a,b,c\}$，于是

$$c^2+a\geqslant b^2+c\geqslant\min\{b^2+c,c^2+a,a^2+b\}=\min\{a^2+b,b^2+c\}\geqslant (b+c)^2=\min\{(b+c)^2,(c+a)^2,(a+b)^2\}$$

我们再不妨设 $a=\min\{a,b,c\}$（想想为什么还可以这么设），于是

$$c^2+a\leqslant b^2+c\leqslant\max\{b^2+c,c^2+a,a^2+b\}=\max\{a^2+b,b^2+c\}\leqslant (b+c)^2=\max\{(b+c)^2,(c+a)^2,(a+b)^2\}$$

上面两组不等式成立是因为

$$\begin{cases}(c^2+a)-(b^2+c)=b(a-c)+(a^2-b^2)\\ (b^2+c)-(b+c)^2=c(a-b)\\ (a^2+b)-(b+c)^2=(a-c)(a+b+c)\end{cases}$$

而 $f(x)=\sqrt{x}$ 是上凸函数，所以由 Karamata 不等式有

$$\sqrt{b^2+c}+\sqrt{c^2+a}+\sqrt{a^2+b}\geqslant\sqrt{(b+c)^2}+\sqrt{(c+a)^2}+\sqrt{(a+b)^2}=2$$

故不等式得证.

优超理论中 Muirhead 不等式与 Popoviviu① 不等式也是比较常用的.

(Muirhead) 若 $\{a_1,a_2,\cdots,a_n\}\succ\{b_1,b_2,\cdots,b_n\}$，则对于任意正实数 $x_1,x_2,\cdots,x_n$ 有

$$\sum_{sym}x_1^{a_1}x_2^{a_2}\cdots x_n^{a_n}\geqslant\sum_{sym}x_1^{b_1}x_2^{b_2}\cdots x_n^{b_n}$$

(Popoviviu) 设 $f:I\to\mathbf{R}$ 是 I 上的下凸函数，$x,y,z\in I$，则对任意正实数 p,q,r 有

$$pf(x)+qf(y)+rf(z)+(p+q+r)f\left(\frac{px+qy+rz}{p+q+r}\right)\geqslant (p+q)f\left(\frac{px+qy}{p+q}\right)+(q+r)f\left(\frac{qy+rz}{q+r}\right)+(r+p)f\left(\frac{rz+px}{r+p}\right)$$

一般书上 Popoviviu 不等式证明较繁，我们这里给出简证.

证明 若 x,y,z 中有两数相同，则由下凸函数的定义容易证明.

否则，不妨设 $x<y<z$，对于 $p,q,r\in(0,+\infty)$. 我们设 $w_1=x,w_2=$

① Tiberiu Popoviciu(1906—1975).

$\frac{px+qy}{p+q}, w_3=y, w_4=\frac{qy+rz}{q+r}, w_5=z, w=\frac{rz+px}{r+p}, \bar{w}=\frac{px+qy+rz}{p+q+r}$，并令

$$m=\min(w_3,w), M=\max(w_3,w), \theta=\begin{cases}w_2, 若 M=w_3\\ w_4, 若 m=w_3\end{cases}$$

容易知道 $w_1<w_2<w_3<w_4<w_5, w_1<w<w_5$，并且 $m\leqslant\bar{w}\leqslant M, w_2\leqslant\bar{w}\leqslant w_4$. 对 $f:I\to\mathbf{R}$ 以及 $\alpha,\beta,\gamma\in\mathbf{R}^+$，记

$$D(f;x,y,z)=(p+q+r)f\left(\frac{px+qy+rz}{p+q+r}\right)+pf(x)+qf(y)+rf(z)-(p+q)f\left(\frac{px+qy}{p+q}\right)-(q+r)f\left(\frac{qy+rz}{q+r}\right)-(r+p)f\left(\frac{rz+px}{r+p}\right)$$

也即

$$D(f;x,y,z)=(p+q+r)f(\bar{w})+pf(w_1)+qf(w_3)+rf(w_5)-(p+q)f(w_2)-(q+r)f(w_4)-(r+p)f(w)$$

进一步

$$[\alpha,\beta,\gamma;f]=\frac{f(\alpha)}{(\alpha-\beta)(\alpha-\gamma)}+\frac{f(\beta)}{(\beta-\alpha)(\beta-\gamma)}+\frac{f(\gamma)}{(\gamma-\alpha)(\gamma-\beta)}=\frac{1}{(\beta-\alpha)(\gamma-\beta)}[\varepsilon f(\alpha)+(1-\varepsilon)f(\gamma)-f(\varepsilon\alpha+(1-\varepsilon)\gamma)]$$

其中 $\varepsilon=\frac{\gamma-\beta}{\gamma-\alpha}, \varepsilon\in(0,1)$.

又有(Hlawka 恒等式的推广)

$$D(f;x,y,z)=\frac{pq}{p+q}(w_3-w_1)(m-w_1)[w_1,w_2,m;f]+q(M-m)|\bar{w}-\theta|[w,\bar{w},\theta;f]+\frac{qr}{q+r}(w_5-w_3)(w_5-M)\cdot[M,w_4,w_5;f] \quad (*)$$

从而我们有

$$D(f;x,y,z)\geqslant 0$$

即我们证明了 Popoviciu 不等式.

注 当 $p=q=r, f(x)=|x|$ 时，等式(*)是 Hlawka 恒等式①. $[\alpha,\beta,\gamma;f]$ 被称做函数 f 对于 α,β,γ 的“the divided difference”. $p=q=r=1$ 的情况被

① Burkill J. C., The discrepancies in inequalities of the means and of Holder, J. London Math. SOc., (2)7(1974), 617-626.

T. Popoviciu 首先发现①. 对于任意实数 p,q,r, 并且假设 f 在 2 阶可导,是由 J. C. Burkill 证明的(同 Hlawka 恒等式的脚注),而当 f 在 I 上并不2阶可导的情形是 V. A. Baston② 率先证明的.

关于 Popoviviu 不等式有许多推广,如:

设 $f:I\to\mathbf{R}$,是 I 上的下凸函数. $a_1,a_2,\cdots,a_n\in I,a=\frac{a_1+a_2+\cdots+a_n}{n}$,有

$$f(a_1)+f(a_2)+\cdots+f(a_n)+\frac{n}{n-2}f(a)\geqslant\sum_{1\leqslant i\leqslant j\leqslant n}f\left(\frac{a_i+a_j}{2}\right)$$

设 $f:I\to\mathbf{R}$, 是 I 上的下凸函数. $a_1,a_2,\cdots,a_n\in I,a=\frac{a_1+a_2+\cdots+a_n}{n},b_i=\frac{na-a_i}{n-1},i\in\{1,2,\cdots,n\}$,则

$$f(a_1)+f(a_2)+\cdots+f(a_n)+n(n-2)f(a)\geqslant$$
$$(n-1)(f(b_1)+f(b_2)+\cdots+f(b_n))$$

等.

7.3 对称求导法

在处理一些对称不等式时,如何利用到对称这一良好的性质,常常是处理问题的关键. 不等式的证明常常伴随着技巧与美,对称不等式的美在于对称. 通过前几章的介绍,我们对于对称不等式已掌握了较多的结论,在利用求导处理问题时,我们尝试人为地制造对称,从而使问题豁然开朗. 在介绍具体方法之前,先来给出我们对对称和导数的定义.

定义 7.10 $f(x_1,x_2,\cdots,x_n):D\to\mathbf{R}$,且 $f(x_1,x_2,\cdots,x_n)$ 在 D 上连续,关于 x_i 可偏导,那么我们称

$$[f]=\sum_{i=1}^{n}f_{x_i}$$

为 f 的对称和导数,其中 f_{x_i} 是 f 关于 x_i 的偏导数, D 是 $\mathbf{R}^n$ 中的一个区域.

下面这个定理看似平凡,却比较实用.

定理 7.11 $f(x_1,x_2,\cdots,x_n):\mathbf{R}^n\to\mathbf{R}$,在 $\mathbf{R}_+^n$ 上连续.

---

① Popoviciu T., Sur certaines inegalites qui caracterisent les fonctions convexes, Analele Stiintifice Univ., Al. I. Cuza Iasi, Sect. I - a Mat. 11 - B, (1965)155-164.

② Baston V. J., On some Hlawka-type inequalities of Burkill, J. London Math. Soc., (2)12(1976)402-404.

(1) 若$[f]\geqslant 0$，则不等式$f(x_1,x_2,\cdots,x_n)\geqslant 0$成立，当且仅当存在$i$使得$x_i=0$时$f(x_1,x_2,\cdots,x_n)\geqslant 0$成立.

(2) 若f为齐次多项式，且$[f]\leqslant 0$，$f(1,1,\cdots,1)\geqslant 0$，则$f\geqslant 0$.

证明　(1) 对于给定的$x_1,x_2,\cdots,x_n\in\mathbf{R}_+$，不妨设$x_1=\min\{x_1,x_2,\cdots,x_n\}$. 我们设$F(t)=f(x_1-tx_1,x_2-tx_1,\cdots,x_n-tx_1)$，则$F(1)=f(0,x_2-x_1,\cdots,x_n-x_1)$，$F(0)=f(x_1,x_2,\cdots,x_n)$.

由拉格朗日中值定理，存在$\theta\in(0,1)$使得

$$F(1)-F(0)=F'(\theta)=-x_1[f(x_1-\theta x_1,x_2-\theta x_1,\cdots,x_n-\theta x_1)]\leqslant 0$$

于是

$$f(x_1,x_2,\cdots,x_n)\geqslant f(0,x_2-x_1,\cdots,x_n-x_1)$$

(1) 得证.

(2) 不妨设$x_1=\max\{x_1,x_2,\cdots,x_m\}>0$，$\deg(f)=d$. 同(1)类似，对任意的$a\geqslant 0$，我们有

$$f(x_1,x_2,\cdots,x_n)\geqslant f(x_1+ax_1,x_2+ax_1,\cdots,x_n+ax_1)\geqslant (ax_1)^d f\left(\frac{a+1}{a},\frac{x_2+ax_1}{ax_1},\cdots,\frac{x_n+ax_1}{ax_1}\right)$$

注意到

$$\lim_{a\to+\infty}f\left(\frac{a+1}{a},\frac{x_2+ax_1}{ax_1},\cdots,\frac{x_n+ax_1}{ax_1}\right)=f(1,1,\cdots,1)\geqslant 0$$

因此(2)得证.

注　由上述证明可知，定理中$f(x_1,x_2,\cdots,x_n)$的定义域$\mathbf{R}_+^n\to\mathbf{R}$可以改为$I_1\times I_2\times\cdots\times I_n$，其中$I_i$是左闭区间，其余的做相应的调整. 进一步还可以改进为$f(x_1,x_2,\cdots,x_n):D\to\mathbf{R}$，在$D$上$[f]\geqslant 0$，则不等式成立当且仅当变元在$D$的边界上，其中$D$可以包含一些变元之间的约束条件.

定理 7.12　三元轮换对称 3 次齐次不等式

$$P(a,b,c)=m(a^3+b^3+c^3)+n(a^2b+b^2c+c^2a)+p(ab^2+bc^2+ca^2)+3qabc\geqslant 0$$

在$\mathbf{R}_+^3$上成立，当且仅当

$$P(1,1,1)\geqslant 0;P(a,b,0)\geqslant 0;\forall a,b\geqslant 0$$

证明　必要性显然，下证充分性.

由$P(1,1,1)\geqslant 0$有$m+n+p+q\geqslant 0$.

考察P的对称和导数

$$[P]=(3m+n+p)(a^2+b^2+c^2)+(2n+2p+3q)(ab+bc+ca)=3(m+n+p+q)(ab+bc+ca)+(3m+p+q)(a^2+b^2+c^2-ab-bc-ca)$$

为证 $P \geqslant 0$,我们只需证明 $3m+n+p \geqslant 0$,而 $P(a,b,0) \geqslant 0$,我们有

$$m(a^3+b^3)+na^2b+pab^2 \geqslant 0$$

令 $b=0 \Rightarrow m \geqslant 0$,令 $a=b=1 \Rightarrow 2m+n+p \geqslant 0$,故 $3m+n+p \geqslant 0$. 所以 $[P] \geqslant 0$. 又 $P(a,b,0) \geqslant 0$,由定理 7.11,我们得到 $P(a,b,c) \geqslant 0$ 对所有的 $a,b,c \geqslant 0$ 成立.

注 这一结论虽然看似平凡,但证明却并不容易,利用对称和导数我们得到了一个简洁的证明.

下面再来看一道 07 年中国国家集训队的测试题的原型,即著名的 Jack Garfunkel 不等式.

例 7.25 $a,b,c \geqslant 0$,则

$$\frac{a}{\sqrt{a+b}}+\frac{b}{\sqrt{b+c}}+\frac{c}{\sqrt{c+a}} \leqslant \frac{5}{4}\sqrt{a+b+c}$$

证明 首先我们证明如下引理:若 x,y,z 是锐角三角形的三边长,则

$$xyz \geqslant 13(x-y)(y-z)(x-z)$$

引理的证明. 我们不妨设 $x \geqslant y \geqslant z$,作代换 $x=z+a+b$,$y=z+a$,$a,b \geqslant 0$,因 x,y,z 是锐角三角形的三边长,有

$$(z+a+b)^2 \leqslant (z+a)^2+z^2 \Rightarrow z \geqslant \sqrt{2b^2+2ab}+b$$

欲证不等式等价于

$$(z+a+b)(z+a)z \geqslant 13ba(a+b)$$

$$\Leftrightarrow (\sqrt{2b^2+2ab}+a+2b)(\sqrt{2b^2+2ab}+b+a)(\sqrt{2b^2+2ab}+b) \geqslant 13ba(a+b)$$

$$\Leftrightarrow 7b^2\sqrt{2b^2+2ab}+10b^3+7ab\sqrt{2b^2+2ab}+2ab^2-8a^2b+a^2\sqrt{2b^2+2ab} \geqslant 0$$

注意到上面不等式是齐次的,因此我们可不妨设 $b=1$,于是只需证明

$$(7+7a+a^2)\sqrt{2+2a} \geqslant 8a^2-2a-10$$

上式当 $a \leqslant 1$ 时,因 $8a^2-2a-10 \leqslant 0$,故显然成立.

当 $a \geqslant 1$ 时,两边平方后只需证明

$$-2+254a+478a^2+186a^3-34a^4+2a^5 \geqslant 0$$

令 $a=x+1$,上式等价于当 $x \geqslant 0$ 时有

$$442+821x+426x^2+35x^3-12x^4+x^5 \geqslant 0$$

由 AM - GM 不等式,易证

$$426x^2-12x^4+x^5=x^2(x^3+426-12x^2) \geqslant 0$$

综上引理得证.

回到原题. 作代换 $x=\sqrt{\frac{a+b}{2}}$,$y=\sqrt{\frac{a+c}{2}}$,$z=\sqrt{\frac{b+c}{2}}$,则 x,y,z 是一个非

钝角三角形的三边.

不等式可写成

$$\frac{y^2+z^2-x^2}{z}+\frac{z^2+x^2-y^2}{x}+\frac{x^2+y^2-z^2}{y}\leqslant\frac{5\sqrt{2}}{4}\sqrt{x^2+y^2+z^2}$$

设 $k=\frac{5\sqrt{2}}{4}$,于是等价于

$$(x+y+z)+(x-y)(y-z)(z-x)\frac{x+y+z}{xyz}\leqslant k\sqrt{x^2+y^2+z^2}$$

$$\Leftrightarrow(x+y+z)(x-y)(y-z)(z-x)\leqslant xyz(k\sqrt{x^2+y^2+z^2}-x-y-z)$$

对上式求对称和导数有

$$3(x-y)(x-z)(y-z)\leqslant(xy+yz+zx)(k\sqrt{x^2+y^2+z^2}-x-y-z)+xyz\left(\frac{k(x+y+z)}{\sqrt{x^2+y^2+z^2}}-3\right)$$

下面证明上式是正确的.

事实上,由于 $x+y+z\geqslant\sqrt{x^2+y^2+z^2}$ 及 $\sqrt{x^2+y^2+z^2}\geqslant\frac{x+y+z}{\sqrt{3}}$,于是只需证明

$$3(x-y)(x-z)(y-z)\leqslant(\frac{k}{\sqrt{3}}-1)(xy+yz+zx)(x+y+z)-2xyz$$

移项后,并利用引理,只需证明

$$(\frac{3}{13}+2)xyz\leqslant(\frac{k}{\sqrt{3}}-1)(xy+yz+zx)(x+y+z)$$

$$\Leftarrow(\frac{3}{13}+2)xyz\leqslant9\left(\frac{k}{\sqrt{3}}-1\right)xyz$$

注意到 $k=\frac{5\sqrt{2}}{4}$,上式显然成立.

不妨设 $x=\max\{x,y,z\}$,于是我们只需证明 $x^2=y^2+z^2$ 的情形,即 $c=0$ 的情形.

$$\Leftrightarrow\frac{a}{\sqrt{a+b}}+\frac{b}{\sqrt{b}}\leqslant\frac{5}{4}\sqrt{a+b}$$

$$\sqrt{b}\leqslant\frac{\sqrt{a+b}}{4}+\frac{b}{\sqrt{a+b}}$$

上式由 AM - GM 不等式立得.

原不等式得证,等号成立当且仅当 $a:b=3,c=0$ 及其轮换.

注　用相同的方法还能证明在同样的条件下有

$$\frac{a}{\sqrt{a+2b}}+\frac{b}{\sqrt{b+2c}}+\frac{c}{\sqrt{c+2a}}\leqslant\frac{\sqrt[4]{27}(\sqrt{3}-1)}{\sqrt{2}}\sqrt{a+b+c}$$

我们再来看一下对称和导数在不仅仅为3元或者3次有什么令人惊奇的结论.

例7.26　$a,b,c\geqslant 0$,则

$$\frac{a}{\sqrt{a+b}}+\frac{b}{\sqrt{b+c}}+\frac{c}{\sqrt{c+a}}\leqslant\frac{5}{4}\sqrt{a+b+c}$$

证明　首先我们证明如下引理:

引理　若x,y,z是锐角三角形的三边长,则

(1)$x+y+z\geqslant\sqrt{2(x^2+y^2+z^2)}$;

(2)$xyz\geqslant 4(x-y)(y-z)(x-z)$.

引理的证明　(1)是显然的,事实上对一般的三角形都成立.

对于(2),注意到只需证明$x^2=y^2+z^2$,在这种情况下,由于

$$4(x-y)(y-z)(x-z)=\frac{4y^2z^2(y-z)}{(x+y)(x+z)}\leqslant yz(y-z)\leqslant xyz$$

引理得证.

回到原题,作代换$x=\sqrt{\frac{a+b}{2}}$,$y=\sqrt{\frac{a+c}{2}}$,$z=\sqrt{\frac{b+c}{2}}$,则x,y,z是一个非钝角三角形的三边.

不等式可写成

$$\frac{y^2+z^2-x^2}{z}+\frac{z^2+x^2-y^2}{x}+\frac{x^2+y^2-z^2}{y}\leqslant\frac{5\sqrt{2}}{4}\sqrt{x^2+y^2+z^2}$$

设$k=\frac{5\sqrt{2}}{4}$,于是等价于

$$(x+y+z)+(x-y)(y-z)(z-x)\frac{x+y+z}{xyz}\leqslant k\sqrt{x^2+y^2+z^2}\Leftrightarrow$$

$$(x+y+z)(x-y)(y-z)(z-x)\leqslant xyz(k\sqrt{x^2+y^2+z^2}-x-y-z)$$

对上式求对称和导数有

$$3(x-y)(x-z)(y-z)\leqslant(xy+yz+zx)(k\sqrt{x^2+y^2+z^2}-x-y-z)+xyz\left(\frac{k(x+y+z)}{\sqrt{x^2+y^2+z^2}}-3\right)$$

下面证明上式是正确的.

事实上,由于$x+y+z\geqslant\sqrt{x^2+y^2+z^2}$及$\sqrt{x^2+y^2+z^2}\geqslant\frac{x+y+z}{\sqrt{3}}$,于是

只需证明

$$3(x-y)(x-z)(y-z) \leqslant \frac{k}{\sqrt{3}}(xy+yz+zx)(x+y+z)-2xyz$$

上式由引理可证.

不妨设 $x=\max\{x,y,z\}$，于是我们只需证明 $x^2=y^2+z^2$ 的情形，即 $c=0$ 的情况.

$$\Leftrightarrow \frac{a}{\sqrt{a+b}}+\frac{b}{\sqrt{b}} \leqslant \frac{5}{4}\sqrt{a+b} \Leftrightarrow \sqrt{b} \leqslant \frac{\sqrt{a+b}}{4}+\frac{b}{\sqrt{a+b}}$$

上式由 AM - GM 不等式立得.

原不等式得证，等号成立当且仅当 $a: b=3, c=0$ 及其轮换.

注 用相同的方法还能证明在同样的条件下有

$$\frac{a}{\sqrt{a+2b}}+\frac{b}{\sqrt{b+2c}}+\frac{c}{\sqrt{c+2a}} \leqslant \frac{\sqrt[4]{27}(\sqrt{3}-1)}{\sqrt{2}}\sqrt{a+b+c}$$

我们再来看一下对称和导数在不仅仅为3元或者3次时有什么令人惊奇的结论.

定理 7.13 $F(x_1,x_2,\cdots,x_n)$ 是一个 n 元 4 次齐次轮换对称多项式且 $F(1,1,\cdots,1)=0$. 设 $F_0=F, F_1=[F_0]$ 及 $F_2=[F_1]$，则

(1) 当 $x_1,x_2,\cdots,x_n$ 为实数时，$F \geqslant 0$ 成立的充要条件为对所有的 $x_1,x_2,\cdots,x_{n-1} \geqslant 0$，下面的不等式成立

$$F_0\Big|_{x_n=0} \geqslant 0, F_1^2\Big|_{x_n=0} \leqslant 2(F_0F_2)\Big|_{x_n=0}$$

(2) 当 $x_1,x_2,\cdots,x_n$ 为非负实数时，$F \geqslant 0$ 成立的充要条件为对所有的 $x_1,x_2,\cdots,x_{n-1} \geqslant 0$，下述两个条件至少有一个成立.

(i) $F_0\Big|_{x_n=0} \geqslant 0, F_1\Big|_{x_n=0} \geqslant 0, F_2\Big|_{x_n=0} \geqslant 0$;

(ii) $F_0\Big|_{x_n=0} \geqslant 0, F_1^2\Big|_{x_n=0} \leqslant 2(F_0F_2)\Big|_{x_n=0}$.

证明 我们需要用到以下两个引理.

引理 1 $f(x_1,x_2,\cdots,x_n)$ 是 $\mathbf{R}^n \to \mathbf{R}$ 的多项式，记 $f_0=f$ 及 $f_k=[f_{k-1}]$ 对于 $k>1$，我们有如下等式

$$f(x_1+t,x_2+t,\cdots,x_n+t)=\sum_{k=0}^{\infty}\frac{f_k(x_1,x_2,\cdots,x_k)}{k!}t^k$$

引理 2 对于一个齐次多项式 $G(x_1,x_2,\cdots,x_n)$，若 $G(1,1,\cdots,1)=0$，则 $[G(1,1,\cdots,1)]=0$，且 $\deg([G])+1=\deg(G)$.

引理 1 的证明只需用到 Taylor(泰勒) 公式，引理 2 只需用到导数的基本性质. 在这里它们的证明都略去.

利用引理 2 我们知道 $F_i=0, i=3,4,\cdots$

再由引理 1 有

$$F(x_1+t, x_2+t, \cdots, x_n+t)=F_0+F_1\cdot t+\frac{F_2\cdot t^2}{2}$$

先证明(1),设 $2(F_0F_2)-F_1^2=H(x_1,x_2,\cdots,x_n)$,而

$$[H]=2F_1F_2+2F_0F_3-2F_1F_2=0$$

由引理 1 知

$$H(x_1,x_2,\cdots,x_n)=H(x_1+t,x_2+t,\cdots,x_n+t)$$

令 $t=-\min\{x_1,x_2,\cdots,x_n\}$,于是

$$F_1^2\Big|_{x_n=0}\leqslant 2(F_0F_2)\Big|_{x_n=0}\Leftrightarrow F_1^2\leqslant 2(F_0F_2)$$

类似地有

$$F_2\Big|_{x_n=0}\geqslant 0\Leftrightarrow F_2\geqslant 0$$

故

$$\begin{aligned}&(F_0\Big|_{x_n=0}\geqslant 0, F_1^2\Big|_{x_n=0}\leqslant 2(F_0F_2)\Big|_{x_n=0})\Leftrightarrow\\&(F_2\Big|_{x_n=0}\geqslant 0, F_1^2\Big|_{x_n=0}\leqslant 2(F_0F_2)\Big|_{x_n=0})\Leftrightarrow\\&(F_2\geqslant 0, F_1^2\leqslant 2(F_0F_2))\Leftrightarrow\\&F_0+F_1\cdot t+\frac{F_2\cdot t^2}{2}\geqslant 0(\text{对一切实数 } t \text{ 成立})\Leftrightarrow\\&F(x_1+t,x_2+t,\cdots,x_n+t)\geqslant 0\end{aligned}$$

上式即 $F\geqslant 0$,于是(1) 成立.

再证明(2),用 $\vee$ 表示或,与(1) 类似,我们知道

$$(F_0\Big|_{x_n=0}\geqslant 0, F_1\Big|_{x_n=0}\geqslant 0, F_2\Big|_{x_n=0}\geqslant 0)\vee(F_0\Big|_{x_n=0}\geqslant 0, F_1^2\Big|_{x_n=0}\leqslant 2(F_0F_2)\Big|_{x_n=0})\Leftrightarrow$$

例 7.27 (Vasile 不等式)$a,b,c\in\mathbf{R}$,求证

$$(a^2+b^2+c^2)^2\geqslant 3(a^3b+b^3c+c^3a)$$

证明 设 $F_0=(a^2+b^2+c^2)^2-(a^3b+b^3c+c^3a)$,于是我们得到

$$F_1=2(a^2+b^2+c^2)(2a+2b+2c)-3\sum_{cyc}(3a^2b+a^3)$$

$$\begin{aligned}F_2=&2(2a+2b+2c)^2+2(a^2+b^2+c^2)6-3\sum_{cyc}(6ab+3a^2+3a^2)=\\&8(a+b+c)^2+12(a^2+b^2+c^2)-18\sum ab-18\sum a^2=\\&2\sum a^2-2\sum ab\end{aligned}$$

由加权 AM - GM 不等式我们有

$$F_0\Big|_{c=0}=a^4+b^4+2a^2b^2-3a^3b=7\cdot\frac{a^4}{7}+4\cdot\frac{2a^2b^2}{4}+b^4-3a^3b\geqslant$$
$$\left(12\frac{1}{7^7\cdot 2^4}-3a^3b\right)a^3b\geqslant 0$$

而通过配方我们有

$$2(F_0F_2)-F_1^2\Big|_{c=0}=4[(a^2+b^2)^2-3a^3b](a^2+b^2-ab)-$$
$$(2(a^2+b^2)(2a+2b)-3a^3-3b^3-9a^2b)^2=$$
$$3(a^3-a^2b-2b^2a+b^3)^2\geqslant 0$$

于是
$$F_0\Big|_{c=0}\geqslant 0,F_1^2\Big|_{c=0}\leqslant 2(F_0F_2)\Big|_{c=0}$$

故命题得证!

注 如此困难的试题用对称和导数证明却显得这样水到渠成,由此可见其威力.

当然在考场中可能不能直接使用这一定理.对于一道给定的题目,其实我们不需要掌握诸如 Taylor 公式的知识.

回顾本节两个定理的证明,第一个定理是说明$f(x_1+t,x_2+t,\cdots,x_n+t)\geqslant f(x_1,x_2,\cdots,x_n)$,第二个定理则是尝试去证明$f(x_1+t,x_2+t,\cdots,x_n+t)\geqslant 0$.

下面我们举例加以说明.

例7.28 $a,b,c\geqslant 0$,求证
$$(a^2+b^2+c^2)^2\geqslant 4(a-b)(b-c)(c-a)(a+b+c)$$

证明 设$f(a,b,c)=(a^2+b^2+c^2)^2-4(a-b)(b-c)(c-a)(a+b+c)$.再设$g(t)=f(a+t,b+t,c+t)$,其中$t\geqslant 0$.

则
$$g(t)=[3t^2+2t(a+b+c)+a^2+b^2+c^2]^2-$$
$$4(a-b)(b-c)(c-a)(3t+a+b+c)$$

我们有
$$g'(t)=4(3t+a+b+c)(3t^2+2t(a+b+c)+a^2+b^2+c^2)-$$
$$12(a-b)(b-c)(c-a)\geqslant$$
$$4(a+b+c)(a^2+b^2+c^2)-12(a-b)(b-c)(c-a)=$$
$$4\left[\sum b(b-2a)^2+\sum ab^2\right]\geqslant 0$$

所以$g(t)\geqslant g(0)(\forall t\geqslant 0)$,于是
$$f(a+t,b+t,c+t)\geqslant f(a,b,c)\Rightarrow f(a,b,c)\geqslant f(a-c,b-c,0)$$
(其中$c=\min\{a,b,c\}$)所以只需证明$f(a,b,0)\geqslant 0$.

事实上
$$f(a,b,0)=(a^2+2ab-b^2)^2\geqslant 0$$

得证

例7.29 $a,b,c \in \mathbf{R}$,则

$$a^4+b^4+c^4+a^3b+b^3c+c^3a \geqslant 2(ab^3+bc^3+ca^3)$$

证明 设

$$f(a,b,c)=a^4+b^4+c^4+ab^3+bc^3+ca^3-2(a^3b+b^3c+c^3a)$$

于是

$$f(a+t,b+t,c+t)=6\left(\sum a^2-\sum ab\right)t^2+3\left(\sum a^3+\sum_{cyc}a^2b-2\sum_{cyc}ab^2\right)t+$$
$$a^4+b^4+c^4+ab^3+bc^3+ca^3-2(a^3b+b^3c+c^3a)$$

于是只需证明

$$\Delta(a,b,c)=3\left(\sum a^3+\sum_{cyc}a^2b-2\sum_{cyc}ab^2\right)^2-4\cdot 6\left(\sum a^2-\sum ab\right)\cdot$$
$$(a^4+b^4+c^4+ab^3+bc^3+ca^3-2(a^3b+b^3c+c^3a))\leqslant 0$$

注意到$\Delta(a,b,c)=\Delta(a+t,b+t,c+t)$,$t\in\mathbf{R}$,所以只需证明

$$\Delta(a-c,b-c,0)\leqslant 0 \Leftrightarrow$$
$$(3(a-c)^2(b-c)-6(a-c)(b-c)^2+3(a-c)^3+3(b-c)^3)^2-$$
$$4(-3(a-c)(b-c)+3(a-c)^2+3(b-c)^2)((a-c)^4+(b-c)^4+$$
$$(a-c)^3(b-c)-2(a-c)(b-c)^3)\leqslant 0 \Leftrightarrow$$
$$-3((b-c)^3-3(a-c)^2(b-c)+(a-c)^3)^2\leqslant 0$$

命题得证.

注 由上述证明知道

$$\Delta=-3(b^3-3b^2c+c^3+6cab-3c^2a-3a^2b+a^3)^2\leqslant 0$$

所以如果有因式分解把握的话可以省去$\Delta(a,b,c)=\Delta(a+t,b+t,c+t)$,$t\in\mathbf{R}$这一步,或者算得$\Delta=-3((b-c)^3-3(a-c)^2(b-c)+(a-c)^3)^2\leqslant 0$后展开.这样得到的解答也很短.是否所有满足定理的3元4次齐次轮换对称不等式其Δ始终为一个多项式平方呢?这是一个值得探究的问题,一个已知的结果是两元齐次的非负多项式均能写为两个多项式的平方之和.

利用对称求导的思想还能解决不少难题.

例7.30 $a,b,c,d\geqslant 0$,求证

$$(a+b+c+d)^6\geqslant 1\,728(a-b)(a-c)(a-d)(b-c)(b-d)(c-d)$$

证明 (韩京俊)不妨设$a\geqslant b\geqslant c\geqslant d$,易知

$$(a+b+c+d)^6-1\,728(a-b)(a-c)(a-d)(b-c)(b-d)(c-d)\geqslant$$
$$(a-d+b-d+c-d+d-d)^6-$$
$$1\,728(a-b)(a-c)(a-d)(b-c)(b-d)(c-d)$$

于是我们只需证明$d=0$的情形,即

$$(a+b+c)^6\geqslant 1\,728(a-b)(a-c)(b-c)abc$$

当$c=0$时,上面的不等式显然成立.

$c>0$ 时,我们考察函数

$$f(t)=\frac{(a+t+b+t+c+t)^6}{(a+t)(b+t)(c+t)}\Rightarrow$$

$$f'(t)=\frac{18(a+b+c+3t)^5(a+t)(b+t)(c+t)-(a+b+c+3t)^6\sum(a+t)(b+t)}{(a+t)^2(b+t)^2(c+t)^2}$$

由此我们知道$f(t)$ 的图象为 V 形或 W 形,所以$f(t)$ 达到极小值时 t 满足

$$\frac{18}{a+t+b+t+c+t}=\frac{1}{a+t}+\frac{1}{b+t}+\frac{1}{c+t}$$

设 $a+t+b+t+c+t=p$, $\sum(a+t)(b+t)=q$, $(a+t)(b+t)(c+t)=r$,不妨设 $p=1$,于是我们只需证明当 $18r=pq=q$ 时,有

$$1\geqslant 1\ 728r(a-b)(a-c)(b-c)\Leftrightarrow$$

$$1\geqslant 1\ 728^2r^2(a-b)^2(a-c)^2(b-c)^2\Leftrightarrow$$

$$1\geqslant 1\ 728^2r^2(p^2q^2-4q^3+2p(9q-2p^2)r-27r^2)\Leftrightarrow$$

$$1\geqslant 1\ 728^2r^2(621r^2-23\ 328r^3-4r)\Leftrightarrow$$

$$(72r-1)^2(13\ 436\ 928r^3+15\ 552r^2+144r+1)\geqslant 0$$

命题得证！等号成立当且仅当 $72abc=(a+b+c)^3$, $(a+b+c)^2=4(ab+ac+bc)$, $d=0$ 及其轮换时取到.

注 本题是2009 年国家队培训时,付云皓老师给韦东奕出的,证明中利用对称求导的思想得到了取极值时 a,b,c 应满足的要求,再由齐次性转化为一元函数的证明,剩下的就是考察基本功的一些计算和因式分解.

第8章 变量代换法

8.1 三角代换法

三角代换主要指将三角形的边长化为无约束条件的代数表达式,把不等式转化三角不等式或含有 $s-R-r$ 的不等式,再利用它们之间常用的关系证明等.

若三角形中,若三边长为 a,b,c,可考虑作代换

$$x=\frac{1}{2}(c+b-a)$$

$$y=\frac{1}{2}(a+c-b)$$

$$z=\frac{1}{2}(b+a-c)\text{(Ravi 代换)}$$

例 8.1 a,b,c 为三角形的三边长,求证

$$8a^2b^2c^2\geqslant$$
$$(a+b)(b+c)(c+a)(a+b-c)(b+c-a)(c+a-b)$$

证明 作代换 $x=b+c-a,y=c+a-b,z=a+b-c$,原不等式等价于

$$\prod(x+y)^2\geqslant xyz(x+2z+y)(y+2x+z)(z+2y+x)$$

再做代换 $x=YZ,y=ZX,z=XY$,可化为

$$\prod(X+Z)^2\geqslant\prod(YZ+2ZX+XY)\Leftrightarrow$$

$$\prod(XY+YZ+ZX+X^2)\geqslant\prod(XY+YZ+ZX+YZ)$$

记 $T = XY + YZ + ZX$,原不等式等价于

$$\left(\sum X^2 - YZ\right) T^2 + \left(\sum X^2Y^2 - XYZ\sum Z\right) \geqslant 0$$

而显然

$$\sum X^2 \geqslant \sum YZ, \sum X^2Y^2 - XYZ\sum Z = \frac{1}{2}\sum Z^2(X-Y)^2 \geqslant 0$$

证毕.

利用三角函数之间的关系也是常用的方法,它要求我们对常用的三角恒等式非常熟练.

例 8.2 $a,b,c > 0$ 且 $a + b + c = abc$,求证

$$\sum \sqrt{(1+a^2)(1+b^2)} - \sqrt{(1+a^2)(1+b^2)(1+c^2)} \geqslant 4$$

证明 由条件我们可以令 $a = \cot\frac{A}{2}, b = \cot\frac{B}{2}, c = \cot\frac{C}{2}$ 且满足 $A + B + C = \pi$,利用以下两个恒等式

$$1 + \cot^2 x = \csc^2 x$$

$$\sin\frac{A}{2} + \sin\frac{B}{2} + \sin\frac{C}{2} = 4\sin\frac{A+B}{4}\sin\frac{B+C}{4}\sin\frac{C+A}{4} + 1$$

则不等式可以化简成

$$\csc\frac{A}{2}\csc\frac{B}{2} + \csc\frac{B}{2}\csc\frac{C}{2} + \csc\frac{C}{2}\csc\frac{A}{2} \geqslant 4 + \csc\frac{A}{2}\csc\frac{B}{2}\csc\frac{C}{2} \Leftrightarrow$$

$$\sin\frac{A}{2} + \sin\frac{B}{2} + \sin\frac{C}{2} \geqslant 4\sin\frac{A}{2}\sin\frac{B}{2}\sin\frac{C}{2} + 1 \Leftrightarrow$$

$$\sin\frac{A+B}{2}\sin\frac{B+C}{4}\sin\frac{C+A}{4} \geqslant \sin\frac{A}{2}\sin\frac{B}{2}\sin\frac{C}{2}$$

利用 AM - GM 不等式,则有

$$\sin\frac{A+B}{4} = \sin\frac{A}{4}\cos\frac{B}{4} + \cos\frac{A}{4}\sin\frac{B}{4} \geqslant$$

$$\sqrt{4\sin\frac{A}{4}\cos\frac{A}{4}\sin\frac{B}{4}\cos\frac{B}{4}} = \sqrt{\sin\frac{A}{2}\sin\frac{B}{2}}$$

同理我们可以得到

$$\sin\frac{B+C}{4} \geqslant \sqrt{\sin\frac{B}{2}\sin\frac{C}{2}}$$

$$\sin\frac{C+A}{4} \geqslant \sqrt{\sin\frac{C}{2}\sin\frac{A}{2}}$$

将以上三式相乘即可得到欲证的不等式.

熟悉三角函数之间的关系也是必需的.

例 8.3 (1996 年 CMO) 设 n 为正的自然数,$x_0 = 0, x_i > 0(i = 1,2,\cdots,n)$,

且 $\sum_{i=1}^{n} x_i = 1$,求证

$$1 \leqslant \sum_{i=1}^{n} \frac{x_i}{\sqrt{1 + x_0 + x_1 + \cdots + x_{i-1}} \cdot \sqrt{x_i + \cdots + x_n}} < \frac{\pi}{2}$$

证明 因为

$$\sqrt{(1 + x_0 + \cdots + x_{i-1})(x_i + \cdots + x_n)} \leqslant$$
$$\frac{1}{2}[(1 + x_0 + \cdots + x_{i-1})(x_i + \cdots + x_n)] = 1$$

所以

$$s_i = \frac{x_i}{\sqrt{1 + x_0 + x_1 + \cdots + x_{i-1}} \cdot \sqrt{x_i + \cdots + x_n}} \geqslant x_i, 1 \leqslant i \leqslant n$$

故 $s = \sum_{i=1}^{n} s_i \geqslant \sum_{i=1}^{n} x_i = 1$,左端得证.

又因为 $0 \leqslant x_0 + x_1 + \cdots + x_i \leqslant 1, i = 0,1,\cdots,n$,令

$$\theta_i = \arcsin(x_0 + x_1 + \cdots + x_i) \in \left[0, \frac{\pi}{2}\right], i = 0,1,2,\cdots,n$$

$$0 = \theta_0 < \theta_1 < \theta_2 < \cdots < \theta_n = \frac{\pi}{2}$$

而且

$$\sin\theta_i = x_0 + x_1 + \cdots + x_i$$
$$\sin\theta_{i-1} = x_0 + x_1 + \cdots + x_{i-1}$$

故

$$x_i = \sin\theta_i - \sin\theta_{i-1} = 2\cos\frac{\theta_i + \theta_{i-1}}{2}\sin\frac{\theta_i - \theta_{i-1}}{2}, i = 1,2,\cdots,n$$

因为 $\cos\frac{\theta_i + \theta_{i-1}}{2} < \cos\frac{2\theta_{i-1}}{2} = \cos\theta_{i-1}$,又易知当 $\theta \in \left(0, \frac{\pi}{2}\right]$ 时

$$\tan\theta > \theta > \sin\theta$$

所以 $x_i < 2\cos\theta_{i-1}\left(\frac{\theta_i - \theta_{i-1}}{2}\right) = \cos\theta_{i-1}(\theta_i - \theta_{i-1}), 1 \leqslant i \leqslant n$,因此 $\frac{x_i}{\cos\theta_{i-1}} <$ $\theta_i - \theta_{i-1}$,故

$$\sum_{i=1}^{n} \frac{x_i}{\cos\theta_{i-1}} < \sum_{i=1}^{n} (\theta_i - \theta_{i-1}) = \theta_n - \theta_0 = \frac{\pi}{2}$$

$$\cos\theta_{i-1} = \sqrt{1 - \sin^2\theta_{i-1}} = \sqrt{1 - (x_0 + x_1 + \cdots + x_{i-1})^2} =$$
$$\sqrt{1 + x_0 + \cdots + x_{i-1}} \cdot \sqrt{x_i + x_{i+1} + \cdots + x_n}$$

因此 $s < \frac{\pi}{2}$,原不等式得证.

注　本题用到了三角函数证明,有舍此无他的感觉.

$s-R-r$ 法是将一个给定的不等式转化为三角形几何不等式,再利用 s,R,r 之间的关系证明.这是一个"死算"的方法.这里的 s 是三角形的半周长,R 为外接圆半径,r 为内切圆半径.为了便于大家使用这种方法,这里给出一些恒等式以及不等关系.

$$\prod \sin A=\frac{rs}{2R^2},\prod \cos A=\frac{s^2-(2R+r)^2}{4R^2}$$

$$\sum \sin A=\frac{s}{R},\sum \cos A=\frac{R+r}{R},\prod \sin\left(\frac{A}{2}\right)=\frac{r}{4R}$$

$$\sum \sin A\sin B=\frac{s^2+4Rr+r^2}{4R^2},\sum \cos A\cos B=\frac{s^2+r^2-4R^2}{4R^2}$$

$$\prod \cos\left(\frac{B-C}{2}\right)=\frac{s^2+2Rr+r^2}{8R^2},\sum \tan^2\left(\frac{A}{2}\right)=\frac{(4R+r)^2-2s^2}{s^2}$$

Euler 不等式

$$R\geqslant 2r$$

Bludon 不等式

$$s\leqslant 2R+(3\sqrt{3}-4)r\Rightarrow s\leqslant \frac{3\sqrt{3}R}{2}$$

Gerrestsen 不等式

$$r(16R-5r)\leqslant s^2\leqslant 4R^2+4Rr+3r^2$$

例 8.4　设正数 x,y,z 满足 $xy+yz+zx=1$,证明

$$\frac{1}{x+y}+\frac{1}{y+z}+\frac{1}{z+x}\geqslant\frac{5}{2}$$

证明　不等式等价于 $\triangle ABC$ 中,证明

$$\frac{\cos\left(\frac{B}{2}\right)\cos\left(\frac{C}{2}\right)}{\cos\left(\frac{A}{2}\right)}+\frac{\cos\left(\frac{B}{2}\right)\cos\left(\frac{A}{2}\right)}{\cos\left(\frac{C}{2}\right)}+\frac{\cos\left(\frac{A}{2}\right)\cos\left(\frac{C}{2}\right)}{\cos\left(\frac{B}{2}\right)}\geqslant\frac{5}{2}\Leftrightarrow$$

$$s^2-10pr+(4R+r)^2\geqslant 0$$

由 Gerretsen 不等式 $s^2\leqslant 4R^2+4Rr+3r^2$ 以及 $R\geqslant 2r\Rightarrow s\leqslant 2R+\frac{5}{4}r<5R$.

这样只需证明

$$\left(2R+\frac{5}{4}r\right)^2-10\left(2R+\frac{5}{4}r\right)R+(4R+r)^2\geqslant 0\Leftrightarrow$$

$$r\left(\frac{1}{2}R+\frac{41}{16}r\right)\geqslant 0$$

显然成立,等号当且仅当 $r=0$,也即 $x=0,y=z=1$ 或其轮换时取得.

例 8.5 $abc=1,a,b,c>0$，求证

$$(a+b)(b+c)(c+a)\geqslant 4(a+b+c-1)$$

证明 为习惯起见，我们将原不等式写为

$$(x+y)(y+z)(z+x)\geqslant 4(x+y+z-1)$$

其中 $xyz=1$，作代换 $x=s-a,y=s-b,z=s-c$，则 a,b,c 是三角形的边长，而 s 是三角形的半周长，于是，不等式化为

$$abc\geqslant 4(s-1)$$

因为

$$xyz=1\Leftrightarrow s(s-a)(s-b)(s-c)=s\Leftrightarrow sr^2=1$$

故我们只需证明

$$4Rrs\geqslant 4(s-1)\Leftrightarrow R\geqslant (s-1)r\Leftrightarrow R+r\geqslant sr\Leftrightarrow$$
$$(R+r)^3\geqslant s^3r^3=s^2r$$

而由 AM－GM 不等式有

$$R+r=\frac{R}{2}+\frac{R}{2}+r\geqslant 3\sqrt[3]{\frac{R^2r}{4}}$$

只需证明

$$s\leqslant\frac{3\sqrt{3}R}{2}$$

而这是已知的（可利用正弦定理转化为三角函数不等式去证明）．因此，原不等式成立．

三角形嵌入不等式在 1867 年最早出现在 J. Wolstenholme 的一本书中，因而也被称为 Wolstenholme 不等式．它被公认为三角形中最重要的不等式之一，它也被人们称为“三角形母不等式”．

如果 x,y,z 是任意实数，$A+B+C=(2k+1)\pi,k\in\mathbf{Z}$，那么

$$x^2+y^2+z^2\geqslant 2yz\cos A+2zx\cos B+2xy\cos C$$

当且仅当 $x=y\cos C+z\cos B,y\sin C=z\sin B$ 时等号成立．

三角形嵌入不等式可用判别式法证明，它化成代数形式后等价于：

$a,b,c,x,y,z\geqslant 0,a,b,c$ 中至多有 1 数为 0，则有

$$\sum x^2\geqslant 2\sum\sqrt{\frac{ab}{(a+c)(b+c)}}xy$$

在国内，由嵌入不等式导出众多三角形几何不等式之人，大概应当首推南昌交通大学刘健先生．“关于三元二次型几何不等式”一类的文章大部分为刘先生所作，其基本手法几乎都是从嵌入不等式入手的，更有甚者，他的电子书《九正弦定理》居然由此导出了 400 多个推论．

例 8.6 （2007 年中国国家集训队）$u,v,w>0$，满足 $u+v+w+\sqrt{uvw}=4$，

求证

$$\sqrt{\frac{uv}{w}}+\sqrt{\frac{vw}{u}}+\sqrt{\frac{wu}{v}}\geqslant u+v+w$$

证明　设 $a^2=\frac{u}{4},b^2=\frac{v}{4},c^2=\frac{w}{4}$，则题目转化为

$$a,b,c>0,a^2+b^2+c^2+2abc=1$$

求证

$$\frac{bc}{a}+\frac{ca}{b}+\frac{ab}{c}\geqslant 2(a^2+b^2+c^2)$$

设 $a=\cos A,b=\cos B,c=\cos C$，其中 $\triangle ABC$ 是锐角三角形

$$\Leftrightarrow\frac{\cos B\cos C}{\cos A}+\frac{\cos C\cos A}{\cos B}+\frac{\cos A\cos B}{\cos C}\geqslant 2(\cos^2A+\cos^2B+\cos^2C)$$

由嵌入不等式知

$$x^2+y^2+z^2\geqslant 2yz\cos A+2zx\cos B+2xy\cos C$$

于是我们有

$$\sum_{cyc}\frac{\cos B\cos C}{\cos A}\geqslant 2\sum_{cyc}\sqrt{\frac{\cos C\cos A}{\cos B}}\sqrt{\frac{\cos A\cos B}{\cos C}}\cos A=2\sum_{cyc}\cos^2A$$

注　本题证法较多，我们再给出一种.

证明　设 $u=\frac{4yz}{(x+y)(x+z)},v=\frac{4xz}{(x+y)(y+z)},w=\frac{4xy}{(x+z)(y+z)}$，其中 x,y,z 为正实数.

等价于证明

$$\sqrt{\frac{uv}{w}}+\sqrt{\frac{vw}{u}}+\sqrt{\frac{wu}{v}}\geqslant u+v+w\Leftrightarrow$$

$$uv+uw+vw\geqslant(u+v+w)\sqrt{uvw}\Leftrightarrow$$

$$\sum_{cyc}\frac{16z^2xy}{(x+y)^2(x+z)(y+z)}\geqslant\sum_{cyc}\frac{4xy}{(x+z)(y+z)}\cdot\frac{8xyz}{(x+y)(x+z)(y+z)}\Leftrightarrow$$

$$\sum_{cyc}(x^3-x^2y-x^2z+xyz)\geqslant 0$$

上式为 3 次 Schur 不等式.

经探索，在相同条件下可以得到如下有趣的不等式链

（韩京俊）$x,y,z>0,x^2+y^2+z^2+xyz=4$，则

$$3xyz\leqslant\sum xy\leqslant xyz+2\leqslant 3\leqslant 6-\sum x\leqslant\sum x^2\leqslant$$

$$\min\left\{6-\sum xy,\sum\frac{xy}{z}\right\}\leqslant\min\left\{\sum\frac{xy}{z},6-3xyz\right\}$$

它的证明并不复杂，我们把它留给读者.

例 8.7 $a,b,c,d,x,y,z>0$ 满足

$$ax+by+cz=xyz,\frac{2}{d}=\frac{1}{a+d}+\frac{1}{b+d}+\frac{1}{c+d}$$

求证

$$x+y+z\geqslant\frac{2\sqrt{(a+d)(b+d)(c+d)}}{d}$$

证法 1 （李黎）先用嵌入不等式

$$(x+y+z)^2\geqslant(2+2\cos A)yz+(2+2\cos B)xz+(2+2\cos C)xy$$

其等号成立条件为 $x:y:z=\sin A:\sin B:\sin C$.

将 a,b,c 看做常数，再用 Cauchy 不等式

$$[(2+2\cos A)yz+(2+2\cos B)xz+(2+2\cos C)xy]\left[\frac{a}{yz}+\frac{b}{xz}+\frac{c}{xy}\right]\geqslant \text{常数}$$

其中 $\frac{a}{yz}+\frac{b}{xz}+\frac{c}{xy}=1$.

等号成立条件可化简为

$$\frac{\sin A}{2}\cdot\sqrt{a}=\frac{\sin B}{2}\cdot\sqrt{b}=\frac{\sin C}{2}\cdot\sqrt{c}$$

即

$$a(1-\cos A)=b(1-\cos B)=c(1-\cos C)$$

利用余弦定理，化简得

$$ax(x+y-z)(x+z-y)=by(y+x-z)(y+z-x)=cz(z+x-y)(z+y-x)$$

$$\begin{cases}ax^2-axy+axz=by^2+byz-bxy\\by^2+bxy-byz=cz^2+cxz-cyz\\ax^2+axy-axz=cz^2+czy-czx\end{cases}\tag{1}$$

上述三式相加得

$$axy-axz+byz-byx+czx-czy=0$$

代入(1) 得

$$ax^2-by^2+czx-czy=0$$

将 $z=\frac{ax+by}{xy-c}$ 代入，得

$$ax^2-by^2=ac-bc\Rightarrow zy-zx=a-b$$

同理

$$xy-xz=c-b$$

于是设 $yz=a+d,xz=b+d,xy=c+d,\frac{a}{a+d}+\frac{b}{b+d}+\frac{c}{c+d}=1$，即得第 2 个

条件.

不难验证此时所有等号均成立.

注 本题一道较早的试题:设 $x,y,z,k\in\mathbf{R}^+$,且满足 $\frac{1}{x^2+k}+\frac{1}{y^2+k}+\frac{1}{z^2+k}=\frac{2}{k}$,则有

$$x\sin A+y\sin B+z\sin C\leqslant\frac{\sqrt{(x^2+k)(y^2+k)(z^2+k)}}{k}$$

等号成立当且仅当 $\triangle ABC$ 三边长满足 $\frac{a(x^2+k)}{x}=\frac{b(y^2+k)}{y}=\frac{c(z^2+k)}{z}$.

有着千丝万缕的联系,上面的证明也恰好说明了这一点.

当然不擅长三角的读者们也不用着急,在这里我们再给出一个代数证明.

证法 2 (韩京俊)由于条件比较复杂,先尝试化简.

设 $\frac{d}{a+d}=2\alpha,\frac{d}{b+d}=2\beta,\frac{d}{c+d}=2\gamma$,则 $\alpha+\beta+\gamma=1$,于是

$$\frac{d}{a+d}=2\alpha\Leftrightarrow(1-2\alpha)d=2\alpha a\Leftrightarrow a=\frac{(1-2\alpha)d}{2\alpha}$$

同理

$$b=\frac{(1-2\beta)d}{2\beta},c=\frac{(1-2\gamma)d}{2\gamma}$$

两边平方,原不等式等价于

$$(x+y+z)^2\geqslant\frac{4(a+d)(b+d)(c+d)}{d^2}\Leftrightarrow$$

$$(x+y+z)^2\geqslant\frac{4}{d^2}\cdot\frac{d}{2\alpha}\cdot\frac{d}{2\beta}\cdot\frac{d}{2\gamma}\Leftrightarrow$$

$$(x+y+z)^2\geqslant\frac{d}{2\alpha\beta\gamma}$$

设 $a=uyz,b=vzx,c=xyw$,则 $u+v+w=1$,于是

$$x=\sqrt{\frac{bcu}{avw}},y=\sqrt{\frac{cav}{bwu}},x=\sqrt{\frac{abw}{cuv}}\Leftrightarrow$$

$$\left(\frac{u}{a}+\frac{v}{b}+\frac{w}{c}\right)^2\frac{abc}{uvw}\geqslant\frac{d}{2\alpha\beta\gamma}\Leftrightarrow$$

$$\left(\frac{\alpha u}{1-2\alpha}+\frac{\beta v}{1-2\beta}+\frac{\gamma w}{1-2\gamma}\right)^2(1-2\alpha)(1-2\beta)(1-2\gamma)\geqslant uvw$$

再设 $1-2\alpha=p,1-2\beta=q,1-2\gamma=r$,则 $p,q,r>0,p+q+r=1\Leftrightarrow$

$$\frac{(q+r)u}{p}+\frac{(r+p)v}{q}+\frac{(p+q)w}{r}\geqslant\frac{2\sqrt{uvw}}{\sqrt{pqr}}$$

下面我们证明在 $u+v+w=1,p+q+r=1,p,q,r,u,v,w>0$ 的条件下上面的不等式恒成立. 为此我们证明一个引理.

引理 a^2-1,b^2-1,c^2-1 不全同号,则

$$a^2+b^2+c^2\geqslant 2abc+1$$

引理的证明 不妨设 a^2-1,b^2-1 不同号,则

$$(a^2-1)(b^2-1)\leqslant 0\Rightarrow a^2+b^2\geqslant a^2b^2+1\Rightarrow$$

$$a^2+b^2+c^2\geqslant a^2b^2+1+c^2\geqslant 2abc+1$$

用 $\sqrt{\frac{u}{p}},\sqrt{\frac{v}{q}},\sqrt{\frac{w}{r}}$ 分别代替 a,b,c 整理即得欲证不等式.

上面的证法 1 直在作变量代换化简题目. 引理的证明主要用到了抽屉原理的思想,是马腾宇告诉作者的.

下面我们来对2005年全国高中数学联赛 Ⅱ 试的一道试题作一番较为深入的探究. 不少资料源于四川省蓬安县蓬安中学的蒋明斌老师.

我们先来介绍陶平生先生的"三角形结构中的一个解题系统",之后给出的证法 1 就是用了这方法.

(切系统的基本知识)A,B,C 是 $\triangle ABC$ 的三个内角. 记 $x=\cot A,y=\cot B$, $z=\cot C$(或者 $x=\tan\frac{A}{2},y=\tan\frac{B}{2},z=\tan\frac{B}{2}$,具体使用何种代换方式应视具体情况而定).

则有如下的一些简单的结论:

恒等式

$$xy+yz+zx=1$$

$$1+x^2=(x+y)(x+z)$$

$$1+y^2=(y+z)(y+x)$$

$$1+z^2=(z+x)(z+y)$$

$$\sqrt{(1+x^2)(1+y^2)(1+z^2)}=(x+y)(y+z)(z+x)$$

$$(x+y)(y+z)(z+x)=x+y+z-xyz$$

不等式

$$xyz\leqslant\frac{\sqrt{3}}{9}$$

$$x^2+y^2+z^2\geqslant 1$$

$$x+y+z\geqslant\sqrt{3}$$

$$x+y+z\geqslant 9xyz$$

$$(x+y)(y+z)(z+x)\geqslant\frac{8}{9}(x+y+z)$$

(以上各式等号成立条件均为 $\triangle ABC$ 为正三角形)

$$\sqrt{1+x^2}=\sqrt{(x+y)(x+z)}\leqslant\frac{2x+y+z}{2}$$

$$\sqrt{1+y^2}=\sqrt{(y+z)(y+x)}\leqslant\frac{x+2y+z}{2}$$

$$\sqrt{1+z^2}=\sqrt{(z+x)(z+y)}\leqslant\frac{x+y+2z}{2}$$

$$\frac{1}{\sqrt{1+x^2}}\leqslant\frac{1}{2}\left(\frac{1}{x+y}+\frac{1}{x+z}\right)$$

$$\frac{1}{\sqrt{1+y^2}}\leqslant\frac{1}{2}\left(\frac{1}{y+z}+\frac{1}{y+x}\right)$$

$$\frac{1}{\sqrt{1+z^2}}\leqslant\frac{1}{2}\left(\frac{1}{z+x}+\frac{1}{z+y}\right)$$

主要运用范围:三角恒等式,三角不等式,代数恒等式,代数不等式.既可以将三角问题代数化,也可以将代数问题三角化.

例 8.8 设 $\triangle ABC$ 是锐角三角形,求证

$$\sum\frac{\cos^2A}{\cos A+1}\geqslant\frac{1}{2}$$

证法 1 令 $u=\cot A,v=\cot B,w=\cot C$,则 $u,v,w>0,uv+vw+wu=1$. 且 $u^2+1=(u+v)(u+w),v^2+1=(u+v)(w+v),w^2+1=(u+w)(v+w)$.

所以

$$\sum\frac{\cos^2A}{\cos A+1}=\sum\frac{u^2(\sqrt{u^2+1}-u)}{\sqrt{u^2+1}}=$$

$$\sum u^2-\sum\frac{u^3}{\sqrt{(u+v)(u+w)}}\geqslant$$

$$\sum u^2-\sum\frac{1}{2}\left(\frac{u^3}{u+v}+\frac{u^3}{u+w}\right)=$$

$$\sum u^2-\frac{1}{2}\sum\frac{u^3+v^3}{u+v}=$$

$$\frac{1}{2}(uv+vw+wu)=\frac{1}{2}$$

等号成立当且仅当 $u=v=w$,即 $\cos A=\cos B=\cos C=\frac{1}{2}$.

证法 2 设 a,b,c 为 $\triangle ABC$ 的三边长,则

$$\cos A=\frac{b^2+c^2-a^2}{2bc},\cos B=\frac{c^2+a^2-b^2}{2ac},\cos C=\frac{a^2+b^2-c^2}{2ba}$$

由 Cauchy 不等式及 4 次 Schur 不等式有

$$\sum \frac{\cos^2 A}{\cos A+1}=\sum \frac{\left(\frac{b^2+c^2-a^2}{2bc}\right)^2}{1+\frac{b^2+c^2-a^2}{2bc}}=$$

$$\sum \frac{(b^2+c^2-a^2)^2}{2bc[(b+c)^2-a^2]} \geqslant$$

$$\frac{\left[\sum(b^2+c^2-a^2)\right]^2}{2(a+b+c)\sum bc(b+c-a)}=$$

$$\frac{\sum a^4+2\sum a^2b^2}{4\sum a^2b^2+2\sum a^3(b+c)-2\sum a^2bc} \geqslant \frac{1}{2}$$

得证！等号成立时 $\cos A=\cos B=\cos C=\frac{1}{2}$.

注　本题是陶平生老师的作品，它等价于如下三角不等式. 在锐角 $\triangle ABC$ 中有

$$\tan^2\frac{A}{2}+\tan^2\frac{A}{2}+\tan^2\frac{A}{2} \geqslant 2-8\sin\frac{A}{2}\sin\frac{B}{2}\sin\frac{C}{2}$$

实际上，上面的不等式对任意三角形都成立. 这一不等式被称作 Garfunkel-Bankoff 不等式（简称为 G－B 不等式），它是 1983 年 Jack Garfunkel 在 *Crux Mathematicorum* 上提出的一个猜想，1984 年，Leon-Bankoff 指出 G－B 不等式等价于 O. Kooi 在 1958 年得到的不等式

$$R(4R+r)^2 \geqslant 2s^2(2R-r)$$

其中 R,r,s 分别为 $\triangle ABC$ 的外接圆半径、内切圆半径及半周长.

G－B 不等式在 20 世纪 80 年代末由浙江宁波大学的陈计和王振将此不等式介绍到国内后，曾一度掀起研究此不等式的热潮. 1988 年 10 月陈计与王振首先给出了一个代数证明. 1991 年 6 月，湖南省绥宁县一中黄波先生用 Wolstenholme 不等式（三角形内角嵌入不等式）得到了证明. 设 $x=\tan\frac{A}{2}$，$y=\tan\frac{B}{2}$，$z=\tan\frac{c}{2}$，并注意到 $\sum\tan\frac{A}{2}\tan\frac{B}{2}=1$ 及 $\sum\sin A=4\cos\frac{A}{2}\cos\frac{B}{2}\cos\frac{C}{2}$，应用嵌入不等式有

$$\sum\tan^2\frac{A}{2} \geqslant 2\sum\tan\frac{C}{2}\tan\frac{B}{2}\cos A=$$

$$2\sum\tan\frac{C}{2}\tan\frac{B}{2}\left(1-2\sin^2\frac{A}{2}\right)=$$

$$2-4\sin\frac{A}{2}\sin\frac{B}{2}\sin\frac{C}{2}\sum\frac{\sin\frac{A}{2}}{\cos\frac{B}{2}\cos\frac{C}{2}}=$$

$$2-4\sin\frac{A}{2}\sin\frac{B}{2}\sin\frac{C}{2}\frac{\sum\sin A}{2\cos\frac{A}{2}\cos\frac{B}{2}\cos\frac{C}{2}}=$$

$$2-8\sin\frac{A}{2}\sin\frac{B}{2}\sin\frac{C}{2}$$

1991 年 7 月,江西南昌职业技术师范学院的陶平生先生(现为江西技术师范学院教授)给出了 G－B 不等式的一个等价形式,也即是2005 年联赛试题的原型.

在 $\triangle ABC$ 中,有

$$\frac{1+\cos 2A}{1+\cos A}+\frac{1+\cos 2B}{1+\cos B}+\frac{1+\cos 2C}{1+\cos C}\geqslant 1$$

事实上只需注意到

$$\sum\frac{1+\cos 2A}{1+\cos A}=\sum\frac{1-\sin^2 A}{2\cos^2\frac{A}{2}}=$$

$$\sum\frac{\sin^2\frac{A}{2}+\cos^2\frac{A}{2}-4\sin^2\frac{A}{2}\cos^2\frac{A}{2}}{2\cos^2\frac{A}{2}}=$$

$$1+\frac{1}{2}\sum\tan\frac{A}{2}-2\sum\sin^2\frac{A}{2}=$$

$$1+\frac{1}{2}\sum\tan\frac{A}{2}-2\left(1-2\sin\frac{A}{2}\sin\frac{B}{2}\sin\frac{C}{2}\right)=$$

$$\frac{1}{2}\left(\sum\tan\frac{A}{2}-1+8\sin\frac{A}{2}\sin\frac{B}{2}\sin\frac{C}{2}\right)$$

最后我们再来给出 G－B 不等式的一个三角证法.

例 8.9 (G－B 不等式)在 $\triangle ABC$ 中有

$$\tan^2\frac{A}{2}+\tan^2\frac{A}{2}+\tan^2\frac{A}{2}\geqslant 2-8\sin\frac{A}{2}\sin\frac{B}{2}\sin\frac{C}{2}$$

证明 由三角形中的恒等式

$$r=4R\sin\frac{A}{2}\sin\frac{B}{2}\sin\frac{C}{2},s=4R\cos\frac{A}{2}\cos\frac{B}{2}\cos\frac{C}{2}$$

有

$$\sin\frac{A}{2}\sin\frac{B}{2}\sin\frac{C}{2}=\frac{r}{4R}$$

$$\sum\tan\frac{A}{2}=\frac{1+\sin\frac{A}{2}\sin\frac{B}{2}\sin\frac{C}{2}}{\cos\frac{A}{2}\cos\frac{B}{2}\cos\frac{C}{2}}=\frac{1+\frac{r}{4R}}{\frac{s}{4R}}=\frac{4R+r}{s}$$

又 $\sum \tan\frac{A}{2}\tan\frac{B}{2}=1$,所以

$$\sum \tan^2\frac{A}{2}=\left(\sum \tan\frac{A}{2}\right)^2-2\sum \tan\frac{B}{2}\tan\frac{C}{2}=\left(\frac{4R+r}{s}\right)^2-2$$

于是 G－B 不等式等价于

$$\left(\frac{4R+r}{s}\right)^2-2+\frac{2r}{R}\geqslant 1\Leftrightarrow R(4R+r)^2\geqslant 2s^2(2R-r)$$

由 $R\geqslant 2r,s^2\leqslant 2R^2+10Rr-r^2+2(R-2r)\sqrt{R^2-2Rr}$ 知,只需证明

$16R^3+8R^2r+Rr^2\geqslant(4R-2r)[2R^2+10Rr-r^2+2(R-2r)\sqrt{R^2-2Rr}]\Leftrightarrow$

$(R-2r)(8R^2-12Rr+r^2)\geqslant 4(2R-r)(R-2r)\sqrt{R(R-2r)}\Leftrightarrow$

$(R-2r)^2(8R^2-12Rr+r^2)\geqslant 16R(2R-r)^2(R-2r)^3\Leftrightarrow$

$(R-2r)^2(16R^2r^2+8Rr^3+r^4)\geqslant 0$

上式显然成立!

8.2 代数代换法

一些常用的代换

$$xyz=1\Rightarrow(x,y,z)=\left(\frac{a}{b},\frac{b}{c},\frac{c}{a}\right);\left(\frac{b}{a},\frac{a}{c},\frac{c}{b}\right);\left(\frac{bc}{a^2},\frac{ca}{b^2},\frac{ab}{c^2}\right);$$

$$\left(\frac{a^2}{bc},\frac{b^2}{ac},\frac{c^2}{ab}\right)\left(x=\frac{a}{b},\frac{b}{a}\text{ 是不同的}\right)$$

$$xy+yz+zx=1\Rightarrow\begin{cases}x=\sqrt{\dfrac{bc}{a}},y=\sqrt{\dfrac{ca}{b}},z=\sqrt{\dfrac{ab}{c}},a+b+c=1\\ x=\dfrac{a}{\sqrt{ab+bc+ca}},y=\dfrac{b}{\sqrt{ab+bc+ca}},z=\dfrac{c}{\sqrt{ab+bc+ca}}\end{cases}$$

$$x^2+y^2+z^2+2xyz=1\Rightarrow$$

$$\begin{cases}\dfrac{xy}{xy+z}+\dfrac{yz}{yz+x}+\dfrac{zx}{zx+y}=1\\ \begin{cases}x=1-\dfrac{2bc}{(a+b)(a+c)}\\ y=1-\dfrac{2ac}{(a+b)(b+c)}\\ z=1-\dfrac{2ab}{(c+b)(a+c)}\end{cases}\end{cases}$$

$$xy+yz+zx=-1\Rightarrow x=\frac{a+b}{a-b},y=\frac{b+c}{b-c},z=\frac{c+a}{c-a}$$

$$x=\frac{1}{a},y=\frac{1}{b},z=\frac{1}{c}(\text{倒数代换})$$

有时题目的条件就未必有那么明了了,下面罗列一些特殊的条件代换.

$$a+b+c+abc=0,a,b,c\in[-1,1]\Rightarrow$$

$$a=\frac{1-x}{1+x},b=\frac{1-y}{1+y},c=\frac{1-z}{1+z},xyz=1,x,y,z\geqslant 0$$

$$(A^3-3BA^2)+(A-B)\sum xy+(A^2-2AB)\sum x+xyz=0\Rightarrow$$

$$\frac{1}{A+x}+\frac{1}{A+y}+\frac{1}{A+z}=\frac{1}{B}\Rightarrow$$

$$x=\frac{B}{a}-A,y=\frac{B}{b}-A,z=\frac{B}{c}-A,a+b+c=1$$

特别地,令

$$A=B=\frac{1}{2}\Rightarrow 4abc=a+b+c+1$$

$$A=B=1\Rightarrow 2+x+y+z=xyz$$

$$A=2B=2\Rightarrow 4=xy+yz+zx+xyz$$

对于这一类型还有更一般的(令 $E=\frac{1}{B},C=D=0$ 即可)

$$D\sum_{cyc}yz^2+C\sum_{cyc}y^2z+(AC+AD)\sum y^2+(AC+AD+E-A)\sum yz-$$

$$xyz+(A^2C+DA^2+2EA^2)\sum x+3EA^2-A^3=0\Rightarrow$$

$$\frac{Cy+Dz+E}{A+x}+\frac{Cz+Dx+E}{A+y}+\frac{Cx+Dy+E}{A+z}=1$$

例 8.10 (韩京俊)$a,b,c,x,y,z>0$,求证

$$\frac{x+a}{acxy}+\frac{y+b}{bayz}+\frac{z+c}{cbzx}\geqslant\frac{3(a+x)(b+y)(c+z)}{(abc+xyz)^2}$$

证明 不等式左边通分后等价于

$$\frac{(a+x)(b+y)(c+z)-abc-xyz}{abcxyz}\geqslant\frac{3(a+x)(b+y)(c+z)}{(abc+xyz)^2}$$

设$(a+x)(b+y)(c+z)=m,abc=p,xyz=q$.

$$\Leftrightarrow\frac{m-p-q}{pq}\geqslant\frac{3m}{(p+q)^2}\Leftrightarrow$$

$$m\left(\frac{1}{pq}-\frac{4}{(p+q)^2}\right)\geqslant\frac{p+q}{pq}-\frac{m}{(p+q)^2}\Leftrightarrow$$

$$m(p-q)^2\geqslant(p+q)^3-mpq\Leftrightarrow$$

$$m(p-q)^2\geqslant(p+q)(p-q)^2+pq(4p+4q-m)\Leftrightarrow$$

$$(m-p-q)(p-q)^2\geqslant pq(4p+4q-m)$$

由 AM - GM 不等式有

$$m=(a+x)(b+y)(c+z)\geqslant 8\sqrt{xyzabc}=8\sqrt{pq}$$

于是只需证明

$$(m-p-q)(p-q)^2\geqslant 4pq(\sqrt{p}-\sqrt{q})^2\Leftrightarrow$$
$$(\sqrt{p}+\sqrt{q})^2(m-p-q)\geqslant 4pq$$

再次使用 AM - GM 不等式知

$$m-p-q=(a+x)(b+y)(c+z)-abc-xyz\geqslant$$
$$6\sqrt{pq}\Rightarrow m\geqslant p+q+6\sqrt{pq}$$

只需证明

$$(\sqrt{p}+\sqrt{q})^2 6\sqrt{pq}\geqslant 4pq\Leftrightarrow(\sqrt{p}+\sqrt{q})^2\geqslant\frac{2}{3}\sqrt{pq}$$

上式利用 AM - GM 不等式知显然成立. 等号成立当且仅当 $a=b=c=x=y=z$.

注 使用类似的方法我们能得到在相同的条件下有

$$\frac{x+a}{acxy}+\frac{y+b}{bayz}+\frac{z+c}{cbzx}\geqslant\frac{(abc+xyz)(4\lambda-4)+(4-\lambda)(a+x)(b+y)(c+z)}{(abc+xyz)^2}$$

其中 $0\leqslant\lambda\leqslant 6$,本题是 $\lambda=1$ 的情况.

例 8.11 设 $a,b,c\geqslant 0$ 且没有两个同时为 0,证明

$$\frac{a}{b(a^2+2b^2)}+\frac{b}{c(b^2+2c^2)}+\frac{c}{a(c^2+2a^2)}\geqslant\frac{3}{ab+bc+ca}$$

证明 证明原不等式颇具难度,尝试作倒代换,令 $x=\frac{1}{a},y=\frac{1}{b},z=\frac{1}{c}$,则原不等式等价于

$$\frac{x^2}{y(2z^2+x^2)}+\frac{y^2}{z(2x^2+y^2)}+\frac{z^2}{x(2y^2+z^2)}\geqslant\frac{3}{x+y+z}$$

由 Cauchy 不等式,有

$$\sum\frac{y^2}{z(2x^2+y^2)}\geqslant\frac{(x^2+y^2+z^2)^2}{\sum y^2z(2x^2+y^2)}$$

则只需证明

$$\frac{(x^2+y^2+z^2)^2}{\sum y^2z(2x^2+y^2)}\geqslant\frac{3}{x+y+z}$$

也即

$$\sum(x^5+2x^3y^2+x^2y^3+xy^4)\geqslant\sum(2x^4y+4x^2y^2z)$$

利用 AM - GM 不等式有

$$\sum(y^5+y^3z^2)\geqslant 2y^4z$$

$$\sum (yz^4 + x^2y^3) \geqslant \sum 2xy^2z^2$$

只需证明

$$\sum x^2y^2(x+y) \geqslant 2xyz(xy+yz+zx) \Leftrightarrow$$

$$(x+y+z)(x^2y^2+y^2z^2+z^2x^2) \geqslant 3xyz(xy+yz+zx)$$

再次由 Cauchy 不等式有

$$(x+y+z)(x^2y^2+y^2z^2+z^2x^2) \geqslant \frac{1}{3}(x+y+z)(xy+yz+zx)^2$$

则只证

$$(x+y+z)(xy+yz+zx) \geqslant 9xyz$$

上式由 AM - GM 不等式知显然成立.

故原不等式成立，当且仅当 $a=b=c$ 时取得等号.

例 8.12 $a,b,c>0$，求证

$$\sqrt{5+\sqrt{2\sum a^2\sum \frac{1}{a^2}-2}} \geqslant \sqrt{\sum a\sum \frac{1}{a}} \geqslant 1+\sqrt{1+\sqrt{\sum a^2\sum \frac{1}{a^2}}}$$

证明 （韩京俊）先证明不等式右边.

由 Cauchy 不等式得

$$\begin{aligned}\sum a\sum \frac{1}{a} &= \sqrt{\sum a^2+2\sum ab}\sqrt{\sum \frac{1}{a^2}+2\sum \frac{1}{ab}} \geqslant \\ &\sqrt{\sum a^2\sum \frac{1}{a^2}}+2\sqrt{\sum ab\sum \frac{1}{ab}} = \\ &\sqrt{\sum a^2\sum \frac{1}{a^2}}+2\sqrt{\sum a\sum \frac{1}{a}}\end{aligned}$$

于是

$$\left(\sqrt{\sum a\sum \frac{1}{a}}-1\right)^2 \geqslant 1+\sqrt{\sum a^2\sum \frac{1}{a^2}} \Rightarrow$$

$$\sqrt{\sum a\sum \frac{1}{a}} \geqslant 1+\sqrt{1+\sqrt{\sum a^2\sum \frac{1}{a^2}}}$$

再证明不等式左边.

设

$$S=\sum a\sum \frac{1}{a}, T=\sum a^2\sum \frac{1}{a^2}, x=\frac{(a-b)^2}{ab}, y=\frac{(b-c)^2}{bc}, z=\frac{(c-a)^2}{ca}$$

不妨设 $a \geqslant b \geqslant c \Rightarrow z=\max\{x,y,z\}$，则

$$S-9=x+y+z, T-9=\sum \frac{(a-b)^2(a+b)^2}{a^2b^2} \Rightarrow$$

$$T-4S+27=T-9-4(S-9)=\sum\frac{(a-b)^4}{a^2b^2}=\sum x^2$$

欲证不等式为

$$2T-2\geqslant S^2-10S+25\Leftrightarrow$$

$$2(T-4S+27)\geqslant S^2-18S+81=(S-9)^2\Leftrightarrow$$

$$2\sum x^2\geqslant\left(\sum x\right)^2\Leftrightarrow\sum x^2\geqslant 2\sum xy\Leftrightarrow$$

$$\sqrt{z}\geqslant\sqrt{y}+\sqrt{x}\Leftrightarrow\frac{a-c}{\sqrt{ac}}\geqslant\frac{b-c}{\sqrt{bc}}+\frac{a-b}{\sqrt{ab}}\Leftrightarrow$$

$$(\sqrt{b}-\sqrt{c})(a-b)\geqslant(b-c)(\sqrt{a}-\sqrt{b})\Leftrightarrow$$

$$(\sqrt{b}-\sqrt{c})(\sqrt{a}-\sqrt{b})(\sqrt{a}-\sqrt{c})\geqslant 0$$

上式显然成立.

综上原不等式得证!

例 8.13 （1997 年白俄罗斯数学奥林匹克）$a,b,c>0$，求证

$$\sum_{cyc}\frac{a}{b}\geqslant\sum\frac{a+b}{a+c}$$

证明 （韩京俊）设$\frac{a}{b}=x,\frac{b}{c}=y,\frac{c}{a}=z$，于是 $xyz=1,x,y,z>0\Leftrightarrow$

$$\sum_{cyc}\frac{x}{y+1}\geqslant\sum\frac{1}{y+1}\Leftrightarrow$$

$$\sum_{cyc}\frac{1}{yz(y+1)}\geqslant\sum\frac{1}{y+1}\Leftrightarrow$$

$$\sum_{cyc}x(z+1)(x+1)\geqslant\sum(z+1)(x+1)\Leftrightarrow$$

$$\sum_{cyc}x^2z+\sum x^2\geqslant\sum x+3$$

注意到当 $xyz=1$ 时有

$$\sum x^2\geqslant 3$$

$$3\sum_{cyc}x^2z=\sum(2x^2z+y^2x)\geqslant\sum 3x^{\frac{5}{3}}y^{\frac{2}{3}}z^{\frac{2}{3}}=3\sum x$$

将上面两式相加即得.

注 若本题加强至

$$\sum_{cyc}\frac{a}{b}\geqslant\sum\frac{2a}{b+c}$$

则不等式不成立.

这道题刘雨晨给出了一个巧妙的证明，只需注意到如下引理：

$x,y,z,u,v,w>0$ 且 $xyz=uvw$，$x\leqslant y\leqslant z$，$u\leqslant v\leqslant w$，$x\leqslant u$，$z\geqslant w$，则 $x+y+z\geqslant u+v+w$.

将$\frac{a}{b},\frac{b}{c},\frac{c}{a},\frac{a+b}{a+c},\frac{b+c}{b+a},\frac{c+a}{c+b}$视作$x,y,z,u,v,w$,原题即证,利用这一引理我们能得到.

当$a,b,c>0,x\geqslant 0$时有

$$\sum_{cyc}\frac{a}{b}\geqslant\sum_{cyc}\sqrt[x]{\frac{a^x+b^x}{a^x+c^x}}$$

当$a,b,c>0,x<0$时有

$$\sum_{cyc}\frac{a}{b}\leqslant\sum_{cyc}\sqrt[x]{\frac{a^x+b^x}{a^x+c^x}}$$

本题还有如下这一应用.

例 8.14 a,b,c为正数,证明

$$\sum_{cyc}\frac{(a+b)a}{(b+c)(2a+b+c)}\geqslant\frac{3}{4}$$

证明 设$x=a+b,y=b+c,z=c+a$,则原不等式等价于

$$\frac{x(x-y+z)}{y(z+x)}+\frac{y(y-z+x)}{z(x+y)}+\frac{z(z-x+y)}{x(y+z)}\geqslant\frac{3}{2}$$

注意到

$$\sum\frac{x(x-y+z)}{y(z+x)}=\sum\left(\frac{x}{y}-\frac{z+x}{z+y}\right)+\sum\frac{x}{y+z}$$

而由 Cauchy 不等式有

$$\frac{x}{y+z}+\frac{y}{z+x}+\frac{z}{x+y}\geqslant\frac{3}{2}$$

利用上题知

$$\frac{x}{y}+\frac{y}{z}+\frac{z}{x}\geqslant\frac{z+x}{z+y}+\frac{x+y}{x+z}+\frac{y+z}{y+x}$$

上面两式相加即得证.

证明 当a,b,c为正实数时,我们可以考虑作逆 Ravi 代换,化简问题.

例 8.15 $a,b,c>0$求证

$$\sqrt{\frac{a^3}{a^3+(b+c)^3}}+\sqrt{\frac{b^3}{b^3+(c+a)^3}}+\sqrt{\frac{c^3}{c^3+(a+b)^3}}\geqslant 1$$

证明 作代换

$$x=\frac{b+c}{a},y=\frac{c+a}{b},z=\frac{a+b}{c}$$

我们有

$$\frac{1}{1+x}+\frac{1}{1+y}+\frac{1}{1+z}=1\Leftrightarrow 2+x+y+z=xyz$$

此时我们需要证明

$$\frac{1}{\sqrt{1+x^3}}+\frac{1}{\sqrt{1+y^3}}+\frac{1}{\sqrt{1+z^3}}\geqslant 1$$

注意对所有的 $u\geqslant 0$,我们有

$$\sqrt{1+u^3}=\sqrt{(1+u)(1-u+u^2)}\leqslant\frac{(1+u)+(1-u+u^2)}{2}=\frac{2+u^2}{2}$$

所以我们只需证明

$$\frac{2}{2+x^2}+\frac{2}{2+y^2}+\frac{2}{2+z^2}\geqslant 1$$

上式等价于

$$16+4(x^2+y^2+z^2)\geqslant x^2y^2z^2$$

利用 $xyz=2+x+y+z$,于是等价于

$$16+4(x^2+y^2+z^2)\geqslant(2+x+y+z)^2\Leftrightarrow$$

$$(x-2)^2+(y-2)^2+(z-2)^2+(x-y)^2+(y-z)^2+(z-x)^2\geqslant 0$$

故我们证明了原不等式.

例 8.16 (Vasile)$a,b,c>0,x=a+\frac{1}{b}-1,y=b+\frac{1}{c}-1,z=c+\frac{1}{a}-1$,求证

$$xy+yz+zx\geqslant 3$$

证法 1 (韩京俊)注意到

$$(x+1)(y+1)(z+1)=abc+\frac{1}{abc}+\sum b+\sum\frac{1}{c}\geqslant$$

$$2+\sum b+\sum\frac{1}{c}=x+y+z+5\Rightarrow$$

$$xyz+xy+yz+zx\geqslant 4$$

若 $xyz+xy+yz+zx>4$,我们可以选取 $x'=\frac{x}{k},y'=\frac{y}{k},z'=\frac{z}{k},k>1$,使得 $x'y'z'+x'y'+y'z'+z'x'=4$,此时

$$xy+yz+zx>x'y'+y'z'+z'x'$$

于是我们只需证明 $xyz+xy+yz+zx=4$ 时有

$$xy+yz+zx\geqslant 3$$

作代换 $x=\frac{1}{p}-2,y=\frac{1}{q}-2,z=\frac{1}{r}-2$,此时 $p+q+r=1$,于是只需证明

$$\sum\left(\frac{1}{p}-2\right)\left(\frac{1}{q}-2\right)\geqslant 3\Leftrightarrow 1+9pqr\geqslant 4\sum pq$$

上式即为 3 次 Schur 不等式,证毕.

注 这道题目有一定难度,据说曾作为 2008 年国家队培训题,当年在 40

分钟内,没有一名国家队员想出证明. 本题还可以这样证明.

证法2 (韩京俊)将欲证不等式转化为 a,b,c 的多项式,并把 a 看做主变元. 在 $1-ab,1-bc,1-ca$ 中必有两数同号,不妨设 $(1-ab)(1-ac)\geqslant 0$,则

$$\sum xy-3=\sum_{cyc}\left(a+\frac{1}{b}-1\right)\left(b+\frac{1}{c}-1\right)-3=$$

$$\frac{1}{abc}[(1-2c+c^2+bc)ba^2+(1-2c+c^2-2b+3bc-$$

$$2bc(b+c)+b^2c^2)a+b+c(1-b)^2]=$$

$$\frac{1}{abc}[ba^2(1-c)^2+c(1-b)^2+a(1-b)^2(1-c)^2+$$

$$b(1-ac)(1-ab)]\geqslant 0$$

于是不等式得证.

例8.17 (2009Vitnam)确定 k 的最小值,使得下式对正实数 a,b,c 恒成立

$$\left(k+\frac{a}{b+c}\right)\left(k+\frac{b}{c+a}\right)\left(k+\frac{c}{a+b}\right)\geqslant\left(k+\frac{1}{2}\right)^3$$

证明 令 $a=b=1,c=0$,则可得到 $k\geqslant\frac{\sqrt{5}-1}{4}$.

设 $m=2k,x=\frac{2a}{b+c},y=\frac{2b}{c+a},z=\frac{2c}{a+b}$,不难验证 $xy+yz+zx+xyz=4$.

首先来证明,在这个条件下,我们有 $x+y+z\geqslant xy+yz+zx$.

显然若 $x+y+z>4$,则成立. 若 $x+y+z\leqslant 4$.

由3次Schur不等式并结合条件,可得到

$$xy+yz+zx\leqslant\frac{36+(x+y+z)^3}{4(x+y+z)+9}$$

只证

$$\frac{36+(x+y+z)^3}{4(x+y+z)+9}\leqslant x+y+z\Leftrightarrow x+y+z\geqslant 3$$

而

$$4=xy+yz+zx+xyz\geqslant 4\sqrt[4]{(xyz)^3}\Rightarrow xyz\leqslant 1$$

亦即

$$xy+yz+zx\geqslant 3\Rightarrow x+y+z\geqslant\sqrt{3(xy+yz+zx)}\geqslant 3$$

回到原不等式,需要证明 $(m+x)(m+y)(m+z)\geqslant(m+1)^3$,而

$$(m+x)(m+y)(m+z)=m^3+m^2(x+y+z)+m(xy+yz+zx)+xyz\geqslant$$
$$m^3+(m^2+m-1)(xy+yz+zx)+4$$

则需要

$$m^3+(m^2+m-1)(xy+yz+zx)+4\geqslant(m+1)^3$$

$$(m^2+m-1)(xy+yz+zx-3)\geqslant 0\Rightarrow m\geqslant\frac{\sqrt{5}-1}{2}$$

故 k 的值最小值为$\frac{\sqrt{5}-1}{4}$.

例 8.18 （姜卫东，赵斌）$x,y,z\geqslant 0,x+y+z=1,k\geqslant 1$，求证

$$\frac{1}{\sqrt{k}}\leqslant\sqrt{\frac{x}{k+y}}+\sqrt{\frac{y}{k+z}}+\sqrt{\frac{z}{k+x}}\leqslant\frac{3}{\sqrt{3k+1}}\tag{1}$$

证明 （赵斌）我们先证明不等式右边，为此需要两个引理.

引理 1 如果 $a,b,c\geqslant 0$，则

$$(a^2+2)(b^2+2)(c^2+2)\geqslant 3(a+b+c)^2\tag{2}$$

引理 1 的证明 由于 a^2-1,b^2-1,c^2-1 中必有两个式子有相同的负号，不妨设 $(a^2-1)(b^2-1)\geqslant 0$，则

$$(a^2+2)(b^2+2)\geqslant 3(a^2+b^2+3)$$

因此由 Cauchy 不等式有

$$(a^2+2)(b^2+2)(c^2+2)\geqslant 3(a^2+b^2+1)(1+1+c^2)\geqslant 3(a+b+c)^2$$

式(2)得证.

引理 2 如果 $a+b+c=3,a,b,c\geqslant 0$，则

$$4(a^2+b^2+c^2)+a^2b^2c^2\geqslant 13$$

引理 2 的证明 令 $f(a,b,c)=4(a^2+b^2+c^2)+a^2b^2c^2$，下面来证明

$$f(a,b,c)\geqslant f\left(\frac{a+b}{2},\frac{a+b}{2},c\right)\tag{3}$$

事实上，原不等式等价于

$$4\left[a^2+b^2-2\left(\frac{a+b}{2}\right)^2\right]\geqslant c^2\left[\left(\frac{a+b}{2}\right)^4-a^2b^2\right]\Leftrightarrow$$

$$32(a-b)^2\geqslant c^2((a+b)^2+4ab)(a-b)^2\Leftrightarrow 32\geqslant c^2((a+b)^2+4ab)$$

但是我们又有

$$c^2[(a+b)^2+4ab]\leqslant 2(a+b)^2c^2\leqslant 2\left(\frac{a+b+c}{2}\right)^4<32$$

因此(3)成立. 所以 $f(a,b,c)_{\min}=13$，当且仅当 $a=b=c=1$ 时取得. 引理 2 得证.

回到欲证不等式，假设存在 x,y,z，使得

$$\sqrt{\frac{x}{k+y}}+\sqrt{\frac{y}{k+z}}+\sqrt{\frac{z}{k+x}}>\frac{3}{\sqrt{3k+1}}$$

令 $a=\sqrt{\frac{x}{k+y}},b=\sqrt{\frac{y}{k+z}},c=\sqrt{\frac{z}{k+x}}$.

容易得到此时 $0 \leqslant a,b,c \leqslant 1, abc < 1$，且我们有 $a+b+c > \dfrac{3}{\sqrt{3k+1}}$.

此时

$$x=\frac{k(a^2+a^2b^2+a^2b^2c^2)}{1-a^2b^2c^2}, y=\frac{k(b^2+b^2c^2+a^2b^2c^2)}{1-a^2b^2c^2}, z=\frac{k(c^2+c^2a^2+a^2b^2c^2)}{1-a^2b^2c^2}$$

下面证明 $x+y+z>1$（由此得到矛盾）$\Leftrightarrow$

$$\frac{k(a^2+a^2b^2+a^2b^2c^2)}{1-a^2b^2c^2}+\frac{k(b^2+b^2c^2+a^2b^2c^2)}{1-a^2b^2c^2}+$$

$$\frac{k(c^2+c^2a^2+a^2b^2c^2)}{1-a^2b^2c^2}>1\Leftrightarrow$$

$$k\sum_{cyc}a^2+k\sum_{cyc}a^2b^2+3ka^2b^2c^2>1-a^2b^2c^2\Leftrightarrow$$

$$k\sum_{cyc}a^2+k\sum_{cyc}a^2b^2+(3k+1)a^2b^2c^2>1 \tag{4}$$

设 $u=\dfrac{3a}{m}, v=\dfrac{3b}{m}, w=\dfrac{3c}{m}, u+v+w=3$，则式(4) 等价于

$$\frac{km^2}{3^2}\sum_{cyc}u^2+k\frac{m^4}{3^4}\sum_{cyc}u^2v^2+(3k+1)\frac{m^6}{3^6}u^2v^2w^2>1 \tag{5}$$

由于 $m=a+b+c>\dfrac{3}{\sqrt{3k+1}}$，因此我们只需要证明

$$\frac{k}{3k+1}\sum_{cyc}u^2+\frac{k}{(3k+1)^2}\sum_{cyc}u^2v^2+\frac{1}{(3k+1)^2}u^2v^2w^2\geqslant 1\Leftrightarrow$$

$$2k(3k+1)\sum_{cyc}u^2+2k\sum_{cyc}u^2v^2+2u^2v^2w^2\geqslant 2(3k+1)^2 \tag{6}$$

但是

$$2k(3k+1)\sum_{cyc}u^2+2k\sum_{cyc}u^2v^2+2u^2v^2w^2=$$

$$(6k^2-2k)\sum_{cyc}u^2+k\Big(4\sum_{cyc}u^2+2\sum_{cyc}u^2v^2+u^2v^2w^2+8\Big)+(2-k)u^2v^2w^2-8k=$$

$$(6k^2-2k)\sum_{cyc}u^2+k(u^2+2)(v^2+2)(w^2+2)+(2-k)u^2v^2w^2-8k=$$

$$\left(\frac{3k^2-k}{2}\right)\Big(4\sum_{cyc}u^2+u^2v^2w^2\Big)+k\prod(u^2+2)+\Big(2-k-\frac{3k^2-k}{2}\Big)u^2v^2w^2-8k\geqslant$$

$$2(3k+1)^2$$

最后一个不等式是利用了引理 1 和引理 2，故式(6) 成立.

所以 $x+y+z>1$，这与已知条件矛盾，故不等式右边成立.

同理我们可以证明左边不等式.

假设存在 x,y,z 使得

$$\sqrt{\frac{x}{k+y}}+\sqrt{\frac{y}{k+z}}+\sqrt{\frac{z}{k+x}}<\frac{1}{\sqrt{k}}$$

我们来证明

$$\frac{k(a^2+a^2b^2+a^2b^2c^2)}{1-a^2b^2c^2}+\frac{k(b^2+b^2c^2+a^2b^2c^2)}{1-a^2b^2c^2}+\frac{k(c^2+c^2a^2+a^2b^2c^2)}{1-a^2b^2c^2}<1$$

设 $l=a+b+c<\frac{1}{\sqrt{k}}$，$u=\frac{a}{l}$，$v=\frac{b}{l}$，$w=\frac{c}{l}$，则 $u+v+w=1$，我们来证明

$$\sum_{cyc}u^2+\frac{1}{k}\sum_{cyc}u^2v^2+\frac{3k+1}{k^3}u^2v^2w^2\leqslant 1$$

由于 $k\geqslant 1$，故有

$$\sum_{cyc}u^2+\frac{1}{k}\sum_{cyc}u^2v^2+\frac{3k+1}{k^3}u^2v^2w^2\leqslant\sum_{cyc}u^2+\sum_{cyc}u^2v^2+4u^2v^2w^2$$

下面来证明更强式

$$\sum_{cyc}u^2+\sum_{cyc}u^2v^2+4u^2v^2w^2\leqslant 1\qquad(7)$$

由于 $u+v+w=1$，不难得到

$$\sum_{cyc}u^2v^2\leqslant(\sum_{cyc}uv)^2\leqslant\sum_{cyc}uv,4u^2v^2w^2\leqslant\sum_{cyc}uv$$

上式两式相加即可得到式(7)成立，这与已知条件矛盾.

故不等式左边得证，等号成立当且仅当 $x=y=0$，$z=1$ 及轮换时成立.

综上不等式得证！

注 设 $a=\sqrt{\frac{x}{k+y}}$，$b=\sqrt{\frac{y}{k+z}}$，$c=\sqrt{\frac{z}{k+x}}$ 是本题证明的重要一步，之后再用反证法，这一方法在处理根式不等式时有不少应用，如证明 $a,b,c\geqslant 0$，至多有1数为0，$\lambda\geqslant 0$，则

$$\sqrt{\frac{a}{b+\lambda c}}+\sqrt{\frac{b}{c+\lambda a}}+\sqrt{\frac{c}{a+\lambda b}}\geqslant\min\left\{\frac{3}{\sqrt{1+\lambda}},\frac{2}{\sqrt[4]{\lambda}}\right\}$$

另外需要指出的是本题中 $k\geqslant 1$ 不是最佳的，证明中的引理1有其 n 元形式的推广：

$a_i\geqslant 0$，$i=1,2,\cdots,n$，则

$$\prod_{i=1}^{n}(a_i^2+n-1)\geqslant n^{n-2}(\sum_{i=1}^{n}a_i)^2$$

第9章 打破对称与分类讨论

在处理一些具有对称形式的不等式时,若无法利用好其良好的性质,不妨打破对称,人为地增加一些条件,分类讨论,取得出人意料的结果.

利用对称性设出其中的最大或最小量是常见的.

例9.1 $a,b,c>0,ab+bc+ca=1$,求证

$$\frac{1}{a+b}+\frac{1}{c+b}+\frac{1}{a+c}\geqslant\frac{5}{2}$$

证明 两边同乘$(a+b)(b+c)(c+a)$,且注意到$(a+b)(a+c)=a^2+1$及$(a+b)(b+c)(c+a)=a+b+c-abc$,等价于证明

$$2(a^2+b^2+c^2)+6+5abc\geqslant 5(a+b+c)$$

$$(a+b+c-2)^2\geqslant 0\Rightarrow 2(a+b+c)^2\geqslant 8(a+b+c)-8$$

带入欲证不等式化简后,只需证明

$$3(a+b+c)+5abc\geqslant 6$$

不妨设 $a=\max\{a,b,c\}$,故 $bc=\min\{ab,bc,ca\}$,则 $bc\leqslant\frac{1}{3}$.

由条件同样知 $a(b+c)=1-bc$.

两边同乘 $b+c$ 后等价于证明

$$3-3bc+3(b+c)^2+5bc(1-bc)\geqslant 6(b+c)\Leftrightarrow$$

$$3(b+c-1)^2+bc(2-5bc)\geqslant 0$$

上式显然,得证!

例 9.2 $abc=1,a,b,c>0$,求证
$$(a+b)(b+c)(c+a)\geqslant 4(a+b+c-1)$$

证明 因为 $abc=1$,所以 a,b,c 中至少有一个不小于 1,不妨设 $a\geqslant 1$. 由于
$$\begin{aligned}(a+b)(b+c)(c+a)=&(b+c)(a^2+ab+bc+ca)\geqslant\\&(b+c)(a^2+3\sqrt[3]{(abc)^2})=\\&(b+c)(a^2+3)\end{aligned}$$
故知只需证明
$$\begin{aligned}&(b+c)(a^2+3)\geqslant 4(a+b+c-1)\Leftrightarrow\\&(b+c)(a^2-1)\geqslant 4(a-1)\Leftrightarrow\\&(a-1)((b+c)(a+1)-4)\geqslant 0\end{aligned}$$
由 $a\geqslant 1$ 知,只需证明
$$(b+c)(a+1)-4\geqslant 0$$
而
$$(b+c)(a+1)=ab+ca+b+c=(\frac{1}{b}+b)+(\frac{1}{c}+c)\geqslant 4$$
因此原不等式成立.

注 本题也可以这样证明
$$\sum a(\sum ab-3)\geqslant\sum a-3$$
而
$$\sum ab\geqslant\sqrt{abc\sum a}=\sqrt{3\sum a}$$
于是只需证明
$$\begin{aligned}&\sum a(\sqrt{3\sum a}-3)\geqslant(\sqrt{\sum a}-\sqrt{3})(\sqrt{\sum a}+\sqrt{3})\Leftrightarrow\\&(\sqrt{3(\sum a)^2}-\sqrt{\sum a}+\sqrt{3})(\sqrt{\sum a}-\sqrt{3})\geqslant 0\end{aligned}$$
而由 $abc=1$,而 $\sqrt{\sum a}\geqslant\sqrt{3}$.

于是命题得证!

利用这一方法我们可得
$$\begin{aligned}&(a+b)(b+c)(c+a)\geqslant\\&\max\left\{6\sum a-3\sum ab-1,5\sum a-\sum ab-4,\frac{9}{2}\sum a-\frac{11}{2}\right\}\end{aligned}$$

例 9.3 (Mildorf)$a,b,c\geqslant 0$,则
$$\sum\frac{3a^2-2ab-b^2}{3a^2+2ab+3b^2}\geqslant 0$$

证明 （牟晓生）

$$\Leftrightarrow\sum\frac{(3a+b)(a-b)^2}{3a^2+2ab+3b^2}\geqslant 0\Leftrightarrow$$

$$\sum\left(\frac{(3a+b)(a-b)^2}{3a^2+2ab+3b^2}-\frac{a-b}{a+b}\right)\geqslant\sum\frac{b-a}{a+b}\Leftrightarrow$$

$$\frac{2b(a-b)^2}{(3a^2+2ab+3b^2)(a+b)}\geqslant\left|\frac{(a-b)(b-c)(c-a)}{(a+b)(b+c)(c+a)}\right|$$

设 a 是最小的，则

$$3a^2+2ab+3b^2\leqslant 4b(a+b),3c^2+2ac+3a^2\leqslant 4c(a+c)$$

$$\frac{2b(a-b)^2}{(3a^2+2ab+3b^2)(a+b)}+\frac{2a(a-c)^2}{(3c^2+2ac+3a^2)(a+c)}\geqslant$$

$$\frac{1}{2}\frac{(a-b)^2}{(a+b)^2}+\frac{1}{2}\frac{(a-c)^2}{(a+c)^2}\geqslant$$

$$\left|\frac{(a-b)(c-a)}{(a+b)(a+c)}\right|\geqslant\left|\frac{(a-b)(b-c)(c-a)}{(a+b)(b+c)(a+c)}\right|$$

故命题得证.

注 我们再给出两种证明.

证法 1 （Mildorf）等价于

$$3-\sum\frac{3a^2-2ab-b^2}{3a^2+2ab+3b^2}=\sum\frac{4(a+b)b}{3a^2+2ab+3b^2}$$

由 Cauchy 不等式得

$$\sum\frac{4(a+b)b}{3a^2+2ab+3b^2}\leqslant\sum\frac{2b}{\sqrt{2a^2+2b^2}}\leqslant$$

$$\sqrt{4(a^2+b^2+c^2)\left(\sum\frac{a^2}{(a^2+b^2)(a^2+c^2)}\right)}\leqslant 3$$

证法 2 （黄晨笛）设

$$x=\frac{b}{a},y=\frac{c}{b},z=\frac{a}{c}\Leftrightarrow\sum\frac{4x(x+1)}{3+2x+3x^2}\leqslant 3$$

又

$$3+2t+3t^2\geqslant\frac{8}{3}(1+t+t^2)$$

我们只需证明

$$\sum\frac{x(x+1)}{1+x+x^2}\leqslant 2\Leftrightarrow\sum\frac{1}{x^2+x+1}\geqslant 1\Leftrightarrow$$

$$x^2+y^2+z^2\geqslant xy+yz+zx$$

由 AM - GM 不等式显然.

有时我们也会用到设出中间量.

例 9.4 $a+b+c=3,a,b,c\geqslant 0$ 时有

$$a^2b+b^2c+c^2a+abc\leqslant 4$$

证明 设 $b=\min\{a,b,c\}$,则

$$a^2b+b^2c+c^2a+abc=b(a+c)^2-c(a-b)(b-c)\leqslant b(a+c)^2\leqslant 4$$

注 用相同的方法还能证明 $a^2+b^2+c^2=3,a,b,c\geqslant 0$ 时有

$$a^2c+b^2a+c^2b\leqslant abc+2$$

事实上设 $b=\min\{a,b,c\}$,则

$$a^2c+b^2a+c^2b\leqslant abc+2\Leftrightarrow (b-1)^2(b+2)\geqslant a(b-a)(b-c)$$

这两个结论虽然证明过程都十分短,但用其他方法却并不容易.

它们常常可作为题目的引理,是将轮换不等式过渡到对称不等式的常用手段之一.

对于全对称型的还可以不妨设出它们之间的关系.

例 9.5 (1980 年美国数学奥林匹克)设 $0\leqslant a,b,c\leqslant 1$,求证

$$\frac{a}{b+c+1}+\frac{b}{c+a+1}+\frac{c}{a+b+1}+(1-a)(1-b)(1-c)\leqslant 1$$

证明 由于不等式关于 a,b,c 对称,不妨设 $0\leqslant a\leqslant b\leqslant c\leqslant 1$,则

$$\begin{aligned}\text{LHS}=&\sum\frac{a}{b+c+1}+(1-a)(1-b)(1-c)\leqslant\\&\frac{a+b+c}{a+b+1}+(1-a)(1-b)(1-c)=\\&1-\frac{1-c}{a+b+1}[1-(1+a+b)(1-a)(1-b)]\end{aligned}$$

则只需证明

$$\frac{1-c}{a+b+1}[1-(1+a+b)(1-a)(1-b)]\geqslant 0$$

事实上

$$\begin{aligned}(1+a+b)(1-a)(1-b)\leqslant&(1+a+b+ab)(1-a)(1-b)=\\&(1-a^2)(1-b^2)\leqslant 1\end{aligned}$$

于是原不等式成立.

等号成立当且仅当 $a=b=c=1$ 或者 $a=1,b=c=0$ 及其轮换.

注 著名数学家 Andre Gisona 用一种高深的方法得到了不等式

$$\sum_{i=1}^{n}\frac{x_i^u}{1+s-x_i}+\prod_{i=1}^{n}(1-x_i)^v\leqslant 1$$

其中 $0\leqslant x_i\leqslant 1,u,v\geqslant 1$ 且 $x_1+x_2+\cdots+x_n=s$.

后来加拿大的 Alberta 大学的 M. S. Klamkin 和 Meis 各自独立地得到了更

为简单的证法,于是由 Klamkinu 将 Gisonx 不等式取 $n=3,u=v=1$ 的特殊情形提供给美国 1980 年数学奥林匹克委员会,这便是此例题.

杨学枝老师进一步发现本题有其下界,即在相同条件下有

$$\frac{a}{b+c+1}+\frac{b}{c+a+1}+\frac{c}{a+b+1}+(1-a)(1-b)(1-c)\geqslant\frac{7}{8}$$

据作者所知,目前还没有令人满意的手工证明.

若是轮换型的,重新给变元排序的方法也不能让我们忽视.

例 9.6 a,b,c 是正实数满足 $a^2+b^2+c^2=3$,求证

$$a^3b^2+b^3c^2+c^3a^2\leqslant 3$$

证明 设 $\{a,b,c\}=\{x,y,z\}$,且 $x\geqslant y\geqslant z$.

则由 AM - GM 不等式及排序不等式有

$$\begin{aligned}a^3b^2+b^3c^2+c^3a^2=&a(a^2b^2)+b(b^2c^2)+c(c^2a^2)\leqslant\\&x(x^2y^2)+y(z^2x^2)+z(y^2z^2)=\\&y\left[x^2\left(xy+\frac{z^2}{2}\right)+z^2\left(yz+\frac{x^2}{2}\right)\right]\leqslant\\&y\left[x^2\cdot\frac{x^2+y^2+z^2}{2}+z^2\cdot\frac{x^2+y^2+z^2}{2}\right]=\\&\frac{3}{2}y(x^2+z^2)=\frac{3}{2}\sqrt{\frac{2y^2(x^2+z^2)(x^2+z^2)}{2}}\leqslant 2\end{aligned}$$

等号成立当且仅当 $a=b=c=1$.

注 本题在之前已经出现过(即为 $x+y+z=3,x,y,z\geqslant 0$ 时有 $xy\sqrt{x}+yz\sqrt{y}+zx\sqrt{z}\leqslant 3$). 当时用到了 Vasile 不等式与 3 次 Schur 不等式,而本题的证明显然更为漂亮.

下面的例子均是设出变元之间的关系之后仍难以直接解决的,需要再分情况进行讨论.

例 9.7 (1991 年波兰数学奥林匹克)$x^2+y^2+z^2=2$,求证

$$x+y+z\leqslant xyz+2$$

证明 不妨设 $x\leqslant y\leqslant z$,则 $xy\leqslant 1,(x-1)(y-1)\geqslant 0$.

若 $z\geqslant 1$ 时,有

$$x+y+z\leqslant xyz+2\Leftrightarrow 2(x-1)(y-1)(z-1)+(x+y+z-2)^2\geqslant 0$$

若 $z<1$ 时,有

$$x+y+z\leqslant xyz+2\Leftrightarrow(x-1)(y-1)+(z-1)(xy-1)\geqslant 0$$

结合两种情况知,不等式得证!

例 9.8 (2007 年印度数学奥林匹克)$a,b,c\geqslant 0$,若 $b+c\leqslant 1+a,a+c\leqslant 1+b,a+b\leqslant 1+c$,求证

$$\sum_{cyc} a^2 \leqslant 2abc + 1$$

证明　不妨设 $a \leqslant b \leqslant c$,由 $b + c \leqslant 1 + a \leqslant 1 + b$,有 $c \leqslant 1$.

(1) 如果 $a \leqslant bc$,我们有

$$\begin{aligned}(a^2 + b^2 + c^2) - (2abc + 1) &= a^2 + (b + c)^2 - 2(1 + a)bc - 1 \leqslant \\ &a^2 + (1 + a)^2 - 2(1 + a)bc - 1 \leqslant \\ &2(1 + a)(a - bc) \leqslant 0\end{aligned}$$

(2) 如果 $a > bc$,我们有

$$\begin{aligned}(a^2 + b^2 + c^2) - (2abc + 1) &= (a - bc)^2 - (1 - b^2)(1 - c^2) \leqslant \\ &(b - bc)^2 - (1 - b^2)(1 - c^2) = \\ &(1 - c)[b^2(1 - c) - (1 - b^2)(1 + c)] = \\ &(1 - c)(2b^2 - c - 1) \leqslant \\ &(1 - c)(2b - b - b) = 0\end{aligned}$$

结合两种情况知不等式得证!

例 9.9　$a,b,c \geqslant 0, a^2 + b^2 + c^2 = 3$,求证

$$12 + 9abc \geqslant 7\sum ab$$

证明　设 $a = 1 + x, b = 1 + y, c = 1 + z$,则

$$\sum x^2 + 2\sum x = 0 \Leftrightarrow 9xyz + \frac{5}{2}\sum x^2 + 2\sum xy \geqslant 0$$

不妨设 $a \geqslant b \geqslant c$,则 $1 \geqslant x \geqslant y \geqslant z \geqslant -1$,且 $x \geqslant 0, z \leqslant 0$.

当 $x \geqslant y \geqslant 0 \geqslant z$ 时

$$\sum x^2 + 2\sum x = 0 \Rightarrow \sum x \leqslant 0$$

于是

$$z\sum x \geqslant 0 \Rightarrow z^2 + yz + xz \geqslant 0$$

$$xy(1 + z) \geqslant 0 \Rightarrow xyz + xy \geqslant 0$$

而 $\sum x \leqslant 0$,故

$$-z \geqslant x + y \geqslant 0 \Rightarrow z^2 \geqslant (x + y)^2 \Rightarrow z^2 \geqslant x^2 + y^2 + 2xy$$

所以

$$\begin{aligned}9xyz + \frac{5}{2}\sum x^2 + 2\sum xy &\geqslant 9xyz + \frac{5}{2}(x^2 + y^2) + \frac{1}{2}(z^2 + 2xy) \geqslant \\ &9xyz + 3(x^2 + y^2) + 3xy \geqslant \\ &9xyz + 9xy \geqslant 0\end{aligned}$$

当 $x \geqslant 0 \geqslant y \geqslant z$ 时

$$9xyz + \frac{5}{2}\sum x^2 + 2\sum xy \geqslant 9xyz + \frac{5}{2}(y^2 + z^2) +$$

$$2yz-\frac{5}{2}x(y+z)+2x(y+z)\geqslant 0$$

综上不等式获证!

例 9.10 (2007 年中国国家集训队) $a_1,a_2,\cdots,a_n>0$, $a_1+a_2+\cdots+a_n=1$, 求证

$$(a_1a_2+a_2a_3+\cdots+a_na_1)\left(\frac{a_1}{a_2^2+a_2}+\frac{a_2}{a_3^2+a_3}+\cdots+\frac{a_n}{a_1^2+a_1}\right)\geqslant\frac{n}{n+1}$$

证明 若 $\sum\limits_{i=1}^{n}a_ia_{i+1}\geqslant\frac{1}{n}$, 则

$$\sum_{i=1}^{n}\frac{a_i}{a_{i+1}(a_{i+1}+1)}\sum_{i=1}^{n}(a_{i+1}+1)\geqslant\left(\sum_{i=1}^{n}\left(\frac{a_i}{a_{i+1}}\right)^{\frac{1}{2}}\right)^2\geqslant n^2$$

$$\sum_{i=1}^{n}\frac{a_i}{a_{i+1}(a_{i+1}+1)}\geqslant\frac{n^2}{n+1}$$

$$\sum_{i=1}^{n}a_ia_{i+1}\sum_{i=1}^{n}\frac{a_i}{a_{i+1}(a_{i+1}+1)}\geqslant\frac{n}{n+1}$$

若 $\sum\limits_{i=1}^{n}a_ia_{i+1}<\frac{1}{n}$, 则

$$\left(\sum_{i=1}^{n}a_ia_{i+1}\right)\left(\sum_{i=1}^{n}\frac{a_i}{a_{i+1}(a_{i+1}+1)}\right)\left(\sum_{i=1}^{n}a_i(a_{i+1}+1)\right)\geqslant\left(\sum_{i=1}^{n}a_i\right)^3=1$$

又 $\sum\limits_{i=1}^{n}a_i(a_{i+1}+1)<\frac{n+1}{n}$, 我们有

$$\left(\sum_{i=1}^{n}a_ia_{i+1}\right)\left(\sum_{i=1}^{n}\frac{a_i}{a_{i+1}(a_{i+1}+1)}\right)>\frac{n}{n+1}$$

得证!

注 本题有不需要讨论的证法.

证明 由 Cauchy 不等式有

$$\frac{a_1}{a_2}+\frac{a_2}{a_3}+\cdots+\frac{a_n}{a_1}\geqslant\frac{(a_1+a_2+\cdots+a_n)^2}{a_1a_2+a_2a_3+\cdots+a_na_1}$$

于是只需证明

$$\frac{a_1}{a_2^2+a_2}+\frac{a_2}{a_3^2+a_3}+\cdots+\frac{a_n}{a_1^2+a_1}\geqslant\frac{n}{n+1}\left(\frac{a_1}{a_2}+\frac{a_2}{a_3}+\cdots+\frac{a_n}{a_1}\right)$$

再次由 Cauchy 不等式得

$$\frac{a_1}{a_2^2+a_2}+\frac{a_2}{a_3^2+a_3}+\cdots+\frac{a_n}{a_1^2+a_1}\geqslant\frac{\left(\frac{a_1}{a_2}+\frac{a_2}{a_3}+\cdots+\frac{a_n}{a_1}\right)^2}{1+\frac{a_1}{a_2}+\frac{a_2}{a_3}+\cdots+\frac{a_n}{a_1}}$$

故只需证明

$$\frac{\left(\frac{a_1}{a_2}+\frac{a_2}{a_3}+\cdots+\frac{a_n}{a_1}\right)^2}{1+\frac{a_1}{a_2}+\frac{a_2}{a_3}+\cdots+\frac{a_n}{a_1}} \geqslant \frac{n}{n+1}\left(\frac{a_1}{a_2}+\frac{a_2}{a_3}+\cdots+\frac{a_n}{a_1}\right) \Leftrightarrow$$

$$\frac{a_1}{a_2}+\frac{a_2}{a_3}+\cdots+\frac{a_n}{a_1} \geqslant n$$

上式由 AM - GM 不等式立得. 证毕! 等号成立当且仅当 $a_1=a_2=\cdots=a_n=\frac{1}{n}$.

例 9.11 a,b,c 是非负实数,求证

$$\frac{a^3}{2a^2-ab+2b^2}+\frac{b^3}{2b^2-bc+2c^2}+\frac{c^3}{2c^2-ca+2a^2} \geqslant \frac{a+b+c}{3}$$

证明 利用切线法配方原理 $\Leftrightarrow$

$$\sum\left(\frac{a^3}{2a^2-ab+2b^2}-\frac{a}{3}-\frac{a-b}{3}\right) \geqslant 0 \Leftrightarrow \sum \frac{(a-b)^2(2b-a)}{2a^2-ab+2b^2} \geqslant 0$$

不妨设 $a=\max\{a,b,c\}$.

若 $\left\{\frac{a}{b},\frac{b}{c},\frac{c}{a}\right\} \subset (0,2]$,则不等式已经得证,下面我们证明 $\left\{\frac{a}{b},\frac{b}{c},\frac{c}{a}\right\}$ 中至少有一数大于等于 2 时也成立.

(1) 当 $a \geqslant b \geqslant c$ 时,此时 $\frac{c}{a}<2$,我们分 $\frac{a}{b} \geqslant 2$ 与 $\frac{b}{c} \geqslant 2$ 两种情况讨论.

① 若 $a \geqslant 2b$,则

$$\frac{a^3}{2a^2-ab+2b^2} \geqslant \frac{a}{2}$$

$$\frac{b^3}{2b^2-bc+2c^2} \geqslant \frac{b}{3}$$

利用 $a \geqslant 2b \geqslant 2c$,有

$$\sum \frac{a^3}{2a^2-ab+2b^2} \geqslant \frac{a}{2}+\frac{b}{3} \geqslant \frac{a+b+c}{3}$$

② 若 $b \geqslant 2c$,则

$$\sum \frac{a^3}{2a^2-ab+2b^2} \geqslant \frac{a}{3}+\frac{b}{2} \geqslant \frac{a+b+c}{3}$$

(2) 当 $a \geqslant c \geqslant b$ 时,由于 $\frac{c}{a}<1,\frac{b}{c}<1$,故 $a \geqslant 2b$,此时

$$\frac{a^3}{2a^2-ab+2b^2} \geqslant \frac{a}{2}$$

而

$$\frac{b^3}{2b^2-bc+2c^2} \geqslant \frac{b}{3}-\frac{c}{9} \Leftrightarrow 2t^3-7t^2+5t+3 \geqslant 0$$

其中$t=\frac{c}{b} \geqslant 1$,知当$t=\frac{7+\sqrt{19}}{6}$时上式左边最小,此时成立. 于是我们只需证明

$$\frac{a}{2}+\frac{b}{3}-\frac{c}{9}+\frac{c^3}{2c^2-ca+2a^2} \geqslant \frac{a+b+c}{3} \Leftrightarrow$$
$$6x^3-19x^2+14x+2 \geqslant 0$$

其中$x=\frac{a}{c} \geqslant 1$,易知当$t=\frac{19+\sqrt{109}}{18}$时最小,此时$6t^3-19t^2+14t+2 \geqslant 0$. 故原题得证!

注 利用本题可以证明$a,b,c>0$,有

$$\sum_{cyc}\sqrt{\frac{a^3}{a^2+ab+b^2}} \geqslant \frac{\sum\sqrt{a}}{\sqrt{3}}$$

事实上只需注意到$(2a^2-ab+2b^2)^2 \geqslant 3(a^4+a^2b^2+b^4)$即可.

例 9.12 $a,b,c,d>0$,且$abcd=1$,求证

$$\frac{1}{4a+1}+\frac{1}{4b+1}+\frac{1}{4c+1}+\frac{1}{4d+1}+\frac{1}{a+b+c+d+1} \geqslant 1$$

证明 先注意到有以下两个引理:

引理 1 若$x,y>0$,则有

$$\frac{1}{x+1}+\frac{1}{y+1} \geqslant \min\left\{1,\frac{2}{\sqrt{xy}+1}\right\}$$

引理 2 若$x,y,z>0,xy \geqslant 1,yz \geqslant 1,zx \geqslant 1$,则有

$$\frac{1}{x+1}+\frac{1}{y+1}+\frac{1}{z+1} \geqslant \frac{3}{\sqrt[3]{xyz}+1}$$

回到原题,不妨设$a \geqslant b \geqslant c \geqslant d$,若$4c \cdot 4d \leqslant 1$,由引理1有

$$\frac{1}{4c+1}+\frac{1}{4d+1} \geqslant 1$$

若$4c \cdot 4d \geqslant 1$,我们分以下几种情况讨论.

(1) 若$a \geqslant b \geqslant c \geqslant 1$,则由$4a \cdot 4b \geqslant 4a \cdot 4c \geqslant 4b \cdot 4c \geqslant 1$及引理2得

$$\frac{1}{4a+1}+\frac{1}{4b+1}+\frac{1}{4c+1} \geqslant \frac{3}{4\sqrt[3]{abc}+1}$$

$$a=b+c=-(1-b)(1-c)-(1-a)(1-bc)+2+abc \leqslant 2+abc$$

设$t=\sqrt[3]{abc} \Rightarrow d=\frac{1}{t^3}$,我们只需证明

$$\frac{3}{4t+1}+\frac{1}{4d+1}+\frac{1}{t^3+d+3}\geqslant 1\Leftrightarrow$$

$$\frac{3}{4t+1}+\frac{t^3}{t^3+4}+\frac{t^3}{t^6+2t^3+1}\geqslant 1\Leftrightarrow$$

$$(t-1)^2(3t^7+6t^6-3t^5+6t^4+15t^3-8t^2+8)\geqslant 0$$

上式对所有的 $t>0$ 都成立.

(2) 若 $a\geqslant b\geqslant 1\geqslant c\geqslant d$,由引理 1,我们有

$$\frac{1}{4a+1}+\frac{1}{4b+1}\geqslant\frac{2}{4\sqrt{ab}+1}$$

$$\frac{1}{4c+1}+\frac{1}{4d+1}\geqslant\frac{2}{4\sqrt{cd}+1}$$

$$a+b+c+d=-(1-a)(1-b)-(1-c)(1-d)+2+ab+cd\leqslant 2+ab+cd$$

设 $u=\sqrt{ab}\Rightarrow\sqrt{cd}=\frac{1}{u}$,我们需要证明

$$\frac{2}{4u+1}+\frac{2}{\frac{4}{u}+1}+\frac{1}{u^2+\frac{1}{u^2}+3}\geqslant 1\Leftrightarrow$$

$$\frac{2}{4u+1}+\frac{2u}{u+4}+\frac{u^2}{u^4+3u^2+1}\geqslant 1\Leftrightarrow$$

$$(u-1)^2(4u^4-5u^3+6u^2-5u+4)\geqslant 0$$

上式对所有的 $u>0$ 成立.

(3) 若 $1\geqslant b\geqslant c\geqslant d$,此时与(1) 类似.

于是不等式得证.

例 9.13 $a,b,c\geqslant 0$,求证

$$\sum\sqrt[3]{\frac{a^2+bc}{b^2+c^2}}\geqslant 2+\frac{1}{\sqrt[3]{2}}$$

证明 不妨设 $a\geqslant b\geqslant c$,我们先证明如下引理

$$\sqrt[3]{\frac{a^2+bc}{b^2+c^2}}+\sqrt[3]{\frac{b^2+ca}{c^2+a^2}}\geqslant\max\left\{2,\sqrt[3]{\frac{4(a^2+b^2)}{c^2+ab}}\right\}$$

$$\sqrt[3]{\frac{a^2+bc}{b^2+c^2}}+\sqrt[3]{\frac{b^2+ca}{c^2+a^2}}\geqslant 2\sqrt[6]{\frac{(a^2+bc)(b^2+ca)}{(b^2+c^2)(a^2+c^2)}}\geqslant 2\sqrt[6]{\frac{(a^2+c^2)(b^2+c^2)}{(b^2+c^2)(a^2+c^2)}}=2$$

于是我们证明

$$\sqrt[3]{\frac{a^2+bc}{b^2+c^2}}+\sqrt[3]{\frac{b^2+ca}{c^2+a^2}}\geqslant\sqrt[3]{\frac{4(a^2+b^2)}{c^2+ab}}\Leftrightarrow$$

$$\frac{a^2+bc}{b^2+c^2}+\frac{b^2+ca}{c^2+a^2}+3\sqrt[3]{\frac{(a^2+bc)(b^2+ca)}{(a^2+c^2)(b^2+c^2)}}\left(\sqrt[3]{\frac{a^2+bc}{b^2+c^2}}+\sqrt[3]{\frac{b^2+ca}{c^2+a^2}}\right)\geqslant$$
$$\frac{4(a^2+b^2)}{c^2+ab}$$

我们有

$$\frac{b^2+ca}{b^2+c^2}-\frac{a^2+bc}{a^2+c^2}=\frac{c(a-b)(a^2+b^2+c^2+ab-ac-bc)}{(a^2+c^2)(b^2+c^2)}\geqslant 0$$

由 AM - GM 不等式有

$$3\sqrt[3]{\frac{(a^2+bc)(b^2+ca)}{(a^2+c^2)(b^2+c^2)}}\left(\sqrt[3]{\frac{a^2+bc}{b^2+c^2}}+\sqrt[3]{\frac{b^2+ca}{c^2+a^2}}\right)\geqslant$$
$$6\sqrt{\frac{(a^2+bc)(b^2+ca)}{(a^2+c^2)(b^2+c^2)}}\geqslant\frac{6(a^2+bc)}{a^2+c^2}$$

只需证明

$$\frac{a^2+bc}{b^2+c^2}+\frac{b^2+ca}{c^2+a^2}+\frac{6(a^2+bc)}{a^2+c^2}\geqslant\frac{4(a^2+b^2)}{c^2+ab}\Leftrightarrow$$
$$f(c)+g(c)\geqslant 0$$

其中

$$f(c)=(a+7b)c^5+3(a^2-b^2)c^4+$$
$$2(a+b)(a+3b)bc^3\geqslant 0$$
$$g(c)=(a-b)(3b^3+2ab^2+4a^2b-3a^3)c^2+$$
$$(b^2a^3+6b^4a+a^2b^3)c+ab(a-b)^4$$

若 $3b^3+2ab^2+4a^2b-3a^3\geqslant 0$,则显然有 $g(c)\geqslant 0$.

若 $3b^3+2ab^2+4a^2b-3a^3\leqslant 0$,则 $g(c)$ 对所有的 $c\in[0,b]$ 是上凸的,所以有

$$g(c)\geqslant\min\{g(0),g(b)\}$$

但

$$g(0)=ab(a-b)^4\geqslant 0$$

$$g(b)=b\left[\frac{1}{4}(a-b)[(2a^2-6ab-b^2)^2+43b^4]+8b^5\right]\geqslant 0$$

故引理得证!

回到原题,我们分两种情况讨论.

(1) 若 $\frac{a^2+b^2}{c^2+ab}\leqslant 2$,则我们有

$$\sqrt[3]{\frac{c^2+ab}{a^2+b^2}}+\left(\sqrt[3]{\frac{a^2+bc}{b^2+c^2}}+\sqrt[3]{\frac{b^2+ca}{c^2+a^2}}\right)\geqslant\frac{1}{\sqrt[3]{2}}+2$$

(2) 若$\frac{a^2+b^2}{c^2+ab}\geqslant 2$，则我们有

$$\sqrt[3]{\frac{a^2+bc}{b^2+c^2}}+\sqrt[3]{\frac{b^2+ca}{c^2+a^2}}\geqslant\sqrt[3]{\frac{4(a^2+b^2)}{c^2+ab}}=4\sqrt[3]{4}x\Leftrightarrow$$

$$\text{LHS}\geqslant\sqrt[3]{4x}+\frac{1}{x}\geqslant 2+\frac{1}{\sqrt[3]{2}}\text{（由于 } x\geqslant\sqrt[3]{2}\text{）}$$

于是我们证明了命题.

等号成立当且仅当 $a=1,b=1,c=0$ 及其轮换.

判定定理

第10章

本章主要介绍作者在首届及第二届丘成桐中学数学奖中的获奖论文《对称不等式的取等判定》、《对称不等式的取等判定(2)》及其应用与拓展. 这是作者在探索不等式在有两数相等或有数为0时等号成立的规律时得到的结果,我们将文中出现的结论统称为判定定理、判定定理(2). 为节省篇幅,我们略去了《对称不等式的取等判定》的摘要、引言、推论的证明等内容. 虽然文章有一些不足之处,不过为了保持原汁原味,其他部分我们基本不作修改.

10.1 对称不等式的取等判定(1)的证明

10.1.1 一类三元完全对称不等式的取等判定定理

先介绍三元完全对称不等式的性质.

引理10.1 三元多项式$f(x,y,z)$为完全对称的充要条件是它能唯一地表示为关于初等多项式$\sigma_1=\sum x=x+y+z$, $\sigma_2=\sum xy=xy+yz+zx$, $\sigma_3=\prod x=xyz$的多项式,记为$f(x,y,z)=g(\sum x,\sum xy,xyz)$.

引理 10.2 三元完全对称多项式 $f(x,y,z)$ 可以唯一地表示为诸如关于 $\sum x, \sum x^2, \sum x^3$ 的多项式.

引理 10.3 四元完全对称 n 次多项式 $f(x,y,z,t)$ 都可以唯一地表示为

$$t^n g\left(\sum \frac{x}{t}, \sum \frac{xy}{t^2}, \sum \frac{xyz}{t^3}\right)$$

下面给出三元完全对称不等式的取等判定定理及证明.

引理 10.4 对任意实数 a,b,c 有

$$\frac{\sum ab\sum a + (6\sum ab - 2(\sum a)^2)x_1}{9} \leqslant abc \leqslant$$

$$\frac{\sum ab\sum a + (6\sum ab - 2(\sum a)^2)x_2}{9}$$

其中 $x_1 = \dfrac{\sum a + \sqrt{(\sum a)^2 - 3\sum ab}}{3}, x_2 = \dfrac{\sum a - \sqrt{(\sum a)^2 - 3\sum ab}}{3}$.

不等式的等号成立当且仅当 $(a-b)(b-c)(c-a)=0$.

证明 设实数 a,b,c 满足 $c \geqslant b \geqslant a$,考察函数

$$f(x) = (x-a)(x-b)(x-c) = x^3 - \sum ax^2 + \sum abx - abc$$

则

$$f' = 3x^2 - 2\sum ax + \sum ab$$

设 $f'(x)=0$ 的两根为 x_1, x_2 且 $x_1 \geqslant x_2$,则易求得

$$x_1 = \frac{\sum a + \sqrt{(\sum a)^2 - 3\sum ab}}{3}, x_2 = \frac{\sum a - \sqrt{(\sum a)^2 - 3\sum ab}}{3} \quad (1)$$

若 $x_1 > x_2$,此时 $f(x)$ 在 $(-\infty, x_2]$ 上单调递增;在 $(x_2, x_1]$ 上单调递减;在 $(x_1, +\infty)$ 上单调递增.又函数 $f(x)$ 有三个零点,即 $f(a)=f(b)=f(c)=0$,故必有 $a \leqslant x_2 \leqslant b \leqslant x_1 \leqslant c$,所以 $f(x_2) \geqslant 0, f(x_1) \leqslant 0$,也即

$$x_2^3 - \sum ax_2^2 + \sum abx_2 - abc \geqslant 0, x_1^3 - \sum ax_1^2 + \sum abx_1 - abc \leqslant 0$$

将(1)代入得到

$$\frac{\sum ab\sum a + (6\sum ab - 2(\sum a)^2)x_1}{9} \leqslant abc \leqslant$$

$$\frac{\sum ab\sum a + (6\sum ab - 2(\sum a)^2)x_2}{9}$$

得证!

引理 10.5 对于任意非负实数 a,b,c 有

$$\max\left(\frac{\sum ab\sum a+(6\sum ab-2(\sum a)^2)x_1}{9},0\right)\leqslant abc\leqslant$$

$$\frac{\sum ab\sum a+(6\sum ab-2(\sum a)^2)x_2}{9}$$

引理 10.4 与引理 10.5 是很强的不等式,在证明不等式中有广泛的应用.

定理 10.6 将一个关于实数 a,b,c 的完全对称多项式 $F(a,b,c)$ 写成 $f(\sum a,\sum ab,abc)$ 的形式,其中 $f(x,y,z)$ 是关于 x,y,z 的多项式.

我们记 $f'(abc)=\frac{\partial f}{\partial(abc)}(\sum a,\sum ab,abc)$,则:

(1) 若 $f'(abc)\geqslant 0$,则函数 $f(\sum a,\sum ab,abc)$ 的最大值在两数相等时取得,且这两数不大于第三个数. $f(\sum a,\sum ab,abc)$ 的最小值在两数相等时取得,且这两数不小于第三个数.

(2) 若 $f'(abc)=0$,则函数 $f(\sum a,\sum ab,abc)$ 在两数相等时可取到最值.

(3) 若 $f'(abc)\leqslant 0$,则函数 $f(\sum a,\sum ab,abc)$ 的最大值在两数相等时取得,且这两数不小于第三个数. $f(\sum a,\sum ab,abc)$ 的最小值在两数相等时取得,且这两数不大于第三个数.

证明 我们先证明定理 10.6(1),考察三元组 (x_1,x_1,y_1), (x_2,x_2,y_2),其中

$$x_1=\frac{\sum a+\sqrt{(\sum a)^2-3\sum ab}}{3},y_1=\frac{\sum a-2\sqrt{(\sum a)^2-3\sum ab}}{3}$$

$$x_2=\frac{\sum a-\sqrt{(\sum a)^2-3\sum ab}}{3},y_2=\frac{\sum a+2\sqrt{(\sum a)^2-3\sum ab}}{3}$$

此时 $x_1+x_1+y_1=x_2+x_2+y_2=a+b+c$, $x_1^2+x_1y_1+x_1y_1=x_2^2+x_2y_2+x_2y_2=ab+bc+ca$,事实上我们有

$$\frac{\sum ab\sum a+(6\sum ab-2(\sum a)^2)x_1}{9}=x_1^2y_1$$

$$\frac{\sum ab\sum a+(6\sum ab-2(\sum a)^2)x_2}{9}=x_2^2y_2$$

则由引理 10.4 可得到 $x_1^2y_1\leqslant abc\leqslant x_2^2y_2$.

又 $f'(abc)\geqslant 0$,即函数 $f(abc)$ 关于 abc 单调递增,而此时 $\sum a$, $\sum ab$ 不变. 我们用 (x_1,x_1,y_1), (x_2,x_2,y_2) 分别代替 (a,b,c),故有

$$f(x_1+x_1+y_1,x_1^2+x_1y_1+x_1y_1,x_1^2y_1)=$$

$$f\left(\sum a,\sum ab,x_1^2y_1\right)\leqslant f\left(\sum a,\sum ab,abc\right)$$

$$f\left(\sum a,\sum ab,abc\right)\leqslant f(x_2+x_2+y_2,x_2^2+x_2y_2+x_2y_2,x_2^2y_2)$$

又显然有 $x_1\geqslant y_1,x_2\leqslant y_2$，所以函数 $f\left(\sum a,\sum ab,abc\right)$ 的最大值在两数相等时取得，且这两数不大于第三个数，$f\left(\sum a,\sum ab,abc\right)$ 的最小值在两数相等时取得，且这两数不小于第三个数.

同理我们可以证明(3).

而若 $f'(abc)=0$，此时 abc 在函数 $f\left(\sum a,\sum ab,abc\right)$ 中的次数为0，故我们可用 (x_1,x_1,y_1)，(x_2,x_2,y_2) 中任何一组代替 (a,b,c)，此时函数 $f\left(\sum a,\sum ab,abc\right)$ 值不变，所以每一个函数 $f\left(\sum a,\sum ab,abc\right)$ 的值必对应一组 (x_1,x_1,y_1) 和 (x_2,x_2,y_2)，于是当 $f\left(\sum a,\sum ab,abc\right)$ 取到最值时也必对应着一组 (x_1,x_1,y_1)，(x_2,x_2,y_2)，即函数在两数相等时可取到最值(2)得证!

所以定理获证!

推论 10.7 将一个非负关于实数 a,b,c 的完全对称多项式 $F(a,b,c)$ 写成 $f\left(\sum a,\sum ab,abc\right)$ 的形式，其中 $f(x,y,z)$ 是关于 x,y,z 的多项式.

(1) 若 $f'(abc)\geqslant 0$，则函数 $f\left(\sum a,\sum ab,abc\right)$ 的最大值在两数相等时取得，且这两数不大于第三个数. $f\left(\sum a,\sum ab,abc\right)$ 的最小值在两数相等且这两数不小于第三个数时，或在至少有一数等于0时取到.

(2) 若 $f'(abc)=0$，则函数 $f\left(\sum a,\sum ab,abc\right)$ 在两数相等时可取到最值.

(3) 若 $f'(abc)\leqslant 0$，则函数 $f\left(\sum a,\sum ab,abc\right)$ 的最小值在两数相等时取得，且这两数不大于第三个数. $f\left(\sum a,\sum ab,abc\right)$ 的最大值在两数相等且这两数不大于第三个数时，或在至少有一数等于0时取到.

推论 10.8 将一个关于实数 a,b,c 的完全对称多项式 $F(a,b,c)$ 写成 $f\left(\sum a,\sum ab,abc\right)$ 的形式，其中 $f(x,y,z)$ 是关于 x,y,z 的多项式.

(1) 若 $f''(abc)\geqslant 0$，则函数 $f\left(\sum a,\sum ab,abc\right)$ 的最大值在两数相等时取得.

(2) 若 $f''(abc)=0$，则可归结为定理10.6的一种情形.

(3) 若 $f''(abc)\leqslant 0$，则函数 $f\left(\sum a,\sum ab,abc\right)$ 的最小值在两数相等时取得。

推论 10.9 将一个关于非负实数 a,b,c 的完全对称多项式 $F(a,b,c)$ 写成

$f(\sum a, \sum ab, abc)$ 的形式,其中 $f(x,y,z)$ 是关于 x,y,z 的多项式.

(1) 若 $f''(abc) \geqslant 0$,则函数 $f(\sum a, \sum ab, abc)$ 的最大值在两数相等或一数等于0时取得.

(2) 若 $f''(abc) = 0$,则可归结为推论10.7的一种情形,此时函数 $f(\sum a, \sum ab, abc)$ 的最值在两数相等或者一数等于0时取得.

(3) 若 $f''(abc) \leqslant 0$,则函数 $f(\sum a, \sum ab, abc)$ 的最小值在两数相等或者一数等于0时取得.

推论10.10 三元非负 n 次(不一定齐次)完全对称不等式 $f(a,b,c) \geqslant 0$,成立的充要条件是 $f(x,y,0) \geqslant 0$ 以及 $f(x,y,y) \geqslant 0 (n \leqslant 5)$.

10.1.2 一类 n 元完全对称不等式的取等判定定理

引理10.11 (1) 给定不全相等的非负实数 $a \geqslant b \geqslant c, m \leqslant 0$ 的实数 m,对于变量 $x \leqslant y \leqslant z$,且满足 $x+y+z=a+b+c, x^m+y^m+z^m=a^m+b^m+c^m$(特别地当 $m=0$ 时为 $xyz=abc$,下同).

必存在非负实数 x_1, x_2,当 $x=x_1$ 时,有 $x=x_1 \leqslant y=z$.

当 $x=x_2$ 时,有 $x=x_2=y \leqslant z$.

当 $x \in (x_1, x_2)$ 时,有 $x<y<z$.

(2) 给定不全相等且至多只有一个为0的非负实数 $a \geqslant b \geqslant c, m>0$ 且 $m \neq 1$ 的实数 m,对于变量 $x \leqslant y \leqslant z$,且满足 $x+y+z=a+b+c, x^m+y^m+z^m=a^m+b^m+c^m$,必存在非负实数 x_1, x_2,当 $x=x_2$ 时,有 $x=x_2=y \leqslant z$.

当 $x \in (x_1, x_2)$ 时,有 $x<y<z$.

当 $x=x_1$ 时,有 $0=x_1=x \leqslant y \leqslant z$ 或 $x_1=x \leqslant y=z$.

定理10.12 对于非负实数 (x,y,z),定义 $f(x,y,z)$ 是一个关于 (x,y,z) 的函数,其中 y 和 z 是对称的,将 $f(x,y,z)$ 简记为 $f(x)$,且 $f(x)$ 为可导函数.我们保持 $\sum x, \sum x^m$ 不变,对于形如 $F(x,y,z)=f(x)+f(y)+f(z)$ 的函数,记 $g(x^{m-1})=f'(x)$.

(1) 若 $g(x)$ 在 $[0,+\infty)$ 上为下凸函数.当 $m>0$ 时,$F(x,y,z)$ 的最小值在 $x \leqslant y=z$ 或者 $0=x \leqslant y \leqslant z$ 时取到,最大值在 $x=y \leqslant z$ 时取到.当 $m \leqslant 0$ 时,$F(x,y,z)$ 的最小值在 $x \leqslant y=z$ 时取到,最大值在 $x=y \leqslant z$ 时取到.

(2) 若 $g(x)$ 在 $[0,+\infty)$ 上为上凸函数.$m>0$ 时,$F(x,y,z)$ 的最大值在 $x \leqslant y=z$ 或 $0=x \leqslant y \leqslant z$ 时取到,最小值在 $x=y \leqslant z$ 时取到,当 $m \leqslant 0$,$F(x,y,z)$ 的最大值在 $x \leqslant y=z$ 时取到,最小值在 $x=y \leqslant z$ 时取到.

证明 先讨论 $g(x)$ 为下凸函数的情形.

我们控制 $x+y+z, x^m+y^m+z^m$ 不变(m 为不为1的实数),此时存在不全

相等的非负实数 $a \geqslant b \geqslant c$($m>0$ 时,这样的 a,b,c 至多只有一个为0),满足 $x+y+z=a+b+c, x^m+y^m+z^m=a^m+b^m+c^m$,知

$$1+y'+z'=0, mx^{m-1}+my'y^{m-1}+mz'z^{m-1}=0$$

解得 $y'=\dfrac{x^{m-1}-z^{m-1}}{z^{m-1}-y^{m-1}}, z'=\dfrac{y^{m-1}-x^{m-1}}{z^{m-1}-y^{m-1}}$(易验证当 $m=0$ 时也成立),则

$$F'(x)=f'(x)=y'f'(y)+z'f'(z)=$$

$$f'(x)+\frac{x^{m-1}-z^{m-1}}{z^{m-1}-y^{m-1}}f'(y)+\frac{y^{m-1}-x^{m-1}}{z^{m-1}-y^{m-1}}f'(z)$$

令 $P=(x^{m-1}-z^{m-1})(x^{m-1}-y^{m-1}), Q=(y^{m-1}-z^{m-1})(y^{m-1}-x^{m-1}), R=(z^{m-1}-x^{m-1})(z^{m-1}-y^{m-1})$,故

$$\frac{F'(x)}{(x^{m-1}-z^{m-1})(y^{m-1}-x^{m-1})}=\frac{f'(x)}{P}+\frac{f'(y)}{Q}+\frac{f'(z)}{R}$$

又 $g(x^{m-1})=f'(x), g(y^{m-1})=f'(y), g(z^{m-1})=f'(z)$,故有

$$\frac{F'(x)}{(x^{m-1}-z^{m-1})(y^{m-1}-x^{m-1})}=\frac{g(x^{m-1})}{P}+\frac{g(y^{m-1})}{Q}+\frac{g(z^{m-1})}{R}$$

由 $x \leqslant y \leqslant z$ 知 $P \geqslant 0, R \geqslant 0, (z^{m-1}-y^{m-1})(y^{m-1}-x^{m-1}) \geqslant 0$,又 $g(x)$ 为下凸函数,故由 Jensen 不等式知

$$\frac{g(x^{m-1})}{P}+\frac{g(z^{m-1})}{R} \geqslant \left(\frac{1}{P}+\frac{1}{R}\right)\cdot g\left(\frac{\dfrac{g(x^{m-1})}{P}+\dfrac{g(z^{m-1})}{R}}{\dfrac{1}{P}+\dfrac{1}{R}}\right)=\frac{g(y^{m-1})}{Q}$$

即 $F'(x)$ 单调递增,由引理10.6知,$m>0$ 时,$F(x,y,z)$ 的最小值在 $x \leqslant y=z$ 或者 $0=x \leqslant y \leqslant z$ 时取到,最大值在 $x=y \leqslant z$ 时取到,$m \leqslant 0$ 时,$F(x,y,z)$ 的最小值在 $x \leqslant y=z$ 时取到,最大值在 $x=y \leqslant z$ 时取到.

同理当 $g(x)$ 在 $\in[0,+\infty)$ 上为上凸函数时,若 $m>0$,$F(x,y,z)$ 的最大值在 $x \leqslant y=z$ 或者 $0=x \leqslant y \leqslant z$ 时取到,最小值在 $x=y \leqslant z$ 时取到. $m \leqslant 0$ 时,$F(x,y,z)$ 的最大值在 $x \leqslant y=z$ 时取到,最小值在 $x=y \leqslant z$ 时取到.

定理得证!

注 对于形如 $F(x,y,z)=f(x,y)+f(y,z)+f(z,x)$ 的函数(其中 $f(x,y)$ 表示关于 x,y 对称的函数),我们可控制 $x+y+z, x^2+y^2+z^2$ 或 $x+y+z, xyz$ 不变来处理问题,只需注意到 $xy=-\dfrac{1}{2}\sum x^2+\dfrac{1}{2}(\sum x)^2+z^2-z(x+y+z), xy=\dfrac{xyz}{z}, x+y=x+y+z-z$,而关于 x,y 对称的函数必能表示成关于 x,y 的函数.

推论 10.13 对于非负实数 (x,y,z),定义 $f(x;y,z)$ 是一个关于 (x,y,z) 的函数,其中 y 和 z 是对称的,将 $f(x;y,z)$ 简记为 $f(x)$,我们保持 $\sum x$, $\sum x^m$ 不变,

对于形如 $F(x,y,z)=f(x)+f(y)+f(z)$ 的函数.

记 $h(x^{m-1})=\dfrac{f''(x)}{(x^{m-1}-z^{m-1})(x^{m-1}-y^{m-1})}$.

(1) 当 $m>0$,对于非负实数 x.

若 $f'(x)\leqslant 0$,$f''(x)\geqslant 0$ 或者 $h(x)$ 为下凸函数,$F(x,y,z)$ 的最大值在两数相等或者有数为0时取到.

若 $f'(x)\geqslant 0$,$f''(x)\leqslant 0$ 或者 $h(x)$ 为上凸函数,$F(x,y,z)$ 的最小值在两数相等或者有数为0时取到.

(2) 当 $m\leqslant 0$,对于非负实数 x.

若 $f'(x)\leqslant 0$,$f''(x)\geqslant 0$ 或者 $h(x)$ 为下凸函数,$F(x,y,z)$ 的最大值在两数相等时取到.

若 $f'(x)\geqslant 0$,$f''(x)\leqslant 0$ 或者 $h(x)$ 为上凸函数,$F(x,y,z)$ 的最小值在两数相等时取到.

定理 10.14 对于非负实数 $x_1,x_2,\cdots,x_n$,定义 $f(x_1;x_2,\cdots,x_n)$ 是一个关于 $x_1,x_2,\cdots,x_n$ 的函数,其中 $x_2,\cdots,x_n$ 是对称的,将 $f(x_1;x_2,\cdots,x_n)$ 记作 $f(x_1)$,且 $f(x)$ 是可导的. 我们保持 $\sum x_i$, $\sum x_i^m$ 不变,对于形如 $F(x_1,x_2,\cdots,x_n)=f(x_1)+f(x_2)+\cdots+f(x_n)$ 的函数,记 $f'(x)=\dfrac{\partial f}{\partial x}$,$g(x^{m-1})=f'(x)$ $(n\geqslant 3)$(n 是正整数).

(1) 若 $g(x)$ 为下凸函数,$m>0$ 时,$F(x_1,x_2,\cdots,x_n)$ 的最小值在 $x_1\leqslant x_2=x_3=\cdots=x_n$ 或有 d 个数为0,至少 $n-d-1$ 个正数相等时取到,最大值在 $x_1=x_2=\cdots=x_{n-1}\leqslant x_n$ 时取到.

$m\leqslant 0$ 时,$F(x_1,x_2,\cdots,x_n)$ 的最小值在 $x_1\leqslant x_2=x_3=\cdots=x_n$ 时取到,最大值在 $x_1=x_2=\cdots=x_{n-1}\leqslant x_n$ 时取到.

(2) 若 $g(x)$ 为上凸函数. $m>0$ 时,$F(x_1,x_2,\cdots,x_n)$ 的最大值在 $x_1\leqslant x_2=x_3=\cdots=x_n$ 或有 d 个数为0,至少 $n-d-1$ 个正数相等时取到,最小值在 $x_1=x_2=\cdots=x_{n-1}\leqslant x_n$ 时取到.

$m\leqslant 0$ 时,$F(x_1,x_2,\cdots,x_n)$ 的最大值在 $x_1\leqslant x_2=x_3=\cdots=x_n$ 时取到,最小值在 $x_1=x_2=\cdots=x_{n-1}\leqslant x_n$ 时取到.

证明 先证明 $g(x)$ 为下凸函数的情形.

当 $m>0$ 时,先证明函数 $F(x_1,x_2,\cdots,x_n)$ 取到最小值时必有 $x_1\leqslant x_2=x_3=\cdots=x_n$,或有 d 个数为0,至少 $n-d-1$ 个正数相等. 我们分别调整 $x_1,x_2,\cdots,x_n$ 中的三个数 x_i,x_j,x_k($1\leqslant k<j<k\leqslant n$)(且 x_i,x_j,x_k 中至多只有一个为0),控制其余的 $n-3$ 个变元及 $x_i+x_j+x_k$,$x_i^m+x_j^m+x_k^m$($m\in\mathbf{R}$,$m\neq 1$)不变,使得 $F(x_i,x_j,x_k)$ 达到最小,由定理10.12知 $F(x_i,x_j,x_k)$ 最小时必有 $x_i\leqslant x_j=x_k$ 或者 $0=x_i<x_j\leqslant x_k$.

由于当调整进行至$(x_1,x_2,\cdots,x_n)$且$x_1\leqslant x_2=x_3=\cdots=x_n$或$d$个数为0，至少$n-d-1$个正数相等时，调整无法进行，我们称之为调整结束，故我们只需证明调整无法进行时只能为这两种情况.

假设当调整至$F(x_1,x_2,\cdots,x_n)=f(x_1)+f(x_2)+\cdots+f(x_n)$时调整无法进行，不妨设$x_1\leqslant x_2\leqslant\cdots\leqslant x_n$，若$x_i(1<i\leqslant n)$中有数为0，设$x_{d+1}$时最小的非0数，若$d=n-1,n-2$，则命题已经得证(故$n=3$时得证). 当$d\leqslant n-3$时(此时$n\geqslant 4$)，考察数组$(x_{d+1},x_{d+2},x_n)$，$(x_{d+1},x_{d+3},x_n)$，$\cdots$，$(x_{d+1},x_{n-1},x_n)$，由于$g(x)$为下凸函数，故$F(x_{d+1},x_1,x_n)(d+2\leqslant i\leqslant n-1)$取到最小值时必有$x_{d+1}\leqslant x_i=x_n$，综合这$n-d-2$个式子知调整结束时有$d$个数为0，至少$n-1-d$个正数相等. 类似的可以证明$F(x_1,x_2,\cdots,x_n)$取到最大值时必有$x_1=x_2=\cdots=x_{n-1}\leqslant x_n$.

同理可以证明当$m\leqslant 0$的情况，而当$g(x)$为上凸函数时，证明类似.

于是定理10.13得证.

推论10.15　对于$(x_1,x_2,\cdots,x_n)$为非负实数，$x_1+x_2+\cdots+x_n$，$x_1^m+x_2^m+\cdots+x_n^m(m\in\mathbf{R},m\neq 1)$为定值的函数：$F(x_1,x_2,\cdots,x_n)=x_1^p+x_2^p+\cdots+x_n^p$ $(p\in\mathbf{R},p\neq 1,m)$，特别的当$p=0$时，$F(x_1,x_2,\cdots,x_n)=x_1x_2\cdots x_n(n\geqslant 3,n\in\mathbf{N})$.

(1) 当$p(p-1)(p-m)\geqslant 0$及$p\neq 0$时或$p=0$及$m>0$时：

若$m>0$，此时$F(x_1,x_2,\cdots,x_n)$的最小值在$x_1\leqslant x_2=x_3=\cdots=x_n$时取到，最大值在$x_1=x_2=\cdots=x_{n-1}\leqslant x_n$时取到，若$m\leqslant 0$，此时$F(x_1,x_2,\cdots,x_n)$的最小值在$x_1\leqslant x_2=x_3=\cdots=x_n$时取到，最大值在$x_1=x_2=\cdots=x_{n-1}\leqslant x_n$时取到.

(2) 当$p(p-1)(p-m)\leqslant 0$及$p\neq 0$时或$p=0$及$m<0$时：

若$m>0$，此时$F(x_1,x_2,\cdots,x_n)$的最大值在$x_1\leqslant x_2=x_3=\cdots=x_n$或者$d$个数为0，至少$n-d-1$个正数相等时取到，最小值在$x_1=x_2=\cdots=x_{n-1}\leqslant x_n$时取到，若$m\leqslant 0$，此时$F(x_1,x_2,\cdots,x_n)$的最大值在$x_1\leqslant x_2=x_3=\cdots=x_n$时取到，最小值在$x_1=x_2=\cdots=x_{n-1}\leqslant x_n$时取到.

注　在(1)中取$n=3,m=2,p=0$，则得到当$x+y+z,x^2+y^2+z^2$不变(即$x+y+z,xy+yz+zx$不变，这是因为$2(xy+yz+zx)=(x+y+z)^2-(x^2+y^2+z^2)$)，$xyz$的最小值在$x\leqslant y=z$或有数为0时取到，最大值在$x=y\leqslant z$时取到. 这即是引理10.5，也是证明定理10.6和推论10.7、推论10.8、推论10.9中的核心.

若取$n=3,m=0,p=2$，则得到当$x+y+z,xyz$不变时，$x^2+y^2+z^2$的最小值在$x\leqslant y=z$时取到，最大值在$x=y\leqslant z$时取到，即$xy+yz+zx$的最大值在$x\leqslant y=z$时取到，最小值在$x=y\leqslant z$时取到.

在(2)中令$n=3,m=0,p=\dfrac{1}{2}$，且作代换$x_1=\sqrt{x},y_1=\sqrt{y},z_1=\sqrt{z}$，得当$x_1^2+$

$y_1^2+z_1^2,x_1y_1z_1$ 不变时，$x_1+y_2+z_1$ 的最大值在 $x_1\leqslant y_1=z_1$ 或有数为 0 时取到，最小值在 $x_1=y_1\leqslant z_1$ 时取到.

推论 10.16 对于非负实数 x,y,z，若 $\sum xy,xyz$ 不变，则 $\sum x$ 的最小值必在 $x\leqslant y=z$ 时取到，$\sum x$ 的最大值必在 $x=y\leqslant z$ 时取到.

推论 10.17 一个关于非负实数 a,b,c 的完全对称不等式 $f(\sum a,\sum ab,abc)\geqslant 0$，若 $f'(abc)f'(\sum ab)\geqslant 0$ 或 $f'(\sum a)f'(\sum ab)\geqslant 0$，则不等式的等号成立当且仅当三数相等.

注 对于以上定理及推论，用类似的方法，我们可以得到当变元的定义域为 $[\alpha,\beta]$ 或 $(\alpha,\beta]$ 或 (α,β) 时与以上定理及推论相似的结论，限于篇幅这里也省略了. 而对于定义在实数域上的变元，只要次数使变元在以上证明过程中有意义，我们亦可得到类似结论.

10.1.3 一些非常规取等条件的完全对称及轮换对称不等式的判定

1. 三元完全对称 n 次齐次不等式的判定($n\geqslant 6,n\in\mathbf{N}$)

之前我们证明了三元完全对称 $n(n\leqslant 5,n\in\mathbf{N})$ 次不等式等号成立的条件为两数相等或者有数为 0，我们称之为常规取等条件. 但当次数为 6 的时候，取等条件就不一定如此了，那么三元六次完全对称不等式的取等条件究竟如何呢？下面我们将得到一般的结论：三元六次齐次完全对称不等式必可写成如下形式：

$$f(a,b,c)=A\sigma_3^2+(B\sigma_1^3+C\sigma_1t^2)\sigma_3+g(\sigma_1,t)\geqslant 0$$

其中 $g(\sigma_1,t)=D\sigma_1^6+E\sigma_1^4t^2+F\sigma_1^2t^4+Gt^6,\sigma_1=\sum a,\sum ab=\frac{\sigma_1^2-t^2}{3},abc=\sigma_3$.

于是 $0\leqslant t\leqslant\sigma_1$，由原不等式的齐次性，我们不妨设 $\sigma_1=1$，于是可以得到如下定理：

定理 10.18 $\mathbf{R}_+^3$ 上的三元六次齐次完全对称不等式的判定定理.

对于定义在 $\mathbf{R}_+^3$ 上的三元六次齐次完全对称不等式，其成立的充要条件是

$$D(x+1)^6+E(x+1)^4(x^2-x+1)+F(x+1)^2(x^2-x+1)^2+G(x^2-x+1)^3\geqslant 0$$

$$Ax^2+[B(2x+1)^3+C(2+x)(x-1)^2]x+D(x+2)^6+E(x+2)^4(x-1)^2+G(x-1)^6\geqslant 0$$

也即 $f(x,1,0)\geqslant 0,f(x,1,1)\geqslant 0$ 在 $x\in[0,+\infty)$ 时恒成立.

当 $A\geqslant 0$ 时，$4At^3+(27C-6A)t^2+2A+27B\geqslant 0,4At^3+(6A-27C)t^2-2A-27B\geqslant 0,B+Ct^2\leqslant 0,0\leqslant t\leqslant 1$ 的解之交满足

$$4AGt^6+(4AF-C^2)t^4+(4AE-2BC)t^2+4AD-B^2\geqslant 0$$

证明 我们控制 σ_1,t 不变，改变 σ_3 的值.

若 $A\leqslant 0$，则 $f''(\sigma_3)\leqslant 0$，由推论 10.17 知，只需证明 $f(x,1,0)\geqslant 0$ 或 $f(x,1,1)\geqslant 0$.

若 $A\geqslant 0$，且 $f'(\sigma_3)=0$ 无解，由 σ_3 在最小值与最大值之间是连续的知道 $f(\sigma_3)$ 的正负恒定，由推论 10.8 知只需证明 $f(x,1,0)\geqslant 0$ 或者 $f(x,1,1)\geqslant 0$.

若 $A\geqslant 0$，且 $f'(\sigma_3)=0$ 有解，即 $f'(\sigma_3)=2A\sigma_3+B\sigma_1^3+C\sigma_1t^2=0$，有解 $\sigma_3=-\dfrac{C\sigma_1t^2+B\sigma_1^3}{2A}$，由引理 10.5 知

$$\max\left(0,\frac{(\sigma_1+t)^2(\sigma_1-2t)}{27}\right)\leqslant\sigma_3\leqslant\frac{(\sigma_1-t)^2(\sigma_1+2t)}{27}$$

于是

$$\max\left(0,\frac{(\sigma_1+t)^2(\sigma_1-2t)}{27}\right)\leqslant-\frac{C\sigma_1t^2+B\sigma_1^3}{2A}\leqslant\frac{(\sigma_1-t)^2(\sigma_1+2t)}{27}$$

由上式我们可以得到 $4At^3+(27C-6A)t^2+2A+27B\geqslant 0$，$4At^3+(6A-27C)t^2-2A-27B\geqslant 0$，$B+Ct^2\leqslant 0$（其中 $0\leqslant t\leqslant 1$），上述三个不等式的解集的交集即为 t 的取值范围，而此时原不等式成立等价于

$$\min f(\sigma_3)=f\left(-\frac{C\sigma_1t^2+B\sigma_1^3}{2A}\right)\geqslant 0\Leftrightarrow$$

$$\frac{4Ag(\sigma_1,t)-(B+Ct^2)^2}{4A}\geqslant 0\Leftrightarrow$$

$$4A(D+Et^2+Ft^4+Gt^6)-(B^2+C^2t^4+2BCt^2)\geqslant 0\Leftrightarrow$$

$$4AGt^6+(4AF-C^2)t^4+(4AE-2BC)t^2+4AD-B^2\geqslant 0$$

若满足取值范围的 t 均满足上式则原不等式成立，否则原不等式不成立. 综上所述，定理证毕！

注 于是三元六次齐次完全对称不等式的判定我们在理论上得到了解决. 由于 $f(x,1,0)\geqslant 0$，$f(x,1,1)\geqslant 0$ 都是一元六次不等式，而对于一般的一元六次不等式是否有解需分 23 种情况讨论，所以要给出三元六次完全对称不等式的文字系数判定是非常困难的. 进一步对于定义在任何区间的变元（在实数范围内），我们均可得到完善的判定方法. 理论上，我们容易知道只要能求出 $f'(\sigma_3)$ 或 $f'(\sigma_2)$ 或 $f'(\sigma_1)$ 的所有实根，就可使用定理 10.18 的方法来判定三元 n 次完全对称齐次不等式，于是只要 $\sigma_3,\sigma_2,\sigma_1$ 中一个的次数小于等于 5（此时它的一阶导次数小于等于 4），这样的不等式无论取等条件如何均能解决，对于更高次数的较为特殊的问题也可以解决. 用类似的方法我们可以求得三元 n 次完全对称齐次不等式的判定定理（$n=7,8,9,10,11$），限于篇幅这里就不一一赘述. 然而当次数为 12 ~ 14，15 ~ 17 时分别需解一个三次方程与一个四次方程，运算量很大，要给出一个完整的判定定理较难.

2. 三元轮换对称齐次不等式的取等判定

轮换对称式可以由初等多项式表示，为此之前得到的定理在轮换对称不等式中也有应用. 由于所有的轮换对称不等式均可写成：$f(a,b,c)=g(\sigma_1,\sigma_2,\sigma_3)+h(\sigma_1,\sigma_2,\sigma_3)\sum a^2b\geqslant 0$. $\sum a^2b$ 这个量显得尤为重要，所以我们有必要对 $\sum a^2b$ 作一些估计，先求当 σ_1,σ_2 一定时，$\sum a^2b$ 的上下界，由于

$$\sum a^2b+\sum ab^2=\sigma_1\sigma_2-3\sigma_3$$

$$\left(\sum a^2b-\sum ab^2\right)^2=\sigma_1^2\sigma_2^2-4\sigma_2^3+2\sigma_1(9\sigma_2-2\sigma_1^2)\sigma_3-27\sigma_3^2$$

于是

$$\sum a^2b=\frac{\sigma_1\sigma_2-3\sigma_3\pm\sqrt{\sigma_1^2\sigma_2^2-4\sigma_2^3+2\sigma_1(9\sigma_2-2\sigma_1^2)\sigma_3-27\sigma_3^2}}{2}$$

记

$$f(\sigma_3)=\sigma_1\sigma_2-3\sigma_3+\sqrt{\sigma_1^2\sigma_2^2-4\sigma_2^3+2\sigma_1(9\sigma_2-2\sigma_1^2)\sigma_3-27\sigma_3^2}$$

$$f'(\sigma_3)=-3+\frac{1}{2}[-54\sigma_3+2\sigma_1(9_2-2\sigma_1^2)]\,\|(a-b)(b-c)(c-a)\|^{-1}$$

当 $f'(\sigma_3)=0$ 时，$\sum a^2b$ 取到最大值，而

$$f'(\sigma_3)=0\Leftrightarrow 3\,|a-b|\,|b-c|\,|c-a|=$$

$$(9\sigma_1\sigma_2-2\sigma_1^3-27\sigma_3)\Leftrightarrow\sum a^3+6abc=3\sum ab^2\Leftrightarrow$$

$$243\sigma_3^2+(36\sigma_1^3-162\sigma_1\sigma_2)\sigma_3+\sigma_1^6+18\sigma_1^2\sigma_2^2+9\sigma_2^3-9\sigma_1^4\sigma_2=0\Leftrightarrow$$

$$\sigma_3=\frac{9\sigma_1\sigma_2-2\sigma_1^3\pm\sqrt{\sigma_1^6+27\sigma_1^2\sigma_2^2-9\sigma_1^4\sigma_2-27\sigma_2^3}}{27}$$

易知应为较大根时，$\sum a^2b$ 取到最大值，所以

$$\max\sum a^2b=\sigma_1\sigma_2-3\sigma_3-\frac{a^3+b^3+c^3+6abc}{3}=$$

$$\frac{\sigma_1^3}{9}+\frac{2}{9}(\sigma_1^2-3\sigma_2)^{\frac{3}{2}}$$

类似的可求得

$$\min\sum a^2b=\frac{\sigma_1^3}{9}-\frac{2}{9}(\sigma_1^2-3\sigma_2)^{\frac{3}{2}}$$

我们再对轮换对称不等式的判定作一番探究. 陈胜利曾得到了三元三次轮换对称不等式成立的充要条件，探究过三元四次轮换对称不等式，获得了部分结论. 而关于三元四次轮换对称不等式的完整判定也仍未有结果. 我们也将从三元四次轮换对称不等式开始，得到一般结论并向更高次数拓展.

三元四次齐次轮换对称不等式可写成

$$F(a,b,c)=k_1\sigma_1^4+k_2\sigma_1^2\sigma_2+k_3\sigma_2^2+k_4\sigma_1\sigma_3+k_0\sigma_1\sum a^2b$$

且 $\sum a^2b\geqslant\sum ab^2$，即

$$\sum a^2b=\frac{\sigma_1\sigma_2-3\sigma_3+\sqrt{\sigma_1^2\sigma_2^2-4\sigma_2^3+2\sigma_1(9\sigma_2-2\sigma_1^2)\sigma_3-27\sigma_3^2}}{2}$$

由原不等式的对称性，我们不妨设 $\sigma_1=1$.

定理 10.19 对于定义在 $\mathbf{R}_+^3$ 上的三元四次齐次轮换对称不等式，其成立的充要条件是 $f(x,1,1)\geqslant 0, f(x,1,0)\geqslant 0, x\in[0,+\infty)$. 若关于 σ_3 的方程 $A\sigma_3^2+B\sigma_3+C=0$ 有实数解 $\sigma_{3_i}(i=1,2,3)$，其中

$$A=729k_0^2+27(2k_4-3k_0)^2$$

$$B=-486k_0^2\sigma_1\sigma_2+108\sigma_1^3k_0^2-2(2k_4-3k_0)^2\sigma_1(9\sigma_2-2\sigma_1^2)$$

$$C=(81\sigma_1^2\sigma_2^2+4\sigma_1^6-36\sigma_1^4\sigma_2)k_0^2-(2k_4-3k_0)^2(\sigma_1^2\sigma_2^2-4\sigma_2^3)$$

且存在 σ_3 使得

$$\max\left(0,\frac{(1+t)^2(1-2t)}{27}\right)\leqslant\sigma_3\leqslant\frac{(1-t)^2(1+2t)}{27}\qquad(1)$$

则对于满足(1) 的 t,σ_{3_i} 也满足 $f(\sigma_{3_i})_{\min}\geqslant 0$.

证明 我们控制 σ_1,σ_2 不变，改变 σ_3 的值.

$$F'(\sigma_3)=k_4\sigma_1+k_0\sigma_1\left(-\frac{3}{2}+\frac{(18\sigma_1\sigma_2-4\sigma_1^3-53\sigma_3)}{4\sqrt{\sigma_1^2\sigma_2^2-4\sigma_2^3+2\sigma_1(9\sigma_2-2\sigma_1^2)\sigma_3-27\sigma_3^2}}\right)$$

$$\frac{2F'(\sigma_3)}{\sigma_1}=(2k_4-3k_0)[\sigma_1^2\sigma_2^2-4\sigma_2^3+2\sigma_1(9\sigma_2-2\sigma_1^2)\sigma_3-27\sigma_3^2]^{\frac{1}{2}}+k_0(9\sigma_1\sigma_2-2\sigma_1^3-27\sigma_3)$$

于是 $F'(\sigma_3)=0$ 等价于

$$(2k_4-3k_0)^2[\sigma_1^2\sigma_2^2-4\sigma_2^3+2\sigma_1(9\sigma_2-2\sigma_1^2)\sigma_3-27\sigma_3^2]=k_0^2(9\sigma_1\sigma_2-2\sigma_1^3-27\sigma_3)^2\Leftrightarrow A\sigma_3^2+B\sigma_3+C=0\qquad(2)$$

其中系数 A,B,C 已经在前面给出，则 $\sigma_{3_i}=\frac{-B\pm\sqrt{B^2-4AC}}{2A}$，又

$$\max\left(0,\frac{(1+t)^2(1-2t)}{27}\right)\leqslant\sigma_3\leqslant\frac{(1-t)^2(1+2t)}{27}$$

若(2) 无实数解或无 σ_{3i} 满足(1)，则不等式成立的充要条件为

$$f(x,1,1)\geqslant 0, f(x,1,0)\geqslant 0, x\in[0,+\infty)$$

如否，则 $f(\sigma_3)_{\min}=f(\sigma_{3_i})_{\min}$，于是等价于证明 $f(\sigma_{3_i})_{\min}\geqslant 0$ 对于满足条件的 σ_{3_i} 在(1) 的范围内成立，于是定理得证.

注 进一步对于定义在任何区间的变元(在实数范围内)，我们均可得到完善的判定方法. 与之前类似，理论上，只要我们能求出 $f'(\sigma_3)$ 或 $f'(\sigma_2)$ 或

$f'(\sigma_1)$ 的所有实根,就可使用定理 10.19 的方法来判定三元 n 次齐次轮换对称不等式. 然而当次数分别为 5 次、6 次时,需解一个三次方程与四次方程,情形将变得更为复杂,运算量很大,要给出一个完整的判定定理较难.

10.2 判定定理的应用

例 10.1 (Tiks) 对 $a,b,c \geqslant 0$,且没有两数同时为 0,证明

$$\frac{a^2}{(2a+b)(2a+c)}+\frac{b^2}{(2b+c)(2b+a)}+\frac{c^2}{(2c+a)(2c+b)} \leqslant \frac{1}{3}$$

证明 原不等式等价于

$$\frac{\sum\left[a^2(2b+c)(2b+a)(2c+a)(2c+b)\right]}{\prod\left[(2a+b)(2a+c)\right]} \leqslant \frac{1}{3}$$

令 $p=a+b+c, q=ab+bc+ca, r=abc$,我们给出以下恒等式

$$\prod\left[(2a+b)(2a+c)\right]=8p^2q^2+4p^3r+4q^3-18pqr+27r^2$$

$$\sum\left[a^2(2b+c)(2b+a)(2c+a)(2c+b)\right]=2p^2q^2+p^3r+4q^3-9pqr+27r^2$$

代入化简只需证明

$$-\frac{2}{3}p^2q^2-\frac{1}{3}p^3r+\frac{8}{3}q^3-3pqr+18r^2 \leqslant 0$$

令 $f(r)=-\frac{2}{3}p^2q^2-\frac{1}{3}p^3r+\frac{8}{3}q^3-3pqr+18r^2$,则

$$f'(r)=-\frac{1}{3}(p^3+9pq-108r) \leqslant -\frac{1}{3}(p^3+9\cdot 9r-108r)=$$

$$-\frac{1}{3}(p^3-27r) \leqslant 0$$

于是由推论 10.9 知,只需考虑两数相等且大于第三数或者至少一数为 0 的情况.

(1) 设 $a=c \geqslant b$,则不等式变为

$$\frac{2a}{3(2a+b)}+\frac{b^2}{(a+2b)^2} \leqslant \frac{1}{3}$$

展开后等于 $b^3+a^2b-2ab^2 \geqslant 0$,由 AM - GM 知这显然成立.

(2) 不妨设 $a=0$,则原不等式变为

$$\frac{b}{2b+c}+\frac{c}{2c+b} \leqslant \frac{2}{3}$$

展开后等价于 $b^2+c^2 \geqslant 2bc$,显然成立.

综上,原不等式成立,当且仅当 $a=b=c$ 或者 $a=b,c=0$ 时取得等号.

例 10.2 (1996 年伊朗数学奥林匹克)设 a,b,c 是正数,求证

$$(ab+bc+ca)\left[\frac{1}{(a+b)^2}+\frac{1}{(b+c)^2}+\frac{1}{(c+a)^2}\right]\geqslant\frac{9}{4}$$

证明 不等式通分移项后等价于

$$4\sum ab\sum(a+b)^2(b+c)^2-9(a+b)^2(b+c)^2(c+a)^2\geqslant 0$$

设

$$f(\sum a,\sum ab,abc)=4\sum ab\sum(a+b)^2(b+c)^2-9(a+b)^2(b+c)^2(c+a)^2$$

而 $\sum(a+b)^2(b+c)^2$ 的次数小于等于4,故不可能含有 $(abc)^2$ 这种项.于是即有 $f''(x)\leqslant 0$,则由推论 10.9 知 $f(\sum a,\sum ab,abc)$ 的最小值必在两数相等时取到,不妨设 $a=c$,代入原题我们只需证明

$$(a^2+2ab)\left[\frac{1}{4a^2}+\frac{2}{(a+b)^2}\right]\geqslant\frac{9}{4}\Leftrightarrow\frac{b(a-b)^2}{2a(a+b)^2}\geqslant 0$$

原不等式得证!

例 10.3 (韩京俊)确定 k 的最小值,使得当非负实数 $a,b,c\geqslant k$,且 $a+b+c=9$ 时有

$$\sqrt{ab+bc+ca}\leqslant\sqrt{a}+\sqrt{b}+\sqrt{c}$$

解 令 $a=\frac{13-4\sqrt{10}}{3},b=c=\frac{7+2\sqrt{10}}{3}$,此时

$$\sqrt{ab+bc+ca}=\sqrt{a}+\sqrt{b}+\sqrt{c}$$

故 $k\geqslant\frac{13-4\sqrt{10}}{3}$,下证 $k=\frac{13-4\sqrt{10}}{3}$ 时不等式成立.

我们控制 $a+b+c,ab+bc+ca$ 不变,也即 $a^2+b^2+c^2$ 不变,此时 $m=2$.设 $f(x)=\sqrt{x},g(x)=f'(x)$,则 $g''(x)=\frac{3}{8}x^{-\frac{5}{2}}>0$,即 $g(x)$ 为下凸函数.于是由定理 10.12 知 $\sqrt{a}+\sqrt{b}+\sqrt{c}$ 的最小值在 $k\leqslant a\leqslant b=c$ 时取得.

原不等式变为当 $a+2b=9,b\geqslant a\geqslant k\geqslant 0$ 时,有

$$\sqrt{\frac{(9-a)^2}{4}+a(9-a)}\leqslant\sqrt{a}+2\sqrt{\frac{9-a}{2}}\Leftrightarrow$$
$$-3a^2+9+22a\leqslant 8\sqrt{a(18-2a)}\Leftrightarrow$$
$$(9a^2-78a+9)(a-3)^2\leqslant 0$$

则可解得 $a\geqslant\frac{13-4\sqrt{10}}{3}$.

故 k 的最小值为 $k=\frac{13-4\sqrt{10}}{3}$.

注 本题利用判定定理求得了 k 的最小值,这是我们所知的其他方法难以做到的.

例 10.4 (韩京俊)设正数 a,b,c 满足 $abc=1$,证明

$$\frac{1}{a^3(b+c)}+\frac{1}{b^3(c+a)}+\frac{1}{c^3(a+b)}\geqslant$$
$$\frac{3}{2}+\frac{3}{4}\left[\frac{a(b-c)^2}{b+c}+\frac{b(c-a)^2}{c+a}+\frac{c(a-b)^2}{a+b}\right]$$

证明 令 $x=\frac{1}{a},y=\frac{1}{b},z=\frac{1}{c}$,则原不等式变为

$$\sum\frac{x^2}{y+z}\geqslant\frac{3}{2}+\frac{3}{4}\sum\frac{(y-z)^2}{y+z}$$

令 $p=x+y+z,q=xy+yz+zx,r=xyz=1$,则上式展开等价于

$$4p^4-18p^2q+12q^2+34pr-6pq+6r\geqslant 0$$

令 $f(q)=4p^4-18p^2q+12q^2+34pr-6pq+6r$,于是 $f'(q)=-6(3p^2+p-4q)\leqslant 0$,则由推论 10.15(1)(此时 $n=3,m=0,p=2$)知此时 $f(q)$ 的最小值在 $x=y\leqslant z$ 时取到,则 $x\leqslant 1$,代入不等式即证

$$\frac{2x^2}{x+z}+\frac{z^2}{2x}\geqslant\frac{3}{2}+\frac{3}{2}\cdot\frac{(z-x)^2}{z+x}$$

此时又有 $x^2z=1$,代入上式展开化简即证

$$x^9-3x^8+6x^6-3x^5-2x^3+1\geqslant 0\Leftrightarrow$$
$$(x-1)^2(x^7-x^6-3x^5+x^4+2x^3+3x^2+2x+1)\geqslant 0$$

由于 $0\leqslant x\leqslant 1$,上式显然成立.

故原不等式成立,当且仅当 $a=b=c=1$ 时取得等号.

例 10.5 非负实数 a,b,c 满足 $a+b+c=1$,没有两个同时为 0,证明

$$\frac{1}{\sqrt{a^2+ab+b^2}}+\frac{1}{\sqrt{b^2+bc+c^2}}+\frac{1}{\sqrt{c^2+ca+a^2}}\geqslant 4+\frac{2}{\sqrt{3}}$$

证明 不妨设 $a\leqslant b\leqslant c$,我们控制 $A=a+b+c,B=a^2+b^2+c^2$ 不变,则

$$\frac{1}{\sqrt{a^2+ab+b^2}}=\frac{1}{\sqrt{\frac{1}{2}A^2+\frac{1}{2}B-Ac}}$$

此时 $m=2$,则由定理 10.12,可以考虑函数

$$g(x)=f'(x)=\left(\frac{1}{\sqrt{\frac{1}{2}A^2+\frac{1}{2}B-Ax}}\right)'=\frac{A}{2}\left(\frac{1}{2}A^2+\frac{1}{2}B-Ax\right)^{-\frac{3}{2}}$$

则

$$g''(x)=\frac{15}{8}A^3\left(\frac{1}{2}A^2+\frac{1}{2}B-Ax\right)^{-\frac{7}{2}}>0$$

于是由定理 10.12 知,我们只需考虑 $a\leqslant b=c$ 或者 $0=a\leqslant b\leqslant c$ 这两种情况.

(1) 当 $a\leqslant b=c$ 时,即证当 $a+2b=1$ 时有

$$\frac{2}{\sqrt{a^2+ab+b^2}}+\frac{1}{\sqrt{3}\,b}\geqslant 4+\frac{2}{\sqrt{3}}\Leftrightarrow$$

$$p(b)=\frac{2\sqrt{3}}{\sqrt{1-3b+3b^2}}+b\geqslant 4\sqrt{3}+2$$

而 $p'(b)=0$ 的根为

$$b_1=\frac{3-\sqrt{12\sqrt[3]{3}-3}}{6}<\frac{1}{3},b_2=\frac{3+\sqrt{12\sqrt[3]{3}-3}}{6}>\frac{1}{2}$$

则 $p(b)$ 在 (b_1,b_2) 上递减,于是

$$p(b)_{\min}=p(b_{\max})=p\left(\frac{1}{2}\right)=4+\frac{2}{\sqrt{3}}$$

(2) 当 $0=a<b\leqslant c$ 时,也即 $b+c=1$ 时,要证明

$$\frac{1}{b}+\frac{1}{\sqrt{b^2+bc+c^2}}+\frac{1}{c}\geqslant 4+\frac{2}{\sqrt{3}}$$

注意到

$$f(b,c)-f\left(\frac{b+c}{2},\frac{b+c}{2}\right)=\frac{(b-c)^2}{2y}\left(\frac{2\sqrt{3}x(x+\sqrt{3}y)-bc}{2\sqrt{3}bcx(\sqrt{3}y+x)}\right)\geqslant 0$$

$$x=\sqrt{b^2+bc+c^2},y=\frac{b+c}{2}$$

故

$$f(b,c)\geqslant f\left(\frac{b+c}{2},\frac{b+c}{2}\right)=4+\frac{2}{\sqrt{3}}$$

原不等式得证,等号成立当且仅当 $a=0,b=c=\frac{1}{2}$ 及其轮换.

例 10.6 (杨学枝猜想)设 $x_1,x_2,\cdots,x_n$ 为正实数,且 $\sum\limits_{i=1}^{n}x_i^2\leqslant n$,证明

$$2+(n-2)\prod_{i=1}^{n}x_i\geqslant\prod_{i=1}^{n}x_i\sum_{i=1}^{n}\frac{1}{x_i}$$

证明 (韩京俊)当 $n=1$ 时,条件即为欲证不等式.

当 $n=2$ 时,由条件有 $x_1^2+x_2^2\leqslant 2$ 知 $2x_1x_2\leqslant 2$,此即欲证不等式.

下面证 $n\geqslant 3$ 的情形,令 $\prod\limits_{i=1}^{n}x_i\cdot\frac{1}{x_i}=\sqrt{\frac{1}{y_i}}\,(i=1,2,\cdots,n)$, $Y=\prod\limits_{i=1}^{n}y_i$,则

$$\prod_{i=1}^{n} x_i = \left(\frac{1}{Y}\right)^{\frac{1}{2(n-1)}} \Rightarrow x_i = \frac{\sqrt{y_i}}{Y}$$

于是条件变为 $\sum_{i=1}^{n} y_i \leqslant n\left(\prod_{i=1}^{n} y_i\right)^{\frac{1}{n-1}}$,欲证明

$$2 + (n-2)\left(\frac{1}{Y}\right)^{\frac{1}{2(n-1)}} \geqslant \sum_{i=1}^{n} \sqrt{\frac{1}{y_i}}$$

我们控制 $\sum_{i=1}^{n} y_i, \prod_{i=1}^{n} y_i$ 不变,则由推论 10.15 知 $\sum_{i=1}^{n} \sqrt{\frac{1}{y_i}}$ 的最大值在 $y_1 \leqslant y_2 = y_3 = \cdots = y_n$ 时取得,也即 $x_2 = x_3 = \cdots = x_n \geqslant x_1$ 时取到.

于是只需证明当 $(n-1)x^2 + y^2 \leqslant n$ 时有

$$2 + (n-2)x^{n-1}y \geqslant x^{n-1} + (n-1)x^{n-2}y \Leftrightarrow$$
$$(2 - x^{n-1}) \geqslant x^{n-2}y[(n-1) - x(n-2)]$$

易知只需证明 $(n-1)x^2 + y^2 = n$ 的情形,此时

$$1 \leqslant x^2 \leqslant \frac{n}{n-1} \Leftrightarrow$$

$$2 + (n-2)x^{n-1}\sqrt{n-(n-1)x^2} \geqslant x^{n-1} + (n-1)x^{n-2}\sqrt{n-(n-1)x^2}$$

记

$$f(x) = (n-2)x^{n-1}\sqrt{n-(n-1)x^2} - x^{n-1} - (n-1)x^{n-2}\sqrt{n-(n-1)x^2}$$

于是

$$f'(x) = (n-1)(n-2)x^{n-2}\sqrt{n-(n-2)x^2} - (n-1)x^{n-2} - (n-2)(n-3)x^{n-3}\sqrt{n-(n-1)x^2} - (n-2)(n-1)x^n[n-(n-1)x^2]^{-\frac{1}{2}} + (n-1)^2x^{n-1}[n-(n-1)x^2]^{-\frac{1}{2}}$$

则 $f'(x) \geqslant 0$ 等价于

$$(n-2)(n-1)[n-(n-1)x^2] - x\sqrt{n-(n-1)x^2} + x^2[(n-1) - (n-2)x] \geqslant 0 \Leftrightarrow$$
$$(n-2)(n-1)[n-(n-1)x^2] + (n-2)x^2(1-x) + x^2 - x\sqrt{n-(n-1)x^2} \geqslant 0 \Leftrightarrow$$
$$-n(n-2)(x-1)^2(x+1) + nx\frac{x^2-1}{x+\sqrt{n-(n-1)x^2}} \geqslant 0 \Leftrightarrow$$
$$\frac{x}{x+\sqrt{n-(n-1)x^2}} \geqslant (n-2)(x-1)$$

记 $g(x) = x + \sqrt{n-(n-1)x^2}$,则

$$g'(x) = 1 - \frac{(n-1)x}{\sqrt{n-(n-1)x^2}} \leqslant 1 - (n-1)x < 0$$

即 $g(x)$ 在定义域上单调递减,故

$$\frac{x}{x+\sqrt{n-(n-1)x^2}} \geqslant \frac{x}{2} \Leftarrow \frac{x}{2} \geqslant (n-2)x-n+2$$

而上式等价于 $x \leqslant \frac{2n-4}{2n-5}$,又由于 $x^2 \leqslant \frac{n}{n-1}$,则等价于 $\left(\frac{2n-4}{2n-5}\right)^2 \geqslant \frac{n}{n-1}$,解之得 $n \geqslant \frac{16}{7}$,而此时 $n \geqslant 3$,故上式成立.

故 $f'(x) \geqslant 0$,于是 $f(x) \geqslant f(1)=0$,于是原不等式得证.

例 10.7 (韩京俊)$x_1,x_2,\cdots,x_n$ 为正实数,$\sum_{i=1}^{n} x_i = n$,求 $\sum_{i=1}^{n}\prod_{j\neq i} x_j^t$ 最大值.

解 当 $x \leqslant 1$ 时

$$\frac{\sum_{i=1}^{n}\prod_{j\neq i} x_j^t}{n} \leqslant \left(\frac{\sum_{i=1}^{n}\prod_{j\neq i} x_j}{n}\right)^t \leqslant 1$$

也即 $\sum_{i=1}^{n}\prod_{j\neq i} x_j^t \leqslant n$.

当 $x>1$ 时,注意到 $\sum_{i=1}^{n}\prod_{j\neq i} x_j^t = \left(\prod_{i=1}^{n} x_i^t\right)\left(\sum_{i=1}^{n}\frac{1}{x_i^t}\right)$. 我们控制 $\sum_{i=1}^{n} x_i$,$\prod_{i=1}^{n} x_i$ 的值不变,则由推论 10.15(2) 知 $\sum_{i=1}^{n}\frac{1}{x_i^t}$ 的最大值必在 $x_1 \leqslant x_2 = x_3 = \cdots = x_n = a$ 时取到,于是我们只需求

$$f(a) = a^{(n-1)t} + (n-1)a^{(n-2)t}[n-(n-1)a]^t$$

的最大值,其中 $1 \leqslant a \leqslant \frac{n}{n-1}$,而

$$f' = (n-1)t\left[a^{(n-1)t-1} + (n-2)a^{(n-2)t-1}\left(\frac{a}{k}\right)^t - (n-1)a^{(n-2)t}\left(\frac{a}{k}\right)^{t-1}\right] =$$

$$(n-1)ta^{(n-2)t-1}k^t[k^t+(n-2)-(n-1)k]$$

其中 $\frac{a}{n-(n-1)a} = k$,令 $g(k) = k^t + (n-2) - (n-1)k$,则 $k \geqslant 1$,当 $t \geqslant n-1$ 时

$$g(k) = k^t + (n-2) - (n-1)k \geqslant (n-1)k^{\frac{t}{n-1}} - (n-1)k \geqslant 0$$

当 $t < n-1$ 时,$g'(k) = tk^{t-1} - (n-1)$,当 k 为正实数时,$g(k)$ 只有一个驻点 $k\left(\frac{n-1}{t}\right)^{\frac{1}{t-1}}$,于是至多有两个零点,而 $k=1$ 显然为 $g(k)$ 的一个零点,又此时 $k\left(\frac{n-1}{t}\right)^{\frac{1}{t-1}} > 1$,故 $f(a)$ 的最大值必在 $k=1$ 或 k 趋向于无穷大时取到,当 k 趋

向于无穷大时,即$n-(n-1)a=0$,矛盾!故此时$f(a)$的最大值在$k=1$即$a=1$时取到,于是

$$f(a)\leqslant \max\left(f(1),f\left(\frac{n}{n-1}\right)\right)$$

而当$1\leqslant t\leqslant \dfrac{\lg n}{\lg n-\lg (n-1)}$时,$f(1)\geqslant f\left(\dfrac{n}{n-1}\right)$,当$t\geqslant \dfrac{\lg n}{\lg n-\lg (n-1)}$时,$f(1)\leqslant f\left(\dfrac{n}{n-1}\right)$.

综上所述可得到

$$\sum_{i=1}^{n}\prod_{j\neq i}x_j^t=\begin{cases}n & ,0<t\leqslant \dfrac{\lg n}{\lg n-\lg (n-1)}\\ \left(\dfrac{n}{n-1}\right)^{(n-1)t} & ,t\geqslant \dfrac{\lg n}{\lg n-\lg (n-1)}\end{cases}$$

下面罗列一些判定定理的习题,可供读者练习.

应用定理10.6以及相关推论,我们可以证明如下命题:

(1)$a,b,c>0,a+b+c=1$,证明:$\dfrac{1}{a}+\dfrac{1}{b}+\dfrac{1}{c}+48(ab+bc+ca)\geqslant 25$.

(2)$a,b,c>0$,证明:$\dfrac{b+c}{a}+\dfrac{c+a}{b}+\dfrac{a+b}{c}+11\sqrt{\dfrac{ab+bc+ca}{a^2+b^2+c^2}}\geqslant 17$.

(3)$a,b,c>0$,证明:$\dfrac{(a+b+c)^3}{abc}+\sqrt[3]{\dfrac{ab+bc+ca}{a^2+b^2+c^2}}\geqslant 28$.

(4)$a,b,c>0,abc=1$,证明:$\sum\sqrt{\dfrac{b+c}{a}}\geqslant\sqrt{6(a+b+c)}$.

(5)$x,y,z>0,xy+yz+zx+xyz=4$,证明:$\dfrac{x+y+z}{xy+yz+zx}\leqslant 1+\dfrac{1}{48}\sum(x-y)^2$.

应用定理10.12、定理10.14,我们可以证明如下命题:

(1)$a,b,c\geqslant 0$,没有两个同时为0,证明:$\sum\sqrt{\dfrac{a^2+ab+b^2}{c^2+ab}}\geqslant\dfrac{3\sqrt{6}}{2}$.

(2)$a,b,c\geqslant 0,ab+bc+ca=1$.证明:$\sum\sqrt[3]{\dfrac{1}{a+b}}\geqslant 2+\sqrt[3]{\dfrac{1}{2}}$.

(3)$a,b,c\geqslant 0$,且不同时为0,证明:$\sum\dfrac{ab}{a^2+b^2+3c^2}\leqslant\dfrac{3}{5}$.

(4)a,b,c是三角形三边长.证明:$\sum ab\sum\dfrac{1}{b^2+c^2}\leqslant\dfrac{9}{2}$.

(5)$a_1,a_2,\cdots,a_n>0,\prod\limits_{i=1}^{n}a_i=1,p>-n$,证明

$$\sum_{i=1}^{n}\frac{1}{(1+ka_i)^2}+\frac{r}{p+\sum_{i=1}^{n}a_i}\geqslant \min\left(1,\frac{n}{(1+k)^2}+\frac{r}{p+n}\right)$$

应用定理10.12、定理10.14的相关推论,我们可以证明如下命题:

(1) $a,b,c>0$,证明:$\frac{a^2+b^2+c^2}{ab+bc+ca}+\frac{8abc}{(a+b)(b+c)(c+a)}\geqslant 2$.

(2) $a,b,c\geqslant 0,ab+bc+ca=1$,证明:$\sum\frac{1}{2a+2bc+1}\geqslant 1$.

(3) $a,b,c\geqslant 0,a+b+c=3$,证明:$\sum\frac{a+3}{3a+bc}\geqslant 3$.

(4) $a,b,c\geqslant 0$,证明:$5\left(\frac{a^4+b^4+c^4}{ab+bc+ca}\right)+9\left(\frac{abc}{a+b+c}\right)\geqslant\frac{14(a^2+b^2+c^2)}{3}$.

(5) $a_1,a_2,\cdots,a_n>0,\sum_{i=1}^{n}a_i=n,n\in\{1,2,\cdots,9\}$,证明:$\sum_{i=1}^{n}\frac{1}{a_i^2}\geqslant\sum_{i=1}^{n}a_i^2$.

10.3 拓展与展望

我们先来讨论 $\mathbf{R}^3\to\mathbf{R}$ 上的三元四次齐次轮换对称不等式成立的充要条件. $\mathbf{R}^3\to\mathbf{R}$ 上的三元四次齐次轮换对称不等式可以写成

$$F(a,b,c)=A\sigma_1^4+B\sigma_1^2\sigma_2+C\sigma_2^2+D\sigma_1\sigma_3+E\sigma_1\sum_{cyc}a^2b\geqslant 0$$

作代换 $x+ky=a,y+kz=b,z+kx=c$,则此时 $F(x,y,z)$ 为完全对称的充要条件为

$$(-E-Ek^3+3Ek^2+2Ek-Dk-Ek^4+Dk^2)\sum_{cyc}xy^3=0\Leftrightarrow$$

$$(k+1)(Ek^3-Dk^2-3Ek+Dk+E)=0$$

$k=-1$ 时,$a+b+c=0$ 矛盾,而三次方程必有实根,故此时必存在 $k\in\mathbf{R}$,满足

$$Ek^3-Dk^2-3Ek+Dk+E=0$$

而此时 $F(a,b,c)=f(x,y,z)$ 为完全对称,故由定理10.6知,此时 $F(x,y,z)$ 成立的充要条件为有两数相同,不妨设为 $y=z$,即 $a=x+ky=x+\frac{bk}{k+1},b=(k+1)y,c=y+kx=\frac{b}{k+1}+kx$.

由齐次性,不妨设 $b=1$,再令 $x=m+\frac{1}{k+1}-1$,则 $a=m,b=1,c=km+1-k$,于是我们得到 $F(a,b,c)\geqslant 0$ 成立的充要条件为

$$F(m,1,km+1-k)\geqslant 0,m\in\mathbf{R}$$

其中 k 为方程 $Ek^3-Dk^2-3Ek+Dk+E=0$ 的实根.

由此我们可以得到这一不等式的显式判定$(A,B,C,D,E)\geqslant 0$,由于式子复杂,具体的我们这里就省略了. 我们在配方法中提到 Vasile 给出的 $\mathbf{R}^3$ 上有零点$(1,1,1)$的三元四次轮换对称不等式成立的充分必要条件. 他的结论比我们得到的简洁不少,是否有直接的方法说明这两个结论等价,值得我们进一步探讨.

例 10.8 (Vasile)$a,b,c\in\mathbf{R}$,则

$$(a^2+b^2+c^2)^2\geqslant 3(a^3b+b^3c+c^3a)$$

证明 欲证不等式等价于

$$\sigma_1^4-4\sigma_1^2\sigma_2+7\sigma_2^2-3\sigma_3\sigma_1-3\sigma_1\sum_{cyc}ab^2\geqslant 0$$

即 $A=1,B=-4,C=7,D=-3,E=-3$.

代入 l,此时 $l=0$,故不等式成立.

最近作者得到了 R^3 上三元4次轮换对称不等式成立的充分必要条件,表达式也很复杂①.

仔细读了判定定理的证明一节的读者或许会问:

Jensen 不等式可看作控制 $\sum x_i$ 不变,利用函数凹凸性,将 n 个变量调整至相等,而"一类 n 元完全对称不等式的取等判定定理"的核心是控制 $\sum x_i$,$\sum x_i^m$,这两个多项式不变,利用函数凹凸性将 n 个变量调整至 $n-1$ 元相等或有变元到达边界处. 那么能否控制 p 个诸如 $\sum x_i^m$ 的多项式或 p 个初等对称多项式不变,利用函数凹凸性将 n 个变量调整至 $n-1$ 元相等式有变元到达边界处,那么能否控制 p 个诸如 $\sum x_i^m$ 的多项式或 p 个初等对称多项式不变,利用函数凹凸性将 n 个变量调整至 $n-1$ 元相等或有变元到达边界处呢?

作者在《对称不等式的取等判定(2)》一文中,部分解决了这一问题,其中文中最后一个定理是 Timofte 一文中的主要结果②,我们的方法与他有所不同,他的结论难以推出我们在这之前的定理与推论.

---

① Han J J. A Simple Quantifier-free Formula of Positive Semidefinite Cyclic Ternary Quartic Forms. arXiv:1207.7255,2012. To appear in Computer Mathematics (Ruyong Feng et al eds.), Springer-Verlag, Berlin Heidelberg,2014.

② Timofte V., On the positivity of symmetric polynomial functions, Part Ⅰ: General results, J. Math. Anal. Apple.,2003,284:174-190.

10.4 对称不等式的取等判定(2)

摘要 本文继续探究对称不等式的性质,讨论了在某一半代数系统下,函数取极值的充分条件.由此部分解决了作者在前文里提出的Jensen不等式进一步推广问题,即固定 n 个方幂和 $s_{(m,k)}$ 不变,利用函数 $n+1$ 阶导数的正负性降维.进而得到 n 元 m 次对称不等式在 $\mathbf{R}_+^n$ 上成立的充分必要条件为非0变元的不同元素个数不超过 $\max\left\{1,\left[\frac{m}{2}\right]\right\}$ 时,不等式成立这一结论.

关键词 对称不等式,降维方法,Jensen 不等式

Criterions on Equality of Symmetric Inequalities(2)

Abstract This paper continues to investigate the property of symmetric inequalities. We study the necessary condition for the extremum to be achieved in a semi-algebraic system. From which, we partly solve the problem of the further generalization of Jensen inequality which the author brought up in the previous article. Namely, by using the positivity or negativity of the $(n+1)$-th derivative while fixing the value of a power sum of n variables, we get a dimension-decreasing method. Further, we prove that the necessary and sufficient condition for the symmetric inequality of degree m with n variables to hold on $\mathbf{R}_n^+$ is that it holds when the number of nonzero variables does not exceed $\max\left\{1,\left[\frac{m}{2}\right]\right\}$.

Key words symmetric inequality, dimension-decreasing method, Jensen inequality

10.4.1 引言

对称不等式是不等式研究的热点[1,2],降维符合“将质的困难转化为量的复杂”的数学机械化思想[3].近一年来,国家重点基础研究计划973课题研究结果又得出一些新的降维方法[5,4].我们在前文中已讨论了较为广泛的对称不等式的取等判定[6].本文继续探索对称不等式的性质,试图部分解决前文所提出的问题与展望,即获得 Jensen 不等式的进一步推广从而降维,并尝试将结论应用至对称不等式的证明.

10.4.2 预备知识

为了较严格地来叙述下面提到的结论以及行文的方便,我们先介绍一些常用的定义.

定义 10.20 $\mathbf{R}$ 表示实数域,$\mathbf{R}^n$ 表示 n 维实向量空间.

$$\mathbf{R}_+^n=[0,+\infty)^n;\mathbf{R}_{++}^n=(0,+\infty)^n$$

定义 10.21 函数 $f:\mathbf{R}_{++}\to\mathbf{R}, f(x)=\sum_{i=1}^{n}a_ix^{\alpha_i}$,其中 $m\in\mathbf{N}, a_i\in\mathbf{R}, a_i\neq 0, \alpha_i\in\mathbf{R}$ 且互不相等,称 $f(x)$ 为广义多项式.

定义 10.22 多项式 $f(x_1,x_2,\cdots,x_n)$ 称为对称的,如果

$$f(x_1,x_2,\cdots,x_n)=f(\sigma(x_1,x_2,\cdots,x_n))$$

对所有 $\sigma\in S_n$ 成立,这里 S_n 是 n 个文字的全对称置换群.

定义 10.23 $\sigma_{(n,1)},\sigma_{(n,2)},\cdots,\sigma_{(n,n)}$ 为 $(x_1,x_2,\cdots,x_n)$ 的 n 个初等对称多项式.

定义 10.24 $n,k\in\mathbf{N}, s_{(n,k)}$ 称为 $\boldsymbol{x}=(x_1,x_2,\cdots,x_n)$ 的 k 次方幂和,其中

$$s_{(n,k)}(x)=\sum_{i=1}^{n}x_i^k, k=1,2,\cdots$$

定义 10.25 对任意的 $\boldsymbol{x}=(x_1,x_2,\cdots,x_n)\in\mathbf{R}_+^n$,记

$$v(x)=|\{x_j\mid j=1,2,\cdots,n\}|, v(x)^*=|\{x_j\mid x_j\neq 0, j=1,2,\cdots,n\}|$$

定义 10.26 实数序列 $A=[a_1,a_2,\cdots,a_n], a_i\neq 0(i=1,2,\cdots,n)$, $\mathrm{sgn}(x)$ 是符号函数. 记符号序列 $[\mathrm{sgn}(a_1a_2),\mathrm{sgn}(a_2a_3),\cdots,\mathrm{sgn}(a_{n-1}a_n)]$ 中 -1 的个数为 C_A, C_A 称为序列 A 的变号数.

10.4.3 引理及其证明

引理 10.27 n 元 m 次多项式可以唯一地表示为 $s_{(n,1)},s_{(n,2)},\cdots,s_{(n,d)}$ 的多项式,其中 $d=\min\{n,m\}$.

证明 只需注意到

$$k!\ \sigma_{(n,k)}=\begin{vmatrix} s_{(n,1)} & 1 & 0 & \cdots & 0 \\ s_{(n,2)} & s_{(n,1)} & 2 & \cdots & 0 \\ \vdots & \vdots & \vdots & & \vdots \\ s_{(n,k)} & s_{(n,k-1)} & s_{(n,k-2)} & \cdots & s_{(n,1)} \end{vmatrix}, k=1,2,\cdots n$$

而 n 元 m 次多项式可以唯一地表示为 $\sigma_{(n,1)},\sigma_{(n,2)},\cdots,\sigma_{(n,d)}$ 的多项式,$d=\min\{n,m\}$.

于是引理得证!

引理 10.28 [5] 设 $a_1,a_2,\cdots,a_n,\alpha_1,\alpha_2,\cdots,\alpha_n$ 为实常数,$\alpha_1<\alpha_2<\cdots<\alpha_n, \alpha_i\neq 0(i=1,2,\cdots,n)$. Z_f 表示广义多项式 $f(x)=\sum_{i=1}^{n}a_ix^{\alpha_i}$ 的正根个数,C_A 表示 $[a_1,a_2,\cdots,a_n]$ 的变号数,则 $Z_f\leqslant C_f$.

引理 10.29 $\alpha_1,\alpha_2,\cdots,\alpha_n\in\mathbf{R}$,且满足 $\alpha_1<\alpha_2<\cdots<\alpha_n, 0<x_1<x_2<\cdots<x_n$,则有

$$D=\begin{vmatrix} x_1^{\alpha_1} & x_2^{\alpha_1} & \cdots & x_n^{\alpha_1} \\ x_1^{\alpha_2} & x_2^{\alpha_2} & \cdots & x_n^{\alpha_2} \\ \vdots & \vdots & & \vdots \\ x_1^{\alpha_n} & x_2^{\alpha_n} & \cdots & x_n^{\alpha_n} \end{vmatrix}>0$$

证明 先证明 D 恒不等于 0.

用反证法，否则向量组 $(x_i^{\alpha_1},x_i^{\alpha_2},\cdots,x_i^{\alpha_n})(i=1,2,\cdots,n)$ 线性相关，即存在不全为 0 的 $a_1,a_2,\cdots,a_n$ 使得 $a_1x^{\alpha_1}+a_2x^{\alpha_2}+\cdots+a_nx^{\alpha_n}=0$ 有 n 个正数解 $x=x_1,x_2,\cdots,x_n$，于是 $Z_f\geqslant n$. 另一方面，显然序列 $[a_1,a_2,\cdots,a_n]$ 的变号数 $C_f\leqslant n-1$. 而由引理 10.28 知 $Z_f\leqslant C_f\leqslant n-1$，矛盾. 故 $D\neq 0$.

我们用数学归纳法证明 $D>0$.

当 $n=1$ 时，$D=x_1^{\alpha_1}>0$，现假设在 $n=k$ 时命题成立，即 $D>0$.

则当 $n=k+1$ 时，将 x_{k+1} 视为变量，其在 $(x_k,+\infty)$ 单调递增时 $D\neq 0$，故 D 有恒定的符号，而当 $x_{k+1}\to+\infty$ 时 D 的符号就是 $n-1$ 阶顺序主子式的符号，从而 $D>0$.

故对一切 $n\in\mathbf{N}$，命题均成立. 故 $D>0$，引理得证！

引理 10.30 考察如下半代数系统

$$\begin{cases} F_1(x_1,x_2,\cdots,x_{n+1})=x_1^{\alpha_1}+x_2^{\alpha_1}+\cdots+x_{n+1}^{\alpha_1}-P_1=0 \\ F_2(x_1,x_2,\cdots,x_{n+1})=x_1^{\alpha_2}+x_2^{\alpha_2}+\cdots+x_{n+1}^{\alpha_2}-P_2=0 \\ \cdots \\ F_n(x_1,x_2,\cdots,x_{n+1})=x_1^{\alpha_n}+x_2^{\alpha_n}+\cdots+x_{n+1}^{\alpha_n}-P_n=0 \\ 0\leqslant x_1\leqslant x_2\leqslant\cdots\leqslant x_{n+1} \end{cases} \tag{1}$$

其中 $\alpha_1,\alpha_2,\cdots,\alpha_n\in\mathbf{R}$，$\alpha_1<\alpha_2<\cdots<\alpha_n$，且 $\alpha_n>0$. 若存在 i 使得 $\alpha_i=0$，定义

$$x_1^{\alpha_1}+x_2^{\alpha_i}+\cdots+x_{n+1}^{\alpha_i}=x_1x_2\cdots x_{n+1}$$

则(1) 的解 $(x_1,x_2,\cdots,x_{n+1})$ 是 $\mathbf{R}^{n+1}$ 中的紧集.

若(1) 有一组解 $(y_1^0,y_2^0,\cdots,y_{n+1}^0)$，其中 $0\leqslant y_1^0\leqslant y_2^0\leqslant\cdots\leqslant y_{n+1}^0$，且等号至多在一处成立.

(i) 若 $\alpha_i>0(i=1,2,\cdots,n)$，则存在 $a,b,a\leqslant y_1^0\leqslant b$. 使得当 $x_1\in(a,b)$ 时，存在 $x_1,x_2,\cdots,x_{n+1}$ 满足(1)，且 $x_1<x_2<\cdots<x_{n+1}$.

若 $a\neq 0$，则当 $x_1=a$ 时，存在 $x_2,\cdots,x_{n+1}$ 满足(1) 且存在 $x_{2i}=x_{2i+1}(2\leqslant 2i\leqslant n)$.

当 $x_1=b$ 时，存在 $x_2,\cdots,x_{n+1}$ 满足式(1) 且 $x_{2i}=x_{2i-1}(2\leqslant 2i\leqslant n+1)$.

(ii) 若存在 $\alpha_i\leqslant 0$，则存在 $a,b,a\leqslant y_1^0\leqslant b$，使得当 $x_1\in(a,b)$ 时，存在 x_1，$x_2,\cdots,x_{n+1}$ 满足式(1) 且 $x_1<x_2<\cdots<x_{n+1}$. 当 $x_1=a$ 时，存在 $x_2,\cdots,x_{n+1}$ 满

足 1 且存在 $x_{2i}=x_{2i+1}(2\leqslant 2i\leqslant n)$.

当 $x_1=b$ 时,存在 $x_2,\cdots,x_{n+1}$ 满足式(1) 且存在 $x_{2i}=x_{2i-1}(2\leqslant 2i\leqslant n+1)$.

证明 显然式(1) 中每个方程的解为 $\mathbf{R}^{n+1}$ 中的紧集,满足 $0\leqslant x_1\leqslant x_2\leqslant\cdots\leqslant x_{n+1}$ 的 x_i 是 $\mathbf{R}^{n+1}$ 中的闭集,它们的交是紧集.

只证明 $y_2^0<y_3^0<\cdots<y_{n+1}^0$ 的情形,其他情况类似.

显然当式(1) 有 $x_1\to 0$ 的解时,必有 $\alpha_i>0$,若 $y_1^0=0$,则取 $a=0$,此时 $\alpha_i>0$.

若 $y_1^0>0$,我们称满足式(1) 且 $x_2<x_3<\cdots<x_{n+1}$ 的正数解为满足要求的解,显然$(y_1^0,y_2^0,\cdots,y_{n+1}^0)$ 为满足要求的解.

对于满足要求的解,以$(y_1^0,y_2^0,\cdots,y_{n+1}^0)$ 为例,我们先证明存在 $\rho>0$,使得 $x_1\in(y_1^0-\rho,y_1^0)$ 时存在相应满足要求的解.

考察函数 F_i 关于变量 $x_2,x_3,\cdots,x_{n+1}$ 在$(y_1^0,y_2^0,\cdots,y_{n+1}^0)$ 点处的 Jacobi(雅可比) 行列式,若 $\alpha_i\neq 0(i=1,2,\cdots,n)$,则

$$\frac{\partial(F_1,F_2,\cdots,F_n)}{\partial(x_2,x_3,\cdots,x_{n+1})}=\prod_{i=1}^{n}\alpha_i\begin{vmatrix}x_2^{\alpha_1-1} & x_3^{\alpha_1-1} & \cdots & x_{n+1}^{\alpha_1-1}\\ x_2^{\alpha_2-1} & x_3^{\alpha_2-1} & \cdots & x_{n+1}^{\alpha_2-1}\\ \vdots & \vdots & & \vdots\\ x_2^{\alpha_n-1} & x_3^{\alpha_n-1} & \cdots & x_{n+1}^{\alpha_n-1}\end{vmatrix}$$

若存在 i 使得 $\alpha_i=0$,则

$$\frac{\partial(F_1,F_2,\cdots,F_n)}{\partial(x_2,x_3,\cdots,x_{n+1})}=\prod_{\substack{j=1\\ j\neq i}}^{n}\alpha_i\prod_{i=1}^{n+1}x_i\begin{vmatrix}x_2^{\alpha_1-1} & x_3^{\alpha_1-1} & \cdots & x_{n+1}^{\alpha_1-1}\\ x_2^{\alpha_2-1} & x_3^{\alpha_2-1} & \cdots & x_{n+1}^{\alpha_2-1}\\ \vdots & \vdots & & \vdots\\ x_2^{\alpha_n-1} & x_3^{\alpha_n-1} & \cdots & x_{n+1}^{\alpha_n-1}\end{vmatrix}$$

以上两种情况都可由引理 10.29 知行列式大于 0.

由于存在与否,$\alpha_i=0$ 并不影响证明的结果,所以下面的证明我们只考虑 $\alpha_i\neq 0$ 的情况.

因为当 $|x_i-y_i^0|\leqslant\dfrac{y_1^0}{2}(i=1,2,\cdots,n+1)$ 时,函数 $F_i(i=1,2,\cdots,n)$ 连续,且具有连续的偏导数.故由隐函数存在定理知[7],存在 ρ,满足 $\dfrac{y_1^0}{2}\geqslant\rho>0$,使得当 $x_1\in(y_1^0-\rho,y_1^0]$ 时,可以从方程组唯一确定连续可导向量值隐函数

$$\begin{pmatrix}x_2\\ x_3\\ \vdots\\ x_{n+1}\end{pmatrix}=\begin{pmatrix}x_2(x_1)\\ x_3(x_1)\\ \vdots\\ x_{n+1}(x_1)\end{pmatrix}$$

且此时 $x_1,x_2,\cdots,x_{n+1}$ 为满足要求的解.

由此我们知道以 y_1^0 为右端点，x_1 所在满足要求的解其连通分支必为左开右闭区间(否则解在左端点处是可拓的). 我们设这个区间为 $(a,y_1^0]$. 故当 $x_1\in(a,y_1^0]$ 时存在相应的满足要求的解，$x_1=a$ 时不存在满足要求的解.

一方面我们取数列 $\{x_{(1,m)}\}$，$x_{(1,i)}=a+\frac{1}{i}$. 显然 $\lim\limits_{n\to+\infty}x_{(1,n)}=a$，必存在正整数 N，当 $m>N$ 时有 $x_{(1,m)}\in(a,y_1^0)$.

另一方面类似于存在 ρ 的证明，我们易知当 $x_1\in(a,y_1^0)$ 时，存在唯一的 $x_2,x_3,\cdots,x_{n+1}$ 关于 x_1 的隐函数函数，且满足

$$\begin{pmatrix}\alpha_1x_2^{\alpha_1-1} & \alpha_1x_3^{\alpha_1-1} & \cdots & \alpha_1x_{n+1}^{\alpha_1-1}\\ \alpha_2x_2^{\alpha_2-1} & \alpha_2x_3^{\alpha_2-1} & \cdots & \alpha_2x_{n+1}^{\alpha_2-1}\\ \vdots & \vdots & & \vdots\\ \alpha_nx_2^{\alpha_n-1} & \alpha_nx_3^{\alpha_n-1} & \cdots & \alpha_nx_{n+1}^{\alpha_n-1}\end{pmatrix}\begin{pmatrix}x'_2(x_1)\\ x'_3(x_1)\\ \vdots\\ x'_{n+1}(x_1)\end{pmatrix}=\begin{pmatrix}-\alpha_1x_1^{\alpha_1-1}\\ -\alpha_2x_1^{\alpha_2-1}\\ \vdots\\ -\alpha_nx_1^{\alpha_n-1}\end{pmatrix}$$

由此 Cramer(克莱默)法则知

$$x'_i(x_1)=\frac{D_i}{D_1},i=2,3,\cdots,n+1$$

其中

$$D_1=\prod_{i=1}^{n}\alpha_i\begin{vmatrix}x_2^{\alpha_1-1} & x_3^{\alpha_1-1} & \cdots & x_{n+1}^{\alpha_1-1}\\ x_2^{\alpha_2-1} & x_3^{\alpha_2-1} & \cdots & x_{n+1}^{\alpha_2-1}\\ \vdots & \vdots & & \vdots\\ x_2^{\alpha_n-1} & x_3^{\alpha_n-1} & \cdots & x_{n+1}^{\alpha_n-1}\end{vmatrix}$$

$$D_i=\prod_{j=1}^{n}\alpha_j\begin{vmatrix}x_2^{\alpha_1-1} & \cdots & x_{i-1}^{\alpha_1-1} & -x_1^{\alpha_1-1} & x_{i+1}^{\alpha_1-1} & \cdots & x_{n+1}^{\alpha_1-1}\\ x_2^{\alpha_2-1} & \cdots & x_{i-1}^{\alpha_2-1} & -x_1^{\alpha_2-1} & x_{i+1}^{\alpha_2-1} & \cdots & x_{n+1}^{\alpha_2-1}\\ \vdots & & \vdots & \vdots & \vdots & & \vdots\\ x_2^{\alpha_n-1} & \cdots & x_{i-1}^{\alpha_n-1} & -x_1^{\alpha_n-1} & x_{n+1}^{\alpha_n-1} & \cdots & x_{n+1}^{\alpha_n-1}\end{vmatrix}=$$

$$(-1)^{i-1}\prod_{j=1}^{n}\alpha_j\begin{vmatrix}x_1^{\alpha_1-1} & x_2^{\alpha_1-1} & \cdots & x_{i-1}^{\alpha_1-1} & x_{i+1}^{\alpha_1-1} & \cdots & x_{n+1}^{\alpha_1-1}\\ x_1^{\alpha_2-1} & x_2^{\alpha_2-1} & \cdots & x_{i-1}^{\alpha_2-1} & x_{i+1}^{\alpha_2-1} & \cdots & x_{n+1}^{\alpha_2-1}\\ \vdots & & \vdots & \vdots & \vdots & & \vdots\\ x_1^{\alpha_n-1} & x_2^{\alpha_n-1} & \cdots & x_{i-1}^{\alpha_n-1} & x_{i+1}^{\alpha_n-1} & \cdots & x_{n+1}^{\alpha_n-1}\end{vmatrix}$$

则由引理 10.29 知 $\operatorname{sgn}(D_i)=(-1)^{i-1}(i=1,2,\cdots,n+1)$.

于是在 $x_1\in(a,y_1^0)$ 时，$x_{2k+1}(x_1)$ 严格单调递增，$x_{2k}(x_1)$ 严格单调递减.

即对于数列 $\{x_{(1,m)}\}$，当 $x_{(1,m)}\in(a,y_1^0)$ 时，存在相应的数列 $\{x_{(i,m)}\}(i=2,$

$3,\cdots,n+1)$，$x_{(i,m)}(i=1,2,\cdots,n+1)$ 为满足要求的解，且 $x_{(2k+1,m)}$ 严格单调递减，$x_{(2k,m)}(x_1)$ 严格单调递增. 又 x_i 有下界 0，上界 P_1. 所以 $x_{(i,k)}$ 关于 k 严格单调，故收敛.

设 $\lim\limits_{k\to+\infty} x_{(i,k)}=y_i$，于是

$$P_1=\lim_{k\to+\infty}(x_{(1,k)}^{\alpha_1}+x_{(2,k)}^{\alpha_1}+\cdots+x_{(n+1,k)}^{\alpha_1})=a^{\alpha_1}+y_2^{\alpha_1}+\cdots+y_{n+1}^{\alpha_1}$$

$$P_2=\lim_{k\to+\infty}(x_{(1,k)}^{\alpha_2}+x_{(2,k)}^{\alpha_2}+\cdots+x_{(n+1,k)}^{\alpha_2})=a^{\alpha_2}+y_2^{\alpha_2}+\cdots+y_{n+1}^{\alpha_2}$$

$$\cdots$$

$$P_n=\lim_{k\to+\infty}(x_{(1,k)}^{\alpha_n}+x_{(2,k)}^{\alpha_n}+\cdots+x_{(n+1,k)}^{\alpha_n})=a^{\alpha_n}+y_2^{\alpha_n}+\cdots+y_{n+1}^{\alpha_n}$$

即 $(a,y_{2,1},\cdots,y_{n+1})$ 也为(1) 的解.

若 y_i 中有数相等，则必为 $y_{2i}=y_{2i+1}$，$2\leqslant 2i\leqslant n$，此时 a 满足题意.

若 y_i 中无两数相等，则必有 $a=0$. 否则，当 $x_i=a$ 时，存在相应满足要求的解，矛盾！

若 $y_1^0=y_2^0$，则取 $b=y_1^0$. 否则，类似地我们也能证明存在 b，当 $x_1\in[y_1^0,b)$ 时，存在 $x_2,x_3,\cdots,x_{n+1}$ 满足(1)，且 $x_1<x_2<\cdots<x_{n+1}$. 当 $x_1=b$ 时，存在 $x_2\leqslant x_3\leqslant\cdots\leqslant x_{n+1}$ 满足(1) 且存在 $x_{2i}=x_{2i-1}(1\leqslant 2i\leqslant n+1)$.

综上引理得证！

引理 10.31 [8] 设函数 $h_1(x),h_2(x),\cdots,h_{n-1}(x)$ 满足

$$\begin{vmatrix} h_1(x) & h'_1(x) & \cdots & h_1^{(i-1)}(x) \\ h_2(x) & h'_2(x) & \cdots & h_2^{(i-1)}(x) \\ \vdots & \vdots & & \vdots \\ h_i(x) & h'_i(x) & \cdots & h_i^{(i-1)}(x) \end{vmatrix}>0,i=1,2,\cdots,n-1$$

又设 $f(x)$ 为任意函数，$W(x)$ 为函数组 $(h_1(x),\cdots,h_{n-1}(x),f(x))$ 的 Wronskian 行列式，即

$$\begin{vmatrix} h_1(x) & h'_1(x) & \cdots & h_1^{(n-1)}(x) \\ h_2(x) & h'_2(x) & \cdots & h_2^{(n-1)}(x) \\ \vdots & \vdots & & \vdots \\ h_{n-1}(x) & h'_{n-1}(x) & \cdots & h_{n-1}^{(n-1)}(x) \\ f(x) & f'(x) & \cdots & f^{(n-1)}(x) \end{vmatrix}=W(x)$$

若 $x_1<x_2<\cdots<x_n$，则存在 ξ，$x_1<\xi<x_n$，使得

$$\operatorname{sgn}\begin{vmatrix} h_1(x_1) & h_1(x_2) & \cdots & h_1(x_n) \\ h_2(x_1) & h_2(x_2) & \cdots & h_2(x_n) \\ \vdots & \vdots & & \vdots \\ h_{n-1}(x_1) & h_{n-1}(x_2) & \cdots & h_{n-1}(x_n) \\ f(x_1) & f(x_2) & \cdots & f(x_n) \end{vmatrix} = \operatorname{sgn}(W(\xi))$$

10.4.4 主要结果

定理 10.32 $0 \leqslant x_1 \leqslant x_2 \leqslant \cdots \leqslant x_{n+1} (n \in \mathbf{N})$,且等号至多在一处成立. $f(x_1;x_2,\cdots,x_{n+1})$ 是一个关于 $x_1,x_2,\cdots,x_{n+1}$ 的函数,且关于 $x_2,x_3,\cdots,x_{n+1}$ 对称,将 $f(x_1;x_2,\cdots,x_{n+1})$ 简记为 $f(x_1)$. 类似定义 $f(x_i)(i=2,3,\cdots,n+1)$. $\alpha_i \in \mathbf{R}$ 为任意给定的实数,满足 $\alpha_1 < \alpha_2 < \cdots < \alpha_n$,且 $\alpha_n > 0$.

固定如下的广义多项式组,F_i 值不变

$$\begin{cases} F_1(x_1,x_2,\cdots,x_{n+1}) = x_1^{\alpha_1} + x_2^{\alpha_1} + \cdots + x_{n+1}^{\alpha_1} \\ F_2(x_1,x_2,\cdots,x_{n+1}) = x_1^{\alpha_2} + x_2^{\alpha_2} + \cdots + x_{n+1}^{\alpha_2} \\ \quad\cdots \\ F_n(x_1,x_2,\cdots,x_{n+1}) = x_1^{\alpha_n} + x_2^{\alpha_n} + \cdots + x_{n+1}^{\alpha_n} \end{cases}$$

则此时 $f(x_i)$ 为关于 x_i 的函数,若 $f(x)$ 在 $(0,+\infty)$ 上 $n+1$ 阶可导,在 $[0,+\infty)$ 上连续.

$$F(x_1,x_2,\cdots,x_{n+1}) = f(x_1) + f(x_2) + \cdots + f(x_{n+1})$$

$W(x)$ 为函数组 $(x^{\alpha_1-1},x^{\alpha_2-1},\cdots,x^{\alpha_n-1},f'(x))$ 的 Wronskian 行列式.

(1) 若 $(-1)^n W(x) \geqslant 0$,则 F 能在 $x_{2i-1} = x_{2i}$ 时取到最大值,在 $x_{2i} = x_{2i+1}$ 或 $x_1 = 0$ 时取到最小值.

(2) 若 $(-1)^n W(x) \leqslant 0$,则 F 能在 $x_{2i-1} = x_{2i}$ 时取到最小值,在 $x_{2i} = x_{2i+1}$ 或 $x_1 = 0$ 时取到最大值.

证明 我们只证明(1)当 $x_2 < x_3 < \cdots < x_{n+1}$ 的情形,其他情况完全类似.

由引理 10.30 知,存在 $a,b,a \leqslant x_1 \leqslant b$,当 $x_1 \in [a,b]$ 时,F 可看作关于 x_1 的函数 $F(x_1)$,当 $x_1 \in (a,b)$ 时,$x_1 < x_2 < \cdots < x_{n+1}$ 且 $F(x_1)$ 一阶可导,此时有

$$F'(x_1) = \sum_{i=1}^{n+1} \frac{\partial x_i(x_1)}{\partial x_1} \cdot f'(x_i) = \frac{\sum_{i=1}^{n+1} f'(x_i) D_i}{D_1} =$$

$$\frac{\begin{vmatrix} f'(x_1) & f'(x_2) & \cdots & f'(x_{n+1}) \\ x_1^{\alpha_1-1} & x_2^{\alpha_1-1} & \cdots & x_{n+1}^{\alpha_1-1} \\ \vdots & \vdots & & \vdots \\ x_1^{\alpha_n-1} & x_2^{\alpha_n-1} & \cdots & x_{n+1}^{\alpha_n-1} \end{vmatrix}}{D_1} =$$

$$(-1)^n \frac{\begin{vmatrix} x_1^{\alpha_1-1} & x_2^{\alpha_1-1} & \cdots & x_{n+1}^{\alpha_1-1} \\ \vdots & \vdots & & \vdots \\ x_1^{\alpha_n-1} & x_2^{\alpha_n-1} & \cdots & x_{n+1}^{\alpha_n-1} \\ f'(x_1) & f'(x_2) & \cdots & f'(x_{n+1}) \end{vmatrix}}{D_1}$$

记$(x^k)^{(m)}$表示x^k的m阶导数,利用引理10.29有

$$\begin{vmatrix} (x^{\alpha_1-1})^{(0)} & (x^{\alpha_1-1})^{(1)} & \cdots & (x^{\alpha_1-1})^{(i)} \\ (x^{\alpha_2-1})^{(0)} & (x^{\alpha_2-1})^{(1)} & \cdots & (x^{\alpha_2-1})^{(i)} \\ \vdots & \vdots & & \vdots \\ (x^{\alpha_i-1})^{(0)} & (x^{\alpha_i-1})^{(1)} & \cdots & (x^{\alpha_i-1})^{(i)} \end{vmatrix} =$$

$$x^{\left(\sum\limits_{j=1}^{i}\alpha_j-\frac{i(i+1)}{2}\right)} \begin{vmatrix} 1 & \alpha_1-1 & \cdots & \prod\limits_{j=1}^{i-1}(\alpha_1-j) \\ 1 & \alpha_2-1 & \cdots & \prod\limits_{j=1}^{i-1}(\alpha_2-j) \\ \vdots & \vdots & & \vdots \\ 1 & \alpha_i-1 & \cdots & \prod\limits_{j=1}^{i-1}(\alpha_i-j) \end{vmatrix} =$$

$$x^{\left(\sum\limits_{j=1}^{i}\alpha_j-\frac{i(i+1)}{2}\right)} \begin{vmatrix} 1 & \alpha_1-1 & \cdots & (\alpha_1-1)^{i-1} \\ 1 & \alpha_2-1 & \cdots & (\alpha_2-1)^{i-1} \\ \vdots & \vdots & & \vdots \\ 1 & \alpha_i-1 & \cdots & (\alpha_i-1)^{i-1} \end{vmatrix} > 0, i = 1,2,\cdots,n$$

又$D_1 > 0$,所以由引理10.31知存在$\xi, x_1 < \xi < x_n$,使得

$$(-1)^n\operatorname{sgn}\begin{vmatrix} x_1^{\alpha_1-1} & x_2^{\alpha_1-1} & \cdots & x_{n+1}^{\alpha_1-1} \\ x_1^{\alpha_2-1} & x_2^{\alpha_2-1} & \cdots & x_{n+1}^{\alpha_2-1} \\ \vdots & \vdots & & \vdots \\ x_1^{\alpha_n-1} & x_2^{\alpha_n-1} & \cdots & x_{n+1}^{\alpha_n-1} \\ f'(x_1) & f'(x_2) & \cdots & f'(x_{n+1}) \end{vmatrix} = (-1)^n\operatorname{sgn}(W(\xi))$$

由题意知$(-1)^n W(x)\geqslant 0$,即$F'(x_1)\geqslant 0$. 所以$F(x_1)$在(a,b)上单调递增.

又F在$[a,b]$上连续,故函数F能在$x_{2i-1}=x_{2i}$时取到最大值,在$x_{2i}=x_{2i+1}$或$x_1=0$时取到最小值.

定理得证!

在定理10.32中令$n=2$,我们有

推论10.33 $0<x\leqslant y\leqslant z$,定义$f(x;y,z)$是一个关于$x,y,z$的函数,其中$y$和$z$是对称的,将$f(x;y,z)$简记为$f(x)$. 类似定义$f(y)$,$f(z)$,$\alpha_1<\alpha_2$. 固定$x^{\alpha_1}+y^{\alpha_1}+z^{\alpha_1}$,$x^{\alpha_2}+y^{\alpha_2}+z^{\alpha_2}$不变. 则此时$f(x)$为关于$x$的函数,若$f(x)$在$(0,+\infty)$上3阶可导,在$[0,+\infty)$上连续. $F(x,y,z)=f(x)+f(y)+f(z)$.

$$\begin{vmatrix} x^{\alpha_1-1} & (\alpha_1-1)x^{\alpha_1-2} & (\alpha_1-1)(\alpha_1-2)x^{\alpha_1-3} \\ x^{\alpha_2-1} & (\alpha_2-1)x^{\alpha_2-2} & (\alpha_2-1)(\alpha_2-2)x^{\alpha_2-3} \\ f'(x) & f''(x) & f'''(x) \end{vmatrix}=W(x)$$

(1) 若$W(x)\geqslant 0$,则F的最大值能在$x=y\leqslant z$时取到,最小值能在$x\leqslant y=z$或$x=0$时取到.

(2) 若$W(x)\leqslant 0$,则F的最小值能在$x=y\leqslant z$时取到,最大值能在$x\leqslant y=z$或$x=0$时取到.

注 特别地,在推论10.9中令$g(x^{m-1})=f'(x)$,$\alpha_1=1$,$\alpha_2=m(m>1)$或$\alpha_1=m$,$\alpha_2=1(m<1)$,就得到了前文中的定理3[6].

定理10.34 $f(x_1;x_2,\cdots,x_n)$是一个关于$x_1,x_2,\cdots,x_m$的函数,且关于x_2,$x_3,\cdots,x_m$对称,将$f(x_1;x_2,\cdots,x_m)$简记为$f(x_1)$. 类似地定义$f(x_i)(i=2,3,\cdots,m)$. 固定$s_{(m,i)}(i=1,2,\cdots,n;m\geqslant n+1)$不变,若此时$f(x_i)$为关于$x_i$的函数,且在$(0,+\infty)$上有$n+1$阶导数,在$[0,+\infty)$上连续.

$$F(x_1,x_2,\cdots,x_{n+1})=f(x_1)+f(x_2)+\cdots+f(x_{n+1})$$

任取$n+1$个x_i,按大小排列后不妨设为$y_1\leqslant y_2\leqslant\cdots\leqslant y_{n+1}$.

(1) 若$(-1)^n f^{(n+1)}(x)\geqslant 0$,则$F$的最大值能在对于任意$n+1$个$x_i$,必存在$y_{2i-1}=y_{2i}$或$v(x)\leqslant n-1$时取到;$F$的最小值能在对于任意$n+1$个$x_i$,必存在$y_{2i}=y_{2i+1}$或$y_1=0$或$v(x)\leqslant n-1$时取到.

(2) 若$(-1)^n f^{(n+1)}(x)\leqslant 0$,则$F$的最小值能在对于任意$n+1$个$x_i$,必存在$y_{2i-1}=y_{2i}$或$v(x)\leqslant n-1$时取到;$F$的最大值能在对于任意$n+1$个$x_i$,必存在$y_{2i}=y_{2i+1}$或$y_1=0$或$v(x)\leqslant n-1$时取到.

证明 只证明(1)中F最小值时的情况,其他的完全类似.

由于$s_{(m,i)}(i=1,2,\cdots,n;m\geqslant n+1)$固定不变,则此时$(x_1,x_2,\cdots,x_m)$是$\mathbf{R}_+^m$上的紧集,又$F$在$\mathbf{R}_+^m$上连续,故$F$的最小值必定存在.

当F取到最小值时,对于任意$n+1$个x_i,不妨设为$x_1\leqslant x_2\leqslant\cdots\leqslant x_{n+1}$. 我

们固定 $x_{n+2},x_{n+3},\cdots,x_m$ 这 $m-n-1$ 个变量不变，由定理10.32知，当 $v(x)\geqslant n$ 时，关于 $x_1,x_2,\cdots,x_{n+1}$ 的函数 F 能在 $x_{2i-1}=x_{2i}$ 或 $x_1=0$ 时取到最小值.

定理得证！

推论 10.35 $f(x_1;x_2,\cdots,x_m)$ 是一个关于 $x_1,x_2,\cdots,x_m$ 的函数，且关于 $x_2,x_3,\cdots,x_m$ 对称，将 $(x_1;x_2,\cdots,x_m)$ 简记为 $f(x_1)$. 固定 $s_{(m,i)}(i=1,2,\cdots,n;m\geqslant n+1)$ 不变，若此时 $f(x_i)$ 为关于 x_i 的函数，且在 $(0,+\infty)$ 上 $n+1$ 阶可导，在 $[0,+\infty)$ 上连续.

$$F(x_1,x_2,\cdots,x_{n+1})=f(x_1)+f(x_2)+\cdots+f(x_{n+1})$$

(1) 若 $(-1)^n f^{(n+1)}(x)\geqslant 0$，则 F 能在 $v(x)^*\leqslant n$ 时取到最值.

(2) 若 $(-1)^n f^{(n+1)}(x)\leqslant 0$，则 F 能定 $v(x)^*\leqslant n$ 时取到最值.

注 Jensen 不等式可看作固定 $s_{(m,1)}$ 不变，利用 $f''(x)$ 的正负性，将 m 个变量调整至 $v(x)^*\leqslant 1$. 而现在我们能固定 $s_{(m,i)}(i=1,2,\cdots,n;m\geqslant n+1)$ 不变，利用 $f^{(n+1)}(x)$ 的正负性将变量调整至 $v(x)^*\leqslant n$. 这可以看作是 Jensen 不等式的推广（$n=1$ 时即为 Jensen 不等式），也给出了前文中问题7.2的一个答案[6].

推论 10.36 $x_i\geqslant 0(i=1,2,\cdots,m)$. 固定 $s_{(m,i)}(i=1,2,\cdots,n;m\geqslant n+1)$ 不变. $p\in\mathbf{R},p\neq 1,2,\cdots,n$. 任取 $n+1$ 个 x_i，按大小排列后不妨设为 $y_1\leqslant y_2\leqslant\cdots\leqslant y_{n+1}$，则

(1) 若 $(-1)^n\binom{p}{n}\geqslant 0,p>0$. 则 $\sum\limits_{i=1}^{m}x_i^p$ 的最大值能在任意 $n+1$ 个 x_i 中必存在 $y_{2i-1}=y_{2i}$ 或 $v(x)\leqslant n-1$ 时取到；$\sum\limits_{i=1}^{m}x_i^p$ 的最小值能在任意 $n+1$ 个 x_i 中必存在 $y_{2i}=y_{2i+1}$ 或 $y_1=0$ 或 $v(x)\leqslant n-1$ 时取到.

(2) 若 $(-1)^n\binom{p}{n}\leqslant 0,p>0$. 则 $\sum\limits_{i=1}^{m}x_i^p$ 的最小值能在任意 $n+1$ 个 x_i 中必存在 $y_{2i-1}=y_{2i}$ 或 $v(x)\leqslant n-1$ 时取到；$\sum\limits_{i=1}^{m}x_i^p$ 的最大值能在任意 $n+1$ 个 x_i 中必存在 $y_{2i}=y_{2i+1}$ 或 $y_1=0$ 或 $v(x)\leqslant n-1$ 时取到.

(3) 若 $(-1)^n\binom{p}{n}\geqslant 0,p<0$. 则 $\sum\limits_{i=1}^{m}x_i^p$ 的最大值能在任意 $n+1$ 个 x_i 中必存在 $y_{2i-1}=y_{2i}$ 或 $v(x)\leqslant n-1$ 时取到；$\sum\limits_{i=1}^{m}x_i^p$ 的最小值能在任意 $n+1$ 个 x_i 中必存在 $y_{2i}=y_{2i+1}$ 或 $v(x)\leqslant n-1$ 时取到.

(4) 若 $(-1)^n\binom{p}{n}\leqslant 0,p<0$. 则 $\sum\limits_{i=1}^{m}x_i^p$ 的最小值能在任意 $n+1$ 个 x_i 中必存在 $y_{2i-1}=y_{2i}$ 或 $v(x)\leqslant n-1$ 时取到；$\sum\limits_{i=1}^{m}x_i^p$ 的最大值能在任意 $n+1$ 个 x_i 中

必存在 $y_{2i}=y_{2i+1}$ 或 $v(x)\leqslant n-1$ 时取到.

(5) $\prod_{i=1}^{m}x_i$ 的最大值能在任意 $n+1$ 个 x_i 中必存在 $y_{2i-1}=y_{2i}$ 或 $v(x)\leqslant n-1$ 时取到;$\prod_{i=1}^{m}x_i$ 的最小值能在任意 $n+1$ 个 x_i 中必存在 $y_{2i}=y_{2i+1}$ 或 $y_1=0$ 或 $v(x)\leqslant n-1$ 时取到.

定理 10.37 一个 n 元 m 次对称不等式 $F(x)\geqslant 0$ 在 $\mathbf{R}_+^n$ 上成立的充分必要条件为 $\{x\mid x\in\mathbf{R}_+^n, v(x)^*\leqslant\max\left(\left[\frac{m}{2}\right],1\right)\}$ 时,不等式成立.

证明 必要性显然,下证充分性.

当 $m\geqslant 2n$ 及 $m=1$ 时,定理显然成立.下证 $2\leqslant m\leqslant 2n-1$ 时成立.

设 $\left[\frac{m}{2}\right]=t$. 我们固定 $s_{(n,i)}(i=1,2,\cdots,t)$,则此时 $(x_1,x_2,\cdots,x_n)$ 是 $\mathbf{R}_+^n$ 上的紧集,又 F 在 $\mathbf{R}_+^n$ 上连续,故 F 的最小值必定存在.

当 F 取到最小值时,对于任意 $t+1$ 个 x_i,不妨设为 $x_1,x_2,\cdots,x_{t+1}$,我们固定 $x_{t+2},\cdots,x_n$ 这 $n-t-1$ 个变量不变,则由引理 10.27 知,F 可以唯一地表示为关于 $s_{(t+1,i)}(i=1,2,\cdots,t+1)$ 的多项式,又 $s_{(t+1,i)}(i=1,2,\cdots,t)$ 不变,$2(t+1)>m$. 故 F 为 $s_{(t+1,t+1)}$ 的一元函数,且 $\deg(F)\leqslant 1$. 所以由推论 10.36 知,当 x_i 中存在两数相等或有数为 0 时能取到最小值,于是当 $v(x)^*\leqslant t$ 时,F 能取到最小值.

综上定理得证!

10.4.5 总结与展望

本文继续探究了对称不等式的性质,利用函数的单调性及 Wronskian 行列式的性质,得到了在 $x_i\geqslant 0$, $\sum_{i=1}^{n+1}x_i^{\alpha_j}(j=1,2,\cdots,n)$ 为常数时,函数 $F=\sum_{i=1}^{n+1}f(x_i)$ 取到最值的一个充分条件. 由此部分解决了作者在前文里提出的Jensen不等式进一步推广问题,即固定 n 个方幂和 $s_{(m,k)}$ 不变,利用函数 $n+1$ 阶导数的正负性降维,进而得到 n 元 m 次对称不等式 $F(x)\geqslant 0$ 在 $\mathbf{R}_+^n$ 上成立的充分必要条件为 $\{x\mid x\in\mathbf{R}_+^n, v(x)^*\leqslant\max\left(\left[\frac{m}{2}\right],1\right)\}$ 时,不等式成立这一结论.

另外,还有以下几个问题值得进一步探讨:

(1) 引理 10.30 中的条件:若式(1)有一组解 $(y_1^0,y_2^0,\cdots,y_{n+1}^0)$,其中 $0\leqslant y_1^0\leqslant y_2^0\leqslant\cdots\leqslant y_{n+1}^0$,且等号至多在一处成立. 将等号至多在一处成立这一条件省去,能否得到相同的结果?如果可以,之后的定理 10.32、定理 10.34 都能得到改进. 进一步引理所研究的那个半代数系统,其解是否连通?

(2) 定理 10.37 的结论是否为最佳?

下面是一些特殊情况的例子.

对于二元四次齐次不等式

$$F(x,y)=(x^2+y^2-2xy)(x^2+y^2-4xy)\geqslant 0$$

$F(1,2)<0$,即在 $\mathbf{R}_+^2$ 上不成立,而若 $v(x)^*\leqslant 1$,则 $F(1,1)\geqslant 0,F(1,0)\geqslant 0$,此时不等式成立,所以这种情况无法改进.

对于三元六次齐次不等式

$$F(x,y,z)=\left(\sigma_3+\frac{2}{27}\sigma_1^3-\frac{1}{3}\sigma_1\sigma_2\right)^2-$$

$$(\sigma_1^2-\frac{36}{11}\sigma_2)^2\left(\frac{41}{10}\sigma_2-\sigma_1^2\right)+\frac{9}{110}\sigma_2^3\geqslant 0$$

$f(12,1,16)<0$,即在 $\mathbf{R}_+^3$ 上不成立. 而若 $v(x)^*\leqslant 2$,则 $f(1,1,x)\geqslant 0,f(x,1,0)\geqslant 0(x\in\mathbf{R}_+)$,此时不等式成立,所以这种情况同样也无法改进.

能否给出每一种情况的例子来说明定理 10.37 的结论无法改进,或者举出一个反例?

参考文献

[1] 陈胜利,姚勇. 实对称型上的 Schur 子空间及应用[J]. 数学学报,2007,50(6):1331-1348.

[2] HUANG F J. CHEN S L. Schur partition for symmetric ternary forms and readable proof to inequalites [M]. Proceedings of the 2005 International Symposium on Symbolic and Algebraic Computation. Beijing: ACM press, 2005,185-192.

[3] 吴文俊. 数学机械化[M]. 北京:科学出版社,2003.

[4] 陈胜利,姚勇,徐嘉. 代数不等式的降维方法[J]. 系统科学与数学,2009,29(1):26-34.

[5] 姚勇,徐嘉. 广义多项式的 Descartes 法则及其在降维方法中的应用[J]. 数学学报,2009,52(4):625-630.

[6] 韩京俊. 对称不等式的取等判定. 第一届丘成桐中学数学奖各赛区一等奖与优胜奖候选论文公示,2008:http://www. yau-awards. org/paper/E/5-复旦大学附属中学-完全对称不等式的取等判定. pdf

[7] 陈纪修,於崇华,金路. 数学分析. 下册[M]. 2 版. 北京:高等教育出版社,2004.

[8] GEORGE POLYA, GABOR SZEGO. 分析中的问题与定理(第 2 卷)[M]. 北京:世界图书出版公司,2004.

第11章 其他方法

在这一章我们列举一些其他的证明不等式的方法.

将多元多项式型不等式转化为关于某一变元的判别式的正负性问题,可以达到降维的目的,我们称其为判别式法,判别式法对于低次的不等式问题尤为有效.

例 11.1 若 $a,b,c\in\left[\frac{1}{3},3\right]$,证明

$$\frac{a}{a+b}+\frac{b}{b+c}+\frac{c}{c+a}\geqslant\frac{7}{5}$$

证明 原不等式等价于

$$abc+3\sum a^2b\geqslant 2\sum a^2c$$

(1) 如果 $a\geqslant b\geqslant c$,则有

$$(a-b)(b-c)(c-a)\leqslant 0\Leftrightarrow\sum a^2b\geqslant\sum a^2c$$

此时原不等式显然成立.

(2) 如果 $a\geqslant c\geqslant b$,将原不等式写成

$$(3a-2b)c^2+(3b^2+ab-2a^2)c+3a^2b-2ab^2\geqslant 0$$

上式为关于 c 的两次函数,而

$$\begin{aligned}\Delta=&(3b^2+ab-2a^2)^2-4(3a-2b)(3a^2b-2ab^2)=\\&9b^4+37a^2b^2+4a^4-10ab(b^2+4a^2)=\\&(b^2+4a^2)(9b-a)(b-a)\leqslant 0\end{aligned}$$

原不等式成立.

下面我们来介绍一个与实二次型判别式有关的经典结论.

例 11.2 设$f(x,y)=ax^2+2bxy+cy^2$,$a,b,c\in\mathbf{R}$,$D=ac-b^2$,若$D>0$,则存在整数$(u,v)\neq(0,0)$,使得

$$|f(u,v)|\leqslant\sqrt{\frac{4D}{3}}$$

证明 由于$f(x,y)=0$是椭圆,故对任意大的整数A,$|f(u,v)|<A$的整数解仅有有限多个.

因此$|f(u,v)|_{\min}$存在,记m为此最小值,设$f(u,v)=m$,则显然有$(u,v)=1$. 于是存在$r,s\in Z$,使$ur-vs=1$.

令$x=ux_1-sy_1$,$y=vx_1-ry_1$,由于$ur-vs=1$,所以$x_1=rx-sy$,$y_1=vx-uy$,$(x,y)\in\mathbf{Z}$与$(x_1,y_1)\in\mathbf{Z}$一一对应.

设$f(x,y)=g(x_1,y_1)$,则$g(x_1,y_1)=mx_1^2+2px_1y_1+qy_1^2$,且此时$D_1=mq-p^2=ac-b^2=D$,且$f,g$的值域相同.

于是

$$m\leqslant|g(x,1)|=m\left|\left(x_1+\frac{p}{m}\right)^2+\frac{mq-p^2}{m^2}\right|$$

于是必存在整数x,使得

$$\left|x+\frac{p}{m}\right|\leqslant\frac{1}{2}\Rightarrow m\leqslant\frac{m}{4}+\frac{D}{m}\Rightarrow$$

$$|f(u,v)|=m\leqslant\sqrt{\frac{4D}{3}}$$

注 利用这一结论我们可以证明 2006 年 CMO 的一道试题:

设$m,n,k\in\mathbf{Z}^+$,$mn=k^2+k+3$,证明:

$x^2+11y^2=4m$,$x^2+11y^2=4n$,至少有一个奇数解.

由于这题不属于本书的讨论范围,证明我们就不介绍了,值得一提的是,这道题当年在考场上只有邓煜一人解出,而用本例的结论却并不难证明.

对实二次型的进一步讨论,可以得到高斯三平方和定理等结论.

利用抽屉原理也可证明不少问题.

例 11.3 (Vasile)$x=a+\frac{1}{b}-1$,$y=b+\frac{1}{c}-1$,$z=c+\frac{1}{a}-1$,$a,b,c>0$,求证

$$xy+yz+zx\geqslant 3$$

证明 由抽屉原理知x,y,z中必存在两数,不妨设为x,y,满足$(x-1)(y-1)\geqslant 0$,于是

$$xy+yz+zx=(x-1)(y-1)+x+y+yz+zx-1\geqslant$$

$$x+y+yz+zx-1=$$

$$(x+y)(z+1)-1=$$
$$\left(b+\frac{1}{b}-2+a+\frac{1}{c}\right)\left(\frac{1}{a}+c\right)-1\geqslant$$
$$\left(a+\frac{1}{c}\right)\left(\frac{1}{a}+c\right)-1\geqslant 3$$

得证！

当变元 x 的范围为 $[a,b]$ 时，可以由 $(x-a)(x-b)\leqslant 0$，推出结论.

例 11.4 设 $0<m_1\leqslant a_i\leqslant M_1, 0<m_2\leqslant b_i\leqslant M_2, i=1,2,\cdots,n$，则

$$\left[\sqrt{\frac{m_2M_2}{m_1M_1}}\sum_{i=1}^n a_i^2\right]+\left[\sqrt{\frac{m_1M_1}{m_2M_2}}\sum_{i=1}^n b_i^2\right]\leqslant\left[\sqrt{\frac{M_1M_2}{m_1m_2}}+\sqrt{\frac{m_1m_2}{M_1M_2}}\right]\sum_{i=1}^n a_ib_i$$

证明 因为 $m_i\leqslant a_i\leqslant M_1, m_2\leqslant b_i\leqslant M_2$，所以

$$\frac{m_1}{M_2}\leqslant\frac{a_i}{b_i}\leqslant\frac{M_1}{m_2}, i=1,2,\cdots,n$$

于是有

$$\sum_{i=1}^n\left[m_2M_2a_i^2-(m_1m_2+M_1M_2)a_ib_i+m_1M_1b_i^2\right]=$$
$$\sum_{i=1}^n m_2M_2b_i^2\left(\frac{a_i}{b_i}-\frac{M_1}{m_2}\right)\left(\frac{a_i}{b_i}-\frac{m_1}{M_2}\right)\leqslant 0\Rightarrow$$
$$m_2M_2\sum_{i=1}^n a_i^2+m_1M_1\sum_{i=1}^n b_i^2\leqslant(m_1m_2+M_1M_2)\sum_{i=1}^n a_ib_i$$

上式两边同除以 $\sqrt{m_1m_2M_1M_2}$，即得欲证不等式.

等号成立当且仅当有 k 个 $a_i=m_1$，其余 $n-k$ 个 $a_j=M_1$，而相应的 $b_i=M_2$，$b_j=m_2$.

注 本题可看作著名的反向不等式 Pólya-Szegöo 不等式的加强，只需注意到

$$2\sqrt{\sum_{i=1}^n a_i^2\sum_{i=1}^n b_i^2}\leqslant\sqrt{\frac{m_2M_2}{m_1M_1}}\sum_{i=1}^n a_i^2+\sqrt{\frac{m_1M_1}{m_2M_2}}\sum_{i=1}^n b_i^2$$

进而我们有

$$2\sqrt{\sum_{i=1}^n a_i^2\sum_{i=1}^n b_i^2}\leqslant\left[\sqrt{\frac{M_1M_2}{m_1m_2}}+\sqrt{\frac{m_1m_2}{M_1M_2}}\right]\sum_{i=1}^n a_ib_i$$

上式即为 Pólya-Szegö 不等式，另一个著名的反向不等式是 Popoviciu 得到的 ①

$p,q\geqslant 1$，满足 $\frac{1}{p}+\frac{1}{q}=1$. $a_i,b_i\geqslant 0, i=1,2,\cdots,n$，且

---

① T. POPOVICIU, Sur quelques inégalites, Gaz. Mat. Fiz. Ser. A, 11(64)(1959)451-461.

$$a_1^p - a_2^p - \cdots - a_n^p > 0, b_1^p - b_2^p - \cdots - b_n^p > 0$$

则有

$$(a_1^p - a_2^p - \cdots - a_n^p)^{\frac{1}{p}}(b_1^q - b_2^q - \cdots - b_n^q)^{\frac{1}{q}} \leqslant a_1b_1 - a_2b_2 - \cdots - a_nb_n$$

等号成立当且仅当 $a_1 : b_1 = a_2 : b_2 = \cdots = a_n : b_n$.

特别地,令 $p = q = 2$ 即得经典的 Aczel① 不等式. 关于反向不等式的结论还有很多. 有一些还涉及复数与积分形式,我们就不再一一列举了.

有时用概率来证明命题能起到出奇制胜的作用.

例 11.5 (1991 年 IMO 预选题,)$x,y \in [0,1], n,m \in \mathbf{N}, x + y = 1$,求证

$$(1 - x^n)^m + (1 - y^m)^n \geqslant 1$$

证明 考查一个 $m \times n$ 的方格,每一个格染黑白两色之一,设染黑概率为 x,染白概率为 y,$(1 - x^n)^m$ 对应每一行都不是全黑,$(1 - y^m)^n$ 对应每一列都不是全白,又不可能出现一行全黑且有一列全白的情况,于是命题得证!

注 本题想法独特,解法巧妙,相同的方法可以证明:

设 m,n 是正整数,$x_{i,j} \in [0,1], i = 1,2,\cdots,m; j = 1,2,\cdots,n$;求证

$$\prod_{j=1}^{n}(1 - \prod x_{i,j}) + \prod_{i=1}^{m}(1 - \prod_{j=1}^{n}(1 - x_{i,j})) \geqslant 1$$

构造恒等式解题往往也很巧妙.

例 11.6 z_1,z_2,z_3 是 3 个向量,求证

$$|z_1 + z_2| + |z_2 + z_3| + |z_3 + z_1| \leqslant$$
$$|z_1| + |z_2| + |z_3| + |z_1 + z_2 + z_3|$$

证明 注意到如下恒等式成立.

$(|a| + |b| + |c| - |b + c| - |c + a| - |a + b| + |a + b + c|) \cdot$
$(|a| + |b| + |c| + |a + b + c|) = (|b| + |c| - |b + c|) \cdot$
$(|a| - |b + c| + |a + b + c|) + (|c| + |a| - |c + a|) \cdot$
$(|b| - |c + a| + |a + b + c|) + (|a| + |b| - |a + b|) \cdot$
$(|c| - |a + b| + |a + b + c|$.

于是由三角不等式知原不等式得证!

注 本题的恒等式被称为 Hlawka 恒等式.

本题与一般书上 z_1,z_2,z_3 为复数的条件不同,证明却非常简洁.

1963 年 Freudenthal. H 提出了更为一般的命题:

设 $a_k \in \mathbf{R}^m$,对于什么样的 n,成立

---

① J. ACZeL, Some general methods in the theory of functional equations in one variable, New applications of functional equations (Russian), Uspehi Mat. Nauk(N. S.) 11,69(3)(1956),3-68.

$$\sum_{k=1}^{n} |a_k| - \sum_{1\leqslant i<j\leqslant n} |a_i + a_j| +$$

$$\sum_{1\leqslant i<j<k\leqslant n} |a_i + a_j + a_k| + \cdots + (-1)^n \left|\sum_{i=1}^{n} a_k\right| \geqslant 0$$

1997 年 Jiang-cheng 证明上式仅对 $n=1$, $n=2$(Minkowski 不等式), $n=3$(即本题)成立. 可见 Vietnam J. Math, 1997, 25(3): 271-273.

不少不等式都能用向量法解决,如著名的 Cauchy 不等式等,这里我们也给出一些例题.

例 11.7 n 元实数组 $(a_1,a_2,\cdots,a_n)$, $(b_1,b_2,\cdots,b_n)$, $(c_1,c_2,\cdots,c_n)$ 满足

$$\begin{cases} a_1^2 + a_2^2 + \cdots + a_n^2 = 1 \\ b_1^2 + b_2^2 + \cdots + b_n^2 = 1 \\ c_1^2 + c_2^2 + \cdots + c_n^2 = 1 \\ b_1c_1 + b_2c_2 + \cdots + b_nc_n = 0 \end{cases}$$

求证

$$(b_1a_1 + b_2a_2 + \cdots + b_na_n)^2 + (a_1c_1 + a_2c_2 + \cdots + a_nc_n)^2 \leqslant 1$$

证明 设 $\bar{a} = (a_1,a_2,\cdots,a_n)$, $\bar{b} = (b_1,b_2,\cdots,b_n)$, $\bar{c} = (c_1,c_2,\cdots,c_n)$, 则 $|\bar{a}| = 1$, $|\bar{b}| = 1$, $|\bar{c}| = 1$; $b_1c_1 + b_2c_2 + \cdots + b_nc_n = 0 \Rightarrow \bar{b}\cdot\bar{c} = 0 \Rightarrow \bar{b} \perp \bar{c}$. 再设 $\bar{a}$ 与 $\bar{b}$, $\bar{c}$ 的夹角分别为 α, β, 则 $\frac{\pi}{2} \leqslant \alpha + \beta < 2\pi$.

于是

$$(b_1a_1 + b_2a_2 + \cdots + b_na_n)^2 + (a_1c_1 + a_2c_2 + \cdots + a_nc_n)^2 =$$
$$|\bar{a}|^2 |\bar{b}|^2 \cos^2\alpha + |\bar{a}|^2 |\bar{c}|^2 \cos^2\beta =$$
$$\cos^2\alpha + \cos^2\beta \leqslant 1$$

故不等式得证!

注 《走向 IMO2008》中牟晓生的证明用到了复数中的一个不等式作为引理,不如用向量证明来得简洁.

利用这一方法我们还能证明罗马尼亚 2007 年的一道题.

$a_1,a_2,\cdots,a_n,b_1,b_2,\cdots,b_n \in \mathbf{R}$, 满足

$$\sum_{i=1}^{n} a_i^2 = \sum_{i=1}^{n} b_i^2 = 1, \sum_{i=1}^{n} a_ib_i = 0$$

求证

$$\left(\sum_{i=1}^{n} a_i\right)^2 + \left(\sum_{i=1}^{n} b_i\right)^2 \leqslant n$$

无法直接证明不等式时,可以尝试证明中间不等式,起到连接欲证不等式两边桥梁的作用.

例 11.8 (Crux) $a,b,c,d\geqslant 0$,求证

$$(a+b)^3(b+c)^3(c+d)^3(d+a)^3\geqslant 16a^2b^2c^2d^2(a+b+c+d)^4$$

证明 不妨设 $a+b+c+d=1$,注意到 $(a+b)(b+c)(c+d)(d+a)$ 为轮换对称而非全对称,我们尝试将其向对称多项式靠拢.

$$\begin{aligned}&(a+b)(b+c)(c+d)(d+a)=\\&a^2c^2+b^2d^2+2abcd+\sum abc(a+b+c)=\\&(ac-bd)^2+\sum abc(a+b+c+d)\geqslant\\&abc+bcd+cda+dab\end{aligned}$$

又由 Newton(牛顿)不等式我们有

$$\left(\frac{\sum abc}{4}\right)^2\geqslant\frac{\sum ab}{6}abcd\geqslant\sqrt{\frac{\sum a}{4}\frac{\sum abc}{4}}abcd$$

于是

$$(abc+bcd+cda+dab)^3\geqslant 16a^2b^2c^2d^2(a+b+c+d)$$

故命题得证!

在这之前我们介绍过将分母化为同一个对称的式子的例子,其实也可以向同一个单项式的分母靠.

例 11.9 $a,b,c\geqslant 0$,至多有 1 个为 0,求证

$$\frac{a(b+c)}{b^2+c^2}+\frac{b(c+a)}{c^2+a^2}+\frac{c(a+b)}{a^2+b^2}\geqslant\frac{a(b+c)}{a^2+bc}+\frac{b(c+a)}{b^2+ca}+\frac{c(a+b)}{c^2+ab}$$

证明 不等式等价于

$$\sum\frac{a(b+c)(a^2+bc-b^2-c^2)}{(b^2+c^2)(a^2+bc)}\geqslant 0$$

对于给定的正实数 $x,y,z,x\geqslant y$,我们有

$$\begin{aligned}&\frac{1}{(x^2+yz)(y^2+z^2)}-\frac{1}{(y^2+xz)(x^2+z^2)}=\\&\frac{z(x-y)\left[\left(x-\frac{z}{2}\right)^2+\left(y-\frac{z}{2}\right)^2+xy+\frac{z^2}{2}\right]}{(x^2+yz)(y^2+z^2)(y^2+xz)(x^2+z^2)}\geqslant 0\end{aligned}$$

不妨设 $a\geqslant b\geqslant c$,有

$$\frac{1}{(a^2+bc)(c^2+b^2)}\geqslant\frac{1}{(b^2+ac)(c^2+a^2)}\geqslant\frac{1}{(c^2+ab)(a^2+b^2)}$$

进一步,由于

$$a(b+c)(a^2+bc-b^2-c^2)=a(b+c)[(a^2-b^2)+c(b-c)]\geqslant 0$$

$$c(a+b)(c^2+ab-a^2-b^2)=c(a+b)[(c^2-b^2)+a(b-a)]\leqslant 0$$

我们得到

$$\frac{a(b+c)(a^2+bc-b^2-c^2)}{(b^2+c^2)(a^2+bc)} \geqslant \frac{a(b+c)(a^2+bc-b^2-c^2)}{(b^2+ac)(c^2+a^2)}$$

$$\frac{c(a+b)(c^2+ab-a^2-b^2)}{(c^2+ab)(a^2+b^2)} \geqslant \frac{c(a+b)(c^2+ab-a^2-b^2)}{(b^2+ac)(c^2+a^2)}$$

所以

$$\sum \frac{a(b+c)(a^2+bc-b^2-c^2)}{(b^2+c^2)(a^2+bc)} \geqslant \frac{\sum a(b+c)(a^2+bc-b^2-c^2)}{(b^2+ac)(c^2+a^2)} = 0$$

由此完成了证明,等号成立当且仅当 $a=b=c$ 或 $abc=0$.

将已知的不等式作为条件导出想得到的不等式,也就是借题破题的方法.

例 11.10 $a,b,c,d \geqslant 0$,没有两个同时为 0,且 $a+b+c=1$,求证

$$\frac{a}{\sqrt{a+b}} + \frac{b}{\sqrt{b+c}} + \frac{c}{\sqrt{c+d}} + \frac{d}{\sqrt{d+a}} \leqslant \frac{3}{2}$$

证明 不妨设 $a+c \geqslant b+d$,于是 $x=a+c \geqslant \frac{1}{2}$,由 Jack Garfunkel 不等式知

$$\frac{a}{\sqrt{a+b}} + \frac{b}{\sqrt{b+c}} + \frac{c}{\sqrt{c+a}} \leqslant \frac{5}{4}\sqrt{a+b+c} = \frac{5}{4}\sqrt{1-d} \Rightarrow$$

$$\frac{a}{\sqrt{a+b}} + \frac{b}{\sqrt{b+c}} \leqslant \frac{5}{4}\sqrt{1-d} - \frac{c}{\sqrt{c+a}}$$

类似地有

$$\frac{c}{\sqrt{c+d}} + \frac{d}{\sqrt{d+a}} \leqslant \frac{5}{4}\sqrt{1-b} - \frac{a}{\sqrt{a+c}}$$

所以

$$\begin{aligned}\sum_{cyc} \frac{a}{\sqrt{a+b}} &\leqslant \frac{5}{4}(\sqrt{1-b}+\sqrt{1-d}) - \sqrt{a+c} \leqslant \\ &\frac{5}{4}\sqrt{2(2-b-d)} - \sqrt{a+c} = \\ &\frac{5}{4}\sqrt{2(x+1)} - \sqrt{x}\,(x=a+c) = \\ &\frac{(\sqrt{x}-1)(17\sqrt{x}-7)}{2\sqrt{2}(5\sqrt{x+1}+\sqrt{2}(2\sqrt{x}+3))} + \frac{3}{2} \leqslant \frac{3}{2}\end{aligned}$$

我们完成了证明,且等号不可能成立.

本题是借题破题的典型,利用 Jack Garfunkel 不等式我们还能证明它的推广.

例 11.11 (韩京俊)$a,b,c,d \geqslant 0$,没有 3 个同时为 0,求证

$$\frac{a}{\sqrt{a+b+c}}+\frac{b}{\sqrt{b+c+d}}+\frac{c}{\sqrt{c+d+a}}+\frac{d}{\sqrt{d+a+b}}\leqslant\frac{5}{4}\sqrt{a+b+c+d}$$

证明　不妨设 $d=\min\{a,b,c,d\}$,设 $x=a+d$,则

$$\frac{a}{\sqrt{a+b+c}}+\frac{d}{\sqrt{d+a+b}}\leqslant\frac{a}{\sqrt{a+b+d}}+\frac{d}{\sqrt{d+a+b}}=\frac{x}{\sqrt{x+b}}$$

又显然有

$$\frac{b}{\sqrt{b+c+d}}\leqslant\frac{b}{\sqrt{b+c}}$$

于是只需证明

$$\frac{x}{\sqrt{x+b}}+\frac{b}{\sqrt{b+c}}+\frac{c}{\sqrt{c+d+a}}\leqslant\frac{5}{4}\sqrt{a+b+c+d}$$

上式即为 Jack Garfunkel 不等式(变元为 x,b,c).

不等式等号成立当且仅当$\frac{a}{3}=\frac{b}{1}=\frac{c}{0}=\frac{d}{0}$及其轮换.

注　使用类似的方法我们能证明更一般的情形.

$$\sum_{cyc}\frac{x_1}{\sqrt{x_1+x_2+\cdots+x_{n-1}}}\leqslant\frac{5}{4}\sqrt{x_1+x_2+\cdots+x_n}$$

其中 $x_1,x_2,\cdots,x_n\geqslant 0$,没有 $n-1$ 个同时为 0.

通过假设欲证不等式不成立,以此多获得一个条件,进而导出矛盾,也就是常用的反证法.

例 11.12　设 $a_1,a_2,\cdots,a_n$ 为正实数,满足

$$a_1+a_2+\cdots+a_n=\frac{1}{a_1}+\frac{1}{a_2}+\cdots+\frac{1}{a_n}$$

求证

$$\frac{1}{n-1+a_1}+\frac{1}{n-1+a_2}+\cdots+\frac{1}{n-1+a_n}\geqslant 1$$

证明　令 $b_i=\frac{1}{n-1+a_i},i=1,2,\cdots,n$,则 $b_i<\frac{1}{n-1}$,且

$$a_i=\frac{1-(n-1)b_i}{b_i},i=1,2,\cdots,n$$

故条件转化为

$$\sum_{i=1}^{n}\frac{1-(n-1)b_i}{b_i}=\sum_{i=1}^{n}\frac{b_i}{1-(n-1)b_i}$$

下面用反证法,假设

$$b_1+b_2+\cdots+b_n<1$$

由 Cauchy 不等式得到

$$\sum_{j\neq i}(1-(n-1)b_j)\cdot\sum_{j\neq i}\frac{1}{(1-(n-1)b_j)}\geqslant(n-1)^2$$

利用归纳假设有

$$\sum_{j\neq i}(1-(n-1)b_i)<(n-1)b_i$$

所以

$$\sum_{j\neq i}\frac{1}{(1-(n-1)b_j)}>\frac{n-1}{b_i}$$

故

$$\sum_{j\neq i}\frac{1-(n-1)b_i}{1-(n-1)b_j}>(n-1)\frac{1-(n-1)b_i}{b_i}$$

上式对 $i=1,2,\cdots,n$ 求和

$$\sum_{i=1}^{n}\sum_{j\neq i}\frac{1-(n-1)b_i}{1-(n-1)b_j}>(n-1)\sum\frac{1-(n-1)b_i}{b_i}$$

也即

$$\sum_{j=1}^{n}\sum_{j\neq i}\frac{1-(n-1)b_i}{1-(n-1)b_j}>(n-1)\sum\frac{1-(n-1)b_i}{b_i}$$

而由假设有

$$\sum_{j\neq i}(1-(n-1)b_i)<b_j(n-1)$$

故我们有

$$(n-1)\sum_{i=1}^{n}\frac{b_j}{1-(n-1)b_j}>(n-1)\sum_{i=1}^{n}\frac{1-(n-1)b_i}{b_i}$$

矛盾！故原命题得证！

注 如果本题作代换 $a_i=\frac{c_i}{1-c_i}$,$i=1,2,\cdots,n$,则可以使证明看得更清晰.用类似的方法在相同的条件下我们有

$$\frac{1}{n-1+a_1^2}+\frac{1}{n-1+a_2^2}+\cdots+\frac{1}{n-1+a_n^2}\geqslant1$$

数学归纳法以一个较小的数为基础,步步为营,最后证得对较大的数命题同样成立.

例 11.13 设 $a_1,a_2,\cdots,a_n$ 是非负实数,满足 $a_1+a_2+\cdots+a_n=4$,求证

$$a_1^3a_2+a_2^3a_3+\cdots+a_n^3a_1\leqslant27$$

证明 我们用数学归纳法证明.

当 $n=3$ 时,由于不等式关于 a_1,a_2,a_3 轮换对称,不妨设 a_1 为最大者,若 $a_2<a_3$,则

$$a_1^3a_2+a_2^3a_3+a_3^3a_1-(a_1a_2^3+a_2a_3^3+a_3a_1^3)=$$

$$(a_1-a_2)(a_2-a_3)(a_1-a_3)(a_1+a_2+a_3)<0$$

因此,只需就 $a_2\geqslant a_3$ 的情况加以说明,下设 $a_1\geqslant a_2\geqslant a_3$,则有

$$\begin{aligned}&a_1^3a_2+a_2^3a_3+a_3^3a_1\leqslant a_1^3a_2+2a_1^2a_2a_3\leqslant\\&a_1^3a_2+3a_1^2a_2a_3=a_1^2a_2(a_1+3a_3)=\\&\frac{1}{3}a_1\cdot a_1\cdot 3a_2\cdot(a_1+3a_2)\leqslant\\&\frac{1}{3}\left(\frac{a_1+a_1+3a_2+a_1+3a_3}{4}\right)^4=27\end{aligned}$$

等号当 $a_1=3,a_2=1,a_3=0$ 时取到.

设当 $n=k(k\geqslant 3)$ 时,原不等式成立,则当 $n=k+1$ 时,仍设 a_1 为最大者,则

$$\begin{aligned}&a_1^3a_2+a_2^3a_3+\cdots+a_k^3a_{k+1}+a_{k+1}^3a_1\leqslant\\&a_1^3a_2+a_1^3a_3+(a_2+a_3)^3a_4+\cdots+a_{k+1}^3a_1=\\&a_1^3(a_2+a_3)+(a_2+a_3)^3a_4+\cdots+a_{k+1}^3a_1\end{aligned}$$

从而,k 个变量 $a_1,a_2+a_3,a_4,\cdots,a_{k+1}$ 满足条件

$$a_1+(a_2+a_3)+\cdots+a_{k+1}=4$$

由归纳假设

$$a_1^3(a_2+a_3)+(a_2+a_3)^3a_4+\cdots+a_{k+1}^3a_1\leqslant 27$$

故当 $n=k+1$ 时,原不等式也成立. 得证!

例 11.14 已知数列 r_n 满足 $r_1=2,r_n=r_1r_2\cdots r_{n-1}+1(n=2,3,\cdots)$,正整数 $a_1,a_2,\cdots,a_n$ 满足 $\sum\limits_{k=1}^{n}\frac{1}{a_k}<1$,求证

$$\sum_{i=1}^{n}\frac{1}{a_i}\leqslant\sum_{i=1}^{n}\frac{1}{r_i}$$

证明 由 r_n 的定义不难发现

$$1-\frac{1}{r_1}-\frac{1}{r_2}-\cdots-\frac{1}{r_n}=\frac{1}{r_1r_2\cdots r_n}\qquad(1)$$

当 $\frac{1}{a_1}<1$ 时,正整数 $a_1\geqslant 2=r_1$,所以 $\frac{1}{a_1}\leqslant\frac{1}{r_1}$.

假设当 $n<k$ 时,原不等式对一切满足条件的正整数 $a_1,a_2,\cdots,a_n$ 成立.

如果在 $n=k$ 时,有一组满足条件的正整数 $a_1,a_2,\cdots,a_n$,使得

$$\frac{1}{a_1}+\frac{1}{a_2}+\cdots+\frac{1}{a_n}>\frac{1}{r_1}+\frac{1}{r_2}+\cdots+\frac{1}{r_n}\qquad(2)$$

不妨设 $a_1\leqslant a_2\leqslant\cdots\leqslant a_n$,那么由归纳假设

$$\frac{1}{a_1}\leqslant\frac{1}{r_1}$$

$$\frac{1}{a_1}+\frac{1}{a_2}\leqslant\frac{1}{r_1}+\frac{1}{r_2}$$

$$\cdots$$

$$\frac{1}{a_1}+\frac{1}{a_2}+\cdots+\frac{1}{a_n}\leqslant\frac{1}{r_1}+\frac{1}{r_2}+\cdots+\frac{1}{r_n}$$

将以上各式分别乘以非正数 $a_1-a_2,a_2-a_3,\cdots,a_{n-1}-a_n$,将式(2)乘以 a_n,然后相加得

$$n>\frac{a_1}{r_1}+\frac{a_2}{r_2}+\cdots+\frac{a_n}{r_n}$$

于是

$$1>\frac{1}{n}\left(\frac{a_1}{r_1}+\frac{a_2}{r_2}+\cdots+\frac{a_n}{r_n}\right)\geqslant\sqrt[n]{\frac{a_1a_2\cdots a_n}{r_1r_2\cdots r_n}}$$

即

$$r_1r_2\cdots r_n\geqslant a_1a_2\cdots a_n \tag{3}$$

另一方面

$$1-\left(\frac{1}{a_1}+\frac{1}{a_2}+\cdots+\frac{1}{a_n}\right)\geqslant\frac{1}{a_1a_2\cdots a_n}$$

所以由(1),(2)得

$$\frac{1}{r_1r_2\cdots r_n}\geqslant\frac{1}{a_1a_2\cdots a_n} \tag{4}$$

由(3)和(4)导出矛盾!

故原命题得证,等号成立当且仅当 $\{a_1,a_2,\cdots,a_n\}=\{r_1,r_2,\cdots,r_n\}$.

注 此题曾经是大数学家Erdös的一个猜想. 实际上是求对于固定的 n,寻找正整数 $a_1,a_2,\cdots,a_n$,使得 $\sum\limits_{k=1}^{n}\frac{1}{a_k}$ 小于1,且最大. 以上证明在归纳法中运用了反证法,十分巧妙.

例 11.15 (Suranyi)$a_i\geqslant0,i=1,2,\cdots,n$,求证

$$(n-1)(a_1^n+\cdots+a_n^n)+na_1\cdots a_n\geqslant(a_1+\cdots+a_n)(a_1^{n-1}+\cdots+a_n^{n-1})$$

特别地当 $n=3$ 时为3次Schur不等式.

证明 由于不等式是对称的,我们不妨设 $a_1\geqslant a_2\geqslant\cdots\geqslant a_k\geqslant a_{k+1}$,且 $a_1+a_2+\cdots+a_k=1$. 我们利用数学归纳法来证明这个不等式. 当 $n=1$ 时,原不等式显然成立. 假设当 $n=k$ 时成立,即有

$$(k-1)\sum_{i=1}^{k}a_i^k+ka_1a_2\cdots a_k\geqslant\sum_{i=1}^{k}a_i^{k-1}$$

也即

$$ka_{k+1}\prod_{i=1}^{k}a_i\geqslant a_{k+1}\sum_{i=1}^{k}a_i^{k-1}-(k-1)a_{k+1}\sum_{i=1}^{k}a_i^k$$

则需证明当 $n=k+1$ 时也成立.

$$k\sum_{i=1}^{k}a_i^{k+1}+ka_{k+1}^{k+1}+ka_{k+1}\prod_{i=1}^{k}a_i+a_{k+1}\prod_{i=1}^{k}a_i-$$
$$(1+a_{k+1})(\sum_{i=1}^{k}a_i^k+a_{k+1}^k)\geqslant 0$$

利用归纳假设知,我们只需要证明

$$(k\sum_{i=1}^{k}a_i^{k+1}-\sum_{i=1}^{k}a_i^k)-a_{k+1}(k\sum_{i=1}^{k}a_i^k-\sum_{i=1}^{k}a_i^{k-1})+$$
$$a_{k+1}(\prod_{i=1}^{k}a_i+(k-1)a_{k+1}^k-a_{k+1}^{k-1})\geqslant 0$$

将上式拆成两部分,首先来证明

$$a_{k+1}(\prod_{i=1}^{k}a_i+(k-1)a_{k+1}^k-a_{k+1}^{k-1})\geqslant 0$$

这是成立的,因为

$$\prod_{i=1}^{k}a_i+(k-1)a_{k+1}^k-a_{k+1}^{k-1}=\prod_{i=1}^{k}(a_i-a_{k+1}+a_{k+1})+(k-1)a_{k+1}^k-a_{k+1}^{k-1}\geqslant$$
$$a_{k+1}^k+a_{k+1}^{k-1}\sum_{i=1}^{k}(a_i-a_{k+1})+(k-1)a_{k+1}^k-a_{k+1}^{k-1}=$$
$$a_{k+1}^{k-1}[a_{k+1}+\sum_{i=1}^{k}(a_i-a_{k+1})+(k-1)a_{k+1}-1]=$$
$$a_{k+1}^{k-1}[a_{k+1}+1-ka_{k+1}+(k-1)a_{k+1}-1]=0$$

现在只需证明

$$(k\sum_{i=1}^{k}a_i^{k+1}-\sum_{i=1}^{k}a_i^k)-a_{k+1}(k\sum_{i=1}^{k}a_i^k-\sum_{i=1}^{k}a_i^{k-1})\geqslant 0$$

而由 Chebyshev 不等式,有

$$k\sum_{i=1}^{k}a_i^k-\sum_{i=1}^{k}a_i^{k-1}\geqslant 0$$

并且由假设有 $a_{k+1}\leqslant\frac{1}{k}$.

则只需要证明

$$(k\sum_{i=1}^{k}a_i^{k+1}-\sum_{i=1}^{k}a_i^k)\geqslant\frac{1}{k}(k\sum_{i=1}^{k}a_i^k-\sum_{i=1}^{k}a_i^{k-1})\Leftrightarrow$$
$$k\sum_{i=1}^{k}a^{k+1}+\frac{1}{k}\sum_{i=1}^{k}a_i^{k-1}\geqslant 2\sum_{i=1}^{k}a_i^k$$

而由 AM - GM 不等式知上式显然成立. 这样我们就完成了对 Suranyi 不等式的证明.

注 关于3次Schur不等式的推广还有很多,如对所有的正实数 x_i 有如下

不等式成立

$$x_1^n+\cdots+x_n^n+n(n-1)x_1\cdots x_n\geqslant$$
$$x_1\cdots x_n(x_1+\cdots+x_n)\left(\frac{1}{x_1}+\cdots+\frac{1}{x_n}\right)$$

用分析的方法找到题目条件与结论的联系,从而使证明变得自然.

例 11.16 (2004 年中国国家队培训题)$a,b,c,x,y,z\in\mathbf{R}$,满足

$$(a+b+c)(x+y+z)=3,(a^2+b^2+c^2)(x^2+y^2+z^2)=4$$

求证

$$ax+by+cz\geqslant 0$$

证明 a,b,c 如果互换,条件保持不变.

于是若有 $ax+by+cz\geqslant 0$,则必有 $ay+bz+cx\geqslant 0,az+bx+cy\geqslant 0$.

由条件有 $\sum\limits_{cyc}ax+\sum\limits_{cyc}ay+\sum\limits_{cyc}az=3$.

若 $\sum\limits_{cyc}ax,\sum\limits_{cyc}ay,\sum\limits_{cyc}az$ 中有一数小于 0,则有

$$\left(\sum_{cyc}ax\right)^2+\left(\sum_{cyc}ay\right)^2+\left(\sum_{cyc}az\right)^2>\left(\frac{3}{2}\right)^2\cdot 2=\frac{9}{2}$$

若能证明

$$\left(\sum_{cyc}ax\right)^2+\left(\sum_{cyc}ay\right)^2+\left(\sum_{cyc}az\right)^2\leqslant\frac{9}{2}$$

则原题得证.

下面我们就证明这一结论,由条件知

$$\left(\sum_{cyc}ax\right)^2+\left(\sum_{cyc}ay\right)^2+\left(\sum_{cyc}az\right)^2-2\sum_{cyc}abxy-$$
$$2\sum_{cyc}abyz-2\sum_{cyc}abxz=\sum a^2\sum x^2=4\Leftarrow$$
$$\frac{9}{2}\geqslant 4+2\sum ab\sum xy\Leftrightarrow$$
$$\frac{1}{4}\geqslant\frac{\sum xy}{2}\left(\left(\frac{3}{\sum x}\right)^2-\frac{4}{\sum x^2}\right)\Leftrightarrow$$
$$\frac{1}{2}\geqslant\frac{9\sum xy}{\left(\sum x\right)^2}-\frac{4\sum xy}{\left(\sum x\right)^2-2\sum xy}\Leftrightarrow$$
$$\left(\left(\sum x\right)^2-6\sum xy\right)^2\geqslant 0$$

故原题得证!

注 上面主要用到了分析的思想,想到证明

$$\left(\sum_{cyc}ax\right)^2+\left(\sum_{cyc}ay\right)^2+\left(\sum_{cyc}az\right)^2\leqslant\frac{9}{2}$$

后,剩下的工作就水到渠成了.

本题还可以用向量法证明,我们这里再介绍一种漂亮的 Cauchy 不等式的证明.

$$6=\sqrt{\sum a^2\sum 9x^2}=\sqrt{\sum a^2\sum(2y+2z-x)^2}\geqslant$$
$$\sum a(2y+2z-x)=2\sum a\sum x-3(ax+by+cz)=$$
$$6-3\sum ax$$

用相同的方法我们能使结论推广至 n 元,即:

$a_i,b_i\in\mathbf{R},i=1,2,\cdots,n$,有

$$\sqrt{\sum_{i=1}^{n}a_i^2\sum_{i=1}^{n}b_i^2}+\sum_{i=1}^{n}a_ib_i\geqslant\frac{2}{n}\sum_{i=1}^{n}a_i\sum_{i=1}^{n}b_i$$

例 11.17 (Crux3059)$a,b,c,d\geqslant 0,a^2+b^2+c^2+d^2\leqslant 1$,求证

$$\sum_{sym}ab\leqslant 4abcd+\frac{5}{4}$$

分析 考虑如何处理 $abcd$ 是本题的难点.

若直接齐次化

$$\Leftrightarrow 4\sum_{sym}a^3b+4\sum_{sym}a^2bd\leqslant 5\sum a^4+10\sum a^2b^2+16abcd$$

由于是四元所以无论用初等多项式法抑或是配方法都很困难,而原题的形式很漂亮,故考虑用一些局部不等式来证明,处理 $abcd$,我们有两种大致的想法.

(1) 将 $\sum\limits_{sym}ab$ 向 $abcd$ 靠拢.

(2) 将 $abcd$ 向 $\sum\limits_{sym}ab$ 靠拢.

下面我们就给出这两种思路的两个不同的证明.

证法 1 将 $\sum\limits_{sym}ab$ 向 $abcd$ 靠拢.

显然一个 ab 是无法与 $abcd$ 产生"化学反应"的.

我们想用左边的几个式子通过局部不等式"变"出 $abcd$.

在之前的几章中我们说过对于四元的不等式分为两个一组,使用局部不等式是常规的手段. 但是

$$ab+cd=\sqrt{(ab+cd)^2}=\sqrt{(a^2+c^2)(b^2+d^2)-(ad-bc)^2}=$$
$$\sqrt{(a^2+c^2)(b^2+d^2)-a^2d^2-b^2c^2+2abcd}$$

显然"变出"了 $abcd$,却很难用不等式去掉 $a^2d^2+b^2c^2$,也很难有理化. 故我们考虑 4 个一组,若是

$$(a+c)(b+d)=\sqrt{(a+c)^2(b+d)^2}$$

也很难调整.

而由 Cauchy 不等式知

$$\begin{aligned}ab+cd+ac+bd=&\sqrt{[(ab+cd)+(ac+bd)]^2}\leqslant\\&\sqrt{2[(ab+cd)^2+(ac+bd)^2]}=\\&\sqrt{2(a^2b^2+c^2d^2+a^2c^2+b^2d^2+4abcd)}=\\&\sqrt{2(a^2+d^2)(b^2+c^2)+8abcd}\leqslant\\&\sqrt{\frac{1}{2}+8abcd}\end{aligned}$$

同理有其余两式,将3式相加,故只需证明

$$\frac{3\sqrt{2}}{2}\sqrt{1+16abcd}\leqslant 4abcd+\frac{5}{4}$$

上式两边平方后利用 $abcd\leqslant\frac{1}{16}$ 即证.

证法2 $abcd$ 向 $\sum\limits_{sym}ab$ 靠拢.

不妨设 $a\geqslant b\geqslant c\geqslant d$,则 $ab+cd\geqslant ac+bd\geqslant ad+bc$.

若有 $4abcd+\frac{1}{4}\geqslant ad+bc$,则由 $ac+bd+ab+cd\leqslant a^2+b^2+c^2+d^2=1$,即可完成证明.

故只需考虑 $4abcd+\frac{1}{4}\leqslant ad+bc$ 的情况.

$$4abcd+\frac{1}{4}\leqslant ad+bc\Leftrightarrow 0\leqslant(2ad-\frac{1}{2})(\frac{1}{2}-2bc)$$

此时若分情况讨论 ad,bc 的大小,虽能夹出 d 或 c 的范围,但并不能带入直接放缩.

而我们想得到的 $abcd$ 却出现在了相反的位置,这迫使我们挖掘 $0\leqslant(2ad-\frac{1}{2})(\frac{1}{2}-2bc)$ 这个式子,最好能由此求出 $abcd$ 的下界.

由 AM - GM 不等式有

$$(2ad-\frac{1}{2})(\frac{1}{2}-2bc)\leqslant\left(\frac{2ad-2bc}{2}\right)^2=(ad-bc)^2\Rightarrow$$

$$(ad-bc)^2+4abcd+\frac{1}{4}\geqslant ad+bc$$

又因为

$$a^2+b^2+c^2+d^2\leqslant 1$$

$$2(a^2+b^2+c^2+d^2-ab-ac-bd-cd)=$$

$$(a-b)^2+(a-c)^2+(b-d)^2+(c-d)^2$$

故只需证明

$$(a-b)^2+(a-c)^2+(b-d)^2+(c-d)^2 \geqslant 2(ad-bc)^2$$

注意到

$$\begin{aligned}2(ad-bc)^2 &= (ad-bd+bd-bc)^2+(ad-ac+ac-bc)^2 \leqslant \\ &(ad-bd)^2+(bd-bc)^2+(ad-ac)^2+(ac-bc)^2 = \\ &(a^2+b^2)(c-d)^2+(c^2+d^2)(a-b)^2 \leqslant \\ &(a-b)^2+(a-c)^2+(b-d)^2+(c-d)^2\end{aligned}$$

故原不等式得证!

注　证法1并不知道应该如何得到也不知道得到的会是一个怎样的局部不等式,或许对于另一道题就不适用了,但过程是优美的.

证法2却很有代表性,先多出一些条件,再抓住这多出的条件证明.相当于先将题目化成几个较弱的命题再逐个击破,证明的思路是清晰自然的.

本题还有一个令人匪夷所思的多项式方法.

证明　设 $S=\sum\limits_{sym}ab$, $A(x)=(x-a)(x-b)(x-c)(x-d)=x^4-\sum a\cdot x^3+Sx^2-\sum abc\cdot x+abcd$.

一方面由 $|P+\mathrm{i}Q|\geqslant|P|$,知

$$\begin{aligned}|A(\mathrm{i}t)|^2 &= \left|t^4-\sum a\cdot t^3+St^2-\sum abc\cdot t+abcd\right| \geqslant \\ &|t^4-St^2+abcd|^2\end{aligned}$$

另一方面

$$|A(it)|^2=A(\mathrm{i}t)\cdot\overline{A(\mathrm{i}t)}=\prod(a+\mathrm{i}t)(a-\mathrm{i}t)=\prod(a^2+t^2)\Rightarrow$$

$$|t^4-St^2+abcd|^2\leqslant\prod(a^2+t^2)$$

令 $t=\dfrac{1}{2}$,则

$$\begin{aligned}&\left|\frac{1}{16}-\frac{1}{4}S+abcd\right|^2\leqslant\prod\left(a^2+\frac{1}{4}\right)\leqslant \\ &\left(\frac{1}{4}\sum\left(a^2+\frac{1}{4}\right)\right)^4=\left(\frac{1}{4}\left(\sum a^2+1\right)\right)^4\leqslant\frac{1}{16}\Rightarrow \\ &\left|\frac{1}{16}-\frac{1}{4}S+abcd\right|\leqslant\frac{1}{4}\Rightarrow \\ &S\leqslant 4abcd+\frac{5}{4}\end{aligned}$$

又 $S=\sum\limits_{sym}ab$,命题得证!

用类似的方法可以处理下面的两个试题.

$$(a^2+1)(b^2+1)(c^2+1)(d^2+1)=16,a,b,c,d\in\mathbf{R},\text{则}$$

$$-3\leqslant\sum_{sym}ab-abcd\leqslant 5$$

(韩京俊) $a,b,c,d\geqslant 0,\sum a^2=12-8\sqrt{2}$, 求证

$$(\sqrt{2}+1)^3\sum a-(\sqrt{2}+1)\sum abc\leqslant 36$$

使用一些高等的方法也是证明不等式的一个途径.

例 11.18 求证: $\sum_{k=1}^{448}\frac{|\sin(x+k)|}{x+k}>\frac{5}{2}$.

证明 首先来证明引理

$$|\sin(x-1)|+|\sin x|+|\sin(x+1)|\geqslant 2\sin 1$$

设函数 $f(x)=|\sin(x-1)|+|\sin x|+|\sin(x+1)|$, 容易看出 $f(x)$ 是以 π 为周期的函数, 且 $f(\pi-x)=f(x)$, 所以我们只要证明对于 $0\leqslant x\leqslant\frac{\pi}{2}$ 成立就可以了.

(1) 当 $1\leqslant x\leqslant\frac{\pi}{2}$, 我们有

$$\begin{aligned}f(x)=&\sin(x-1)+\sin x+\sin(x-1)=\\&\sin x\cos 1-\cos x\sin 1+\sin x+\sin x\cos 1+\cos x\sin 1=\\&(2\cos 1+1)\sin x\geqslant\left(2\cos\frac{\pi}{3}+1\right)\sin x=2\sin x\geqslant 2\sin 1\end{aligned}$$

(2) 对于 $0\leqslant x\leqslant 1$, 我们有

$$f(x)=\sin(1-x)+\sin x+\sin(1+x)=2\sin 1\cos x+\sin x$$

记 $\phi=\arctan(2\sin 1)$, 容易看出 $\frac{\pi}{4}<\phi<\frac{\pi}{2}$, 于是 $f(x)$ 可以表示成 $f(x)=\sqrt{4\sin^2 1+1}\sin(x+\phi)$. 显然只有在两个端点取得最小值, 也即

$$f(x)\geqslant\min(2\sin 1\cos 0+\sin 0,2\sin 1\cos 1+\sin 1)=2\sin 1$$

于是引理得证.

现在证明原不等式.

$$\begin{aligned}&\sum_{k=1}^{448}\frac{|\sin(x+k)|}{x+k}\geqslant\\&\sum_{k=1}^{149}\left(\frac{|\sin(x+3k-2)|}{3k-2+x}+\frac{|\sin(x+3k-1)|}{3k-1+x}+\frac{|\sin(x+3k)|}{3k+x}\right)\geqslant\\&\sum_{k=1}^{149}\frac{|\sin(x+3k-2)|+|\sin(x+3k-1)|+|\sin(x+3k)|}{3k+\pi}\geqslant\\&\sum_{k=1}^{149}\frac{2\sin 1}{3}\cdot\frac{1}{k+\frac{\pi}{3}}=\end{aligned}$$

$$\frac{2}{3}\sin 1\left(\frac{1}{1+\frac{\pi}{3}}+\frac{1}{2+\frac{\pi}{3}}+\frac{1}{3+\frac{\pi}{3}}+\sum_{k=4}^{149}\int_k^{k+1}\frac{dx}{k+\frac{\pi}{3}}\right)>$$

$$\frac{2}{3}\sin 1\left(\frac{1}{1+\frac{\pi}{3}}+\frac{1}{2+\frac{\pi}{3}}+\frac{1}{3+\frac{\pi}{3}}+\sum_{k=4}^{149}\int_k^{k+1}\frac{dx}{k+\frac{\pi}{3}}\right)=$$

$$\frac{2}{3}\sin 1\left(\frac{1}{1+\frac{\pi}{3}}+\frac{1}{2+\frac{\pi}{3}}+\frac{1}{3+\frac{\pi}{3}}+\int_4^{150}\frac{dx}{k+\frac{\pi}{3}}\right)=$$

$$\frac{2}{3}\sin 1\left(\frac{1}{1+\frac{\pi}{3}}+\frac{1}{2+\frac{\pi}{3}}+\frac{1}{3+\frac{\pi}{3}}+\ln(150+\frac{\pi}{3})-\ln(4+\frac{\pi}{3})\right)>$$

$$2.503\ 3>\frac{5}{2}$$

于是原不等式得证.

Lagrange(拉格朗日)乘数法被一些人称作是求解多元函数极值问题(或不等式问题)的机器定理. 应用范围十分广泛,威力极大. 但是用它来解初等数学题,会使解法千篇一律,无巧可言. 我们不加证明地给出如下定理.

定理 11.1 (Lagrange 乘数法,条件极值的必要条件) 在约束条件 $g_i(x_1, x_2,\cdots,x_n)0$ 下($i=1,2,\cdots,m$),目标函数 $f(x_1,x_2,\cdots,x_n)$ 也即 Lagrange 函数

$$F(x_1,x_2,\cdots,x_n,\lambda_1,\lambda_2,\cdots,\lambda_m)=f(x_1,x_2,\cdots,x_n)-\sum_{i=1}^{m}\lambda_i g_i(x_1,x_2,\cdots,x_n)$$

的条件极值点就在方程组

$$\begin{cases}\dfrac{\partial F}{\partial x_k}=\dfrac{\partial f}{\partial x_k}-\displaystyle\sum_{i=1}^{m}\lambda_i\dfrac{\partial g_i}{\partial x_k}\\ g_l=0(k=1,2,\cdots,n;l=1,2,\cdots,m)\end{cases}$$

的所有解$(x_1,x_2,\cdots,x_n;\lambda_1,\lambda_2,\cdots,\lambda_m)$所对应的点$(x_1,x_2,\cdots,x_n)$中.

例 11.19 非负实数 $a_1,a_2,\cdots,a_n,n\geqslant 5$,满足 $a_1^2+a_2^2+\cdots+a_n^2=1$,证明

$$a_1^2a_2+a_2^2a_3+\cdots+a_n^2a_1<\sqrt{\frac{5+2\sqrt{7}}{33+6\sqrt{7}}}$$

证明 令 $a_0=a_n,a_{n+1}=a_1$,设 $S=\text{LHS}$.

作 Lagrange 函数

$$F=a_1^2a_2+a_2^2a_3+\cdots+a_n^2a_1+\lambda(1-a_1^2-a_2^2-\cdots-a_n^2)$$

由极值的必要条件得到

$$\begin{cases}\dfrac{\partial F}{\partial a_k}=a_{k-1}^2+2a_ka_{k+1}-\lambda\cdot 2a_k,k=1,2,\cdots,n\\ a_1^2+a_2^2+\cdots+a_n^2=1\end{cases}$$

于是

$$3S=\sum_{k=1}^{n}(a_{k-1}^2a_k+2a_k^2a_{k+1})=\sum_{k=1}^{n}2\lambda a_k^2=2\lambda$$

因此 $a_{k-1}^2+2a_ka_{k+1}=3Sa_k(k=1,2,\cdots,n)$，于是

$$9S^2=\sum_{k=1}^{n}(3Sa_k)^2=\sum_{k=1}^{n}(a_{k-1}^2+2a_ka_{k+1})^2=$$
$$\sum_{k=1}^{n}a_k^4+4\sum_{k=1}^{n}a_k^2a_{k+1}^2+4\sum_{k=1}^{n}a_k^2a_{k+1}a_{k+2} \tag{1}$$

并且

$$3S^2=\sum_{k=1}^{n}3Sa_{k-1}^2a_k=\sum_{k=1}^{n}a_{k-1}^2(a_{k-1}^2+2a_ka_{k+1})=\sum_{k=1}^{n}a_k^4+2\sum_{k=1}^{n}a_k^2a_{k+1}a_{k+2} \tag{2}$$

设 p 为正数，则结合(1)，(2) 并且应用 AM - GM 不等式有

$$(9+3p)S^2=(1+p)\sum_{k=1}^{n}a_k^4+4\sum_{k=1}^{n}a_k^2a_{k+2}^2+(4+2p)\sum_{k=1}^{n}a_k^2a_{k+1}a_{k+2}\leqslant$$
$$(1+p)\sum_{k=1}^{n}a_k^4+4\sum_{k=1}^{n}a_k^2a_{k+1}^2+$$
$$\sum_{k=1}^{n}\left(2(1+p)a_k^2a_{k+2}^2+\frac{(2+p)^2}{2(1+p)}a_k^2a_{k+1}^2\right)=$$
$$(1+p)\sum_{k=1}^{n}(a_k^4+2a_k^2a_{k+1}^2+2a_k^2a_{k+2}^2)+$$
$$\left(4+\frac{(2+p)^2}{2(1+p)}-2(1+p)\right)\sum_{k=1}^{n}a_k^2a_{k+1}^2\leqslant$$
$$(1+p)(\sum_{k=1}^{n}a_k^2)^2+\frac{8+4p-3p^2}{2(1+p)}\sum_{k=1}^{n}a_k^2a_{k+2}^2=$$
$$(1+p)+\frac{8+4p-3p^2}{2(1+p)}\sum_{k=1}^{n}a_k^2a_{k+1}^2$$

令 $8+4p-3p^2=0$，则有 $p=\frac{2+2\sqrt{7}}{3}$，此时

$$S\leqslant\sqrt{\frac{1+p}{9+3p}}=\sqrt{\frac{5+2\sqrt{7}}{33+6\sqrt{7}}}\approx 0.458\ 879$$

得证.

注 本题是2007年IMO预选题的加强，我们很自然地会问，当 $a_i\geqslant 0$，满足下列不等式

$$a_1^2a_2+a_2^2a_3+\cdots+a_n^2a_1\leqslant c_n(a_1^2+a_2^2+\cdots+a_n^2)^{\frac{3}{2}}$$

的最佳的 c_n 是什么呢?

事实上,对于 $1 \leqslant n \leqslant 4$,可以证明 $c_n = \frac{1}{\sqrt{n}}$,且当 $a_1 = a_2 = \cdots = a_n$ 时取得等号. $n = 1,2,3$ 的情况用 Lagrange 乘数法较为简单. $n = 4$ 时,可以求得当 LHS 最大时,有

$$\frac{a_1^2 + 2a_2a_3}{a_2} = \frac{a_2^2 + 2a_3a_4}{a_3} = \frac{a_3^2 + 2a_4a_1}{a_4} = \frac{a_4^2 + 2a_1a_2}{a_1}$$

解这一方程并不容易,可以用结式与较为繁琐的计算证明,此时有 $a_1 = a_2 = a_3 = a_4$,即 $c_4 = \frac{1}{2}$.

当 $n \geqslant 5$ 时,情况就更为复杂了,借助于计算机的帮助我们可以得到 $c_n \approx 0.451\,4$.

例 11.20 (Fan 不等式)$b_i \in \mathbf{R}, i = 1,2,\cdots,n$,且 $\sum_{i=1}^{n} b_i = 0$,则

$$\sum_{i=1}^{n} b_i b_{i+1} \leqslant \cos\frac{2\pi}{n} \sum_{i=1}^{n} b_i^2$$

证明 当 $b_i = 0(i = 1,2,\cdots,n)$ 时,原不等式显然成立.我们只需考虑 $b_i \neq 0$ 的情形.

由齐次性,我们不妨设 $\sum_{i=1}^{n} b_i^2 = 1$(注意这里已经有关于 b_i 的约束条件,想一下怎样的约束条件,这里能不妨设?).我们来求 $\sum_{i=1}^{n} b_i b_{i+1}$ 的最大值,作 Lagrange 函数

$$F = \sum_{i=1}^{n} b_i b_{i+1} + \lambda\left(\sum_{i=1}^{n} b_i\right) + \mu \sum_{i=1}^{n} (1 - b_i^2)$$

我们再设 $b_{n+1} = b_1, b_0 = b_n$,由条件极值的必要条件有

$$b_{i-1} + b_{i+1} + \lambda - 2\mu b_i = 0, i = 1,\cdots,n$$

将这 n 个式子相加,得 $\lambda = 0$,从而

$$(b_2 - kb_1) = m(b_1 - kb_n) = m^n(b_2 - kb_1)$$

其中 $mk = 1, m + k = 2\mu$.若 $b_2 - kb_1 = 0$,那么 $b_{i+1} - kb_i = 0(i = 1,\cdots,n)$,从而

$$b_1 = k^n b_1 \Rightarrow k^n = 1 \Rightarrow k = \cos\frac{2j\pi}{n} + \mathrm{i}\sin\frac{2j\pi}{n}$$

若 $b_2 - kb_1 \neq 0$,那么

$$m^n = 1 \Rightarrow m = \cos\frac{2i\pi}{n} + \mathrm{i}\sin\frac{2i\pi}{n}$$

而

$$m + \frac{1}{m} = k + \frac{1}{k} = 2\mu \Rightarrow \mu = \cos\frac{2t\pi}{n}$$

由于此时 b_i 的取值集合为紧集,故 $\sum_{i=1}^{n} b_i b_{i+1}$ 必能取到最大值,取到最大值时有

$$b_{i-1}+b_{i+1}+\lambda-2\mu b_i=0\Rightarrow$$

$$b_i(b_{i-1}+b_{i+1}+\lambda-2\mu b_i)=0\Rightarrow\sum_{i=1}^{n} b_i b_{i+1}=\mu$$

注意 $t\neq 0$,否则 $m=k=1$,$b_i=0$ 矛盾,故

$$\mu=\cos\frac{2t\pi}{n}\leqslant\cos\frac{2\pi}{n}$$

当 $b_i=A\cos\frac{2i\pi}{n}+B\sin\frac{2i\pi}{n}$ 时(其中 A,B 是任意实数),$\mu=\cos\frac{2\pi}{n}$,从而命题得证.

注 在 AM - GM 不等式一节中,我们介绍了 Shapiro 不等式,知道其只对部分 n 成立. Vasile 等人讨论了限制 x_i 的取值范围,使 Shapiro 不等式成立. 借助于 Fan 不等式,获得如下结论.

$$a_n=\frac{1}{\sqrt{2\cos\frac{2\pi}{n}-1}},x_i\in\left[\frac{1}{a_n},a_n\right],i=1,2,\cdots,n$$

求证

$$\sum_{i=1}^{n}\frac{x_i}{x_{i+1}+x_{i+2}}\geqslant\frac{n}{2}$$

其中 $x_{n+1}=x_1$,$x_{n+2}=x_2$.

证明 欲证不等式等价于

$$\sum_{i=1}^{n}\frac{x_i-\frac{x_{i+1}+x_{i+2}}{2a_n^2}}{x_{i+1}+x_{i+2}}\geqslant\frac{n(a_n^2-1)}{2a_n^2}$$

由 Cauchy 不等式知,只需证明

$$\frac{\left(\sum_{i=1}^{n}x_i-\frac{1}{2a_n^2}\sum_{i=1}^{n}(x_{i+1}+x_{i+2})\right)}{\sum_{i=1}^{n}\left(\sum_{i=1}^{n}x_i-\frac{1}{2a_n^2}\sum_{i=1}^{n}(x_{i+1}+x_{i+2})(x_{i+1}+x_{i+2})\right)}\geqslant\frac{n(a_n^2-1)}{2a_n^2}$$

注意到

$$\sum_{i=1}^{n}x_i(x_{i+1}+x_{i+2})=\sum_{i=1}^{n}(x_i+x_{i+1})(x_{i+1}+x_{i+2})-\frac{1}{2}\sum_{i=1}^{n}(x_{i+1}+x_{i+2})^2$$

我们设 $x_i+x_{i+1}=b_i$,$i=1,2,\cdots,n$,则只需证

$$\frac{(1-\frac{1}{a_n})^2\left(\frac{\sum_{i=1}^{n} b_i}{2}\right)^2}{\sum_{i=1}^{n} b_i b_{i+1} - \frac{1}{2}\sum_{i=1}^{n} b_i - \frac{1}{2a_n^2}\sum_{i=1}^{n} b_n^2} \geqslant \frac{n(a_n^2-1)}{2a_n^2}$$

上式去分母整理后,等价于

$$(n+\frac{n}{a_n^2})\sum_{i=1}^{n} b_i^2 + (1-\frac{1}{a_n^2})(\sum_{i=1}^{n} b_i)^2 \geqslant 2n\sum_{i=1}^{n} b_i b_{i+1}$$

我们证明上式对 $b_i \in \mathbf{R}(i=1,2,\cdots,n)$ 成立. 注意到

$$\left(n+\frac{n}{a_n^2}\right)\sum_{i=1}^{n}(bi+x)^2 + \left(1-\frac{1}{a_n^2}\right)\left(\sum_{i=1}^{n}(bi+x)\right)^2 -$$

$$2n\sum_{i=1}^{n}(b_i+x)(b_{i+1}+x) =$$

$$\left(n+\frac{n}{a_n^2}\right)\sum_{i=1}^{n} b_i^2 + \left(1-\frac{1}{a_n^2}\right)(\sum_{i=1}^{n} b_i)^2 - 2n\sum_{i=1}^{n} b_i b_{i+1}$$

从而我们只需考虑 $\sum_{i=1}^{n} b_i = 0$ 的情形(此处用到了对称求导法的思想),则

$$\Leftrightarrow \sum_{i=1}^{n} b_i b_{i+1} \leqslant \frac{a_n^2+1}{2a_n^2}\sum_{i=1}^{n} b_i^2 = \cos\frac{2\pi}{n}\sum_{i=1}^{n} b_n^2$$

上式为 Fan 不等式.

这样的 a_n,或许是用 Cauchy 不等式能得到的最佳结果. 是否存在不依赖于 n 的 a,使当 $x_i \in \left[\frac{1}{a},a\right]$ 时,Shapiro 不等式成立,却仍要打上一个大大的问号.

本章的最后我们来介绍著名的 Hilbert(希尔伯特)不等式. 对于 Hilbert 不等式,是由 Hilbert 在他的积分方程的讲座中提出. 之后许多国内外著名数学家都做出过贡献. 我们曾提及的 Hardy 不等式,正是 Hardy 在研究 Hilbert 不等式时所发现的. 下面给出的证明. 也可适用于 Hardy 不等式与 Carleman 不等式.

例 11.21 (Hilbert 不等式)设 $a_0,a_2,\cdots,a_N>0$,则有

$$\sum_{m,n=0}^{N}\frac{a_m a_n}{m+n+1} < \pi\sum_{0}^{N} a_n^2$$

证明 假设 $a_k(k=0,1,\cdots,N)$ 至少有两个数为 0,则原不等式显然成立. 现在我们来考虑

$$F(a)=F(a_0,a_2,\cdots,a_N)=\sum_{m,n=0}^{N}\frac{a_m a_n}{m+n+1}$$

其中 $a_0,a_1,\cdots,a_N$ 满足

$$G(a) = \sum_{0}^{N} a_n^2 = t \tag{1}$$

这里的 t 为一正的常数. 若有任一 a_n 为 0,则此 a_n 若增加一微小的量 δ,在 G 中即增加一 δ^2,在 F 中即产生一 δ 阶的增量,因而使得$\frac{F}{G}$增大. 因 F 为连续,可知在条件(1) 之下,F 对于某一组全不为 0 的 a_n 取极大值 $F^* = F^*(t)$,对于此组 a_n,方程组

$$\frac{\partial F}{\partial a_n} - \lambda \frac{\partial G}{\partial a_n} = 0, n \leqslant \mathbf{N}$$

对于某一与 n 无关的 λ 成立. 由此即得

$$\sum_{m=0}^{N} \frac{a_m}{m+n+1} = \lambda a_n \tag{2}$$

乘以 a_n 然后相加即得

$$F^*(t) = \lambda t$$

设$\left(m+\frac{1}{2}\right)^{\frac{1}{2}} a_m$ 在 $m=\mu$ 处取其极大值,则当 $n=\mu$,由(2) 即得

$$\lambda a_\mu = \sum_{m=0}^{N} \frac{a_m}{m+\mu+1} \leqslant a_\mu\left(\mu+\frac{1}{2}\right)^{\frac{1}{2}} \sum_{m=0}^{N} \frac{1}{(m+\mu+1)\left(m+\frac{1}{2}\right)^{\frac{1}{2}}}$$

因为$\frac{1}{(x+\mu+1)\left(x+\frac{1}{2}\right)^{\frac{1}{2}}}$是严格凸的,故得到

$$\sum_{m=0}^{N} \frac{1}{(m+\mu+1)\left(m+\frac{1}{2}\right)^{\frac{1}{2}}} <$$

$$\int_{-\frac{1}{2}}^{N+\frac{1}{2}} \frac{\mathrm{d}x}{(x+\mu+1)\left(x+\frac{1}{2}\right)^{\frac{1}{2}}} =$$

$$\int_{0}^{\sqrt{N+1}} \frac{2\mathrm{d}y}{y^2+\mu+\frac{1}{2}} < \int_{0}^{\infty} \frac{2\mathrm{d}y}{y^2+\mu+\frac{1}{2}} =$$

$$\left(\mu+\frac{1}{2}\right)^{-\frac{1}{2}}$$

因 $a_\mu \neq 0$,故得 $\lambda < \mu$,对于任何非空的集$\{a_n\}$,我们现有

$$F(a) \leqslant F^*(G) = \lambda G < \pi G = \pi \sum_{0}^{N} a_n^2$$

第12章 谈谈命题

看了那么多证明不等式的方法,读者们是不是也跃跃欲试想编一些属于自己的题目呢?本章介绍比较常用的不等式的命题方法.

对于一些已得到的多变元的不等式,可考虑令其中的一些变量为另一些变量的函数,从而得到新的不等式.

例 12.1 $a,b,c,x,y,z \geqslant 0$,求证

$$\frac{a(y+z)}{b+c}+\frac{b(z+x)}{c+a}+\frac{c(x+y)}{a+b} \geqslant \sqrt{3xy+3yz+3zx}$$

我们先来介绍一下它的证明.

证明 两次利用 Cauchy 不等式我们有

$$\sum \frac{ax}{b+c}+\sqrt{3\sum xy} \leqslant$$

$$\sqrt{\sum x^2 \sum\left(\frac{a}{b+c}\right)^2}+\sqrt{\sum xy \cdot \frac{3}{4}}+\sqrt{\sum xy \cdot \frac{3}{4}} \leqslant$$

$$\sqrt{\sum x^2+\sum xy+\sum xy}\sqrt{\frac{3}{2}+\sum\left(\frac{a}{b+c}\right)^2} \leqslant$$

$$\sum x \sum \frac{a}{b+c}$$

移项化简后得

$$\frac{a(y+z)}{b+c}+\frac{b(z+x)}{c+a}+\frac{c(x+y)}{a+b} \geqslant \sqrt{3xy+3yz+3zx}$$

不等式得证!

这个不等式由 T. Andresscu(以及 G. Dospinescu 建立,有多种证明方法,无疑用 Cauchy 不等式是最为方便的,在此不等式中若令 $x=f(a,b,c)$,$y=f(c,a,b)$,$z=f(b,c,a)$,则可以得到不少不等式,让我们来看一些例子.

若令 $a=x^3$,$b=y^3$,$c=z^3$,则由以上不等式即得

$$\frac{x(y^3+z^3)}{y+z}+\frac{y(z^3+x^3)}{z+x}+\frac{z(x^3+y^3)}{x+y}\geqslant\sqrt{3(x^3y^3+y^3z^3+z^3x^3)}$$

而不难发现

$$xy(x+y-z)+yz(y+z-x)+zx(z+x-y)=\frac{x(y^3+z^3)}{y+z}+\frac{y(z^3+x^3)}{z+x}+\frac{z(x^3+y^3)}{x+y}$$

于是我们得到如下命题.

对正数 x,y,z 有

$$xy(x+y-z)+yz(y+z-x)-zx(z+x-y)\geqslant\sqrt{3(x^3y^3+y^3z^3+z^3x^3)}$$

令 $x=a(b^2+c^2)$,$y=b(c^2+a^2)$,$z=c(a^2+b^2)$,则

$$\frac{x(b+c)}{y+z}=\frac{a(b+c^2)(b+c)}{b(c^2+a^2)+c(a^2+b^2)}=\frac{a(b^2+c^2)}{a^2+bc}$$

利用上面的不等式有

$$\frac{a(b^2+c^2)}{a^2+bc}+\frac{b(c^2+a^2)}{b^2+ca}+\frac{c(a^2+b^2)}{c^2+ab}\geqslant\sqrt{3(ab+bc+ca)}$$

于是我们有:正数 a,b,c 满足 $ab+bc+ca=3$,有

$$\frac{a(b^2+c^2)}{a^2+bc}+\frac{b(c^2+a^2)}{b^2+ca}+\frac{c(a^2+b^2)}{c^2+ab}\geqslant 3$$

有时为了掩人耳目,可以在代换的基础之上再作一步放缩,如:

注意到有

$$1+\frac{b^2+c^2}{a(b+c)}=\frac{bc}{ab+ca}\left(\frac{c+a}{b}+\frac{a+b}{c}\right)$$

令 $x=bc$,$y=ca$,$z=ab$,应用该不等式,有

$$3+\sum_{cyc}\frac{b^2+c^2}{a(b+c)}\geqslant\sqrt{3\left[\frac{(a+b)(a+c)}{bc}+\frac{(b+c)(b+a)}{ca}+\frac{(c+a)(c+b)}{ab}\right]}$$

同时,我们又有

$$3+\sum_{cyc}\frac{(a+b)(a+c)}{bc}=\sum_{cyc}\left(1+\frac{a(a+b+c)}{bc}\right)=3+\frac{(a+b+c)(a^2+b^2+c^2)}{abc}$$

因此,利用 AM - GM 不等式

$$3+\sum_{cyc}\frac{b^2+c^2}{a(b+c)}\geqslant\sqrt{9+\frac{3(a+b+c)(a^2+b^2+c^2)}{abc}}\geqslant$$

$$\frac{3}{2}\left(1+\sqrt{\frac{(a+b+c)(a^2+b^2+c^2)}{abc}}\right)$$

整理后我们得到 a,b,c 为正数,有

$$\frac{b^2+c^2}{a(b+c)}+\frac{c^2+a^2}{b(c+a)}+\frac{a^2+b^2}{c(a+b)}\geqslant\frac{3}{2}\left(\sqrt{\frac{(a+b+c)(a^2+b^2+c^2)}{abc}}-1\right)$$

由一道试题我们立刻得到 3 道看似毫无关联的命题,值得一提的是若不知道他们的命题背景,证明并不容易.

这道试题有其维数上的推广:

对任意正实数 $a_1,a_2,\cdots,a_n,x_1,x_2,\cdots,x_n$,且 $\sum\limits_{1\leqslant i<j\leqslant n}x_ix_j=\frac{n(n-1)}{2}$,则有

$$\frac{a_1}{a_2+\cdots+a_n}(x_2+\cdots+x_n)+\cdots+$$

$$\frac{a_n}{a_1+\cdots+a_{n-1}}(x_1+\cdots+x_{n-1})\geqslant n$$

证明 原不等式等价于

$$\sum(a_2+\cdots+a_n)\sum\frac{x_2+\cdots+x_n}{a_2+\cdots+a_n}\geqslant(n-1)^2\sum x_1+n(n-1)$$

由 Cauchy 不等式,只需证明

$$\left(\sum\sqrt{x_2+\cdots+x_n}\right)^2\geqslant(n-1)^2\sum x_1+\sqrt{n(n-1)\left[\left(\sum x_1\right)^2-\sum x_1{}^2\right]}$$

控制 $p=\sum x_1,\sum x_1^2=S$ 不变,且不妨设 $p=1$,则原不等式等价于

$$\left(\sum\sqrt{1-x_1}\right)^2\geqslant(n-1)^2+\sqrt{n(n-1)(1-S)}$$

当 $m=2$ 时,函数 $f(u)=-\sqrt{1-u}$,于是 $g''(u)=f'''(u)>0$.

由判定定理知,只需证明 $x_2=x_3=\cdots=x_n$ 这种情况.

此时可令 $x_2=x_3=\cdots=x_n=1$,则原不等式等价于 $(x_1-1)^2\geqslant0$.

故原不等式得证.

将现有的不等式通过放缩减弱后可得到新的不等式,当然放缩后尽量保持原有不等式的某些特征,题目难度不能过易.

例 12.2 $a,b,c\geqslant0$,至多只有 1 个为 0,求证

$$\sum\frac{\sqrt{ab+4bc+4ac}}{a+b}\geqslant\frac{9}{2}$$

上面的不等式我们在前面的章节中已经介绍过[1]. 不易证明,是 1996 伊朗不等式的加强. 等号成立条件为 $a=b=c$,$a=b$,$c=0$ 及其轮换.

为了保持不等式的这一特征,我们利用 AM - GM 不等式有

$$bc \geqslant \frac{2b^2c^2}{b^2+c^2}$$

于是我们得到如下命题.

$a,b,c \geqslant 0$,至多只有 1 个为 0,求证

$$\sum \sqrt{\frac{8a^2+bc}{b^2+c^2}} \geqslant \frac{9}{\sqrt{2}}$$

等号成立当且仅当 $a=b=c$,$a=b$,$c=0$ 及其轮换.

从等号成立的条件来看新的命题的证明难度并不小.

由已知不等式经过一系列等价运算,能得到新的不等式.

例 12.3 设 a,b,c 是非负实数,至多只有一个为 0,求证

$$a^3+b^3+c^3+3abc \geqslant \frac{(a^2b+b^2c+c^2a)^2}{ab^2+bc^2+ca^2}+\frac{(ab^2+bc^2+ca)^2}{a^2b+b^2c+c^2a}$$

同样的我们先来看一下它的证明.

证明 如果 a,b,c 中有一数为 0,显然成立.

如果 $abc>0$,设 $x=\frac{a}{b}$,$y=\frac{b}{c}$,$z=\frac{c}{a}$,我们需要证明

$$\frac{x}{z}+\frac{y}{x}+\frac{z}{y}+3 \geqslant \frac{(xy+yz+zx)^2}{xyz(x+y+z)}+\frac{(x+y+z)^2}{xy+yz+zx} \Leftrightarrow$$

$$\frac{x}{z}+\frac{y}{x}+\frac{z}{y} \geqslant \frac{x^2y^2+y^2z^2+z^2x^2}{xyz(x+y+z)}+\frac{x^2+y^2+z^2}{xy+yz+zx}$$

$$\frac{x^2}{z}+\frac{z^2}{y}+\frac{y^2}{x} \geqslant \frac{(x^2+y^2+z^2)(x+y+z)}{xy+yz+zx}$$

$$\frac{x^3y}{z}+\frac{y^3z}{x}+\frac{z^3x}{y} \geqslant x^2y+y^2z+z^2x$$

由 AM - GM 不等式有

$$\frac{x^3y}{z}+xyz \geqslant 2x^2y$$

$$\frac{y^3z}{x}+xyz \geqslant 2y^2z$$

$$\frac{z^3x}{y}+xyz \geqslant 2z^2y$$

---

① 在本章中,没有给出证明的题目,若不加特别说明,在之前的章节中都已有过介绍.

$$x^2y+y^2z+z^2x\geqslant 3xyz$$

相加即可,我们完成了证明.

或许读者要问,形式那么复杂的不等式是如何想到的?其实它是源于尝试证明如下我们已经介绍过的不等式.

$x,y,z>0$,求证

$$\left(x+\frac{1}{y}-1\right)\left(y+\frac{1}{z}-1\right)+\left(y+\frac{1}{z}-1\right)\left(z+\frac{1}{x}-1\right)+$$

$$\left(z+\frac{1}{x}-1\right)\left(x+\frac{1}{y}-1\right)\geqslant 3$$

这两道看似完全不相干的不等式怎么会是等价的呢?下面我们来解释原由.

欲证不等式等价于

$$\sum\frac{y}{x}+\left(\frac{1}{xyz}-2\right)\sum x+\left(1-\frac{2}{xyz}\right)\sum xy+3\geqslant 0$$

设 $xyz=k^3$,所以存在 $a,b,c>0$ 满足 $x=\frac{ka}{b},y=\frac{kb}{c},z=\frac{kc}{a}$.

不等式转化为

$$\sum\frac{a^2}{bc}+\left(\frac{1}{k^2}-2k\right)\sum\frac{a}{b}+\left(k^2-\frac{2}{k}\right)\sum\frac{b}{a}+3\geqslant 0\Leftrightarrow$$

$$f(k)=\sum a^3+\left(k^2-\frac{2}{k}\right)\sum a^2b+\left(\frac{1}{k^2}-2k\right)\sum ab^2+3abc\geqslant 0$$

我们有

$$f'(k)=\frac{2(k^3+1)}{k^3}\left(k\sum a^2b-\sum ab^2\right)$$

$$f'(k)=0\Leftrightarrow k=\frac{\sum ab^2}{\sum a^2b}$$

设 $k_0=\frac{\sum ab^2}{\sum a^2b}$,则 $f'(k)\leqslant 0\ \forall k\in(0,k_0]$,$f'(k)\geqslant 0\ \forall k\in[k_0,+\infty)$.

也就是说 $f(k)$ 在 $k\in(0,k_0]$ 上单调递减,在 $k\in[k_0,+\infty)$ 上单调递增.

故 $f(k)$ 取到极小值时必有 $k=k_0$,所以

$$f(k)\geqslant 0\Leftrightarrow f(k_0)\geqslant 0\Leftrightarrow f\left(\frac{\sum ab^2}{\sum a^2b}\right)\geqslant 0\Leftrightarrow$$

$$a^3+b^3+c^3+3abc\geqslant\frac{(a^2b+b^2c+c^2a)^2}{ab^2+bc^2+ca^2}+\frac{(ab^2+bc^2+ca^2)^2}{a^2b+b^2c+c^2a}$$

在解题中我们需要转换的技巧,在命题中也是一种的.

由命题和已有的证明方法推广可得到更为一般的命题,下面的 3 例可看作

系数推广.

例 12.4 $a,b,c\geqslant 0,a+b+c=3$,求证

$$\sqrt{3-ab}+\sqrt{3-bc}+\sqrt{3-ca}\geqslant 3\sqrt{2}$$

证明 上述不等式是已知的,那么每个根式内 ab,bc,ca 的系数1改为 λ 时又是什么状况呢? 2008、2009 年 IMO 满分得主韦东奕同学得到如下结论.

x,y,z 为非负实数,且满足 $x+y+z=1$,设

$$f(x,y,z)=\sqrt{\lambda-xy}+\sqrt{\lambda-yz}+\sqrt{\lambda-zx}$$

则有

$$f_{\min}=\min\left(\sqrt{9\lambda-1},2\sqrt{\lambda}+\sqrt{\lambda-\frac{1}{4}}\right)$$

事实上固定 z,我们有

$$f(x,y,z)=\sqrt{\lambda-xz+\lambda-yz+2\sqrt{(\lambda-xz)(\lambda-yz)}}+\sqrt{\lambda-xy}=$$

$$\sqrt{2\lambda-z(1-z)+2t}+\sqrt{\lambda-\frac{t^2+\lambda z(1-z)-\lambda^2}{z^2}}=g(t)$$

其中 $t=\sqrt{\lambda^2-\lambda z(1-z)+xyz^2}$,容易知道

$$g_1(t)=\sqrt{2\lambda-z(1-z)+2t},g_2(t)=\sqrt{\lambda-\frac{t^2+\lambda z(1-z)-\lambda^2}{z^2}}$$

是上凸的. 所以 $g(t)$ 是上凸的,故 $g(t)$ 取极小值时 xy 达到它的极值,即此时有 $xy=0$ 或 $x=y$. 剩下我们只需考虑有数为 0 或两数相等时的情形,而这是容易的.

例 12.5 $\triangle ABC$ 中 D 在 AB 内,E 在 BC 内,F 在 AC 内,设 $\triangle BDE$、$\triangle CEF$、$\triangle ADF$、$\triangle DEF$ 的面积分别为 S_1,S_2,S_3,S,求证

$$\frac{1}{S_1^2}+\frac{1}{S_2^2}+\frac{1}{S_3^2}\geqslant\frac{3}{S^2}$$

证明 上面这道题出现在《走向 IMO2003》中,是国家集训队的几何培训题.

在作者看到的所有书中都是设 $\frac{BE}{EC}=x,\frac{FC}{AF}=y,\frac{AD}{DB}=z(x,y,z>0)$.

之后证明代数不等式

$$\frac{1}{x^2(1+y)^2}+\frac{1}{x^2(1+y)^2}+\frac{1}{x^2(1+y)^2}\geqslant\frac{3}{(1+xyz)^2}$$

为了寻求另解,我们设 $\frac{BE}{EC}=\frac{x}{a},\frac{FC}{AF}=\frac{y}{b},\frac{AD}{DB}=\frac{z}{c}$. $x,y,z,a,b,c>0$.

于是原不等式只需证明

$$\frac{1}{x^2c^2(y+b)^2}+\frac{1}{y^2a^2(z+c)^2}+\frac{1}{z^2b^2(x+a)^2}\geqslant\frac{3}{(abc+xyz)^2}$$

利用 AM - GM 不等式有

$$\frac{1}{x^2c^2(y+b)^2}+\frac{1}{y^2a^2(z+c)^2}\geqslant 2\frac{1}{xyac(y+b)(z+c)}$$

同理有类似两式,将它们相加,并两边同时乘以$(a+x)(b+y)(c+z)$,只需证明

$$\frac{x+a}{acxy}+\frac{y+b}{baxy}+\frac{z+c}{cbzx}\geqslant\frac{3(a+x)(b+y)(c+z)}{(abc+xyz)^2}$$

获得其证明之后,我们发现方法对于下面更为一般的问题也是有效的

$$\frac{x+a}{acxy}+\frac{y+b}{bayz}+\frac{z+c}{cbzx}\geqslant$$

$$\frac{(abc+xyz)(4\lambda-4)+(4-\lambda)(a+x)(b+y)(c+z)}{(abc+xyz)^2}$$

其中$0\leqslant\lambda\leqslant 6$.

注意到这一不等式有6个自变量和1个参变量. 根据上例的方法,我们可以获得许多不等式.

$\lambda=1$时,我们有

$$x=b^2,y=c^2,z=a^2\Rightarrow\sum_{cyc}\frac{a(b^2+a)}{c}\geqslant\frac{3\prod_{cyc}(a+b^2)}{(abc+1)^2}$$

$$x=y=z=1\Rightarrow\left(\sum ab+\sum a\right)(abc+1)^2\geqslant 3(a+1)(b+1)(c+1)abc$$

$$x=bc,y=ac,z=ab\Rightarrow\sum_{cyc}\frac{ab}{c}+\sum b^2\geqslant 3+\frac{3\left(\sum a^2b^2+\sum a^3bc-1-abc\right)}{(abc+1)^2}$$

取$\lambda=4$,有

$$\sum_{cyc}\frac{a+x}{acxy}\geqslant\frac{12}{abc+xyz}$$

取$\lambda=0,x=bc,y=ac,z=ab$,有

$$\sum_{cyc}\frac{ab}{c}+\sum b^2\geqslant\frac{4\left(\sum a^2b^2+\sum a^3bc\right)}{(abc+1)^2}$$

取$\lambda=0,x=y=z=1$,有

$$(abc+1)^2(a+1)(b+1)(c+1)+2abc(a+1)(b+1)(c+1)\geqslant$$

$$(abc+1)^3+20abc(abc+1)$$

由一道试题演变出了那么多不等式,而这些都是用已知的方法得不到的,这或许提示我们在处理不等式问题时需要多探索.

例 12.6 (孙世宝) 设$x,y,z\geqslant 0$,没有两个同时为0,证明

$$1 \leqslant \sum \frac{x^2}{\sqrt{(x^2+y^2+xy)(x^2+z^2+zx)}} \leqslant \frac{2\sqrt{3}}{3}$$

这道题我们讲过,在这里再给出一种证明.

证明 先证明不等式的左边. 设 $PA=x, PB=y, PC=z$,且使得点 P 满足 $\angle APB=\angle BPC=\angle CPA=\frac{2\pi}{3}$,视 $\triangle ABC$ 所在的平面为复平面,设 P,A,B,C 分别对应着复数 z, z_1, z_2, z_3.

注意到

$$f(z)=\frac{(z-z_1)^2}{(z_2-z_1)(z_3-z_1)}+\frac{(z-z_2)^2}{(z_3-z_2)(z_1-z_2)}+\frac{(z-z_3)^2}{(z_1-z_3)(z_2-z_3)}$$

易验证 $f(z_1)=f(z_2)=f(z_3)=1$,因此

$$\sum \frac{x^2}{\sqrt{(x^2+y^2+xy)(x^2+z^2+zx)}}=\sum \frac{PA^2}{AB \cdot AC}=$$

$$\left\|\frac{(z-z_1)^2}{(z_2-z_1)(z_3-z_1)}\right\|+\left\|\frac{(z-z_2)^2}{(z_3-z_2)(z_1-z_2)}\right\|+\left\|\frac{(z-z_3)^2}{(z_1-z_3)(z_2-z_3)}\right\| \geqslant$$

$$\|f(z)\|=1$$

于是不等式左边得证. 当且仅当 p 为 $\triangle ABC$ 的内心时,也即 $x=y=z$ 时取到等号. 对于不等式的右边,由不等式的对称性,不妨设 $x \geqslant y \geqslant z$,则

$$\frac{2\sqrt{3}}{3}-\frac{x^2}{\sqrt{(x^2+y^2+xy)(x^2+z^2+zx)}}-\frac{y^2}{\sqrt{(y^2+z^2+yz)(y^2+x^2+xy)}} \geqslant$$

$$\frac{2\sqrt{3}}{3}-\frac{x^2}{\sqrt{(x^2+y^2+xy)} \cdot \frac{\sqrt{3}}{2}(x+y)}-\frac{y^2}{\sqrt{(y^2+z^2+yz)} \cdot \frac{\sqrt{3}}{2}(x+y)}=$$

$$\frac{2\sqrt{3}}{3(x+y)}\left(x-\frac{x^2}{\sqrt{x^2+z^2+xz}}+y-\frac{y^2}{\sqrt{y^2+z^2+yz}}\right)=$$

$$\frac{2\sqrt{3}}{3(x+y)}\left(\begin{array}{c}\frac{x(xz+z^2)}{\sqrt{x^2+z^2+xz}(\sqrt{x^2+z^2+xz}+x)}+ \\ \frac{y(yz+z^2)}{\sqrt{y^2+z^2+yz}(\sqrt{y^2+z^2+yz}+y)}\end{array}\right) \geqslant$$

$$\frac{2\sqrt{3}}{3(x+y)}\left[\frac{x(xz+z^2)}{2(x^2+z^2+xz)}+\frac{y(yz+z^2)}{2(y^2+z^2+yz)}\right] \geqslant$$

$$\frac{2\sqrt{3}}{3(x+y)}\sqrt{\frac{x(xz+z^2)}{x^2+z^2+xz} \cdot \frac{y(yz+z^2)}{y^2+z^2+yz}} \geqslant$$

$$\frac{2\sqrt{3}}{3(x+y)} \frac{(xz+z^2)y}{\sqrt{(x^2+z^2+xz)(y^2+z^2+yz)}} \geqslant$$

$$\frac{(x+z)yz}{(x+y)\sqrt{(x^2+z^2+xz)(y^2+z^2+yz)}} \geqslant$$

$$\frac{z^2}{\sqrt{(x^2+z^2+xz)(y^2+z^2+yz)}}$$

综上不等式得证.

这道题目有其几何背景,事实上有更一般的命题:

$x,y,z \geqslant 0, A \geqslant B \geqslant C \geqslant 0, A+B+C=\pi$,则

$$\sin B\sin C \leqslant \sum \frac{x^2\sin B\sin C}{\sqrt{(x^2+y^2+2xy\cos C)(x^2+z^2+2xz\cos B)}} \leqslant \sin A$$

显然,当 $A=B=C=\frac{\pi}{3}$ 时即得到左边不等式,当 $x=0, y\sin C=z\sin B$ 时,即得到右边不等式.

编一些有几何背景的题也是不错的方法.

利用证明不等式右边的方法我们还能知道在相同条件下有

$$\sum \frac{x^2}{\sqrt{(x^2+y^2+kxy)(x^2+z^2+kzx)}} \leqslant \frac{2}{\sqrt{2+k}}, k \geqslant \frac{1+\sqrt{33}}{8}$$

可是我们不禁要问,使上面这个不等式成立的最小的 k 是多少呢?对称形式的不等式取等条件以两数相等或有数为 0 时居多,令 $x=y=1, z=0$ 得 $k \geqslant \frac{1}{4}$,即

(韩京俊)$x,y,z \geqslant 0$,没有两个同时为 0,$k \geqslant \frac{1}{4}$,则有

$$\sum \frac{x^2}{\sqrt{(x^2+y^2+kxy)(x^2+z^2+kzx)}} \leqslant \frac{2}{\sqrt{2+k}}$$

剩下的工作就是去验证与证明了,利用有理化技巧构造局部不等式

$$\frac{1}{\sqrt{4x^2+xy+4y^2}} \leqslant \frac{x+y}{2(x^2+xy+y^2)}$$

之后再由初等多项式法即可.

注 这样的例子还有很多,如有一道 Crux 试题.

$a^2+b^2+c^2=1, a,b,c \in \mathbf{R}^+$,则

$$\sum \frac{1}{1-ab} \leqslant \frac{9}{2}$$

将 $1-ab$ 中的系数 1 可推广得到

(韩京俊)$a^2+b^2+c^2=1, a,b,c \in \mathbf{R}^+, k \leqslant 6(3\sqrt{2}-4)$,则

$$\sum \frac{1}{1-kab} \leqslant \frac{9}{3-k}$$

对已知不等式也可尝试在维数方面推广.

例 12.7 有一个已有的结论.

$a,b,c>0$,则有

$$\frac{a}{b}+\frac{b}{c}+\frac{c}{a}\geqslant\frac{a+1}{b+1}+\frac{b+1}{c+1}+\frac{c+1}{a+1}$$

证明 其证明可用前面章节介绍过的如下引理证明.

$x,y,z,u,v,w>0$ 且 $xyz=uvw,x\leqslant y\leqslant z,u\leqslant v\leqslant w,x\leqslant u,z\geqslant w$.

则 $x+y+z\geqslant u+v+w$.

将$\frac{a}{b},\frac{b}{c},\frac{c}{a},\frac{a+1}{b+1},\frac{b+1}{c+1},\frac{c+1}{a+1}$视作 x,y,z,u,v,w 即可.

那么这个结论对于 4 元甚至 n 元是否成立呢?经尝试我们得到 $a_1,a_2,\cdots,a_n>0(n\geqslant 2)$,对所有的 $k>0$,有

$$\frac{a_1}{a_2}+\frac{a_2}{a_3}+\cdots+\frac{a_n}{a_1}\geqslant\frac{a_1+k}{a_2+k}+\frac{a_2+k}{a_3+k}+\cdots+\frac{a_n+k}{a_1+k}$$

两边同时减去 n 后,等价于证明

$$\sum\frac{a_1-a_2}{a_2}\geqslant\sum\frac{a_1-a_2}{a_2+k}$$

设$f(k)=\sum\frac{a_1-a_2}{a_2+k}$,则

$$-f'(k)=\sum\frac{a_1-a_2}{(a_2+k)^2}=\sum\frac{a_1+k}{(a_2+k)^2}-\sum\frac{1}{a_1+k}$$

而由 Cauchy-Schwarz 不等式有

$$\sum\frac{1}{a_1+k}\sum\frac{a_1+k}{(a_2+k)^2}\geqslant\left(\sum\frac{1}{a_2+k}\right)^2\Rightarrow$$

$$\sum\frac{a_1+k}{(a_2+k)^2}\geqslant\sum\frac{1}{a_1+k}\Rightarrow f'(k)\leqslant 0$$

于是我们只需证明$f(0)\geqslant 0$,而$f(0)=0$. 故命题得证!

如果将推广后的结论改为 $a_1,a_2,\cdots,a_n>0(n\geqslant 2)$,有

$$\frac{a_1}{a_2}+\frac{a_2}{a_3}+\cdots+\frac{a_n}{a_1}\geqslant\frac{a_1+1}{a_2+1}+\frac{a_2+1}{a_3+1}+\cdots+\frac{a_n+1}{a_1+1}$$

因为这样命题是等价的,却成功地"隐藏"了参数 k,增加了证题难度.

弱化之后再加强,需要我们大量的猜测,小心地论证.

例 12.8 我们知道 $a,b,c\geqslant 0,a+b+c=2$ 时有

$$\sqrt{a^2+bc}+\sqrt{b^2+ca}+\sqrt{c^2+ab}\leqslant 3$$

两边同时减去 $a+b+c$ 后等价于

$$\frac{bc}{a+\sqrt{a^2+bc}}+\frac{ca}{b+\sqrt{b^2+ca}}+\frac{ab}{c+\sqrt{c^2+ab}}\leqslant\frac{a+b+c}{2}$$

而我们有

$$(a+\sqrt{a^2+bc})^2=2a^2+bc+2a\sqrt{a^2+bc}\leqslant 2a^2+bc+a+a^3+abc$$

$$(a+\sqrt{a^2+bc})^2=2a^2+bc+2a\sqrt{a^2+bc}\leqslant 2a^2+bc+2a^2+bc$$

$$(a+\sqrt{a^2+bc})^2=2a^2+bc+2a\sqrt{a^2+bc}\leqslant 2a^2+bc+2a(a+\frac{b+c}{2})$$

于是得到 3 个不同的不等式

$$\sum\frac{bc}{\sqrt{a^3+abc+a+2a^2+bc}}\leqslant\frac{\sum a}{2}$$

$$\sum\frac{bc}{\sqrt{4a^2+2bc}}\leqslant\frac{\sum a}{2}$$

$$\sum\frac{bc}{\sqrt{4a^2+ab+bc+ca}}\leqslant\frac{\sum a}{2}$$

后两个不等式形式优美，我们试图加强它们. 对于第 2 个不等式，我们猜想

$$\sum\frac{bc}{\sqrt{4a^2+bc}}\leqslant\frac{\sum a}{2}$$

然而，很遗憾上面的不等式是不成立的.

对于第 3 个不等式，我们猜想

$$\sum\frac{a}{2}\geqslant\sum\frac{bc}{\sqrt{(a+b)(a+c)}}$$

如果上式是正确的，很自然地，我们想为不等式的右边寻找一个下界，猜想有

$$\sum\frac{bc}{\sqrt{(a+b)(a+c)}}\geqslant\frac{\sqrt{3\sum a}}{2}$$

上面的这两个不等式是成立的，证明在前面的章节有过介绍. 于是我们得到

(韩京俊) $a,b,c\geqslant 0$，至多只有一个为 0，则有

$$\sum\frac{a}{2}\geqslant\sum\frac{bc}{\sqrt{(a+b)(a+c)}}\geqslant\frac{\sqrt{3\sum a}}{2}$$

这两个问题已完全看不出联系了.

前面所讲的多数是从形式上改编不等式，得到了新的命题，有时还可以对条件入手.

例 12.9 $a,b,c\geqslant 0$，至多只有 1 个为 0，则

$$\frac{a}{\sqrt{a+b}}+\frac{b}{\sqrt{b+c}}+\frac{c}{\sqrt{c+a}}\leqslant\frac{5}{4}\sqrt{a+b+c}$$

这是著名的 Jack Garfunkel 不等式，注意到本题的取等条件为 $a:b=3$，$c=0$ 及

其轮换. 那么当 a,b,c 满足什么关系时,能将取等条件改为 $a=b=c$ 呢? 经探索我们得到如下命题.

(韩京俊) a,b,c 为三角形三边长,则

$$\frac{a}{\sqrt{a+b}}+\frac{b}{\sqrt{b+c}}+\frac{c}{\sqrt{c+a}}\leqslant\sqrt{\frac{3a+3b+3c}{2}}$$

用对称求导法可以获得证明,由于较繁,我们这里就省去了.

配方思想我们已经介绍过,有一些难题用配方法却是手到擒来. 我们也可以用配方法来编一些题目. 先举个简单的例子说明.

例 12.10 我们来考虑式子

$$\sum[(x-2y)(y-2z)]^2\geqslant 0$$

将其完全展开即有

$$\begin{aligned}&4(x^4+y^4+z^4)+21(x^2y^2+y^2z^2+z^2x^2)\geqslant\\&16\sum xy^3+4\sum x^3y+4xyz(x+y+z)\Leftrightarrow\\&4(x^2+y^2+z^2)^2+13(x^2y^2+y^2z^2+z^2x^2)\geqslant\\&16\sum x^3y+4\sum xy^3+4xyz(x+y+z)\end{aligned}$$

此时式子显得臃肿,我们再做一些处理,注意到

$$\sum(x^3y+zy^3)=(xy+yz+zx)(x^2+y^2+z^2)-xyz(x+y+z)$$

刚好出现了项 $xyz(x+y+z)$! 于是将上式代入,可得

$$\begin{aligned}&4(x^2+y^2+z^2)^2+13(x^2y^2+y^2z^2+z^2x^2)\geqslant\\&4(xy+yz+zx)(x^2+y^2+z^2)+12\sum x^3y\end{aligned}$$

为了将系数化得好看一些,我们令 $x^2+y^2+z^2=3$,整理可得到

$$\frac{13}{12}(x^2y^2+y^2z^2+z^2x^2)+3\geqslant\sum xy(x^2+1)$$

但是,上式的次数仍然显得太高,于是可令 $a=x^2,b=y^2,c=z^2$,由此我们得到了如下命题.

(蔡剑兴) $a,b,c>0$,且满足 $a+b+c=3$,证明

$$\frac{13}{12}(ab+bc+ca)+3\geqslant\sqrt{ab}(a+1)+\sqrt{bc}(b+1)+\sqrt{ca}(c+1)$$

在本书配方法一章中有一些题正是通过这一方法得到的.

由配方法再结合已知试题也是命题是一个不错的方法.

例 12.11 随便写一个平方和大于等于 0 的式子

$$\begin{aligned}&(a^2+b^2-ca-cb)^2\geqslant 0\Leftrightarrow\\&((a+b)^2-2ab-c(a+b))^2\geqslant 0\Leftrightarrow\\&((a+b+c)(a+b)-2(ab+bc+ca))^2\geqslant 0\Leftrightarrow\end{aligned}$$

$$(a+b)^2(a+b+c)^2 \geqslant 4(a^2+ab+b^2)(ab+bc+ca) \Leftrightarrow$$
$$\frac{(a+b+c)^2}{a^2+ab+b^2} \geqslant \frac{4(ab+bc+ca)}{(a+b)^2}$$

此时不等式右边即为1996伊朗不等式的一个单项,将类似两式相加,并利用1996伊朗不等式得到如下结论:

$a,b,c \geqslant 0$,至多有一个为0有

$$\frac{1}{a^2+ab+b^2}+\frac{1}{b^2+bc+c^2}+\frac{1}{c^2+ca+a^2} \geqslant \frac{9}{(a+b+c)^2}$$

做习题时,不免会因粗心犯一些错误,有时苦思冥想却难获一证的命题与原题并不等价.不过千万别因此沮丧,或许这正是上天赐予你的"礼物".

例12.12　已知 a,b,c 为正数,求证

$$\frac{a^4}{a^3+b^3}+\frac{b^4}{b^3+c^3}+\frac{c^4}{c^3+a^3} \geqslant \frac{a+b+c}{2}$$

这是一道已有的习题,作者在尝试寻求上述不等式的另解时遭遇挫折,后发现因转化过程中计算出错,实际证明了如下结论.

证明　(韩京俊)已知 a,b,c 为正数,求证

$$\frac{3a^4+a^2b^2}{a^3+b^3}+\frac{3b^4+b^2c^2}{b^3+c^3}+\frac{3c^4+c^2a^2}{c^3+a^3} \geqslant 2(a+b+c)$$

其证明难度颇大,若用差分配方法等价于证明

$$\Leftrightarrow \frac{(2c^2-b^2)(b-c)^2}{b^3+c^3}+\frac{(2a^2-c^2)(c-a)^2}{c^3+a^2}+\frac{(2b^2-a^2)(a-b)^2}{a^3+b^3} \geqslant 0$$

对于 $a \geqslant b \geqslant c$ 的情形是容易证明的,但 $c \geqslant b \geqslant a$ 的情况却非常复杂.作者曾将此题贴于国内外各大论坛,在两个多月的时间内只有Mathlinks上一个网名为vanhoadh的越南人给出了如下基于计算机辅助的增量法证明.

设 $b=a+x, c=a+y$,则

$$(a^3+b^3)(a^3+c^3)(b^3+c^3)\left(\sum_{cyc}\frac{3a^4+(ab)^2}{a^3+b^3}-2(a+b+c)\right)\Bigg|_{b=a+x;c=a+y}=$$

$8a^8(x^2+y^2-xy)+2a^7(10x^3+10y^3+19x^2y-17xy^2)+14a^6(2x^4+2y^4+7x^3y+2x^2y^2-5xy^3)+2a^5(11x^5+11y^5+55x^4y+63x^3y^2-27x^2y^3-26xy^4)+a^4(10x^6+10y^6+61x^5y+157x^4y^2+21x^3y^3-68x^2y^4-11xy^5)+x^3y^3(x^4+y^4+x^3y+x^2y^2-2xy^3)+a^3(x^6+2y^6+9x^5y+37x^4y^2+21x^3y^3-31x^2y^4+3xy^5)\cdot(2x+y)+ax^2y^2(3x^5+3y^5+9x^4y+11x^3y^2-7x^2y^3-3xy^4)+a^2xy(3x^6+3y^6+22x^5y+44x^4y^2+10x^3y^3-28x^2y^4+4xy^5)$

令 $t=\frac{x}{y}$,利用AM - GM不等式可以知道每个括号内的式子都非负.

杨学枝老师在其著作《数学奥林匹克不等式研究》(哈尔滨工业大学出版

社,2009.08)中给出了一个手工证明,然而其证明有误.关于本题,较为详细的讨论可见 http://www.aoshoo.com/bbs1/dispbbs.asp? boardid = 48&id = 13116&page = 1&star = 1.遗憾的是,至今没有较为简短的手工证明.

联想法也很常用,但其对不等式的功底有一定要求.

例 12.13 设 x,y,z 是正实数,求证

$$\frac{xy}{z}+\frac{yz}{x}+\frac{zx}{y}>2\sqrt[3]{x^3+y^3+z^3}$$

证明 这是一道出现在2008年国家集训队的测试题,其证明十分简单.

事实上,令 $a^2=\frac{yz}{x},b^2=\frac{zx}{y},c^2=\frac{xy}{z}\Rightarrow a,b,c>0$.

原不等式等价于

$$a^2+b^2+c^2>\sqrt[3]{a^3b^3+b^3c^3+c^3a^3}\Leftrightarrow$$

$$(a^2+b^2+c^2)^3>8\sum_{cyc}a^3b^3\Leftrightarrow$$

$$\sum_{cyc}a^6+3\sum_{sym}a^4b^2+6a^2b^2c^2>8\sum_{cyc}a^3b^3$$

而由3次 Schur 不等式有

$$\sum_{cyc}a^6+3a^2b^2c^2\geqslant\sum_{sym}a^4b^2$$

而由 AM - GM 不等式有

$$4\sum_{sym}a^4b^2\geqslant8\sum_{cyc}a^3b^3=4\sum_{sym}a^3b^3$$

将上述两式相加并利用 $a^2b^2c^2>0$,我们就证明了原不等式.

在那年的考场上,作者认为此题过易,就想改造它.于是得到了如下不等式:$x,y,z>0$,有

$$\sum\frac{xy}{z}\geqslant\sqrt{4\sum x^2-\sum xy}$$

当然此题的证明也并不难,两边平方后等价于

$$\sum\frac{x^2y^2}{z^2}+\sum xy\geqslant2\sum x^2$$

设 $a^2=\frac{yz}{x},b^2=\frac{zx}{y},c^2=\frac{xy}{z}$.

$$\Leftrightarrow\sum a^4+\sum a^2bc\geqslant2\sum a^2b^2$$

上式由4次 Schur 不等式立得.

寻找一些常用不等式的中间量,也是不等式试题命题的方法之一.

例 12.14 我们探索 $\sqrt{2}(a^2+b^2+c^2),\sqrt{2}(ab+bc+ca)$ 的中间量,得到了如下不等式.

（韩京俊）对非负实数 a,b,c，证明

$$\sqrt{2}(a^2+b^2+c^2)\geqslant a\sqrt{a^2+bc}+b\sqrt{b^2+ca}+c\sqrt{c^2+ab}\geqslant\sqrt{2}(ab+bc+ca)$$

关于不等式左边，由 Cauchy 不等式有

$$\sqrt{2}\sum a^2\geqslant\sqrt{\sum a^2}\sqrt{\sum a^2+\sum ab}\geqslant\sum a\sqrt{a^2+bc}$$

而不等式的右边已经在之前的章节中给出了多种证明，这里我们再介绍一种证明.

证明　两边平方，只需证

$$\sum a^4+2\sum ab\sqrt{(a^2+bc)(b^2+ca)}\geqslant 2\sum a^2b^2+3\sum a^2bc$$

由 Cauchy-Schwarz 不等式有

$$\sum ab\sqrt{(a^2+bc)(b^2+ca)}\geqslant\sum ab(ab+c\sqrt{ab})$$

只需证明

$$\sum a^4+2\sum ab(ab+c\sqrt{ab})\geqslant 2\sum a^2b^2+3\sum a^2bc\Leftrightarrow$$
$$\sum(a^4+2abc\sqrt{bc}-3a^2bc)\geqslant 0$$

由 AM - GM 不等式有

$$a^4+2abc\sqrt{bc}\geqslant 3\sqrt[3]{a^6b^3c^3}=3a^2bc$$

命题得证!

利用两边平方这一方法 Vo Quoc Ba Can 得到了更强的结论

$$\sum a\sqrt{a^2+bc}\geqslant(2-\sqrt{2})(\sum a^2+\sqrt{2}\sum ab)$$

如何从无到有凭空创造出一个不等式呢？如何让这一不等式显得很特别呢？我们举个例子说明一下.

例 12.15　考虑正实数 x,y,z，首先我们想先写一些常用的不等式，然后尝试将它们组合起来.

由 AM - GM 不等式，我们有

$$\begin{aligned}&\sum xy+2\sum x^2\geqslant(\sum x)^2\Rightarrow\\&(\sum xy)^2+2(\sum x^2)(\sum xy)\geqslant(\sum x)^2(\sum xy)\end{aligned}\tag{1}$$

仍由 AM - GM 不等式，可以得到

$$(\sum x^2)^3\geqslant(\sum x^2)(3\sum x^2y^2)\geqslant(\sum x)^2(\sum x^2y^2)\tag{2}$$

利用 Cauchy-Shwarz 不等式有

$$(\sum x^2)(\sum x^2z^2)\geqslant(\sum zx^2)^2\tag{3}$$

这些不等式虽然是显然的但并不为人所熟知，现在我们来组合它们.

由(2) 与(3) 得

$$(\sum x^2)^4 \geqslant (\sum x)^2(\sum x^2y^2)(\sum x^2) \geqslant (\sum x)^2(\sum zx^2)^2 \Rightarrow$$

$$(\sum x^2)^2 \geqslant (\sum x)(\sum zx^2) \tag{4}$$

(4) 非常有趣,它不是对称的,也不是很显然. 这符合我们最初的想法,让我们继续. 将(4) 和(1) 相加有

$$(\sum xy)^2 + 2(\sum x^2)(\sum xy) + (\sum x^2)^2 \geqslant$$

$$(\sum x)(\sum zx^2 + \sum x \sum xy)$$

下面我们让这个不等式变得更为好看.

$$\Leftrightarrow 4(\sum x^2 + \sum xy)^2 \geqslant 4\sum x(\sum zx^2 + \sum x \sum yz) \Leftrightarrow$$

$$(\sum (x+y)^2)^2 \geqslant 4\sum x(\sum z(x^2 + \sum xy)) \Leftrightarrow$$

$$(\sum (x+y)^2)^2 \geqslant 4\sum x(\sum z(x+y)(x+z)) \Leftrightarrow$$

$$\frac{(\sum (x+y)^2)^2}{\sum z(x+y)(x+z)} \geqslant 4\sum x$$

可是它却不怎么优美,如何转换呢? 我们可以作代换 $x+y=a, z+x=b, y+z=c$,则 a,b,c 是三角形三边长,我们得到的不等式等价于

$$\frac{(\sum a^2)^2}{\sum ab(b+c-a)} \geqslant \sum a$$

而由 Cauchy-Shwarz 不等式有

$$\sum \frac{a^4}{ab(b+c-a)} \geqslant \frac{(\sum a^2)^2}{\sum ab(b+c-a)} \Rightarrow$$

$$\sum \frac{a^3}{b(b+c-a)} \geqslant \sum a$$

上面的不等式是齐次的,为此我们令 $\sum a = 1$,此时有

$$\sum \frac{a^3}{b(c+b-a)} \geqslant 1$$

其中 a,b,c 是三角形三边长.

看一道全新的不等式就这样"诞生"了.

第13章 计算机方法初窥

随着计算机技术的飞速发展,其已进入数学的各个领域,不等式自然也不例外.

1948年,波兰数学家Tarski发表了题为"A decision method for elementary algebra and geometry"的论文,他证明了初等代数以及初等几何范围的命题的判断是可以机械化的.这里的初等代数范围,是指由常数0,1,变元符号$x_0,x_1,\cdots$,函数符号$+,-$,和谓词符号$=,>,\geqslant,<,\leqslant,\neq$构成并满足实闭域公理的一阶理论,也叫实闭域的初等理论.这个理论通常也称为Tarski模型,该模型的任何一个确定的公式中变元的个数都是确定的有限数,Tarski模型中的命题都是机器可判定的.

Tarski的证明是构造性的.也就是说,他确实提出了一套能判定任一个初等几何或初等代数命题的算法.例如在竞赛中出现的变元个数是确定的不等式问题,以及许多平面几何命题都是可以用Tarski设计的算法判定的.另一方面他的算法复杂度过高,不能在合理的时间内(比如说几小时或几天)证明非平凡的代数或几何定理(如平面几何中的西姆松定理),因此仅有理论意义.

1954年,Seidenberg在Annals of Mathematics上提出了一种不同于Tarski方案的算法.

上世纪 70 年代 Collins 引入了针对量词消去问题(如变元个数为有限且给定的整系数多项式不等式问题)的柱形代数分解算法(CAD),提高了效率,可解决一些比较复杂的问题. 事实上其算法复杂度关于变量个数是双指数的,而可以证明量词消去问题的复杂度下界是双指数的,因此从算法复杂度阶的角度上来看,柱形代数分解算法已经是最佳的了. 在随后的 40 年内,Colins 与其学生 Arnon, Brown, Hong, McCallum 等人不断改进柱形代数分解算法,目前柱形代数分解算法已经成为了符号计算[①]领域最重要的算法之一.

对于几何不等式问题,因其往往涉及到根式及方程约束,若直接使用 CAD,许多问题是不可行的. 自 1998 年起,杨路等人提出了基于 CAD 的几何不等式降维算法,并开发了在 Maple 平台上的不等式证明软件 Bottema,这一算法能有效处理含参根式,并最大限度地缩减维数,使几何不等式证明能达到较高的效率.

对于一般的无约束条件的整系数多项式不等式,目前已有若干复杂度关于变量个数为单指数的算法,然而这些算法要应用于实际的问题是非常困难的,基本都只具有理论意义.

这里我们简单地提一下,作者曾结合判定定理(2),Bottema 程序[②]发现的几个 n 元对称不等式.

例 13.1 $x_i \geqslant 0(i=1,2,\cdots,n)$, $s_{(n,\alpha)}(x_1,x_2,\cdots,x_n)=\sum\limits_{i=1}^{n} x_i^{\alpha}$, $\alpha \in \mathbf{Z}$, $n \geqslant 3$, 设 $f_k = \sum\limits_{i=1}^{n} x_i^k \sum\limits_{i=1}^{n} \frac{1}{x_i^k}$,则有

$$\sqrt{f_2} \leqslant \sqrt{f_1}(\sqrt{f_1} - n + 1)$$

证明 固定 $s_{(n,2)}, s_{(n,1)}, s_{(n,-1)}$ 的值不变,于是由判定定理(2)知,$s_{(n,-2)}$ 的最大值能在 $0 < x_1 \leqslant x_2 = \cdots = x_{n-1} \leqslant x_n$ 或 $x_1 = x_2 = \cdots = x_a \leqslant x_{a+1} = \cdots = x_n$ 时取到($0 \leqslant a \leqslant n-1$). 由原不等式的齐次性,我们只需证明

$$\sqrt{\left(n-2+\frac{1}{x_1^2}+\frac{1}{x_n^2}\right)\left(n-2+x_1^2+x_n^2\right)} \leqslant$$
$$\sqrt{\left(n-2+x_1+x_n\right)\left(n-2+\frac{1}{x_2}+\frac{1}{x_n}\right)} \cdot$$

---

① 符号计算又名计算机代数,是研究在计算机上进行准确的数学演算和与之相关的数学理论的学科,是数学机械化的主要工具. 符号计算的常用软件有 Maple, Mathematica,它们已经在数学与工程等领域中被广泛使用.

② 实际上只需是基于 CAD 的程序即可,Bottema 软件目前没有下载源,读者可至作者的个人主页 https://sites.google.com/site/jingjunhan/home/software 上下载类似的程序 Proineq,其在证明多项式不等式时的效率要高于 Bottema 软件.

$$\left(\sqrt{(n-2+x_1+x_n)\left(n-2+\frac{1}{x_2}+\frac{1}{x_n}\right)}-n+1\right)\cdot$$

$$\sqrt{\left(\frac{a}{x_1^2}+n-a\right)(ax_1^2+n-a)}\leqslant$$

$$\sqrt{(ax_1+n-a)\left(\frac{a}{x_1}+n-a\right)}\cdot\left(\sqrt{(ax_1+n-a)\left(\frac{a}{x_1}+n-a\right)}-n+1\right)$$

上两式由 Bottema 软件验证知,当各变元取值非负时,分别对 $n\geqslant 3$ 及 $a\geqslant 1$, $n-a\geqslant 1, n\geqslant 3$ 恒成立.

注 本例三元的情形是代数代换法一节中的例题,此时等号成立条件为 $a^2=bc$ 及其轮换,可见 n 元时解题难度也一定不小,类似的我们能得到

$$\sqrt{f_1}\leqslant\sqrt{f_3^3}-nf_3+n$$

在相同条件下,用判定定理(2) 结合 Bottema 程序的方法,我们还发现了

$$s_{(n,1)}^2s_{(n,4)}-s_{(n,1)}s_{(n,2)}s_{(n,3)}+4(s_{(n,3)}^2-s_{(n,4)}s_{(n,2)})\geqslant 0$$

$$s_{(n,1)}^2s_{(n,4)}-s_{(n,1)}s_{(n,2)}s_{(n,3)}+\frac{1}{n}(s_{(n,2)}^3-s_{(n,6)})+$$

$$\frac{4n^2-4n\sqrt{6n-9}}{(n-3)^2}(s_{(n,3)}^2-s_{(n,4)}s_{(n,2)})\geqslant 0$$

其中最后一个式子 $n\geqslant 4$,限于篇幅,其余结果不再一一列举.

限于篇幅,在这里我们不对 CAD 的原理做进一步介绍.给出人工容易验证的可读证明是令人感兴趣的课题.在配方法一章中我们已提到了 Hilbert 第 17 问题,Artin 虽然理论证明了这一问题,然而构造性算法仍是一个十分困难的问题.1998 年 Powers 和 Wormann 利用 Gram 矩阵得到了一个可以判定一个多项式是否可以表示为多项式平方和的算法.如果是,该算法还能够得到这样的表示.2002 年,MIT 和 Parrilo 教授及其团队在 Matlab 平台上合作开发了一个程序包 SOS-tools.

1967 年,Motzkin 寻找到了第一个可以表示为有理函数的平方和,但不能表示为 SOS 的多项式

$$M(x,y,z)=x^4y^2+x^2y^4+z^6-3x^2y^2z^2$$

使用 SOS-tools 我们能得到这样显而易见的证明

$$(x^2+y^2+z^2)M(x,y,z)=$$

$$(x^2yz-yz^3)^2+(xy^2z-xz^3)^2+(x^2y^2-z^4)^2+$$

$$\frac{1}{4}(xy^3-x^3y)^2+\frac{3}{4}(xy^3+x^3y-2xyz^2)^2$$

对于 SOS-tools 这一程序或者理论感兴趣的读者可以到 http://www.mit.edu/ ~Parrilo/sostools/ 或 http://www.cds.caltech.edu/sostools/ 中了解进一

步信息，下载相关程序. 上面这两个软件并不是本章的重点，在本章中我们关心的是相对要求掌握的知识较少，但行之有效的方法. 我们下面介绍的这个方法在考场上具有一定的实战价值.

13.1 Schur 分拆

让我们再来回顾一下前面章节介绍过的配方法，虽然有时能解决一些难度较大的题目，可每一种配方形式能处理的问题都是有限的，而我们当时提出配方法是因为 $x \in \mathbf{R}$ 时有 $x^2 \geqslant 0$ 可以看作不等式证明的本质，考虑将平方改成某些大于等于0的量，即把一个代数式写成若干个非负式的正系数组合. 将3元对称形式（齐次对称多项式）分拆成若干 Schur 不等式的和的方案被称作 Schur 分拆，若分拆后所有半正定对称形式的系数均非负则原多项式非负. 这一方法是由陈胜利、黄方剑、姚勇等人发展得到的. [①②]由于随着次数的增加，分拆的计算量也飞速增长，有时还会出现分拆后有系数为负数甚至为复数的情况. 目前 Schur 分拆法对于3元 $n(n \leqslant 5)$ 次不等式是完善的，这一节我们主要介绍这一情形.

1. 基本理论

定理 13.1 （Schur 不等式）若 $x \geqslant 0, y \geqslant 0, z \geqslant 0, k$ 为实数，则

$$\sum x^k(x-y)(x-z) \geqslant 0$$

等号当且仅当 $x=y=z=0$，或者 $x=0, y=z$ 及其轮换时成立.

定理 13.2 若 $x \geqslant 0, y \geqslant 0, z \geqslant 0, k$ 为非负实数，则

(1) $\sum (yz)^k(x-y)(x-z) \geqslant 0(k \geqslant 0)$；

(2) $\sum x^k(y+z)(x-y)(x-z) \geqslant 0(k \geqslant 1)$；

(3) $\sum (yz)^k(y+z)(x-y)(x-z) \geqslant 0(k \geqslant 0)$.

证明 (1) 可变形为

$$(xyz)^k \sum x^{-k}(x-y)(x-z) \geqslant 0$$

由 Schur 不等式知上式成立.

(2)，(3) 两式的证明留给读者作为练习.

---

① 陈胜利，黄方剑. 三元对称形式的 Schur 分拆与不等式的机器证明[J]. 数学学报，2006，49(3)：491-502.

② 陈胜利，姚勇. 是对称型上的 Schur 子空间及其应用[J]. 数学学报，2007，50(6)：1330-1348.

2. 三元齐三次对称不等式

定理 13.3 三元齐三次对称多项式 $f(x,y,z)$ 可以唯一地表示为

$$f(x,y,z)=ag_{3,1}+bg_{3,2}+cg_{3,3}$$

其中

$$g_{3,1}=\sum x(x-y)(x-z)$$

$$g_{3,2}=\sum (y+z)(x-y)(x-z)$$

$$g_{3,3}=xyz$$

并且 $x,y,z\geqslant 0,a,b,c\geqslant 0\Leftrightarrow f(x,y,z)\geqslant 0$.

3. 三元齐四次对称不等式

定理 13.4 三元齐四次对称不等式 $f(x,y,z)$ 可以唯一地表示为

$$f(x,y,z)=ag_{4,1}+bg_{4,2}+cg_{4,3}+dg_{4,4}$$

其中

$$g_{4,1}=\sum x^2(x-y)(x-z)$$

$$g_{4,2}=\sum x(y+z)(x-y)(x-z)$$

$$g_{4,3}=\sum yz(x-y)(x-z)$$

$$g_{3,3}=xyz(x+y+z)$$

并且 $x,y,z\geqslant 0,a,b,c,d\geqslant 0\Rightarrow f(x,y,z)\geqslant 0$.

在此,我们给出系数的简单确定方法

$$a=f(1,0,0),c=f(1,1,0),d=\frac{f(1,1,1)}{3},b=a+\frac{c-f(-1,0,1)}{4}$$

4. 三元齐五次对称不等式

定理 13.5 三元齐五次对称多项式 $f(x,y,z)$ 可以唯一地表示为

$$f(x,y,z)=ag_{5,1}+bg_{5,2}+cg_{5,3}+dg_{5,4}+eg_{5,5}$$

其中

$$g_{5,1}=\sum x^3(x-y)(y-z)$$

$$g_{5,2}=\sum x^2(y+z)(x-y)(y-z)$$

$$g_{5,3}=\sum yz(y+z)(x-y)(x-z)$$

$$g_{5,4}=xyz\sum (x-y)(y-z)$$

$$g_{5,5}=xyz(xy+yz+zx)$$

并且 $x,y,z\geqslant 0,a,b,c,d,e\geqslant 0\Rightarrow f(x,y,z)\geqslant 0$.

下面系数 a,b,c,d,e 简单确定方法.

$$a=f(1,0,0),c=\frac{f(1,1,0)}{2},e=\frac{f(1,1,1)}{3}$$

$$b=\frac{f(1,\mathrm{i},0)}{2(1+\mathrm{i})}+\frac{c}{2}, d=\frac{f(-1,\mathrm{i},1)\mathrm{i}+8b+e-2a}{2}$$

我们举一些例子来说明其应用.

例 13.2 设 a,b,c 为某三角形的三边,满足 $a+b+c=3$,求下式的最大值

$$a^2+b^2+c^2+\frac{4}{3}abc$$

解 先作代换,令 $a=x+y,b=y+z,c=z+x$,则 $x+y+z=\frac{3}{2}$,并齐次化后,原问题等价于求满足如下不等式恒成立的最大 k 值.

$$f(x,y,z)=[(x+y)^2+(y+z)^2+(z+x)^2]\frac{2(x+y+z)}{3}+\frac{4}{3}(x+y)(y+z)(z+x)-k\left[\frac{2(x+y+z)}{3}\right]^3\geqslant 0$$

计算得到

$$f(1,0,0)=\frac{4}{3}-\frac{8k}{27}, f(1,1,0)=\frac{32}{3}-\frac{64}{27}, f(1,1,1)=\frac{104}{3}-8k$$

而由定理知 $f(x,y,z)\geqslant 0$ 恒成立的充要条件为

$$f(1,0,0)\geqslant 0, f(1,1,0)\geqslant 0, f(1,1,1)\geqslant 0$$

解这三个方程即可得到 $k\leqslant\frac{13}{2}$,故最大值为$\frac{13}{2}$,当且仅当 $a=b=c=1$ 时取得.

例 13.3 (2005 年中国西部数学竞赛)x,y,z 是非负实数且满足 $x+y+z=1$,证明

$$10(x^3+y^3+z^3)-9(x^5+y^5+z^5)\geqslant 1$$

证明 原不等式等价于

$$f(x,y,z)=10(x^3+y^3+z^3)(x+y+z)^2-9(x^5+y^5+z^5)-(x+y+z)^5\geqslant 0$$

简单计算便得到

$$f(1,0,0)=0, f(1,1,0)=30, f(1,1,1)=0$$
$$f(1,\mathrm{i},0)=15(1+\mathrm{i}), f(-1,\mathrm{i},z)=0$$

即 $a=0,c=15,e=0,b=15,d=60$,所以

$$f(x,y,z)=15g_{5,2}+15g_{5,3}+60g_{5,4}\geqslant 0$$

欲证不等式得证.

最近陈胜利等人对于 m 元对称形式也作了一定有益的探讨,证明了一个对称多项式,它有零点$(1,1,\cdots,1)$的话,那么它一定可以表示成几个 Schur 型多

项式的组合. 同时利用类似的思想得到了一类代数不等式的降维方法①. 我们也期待有越来越多且有效的分拆方法出现.

13.2 差分代换

差分代换也就是我们熟知的增量法,即将各变量按一定方式分割较小的非负量,将变量替换后的多项式合并同类型,然后看是否所有的系数非负,常用的分割方法以三元为例是指对于变量 $x \geqslant y \geqslant z$,作线形代换

$$\begin{bmatrix} x \\ y \\ z \end{bmatrix} = \begin{bmatrix} 1 & 1 & 1 \\ 0 & 1 & 1 \\ 0 & 0 & 1 \end{bmatrix} \begin{bmatrix} t_1 \\ t_2 \\ t_3 \end{bmatrix}$$

也即令

$$x = t_1 + t_2 + t_3$$
$$y = t_2 + t_3$$
$$z = t_3$$

其中 $t_1, t_2, t_3 \geqslant 0$.

经这样的线性变换原来的多项式 $f(x,y,z)$ 成为 t_1, t_2, t_3 的多项式 $f_1(x,y,z)$. 易知当 $f(x,y,z)$ 在一般情况下对应 6 个诸如 f_1 的多项式,我们设它们分别为 $f_1, f_2, f_3, f_4, f_5, f_6$,而当 $f(x,y,z)$ 为轮换对称多项式时对应 2 个多项式 f_1, f_2,当为对称多项式时只有一个 f_1. 我们将多项式集合 $\{f_i\}$ 为 $f(x,y,z)$ 的差分代换. 对于一般 n 个变量的多项式,变量 $x_1, x_2, \cdots, x_n$ 按大小顺序应有 $n!$ 种不同的排列. 对每个具体的排列,例如 $x_1 \geqslant x_2 \geqslant \cdots \geqslant x_n$ 均对应于一个线形代换

$$\begin{cases} x_1 = t_1 + t_2 + \cdots + t_n \\ x_2 = t_2 + \cdots + t_n \\ \quad \vdots \\ x_n = t_n \end{cases}$$

其中 $t_1, t_2, \cdots, t_n \geqslant 0$. 这样的代换同时也对应一个基本代换矩阵

$$A_n = \begin{bmatrix} 1 & 1 & \cdots & 1 \\ 0 & 1 & \cdots & 1 \\ \vdots & \vdots & \ddots & \vdots \\ 0 & \cdots & 0 & 1 \end{bmatrix}$$

① 陈胜利,姚勇,徐嘉. 代数不等式的分拆降维方法与机器证明[J]. 系统科学与数学,2009,29(1):26-34.

这一方法早已被运用至人工证明不等式中，最初起源难以考证. 让我们来看一例.

例 13.4 a,b,c 为 $\triangle ABC$ 的三边长，求证

$$(a+b+c)\left(\frac{1}{a}+\frac{1}{b}+\frac{1}{c}\right) \geqslant 9+\frac{(a-c)^2}{b^2}$$

证明 （杨学校）当 $a \geqslant b \geqslant c$ 时，有 $\frac{a-c}{b} \geqslant \frac{a-b}{c} \geqslant \frac{b-c}{a}$.

于是我们只需证明 $a \geqslant b \geqslant c$ 的情形，原不等式等价于

$$\sum\left(\frac{a}{b}+\frac{b}{a}-2\right) \geqslant \frac{(a-c)^2}{b^2}$$

$$\Leftrightarrow \frac{(a-b)^2}{ab}+\frac{(b-c)^2}{bc}+(a-c)^2\left(\frac{1}{ac}-\frac{1}{b^2}\right) \geqslant 0$$

$$\Leftrightarrow bc(a-b)^2+(b^2-ac)(a-c)^2+ab(b-c)^2 \geqslant 0$$

设 $a=c+p+q, b=c+p$，则 $c \geqslant q$. 于是

$$\begin{aligned} LHS &= (p^2+q^2)c^2+(3p^3-q^3+2p^2q)c \\ &\geqslant (p^2+q^2)qc+(3p^3-q^3+2p^2q)c \\ &= 3(p+q)p^2c \geqslant 0 \end{aligned}$$

不等式得证.

上面这道例题作者曾用差分配方与讨论相结合的方法得到了长达 5 页的证明，而用差分代换却不过三言两语，值得一提的是差分配方法也可看作某种意义上的差分代换，当差分配方难以奏效而你又对自己的计算能力足够自信时，不妨试一试差分代换. 利用差分代换的思想也可以去证明一些不等式.

例 13.5 （黄晨笛）$a \geqslant b \geqslant c \geqslant d, a+b+c+d=1$ 时，k 是给定的正实数，求 λ 的最大值，使得

$$\frac{a-b}{k+c+d}+\frac{b-c}{k+d+a}+\frac{c-d}{k+a+b}+\frac{d-a}{k+b+c} \geqslant \lambda(a-b)(b-c)(c-d)$$

解 本题并不容易，我们先观察原题，试图先猜出 λ 的最大值，然而这是比较困难，注意到不等式两边都有 $a-b, b-c, c-d, d-a$，故考虑直接作差分代换，先通过对不等式左边进行放缩，向不等式右边靠拢，尽量保持每一次放缩时等号成立条件一致，求得 λ 的范围，在利用等号成立条件说明此时存在相应的 a,b,c,d. 而不等式的右边为乘积形式，这提示我们极有可能要用到 AM - GM 不等式.

一方面，设 $x=a-b, y=b-c, z=c-d$，于是我们有

$$\frac{a-b}{k+c+d}+\frac{b-c}{k+d+a}+\frac{c-d}{k+a+b}+\frac{d-a}{k+b+c}=$$

$$\left(\frac{a-b}{k+c+d}+\frac{c-d}{k+a+b}\right)+\left(\frac{b-c}{k+a+d}+\frac{d-a}{k+b+c}\right)=$$

$$\frac{k(a-b+c-d)+(a^2-b^2+c^2-d^2)}{(k+a+b)(k+c+d)}+$$

$$\frac{k(b-c+d-a)+(b^2-c^2+d^2-a^2)}{(k+b+c)(k+d+a)}=$$

$$(k(a-b+c-d)+(a^2-b^2+c^2-d^2))\cdot$$

$$\left(\frac{1}{(k+a+b)(k+c+d)}-\frac{1}{(k+b+c)(k+a+d)}\right)=$$

$$\frac{(k(a-b+c-d)+(a^2-b^2+c^2-d^2))((k+b+c)(k+d+a)-(k+a+b)(k+c+d))}{(k+a+b)(k+b+c)(k+c+d)(k+d+a)}=$$

$$\frac{((k+a+b)x+(k+c+d)z)(x+y)(y+z)}{(k+a+b)(k+b+c)(k+c+d)(k+d+a)}\geqslant$$

$$\frac{8xyz\sqrt{(k+a+b)(k+c+d)}}{(k+a+b)(k+b+c)(k+c+d)(k+d+a)}=$$

$$\frac{8xyz}{\sqrt{(k+a+b)(k+c+d)(k+b+c)^2(k+d+a)^2}}\geqslant$$

$$\frac{64}{(2k+1)^3}xyz$$

故我们得到

$$\lambda_{\max}\geqslant\frac{64}{(2k+1)^3}$$

最后一个不等式用到了 AM - GM 不等式及 $a+b+c+d=1$.

注意到上面的放缩过程中等号成立条件为 $(k+a+b)x=(k+c+d)z$, $x+y=y+z$, $k+a+b=k+c+d$, $k+b+c=k+a+d$, 即 $b=d$, $a=c$, 又条件为 $a\geqslant b\geqslant c\geqslant d$, 故需满足取等条件必有 $a=b=c=d$, 此时不等式两边均为0, 无法说明 $\lambda_{\max}\leqslant\frac{64}{(2k+1)^3}$. 不过我们可以考虑 $a\to b\to c\to d\to\frac{1}{4}$ 的情形. 令 $a=\frac{1}{4}+3\varepsilon$, $b=\frac{1}{4}+\varepsilon$, $c=\frac{1}{4}-\varepsilon$, $d=\frac{1}{4}-3\varepsilon$, 其中 $\varepsilon\to 0^+$, 此时不等式变为

$$2\varepsilon^3\left(\frac{64}{(2k+1)^3-64(2k+1)\varepsilon^2}-\lambda\right)\geqslant 0$$

由于 $\varepsilon\to 0^+$, 于是我们有

$$\lambda_{\max}\leqslant\frac{64}{(2k+1)^3}$$

故 $\lambda_{\max}=\frac{64}{(2k+1)^3}$.

差分代换这一朴素的方法早已被运用至人工证明不等式中, 最初起源难以考证. 尽管其早已被人们所熟知, 不过这个方法被引入数学机械化却是近十年

的事. 自2004年起,刘保乾用差分代换法[①]验证了大量的多项式不等式,并将许多问题挂在中国不等式研究小组网站上[②],吸引了人们的关注. 此后,杨路对此作了较为系统的研究,引入了逐次差分代换方法(SDS),他提出若做一次差分代换后,差分代换集中有多项式的系数不是全非负的,那么就继续对这个多项式做差分代换,直到差分代换集中所有的多项式系数都非负为止. 这一想法克服了传统差分代换一次不成难以再接再厉的困难.

杨路还提出一个公开问题:对于什么样的多项式类,其逐次差分代换施行有限步后所产生的多项式集合中每个多项式的所有系数都是非负的?

原始的差分代换方法选取了诸如 A_n 型的矩阵作为基本代换矩阵. 然而,当 $m \to +\infty$ 时,A_n^m 不收敛. 这使得判定逐次差分代换方法的终止性变得困难. 姚勇考虑列随机矩阵 T_n 作为其基本代换矩阵,以使可以更顺利的讨论逐次差分代换终止性问题.

$$T_n = \begin{bmatrix} 1 & \frac{1}{2} & \cdots & \frac{1}{n} \\ 1 & \frac{1}{2} & \cdots & \frac{1}{n} \\ \vdots & \vdots & & \vdots \\ 0 & \cdots & 0 & \frac{1}{n} \end{bmatrix} \tag{13.3.1}$$

姚勇等人获得如下结果[③].

定理13.6 以列随机矩阵 T_n 作为其基本代换矩阵,凡在 $\mathbf{R}_+^n$ 上严格正定的多项式,其逐次差分代换施行有限步后所产生的多项式集合中每个多项式的所有系数必然都变成非负的,即在 $\mathbf{R}_+^n$ 上严格正定的多项式必是差分代换有限步后到位的.

我们花一些笔墨来给出姚勇等人结果的一个不严格的证明. 以三元 d 次齐次不等式 $\forall x,y,z \in \mathbf{R}_+, f \geqslant 0$ 为例. 由不等式的齐次性,我们只需对 $x,y,z \in \mathbf{R}_+, x+y+z=1$ 的情形给予证明即可. 注意到 $x \geqslant 0, y \geqslant 0, z \geqslant 0, x+y+z=1$ 在 x,y,z 的三维空间中对应了一个三角形,我们称这个三角形为标准单形. 而6个形如 T_3 的基本代换矩阵实际上将原三角形分为6个更小的三角形,且六个新得的多项式在标准单形上的值一一对应与 f 在标准单形上的取值. 因此,分别检验这六个新得的多项式非负,等价于分别检验 f 在相应的小三角形上式非

---

① 最初叫增量法,后经杨路提议改称差分代换法.

② http://zgbdsyjxz.nease.net,现在这个网址已作废.

③ 姚勇. 基于列随机矩阵的逐次差分代换方法与半正定型的机械化判定. 中国科学:数学. 2010, 53(3):251 - 264.

负的. 此时每个三角形的直径(三角形中两点距离最大值)不大于原三角形直径的$\frac{2}{3}$倍,而这个结论对每一步操作都成立,这也意味着,我们得到的小三角形直径是趋于0的.

我们已经可以得到一个副产品:若原不等式不成立,也即存在$x_0,y_0,z_0\in\mathbf{R}_+,x_0+y_0+z_0=1$使得$f(x_0,y_0,z_0)=-2\varepsilon<0$,那么差分代换有限步之后,在差分代换集中必存在一个多项式g使得$g(1,1,1)<0$. 这是因为f在标准单形上是一致连续的,因此存在$\delta>0$,当标准单形内两点的距离小于δ时,f在这两点相应的取值差小于ε,因此对$a=(x_0,y_0,z_0)$,存在a的一个邻域$B_{a,r}$,f在$B_{a,r}$的交非空,且可以保证这个小三角形的直径小于$\delta>0$. 设这个小三角形对应于差分代换集中的多项式g,我们检验$g(1,1,1)$的取值,其与$g\left(\frac{1}{3},\frac{1}{3},\frac{1}{3}\right)$的值同正负,后者对应于$f$在相应的小三角形中一点的取值. 因此,此时$g(1,1,1)<0$.

回到原命题,同样利用小三角形直径是趋于0的,所以对于依次递减的小三角形列,其会收敛到标准单形上一点(x_1,y_1,z_1). 事实上,我们可以说明与小三角形列对应的多项式列会收敛到$f(x_1,y_1,z_1)(x+y+z)^d$,后者的系数是全正的,因此在有限步后,必有小三角形对应的多项式系数非负. 我们还能说明对任意的点(x',y',z'),收敛是一致的. 从而在有限步后,差分代换能终止.

可以证明对于至少有一个无理实零点的半正定型,以列随机矩阵T_n作为基本代换矩阵的差分代换一定是不会终止的,因此也不能来判定这类型是否半正定. 我们仍然只给出证明的一个大致框架,读者可自行补充细节. 如之前所说,T_n型差分代换可看作是对单形做有理线性分割. 所以,仅当所有的实零点都在分割区域的边界上时,差分代换才会终止,故对有理实零点的正半定型,方法不终止.

对于正半定型,虽然差分代换方法并不是完备的,但对不少次数较高或变量较多的多项式是有效的,同时这些问题还难以用其他方法解决.

由于Pòlya定理十分著名,在这里我们有必要给出它的证明.

定理13.7 [①] 若型$F(x_1,x_2,\cdots,x_m)$对$x_i\geqslant 0,i=1,2,\cdots,m,\sum_{i=1}^{m}x_i>0$严格为正,则$F$可表示成$F=\frac{G}{H}$,其中$G$和$H$都是系数为正的型,特别地,我们可以

---

① Über positive Darstellung von Polynomen, Vierteljahrsschrift d. naturforschenden Gesellsch. Zürich,73(1928),141-145. 该定理(除了最后一句)早先已有Poincaré对$m=2$,Meissner对$m=3$给了证明,原则上Meissner的方法可运用到一般情形,但不能导出这样简单的结果.

假定

$$H=(x_1+x_2+\cdots+x_m)^p$$

其中 p 为适当的数.

证明　为书写简单起见,假定 $m=3$,对于一般的 m,并没有任何原则上的不同.

函数 $F(x,y,z)$ 在闭域 $x,y,z\geqslant 0,x+y+z=1$ 中为正且连续,故在该域中有一正的极小值 μ,令

$$F(x,y,z)=\sum_n A_{\alpha\beta\gamma}\frac{x^\alpha y^\beta z^\gamma}{\alpha!\ \beta!\ \gamma!} \tag{1}$$

其中求和记号系数 $\alpha,\beta,\gamma\geqslant 0,\alpha+\beta+\gamma=n$ 而取者,又令

$$\phi(x,y,z;t)=t^n\sum_n A_{\alpha\beta\gamma}\binom{xt^{-1}}{\alpha}\binom{xt^{-1}}{\beta}\binom{xt^{-1}}{\gamma}$$

其中 $t>0$,且对于 $\alpha=1,2,3,\cdots,\binom{xt^{-1}}{\alpha},\cdots$ 都是寻常的二项式系数,即

$$\binom{xt^{-1}}{0}=1,t^\alpha\binom{xt^{-1}}{\alpha}=\frac{x(x-t)(x-2t)\cdots[x-(\alpha-1)t]}{1\cdot 2\cdot 4\cdot\cdots\cdot\alpha}$$

显而易见,当 $t\to 0$ 时,$\phi(x,y,z;t)\to F(x,y,z)$. 又若记 $\phi(x,y,z;0)=F(x,y,z)$,则 ϕ 在定义域 $x\geqslant 0,y\geqslant 0,z\geqslant 0,x+y+z=1,0\leqslant t\leqslant 1$ 中连续,从而就有一个 ε,使得对于 $0<t<\varepsilon$ 及在定义域中所有的 x,y,z,都有

$$\phi(x,y,z;t)>\phi(x,y,z;0)-\frac{1}{2}\mu=F(x,y,z)-\frac{1}{2}\mu\geqslant\frac{1}{2}\mu>0 \tag{2}$$

又,我们有

$$(x+y+z)^{k-n}=(k-n)!\sum_{k-n}\frac{x^\kappa y^\lambda z^\mu}{\kappa!\ \lambda!\ \mu!} \tag{3}$$

其中求和记号系数 $\kappa,\lambda,\mu\geqslant 0,\kappa+\lambda+\mu=k-n$ 而取者,将(1)与(3)相乘,即得

$$(x+y+z)^{k-n}F=(k-n)!\sum_n\sum_{k-n}A_{\alpha\beta\gamma}\frac{x^{\alpha+\kappa}y^{\beta+\lambda}z^{\gamma+\mu}}{\alpha!\ \beta!\ \gamma!\ \kappa!\ \lambda!\ \mu!}$$

记 $\alpha+\kappa=a,\beta+\lambda=b,\gamma+\mu=c$,则 a,b,c 系在 $a,b,c\geqslant 0,a+b+c=k$ 中变化,α,β,γ 系在

$$0\leqslant\alpha\leqslant a,0\leqslant\beta\leqslant b,0\leqslant\gamma\leqslant c,\alpha+\beta+\gamma=n \tag{4}$$

中变化,由此即得

$$(x+y+z)^{k-n}F=(k-n)!\sum_k\frac{x^a y^b z^c}{a!\ b!\ c!}\sum{}'A_{\alpha\beta\gamma}\binom{a}{\alpha}\binom{b}{\gamma}\binom{c}{\gamma}$$

其中 $\sum'$ 表示关于 α,β,γ 在(4)中求和,但因当 $\alpha>a,\beta>b,\cdots$ 时,$\binom{a}{\alpha}=0$,

$\binom{b}{\beta}=0,\cdots$,故此求和可有 $\sum^{n}$ 来代替,于是就得到

$$(x+y+z)^{k-n}F=(k-n)!\ \sum_{k}\frac{x^{a}y^{b}z^{c}}{a!\ b!\ c!}\sum_{n}A_{\alpha\beta\gamma}\binom{a}{\alpha}\binom{b}{\beta}\binom{c}{\gamma}=$$

$$(k-n)!\ k^{n}\sum_{k}\phi\left(\frac{a}{k},\frac{b}{k},\frac{c}{k};\frac{1}{k}\right)\frac{x^{a}y^{b}z^{c}}{a!\ b!\ c!}$$

由(2)知,若 k 充分大,这里的 ϕ 则为正,这就证明了定理.

利用Pólya定理能够证明Hilbert与Artin定理的一种重要的特别情形,即

定理 13.8 (W. Habicht) 任一严格正型都可以表示成

$$F=\frac{\sum_{i}M_{i}^{2}}{\sum_{j}N_{j}^{2}}$$

其中 M_i 与 N_j 乃是适当选取的型.

"型"一词是用来作为"一实系数齐次多项式"的简称,型

$$F=F(x_1,x_2,\cdots,x_m)$$

若对于其变量的任何实值 $x_1,x_2,\cdots,x_m$,除 $x_1=x_2=\cdots=x_m=0$ 之外,都为正,则称为严格正的.

限于篇幅关于这一结果的证明我们就省去了.

13.3 去根号定理

证明不等式时,根式是我们不愿碰到的,有理化是其中的难点,对于不少计算机软件同样如此. 本节要介绍的是徐嘉和姚勇2008年得到的去根号定理①.

由于二次根式不等式有着特殊的重要性,其中包含了大量的几何不等式在内,所以有必要单独列出其有理化过程. 另外,二次根式不等式的有理化,对于了解一般根式不等式的有理化还具有启发作用. 这依赖于下面的定理.

定理 13.8(杨路) 设 $u_1,u_2,\cdots,u_n,t(n\geqslant 2)$ 是非负实数,记 y 的多项式 $f(y)$ 为

$$f(y)=\prod_{j_1,j_2,\cdots,j_{n-1}\in\{1,2\}}\left(y-\left[\sqrt{u_1}+(-1)^{j_1}\sqrt{u_2}+\cdots+(-1)^{j_{n-1}}\sqrt{u_n}\right]^2\right) \tag{1}$$

则如下不等式

① 徐嘉,姚勇. 一类根式不等式的有理化算法与机器证明[J]. 计算机学报,2008,31(1):24-31.

$$\sqrt{u_1}+\sqrt{u_2}+\cdots+\sqrt{u_n}\leqslant\sqrt{t}\tag{2}$$

成立的充要条件是下列 $r=2^{n-1}$ 个实数 $c_0,c_1,\cdots,c_{r-1}$ 满足

$$c_0=f(t)\geqslant 0,c_1=f^{(1)}(t)\geqslant 0,\cdots,c_{r-1}=f^{(r-1)}(t)\geqslant 0\tag{3}$$

其中 $f^{(k)}$ 是 f 的 k 阶导数,$k=1,2,\cdots,r-1$. 这个定理的证明需要一条引理,即 Descartes 符号法则的推论.

引理 13.9 (Descartes) 如果实系数多项式 $f(x)$ 的根都是实的,则它的正根个数(l 重根以 l 个计算) 等于这个多项式系数组的变号数.

下面给出定理 13.8 的证明.

证明 必要性. 由已知,对 $j_1,j_2,\cdots,j_n\in\{1,2\}$ 有 2^n 个不等式成立:

$$\begin{aligned}&\sqrt{t}-[(-1)^{j_1}\sqrt{u_1}+(-1)^{j_2}\sqrt{u_2}+\cdots+(-1)^{j_n}\sqrt{u_n}]\geqslant\\&\sqrt{t}-(\sqrt{u_1}+\sqrt{u_2}+\cdots+\sqrt{u_n})\geqslant 0\end{aligned}\tag{1}$$

将这 2^n 个式子配成 2^{n-1} 对,应用平方差公式得到

$$p(j_1,j_2,\cdots,j_{n-1})=t-[\sqrt{u_1}+(-1)^{j_1}\sqrt{u_2}+\cdots+(-1)^{j_{n-1}}\sqrt{u_n}]^2\geqslant 0\tag{2}$$

考察恒等式

$$\begin{aligned}&\prod_{j_2,j_2,\cdots,j_{n-1}\in\{1,2\}}[x-(t-[\sqrt{u_1}+(-1)^{j_1}\sqrt{u_2}+\cdots+(-1)^{j_{n-1}}\sqrt{u_n}]^2)]\equiv\\&x^r-\sigma_1x^{r-1}+\cdots+\sigma_r\end{aligned}\tag{3}$$

一方面,由式(2),(3) 知 $\sigma_k\geqslant 0(k=1,2,\cdots,r)$,另一方面,显见 $f(t)=\sigma_r$,再由函数乘积的导数公式可见,$f^{(k)}(t)$ 与 σ_{r-k} 之间只相差一个正常数因子.

综合这两个方面得 $f(t)\geqslant 0,\cdots,f_{(t)}^{(r-1)}\geqslant 0$ 成立,必要性成立.

充分性. 令

$$F(x)=\prod_{j_1,j_2,\cdots j_{n-1}\in\{1,2\}}[x-(t-[\sqrt{u_1}+(-1)^{(j_1)}\sqrt{u_2}+\cdots+(-1)^{j_{n-1}}\sqrt{u_n}]^2)]$$

可见方程 $F(x)=0$ 的根全是实的,又 $\sigma_1,\sigma_2,\cdots,\sigma_r$ 与 $c_0,c_1,\cdots,c_{r-1}$ 只相差正常数因子,故得

$$\sigma_1\geqslant 0,\sigma_2\geqslant 0,\cdots,\sigma_r\geqslant 0$$

于是由引理 $F(x)=0$ 的根全是非负的,特别的有

$$t-(\sqrt{u_1}+\sqrt{u_2}+\cdots+\sqrt{u_n})^2\geqslant 0$$

也即

$$\sqrt{t}-(\sqrt{u_1}+\sqrt{u_2}+\cdots+\sqrt{u_n})\geqslant 0$$

充分性得证. 定理得证!

对于不等式反向的情况,我们有

推论 13.10 设 $u_1,u_2,\cdots,u_n,t(n\geqslant 2)$ 是非负的实数,则如下不等式

$$\sqrt{t} \leqslant \sqrt{u_1} + \sqrt{u_2} + \cdots + \sqrt{u_n}$$

成立的充要条件是下列 $r = 2^{n-1}$ 个实数 $c_0, c_1, \cdots, c_{r-1}$ 满足 $c_{r-1} = f^{(r-1)}(t) \leqslant 0$ 或 $c_0 = f(t), \cdots, c_{r-2} = f^{(r-2)}(t)$ 中至少有一个小于0.

然而这一结论是或之间的关系,导致其应用并不广泛.

当不仅仅局限于根式时,有如下定理:

定理 13.11 设 $u_1, u_2, \cdots, u_n, t$ 是非负实数,$2 \leqslant m, n \in \mathbf{N}$,记 y 的多项式 $f(y)$ 为

$$f(y) = \prod_{j_1, j_2, \cdots, j_{n-1} \in \{0,1,\cdots,m-1\}} \left(y - \left[\sqrt[m]{u_1} + \zeta_m^{(j_1)} \sqrt[m]{u_2} + \cdots + \zeta_m^{j_{n-1}} \sqrt[m]{u_n}\right]^m\right)$$

则如下不等式

$$\sqrt[m]{u_1} + \sqrt[m]{u_2} + \cdots + \sqrt[m]{u_n} \leqslant \sqrt[m]{t}$$

成立的充分必要条件是下列 $r = m^{n-1}$ 个实数 $c_0, c_1, \cdots, c_{r-1}$ 满足

$$c_0 = f(t) \geqslant 0, c_1 = f^{(1)}(t) \geqslant 0, \cdots, c_{r-1} = f^{(r-1)}(t) \geqslant 0$$

其中 $f^{(k)}$ 是 f 的 k 阶导数,$k = 1, 2, \cdots, r-1$.

利用这些定理,将根式不等式转化为证明一系列多项式型不等式,剩下的工作就留给 Tsds 了,下面是定理导出的常用结果.

设 u, v, w, t 给出区域 I 上的非负实函数,则如下不等式

$$\sqrt{u} + \sqrt{v} + \sqrt{w} \leqslant \sqrt{t}$$

成立的充要条件是下列 c_0, c_1, c_2, c_3 在给定区域 I 上满足:

$$\begin{cases} c_0 = t^4 - 4\sigma_1 t^3 + 2(3\sigma_1^2 - 4\sigma_2)t^2 - \\ \qquad 4(\sigma_1^3 - 4\sigma_2\sigma_1 + 16\sigma_3)t + (\sigma_1^2 - 4\sigma_2)^2 \geqslant 0 \\ c_1 = t^3 - 3\sigma_1 t^2 + (3\sigma_1^2 - 4\sigma_2)t - (\sigma_1^3 - 4\sigma_2\sigma_1 + 16\sigma_3) \geqslant 0 \\ c_2 = 3t^2 - 6\sigma_1 t + (3\sigma_1^2 - 4\sigma_2) \geqslant 0 \\ c_3 = t - \sigma_1 \end{cases}$$

其中 $\sigma_1 = u + v + w, \sigma_2 = uv + vw + wu, \sigma_3 = uvw$. 我们这里要指出的是 $c_2 \geqslant 0$ 是多余的,如果把 c_1 代之以

$$t^2 - 2t(u + v + w) + u^2 + v^2 + w^2 - 2uv - 2uw - 2vw$$

也同样正确,对于 n 个根式的情形最少转化为多少个不可约多项式的半正定问题仍需要作进一步探究.

对于去根号定理,徐嘉博士专门编写了程序 RFD,其 Maple 源代码如下:

```
RFD: = proc(m,var::list)
    local n,f,i,H,i2,j,resH,i3,p,r,t;
    t: = time();
    n: = nops(var);
```

```
        print(sum(var[i]^(1/m),i = 1..n - 1) <= var[n]^(1/m));
        for i to n - 1 do
            f[i]: = T[i]^m - var[i];
        od;
        H: = var[n]^(1/m) - sum(T[j],j = 1,…,n - 1);
        resH: = H;
        for i2 to n - 1 do
            resH: = resultant (resH,f[i2],T[i2]);
        od;
        r: = collect((- 1)^(m * (n - 1)) * resH,var[n],factor);
        p: = r;
        for i3 to m^(m - 2) do
            print (c[i3 - 1] = p);
            p: = sort(collect (primpart (diff(p,var[n])),var[n]),
var[n]);
        od;
        time() - t;
    end;
```

用法很简单:

如想得到$\sqrt{t_1}+\sqrt{t_2}\leqslant\sqrt{w}$ 的等价有理不等式组,只需输入:

RFD(2,[t_1,t_2,w]):

程序自动输出:

$$c[0]=w^2+(-2t_2-2t_1)w+(t_1-t_2)^2$$

$$c[1]=w-t_2-t_1$$

也就是说$\sqrt{t_1}+\sqrt{t_2}\leqslant\sqrt{w}$ 成立的充要条件是:上面输出的两个式子都大于等于0.

第14章 总习题

例 14.1 （韩京俊）$a,b,c \geqslant 0, a^2+b^2+c^2=3$，求证

$$\sum_{cyc} a\sqrt{3b^3+3b+3} \leqslant abc+2+\sum a$$

证明 利用

$$(b^2+2)^2 = b^4+4b^2+4 \geqslant 4b^3+4b-2b^2+3 \geqslant 3b^3+3b+3$$

$$a^2c+b^2a+c^2b \leqslant abc+2$$

即证原题.

例 14.2 $a,b,c>0$，求证

$$\sum_{cyc} \frac{(a+b)^3}{3a^2+3ab+b^2} \geqslant \frac{8}{7}(a+b+c)$$

证明 利用切线法证明局部不等式

$$\frac{(a+b)^3}{3a^2+3ab+b^2} \geqslant \frac{12a+44b}{49}$$

将类似的三式相加即得欲证不等式.

例 14.3 $a,b,c>0, k\geqslant 2$，求证

$$\sum \frac{1}{b^2+kbc+c^2} \geqslant \frac{9}{(k+2)(ab+bc+ca)}$$

证明 考察函数 $f(k)=\dfrac{k+2}{b^2+kbc+c^2}$，则

$$f'(k)=\frac{(b-c)^2}{(b^2+kbc+c^2)^2} \geqslant 0$$

故 $f(k)$ 是递增的，只需证明 $k=2$ 的情形，此即为1996伊朗不等式.

例 14.4 $a,b,c \in \mathbf{R}, a+b+c=1$,求证

$$\frac{a}{1+a^2}+\frac{b}{1+b^2}+\frac{c}{1+c^2} \leqslant \frac{9}{10}$$

证明 若 $a,b,c \geqslant -\frac{3}{4}$,利用切线法有

$$\frac{x}{x^2+1} \leqslant \frac{3}{10}+\frac{6}{25}(3x-1), \forall x \geqslant -\frac{3}{4}$$

此时命题得证!

若 $a \leqslant -\frac{3}{4}$,则由 AM - GM 不等式有

$$\frac{c}{c^2+1} \leqslant \frac{1}{2}$$

若 a 右下式成立则不等式就已得证.

$$\frac{b}{b^2+1}+\frac{1}{2} \leqslant \frac{9}{10} \Leftrightarrow b \leqslant \frac{1}{2} \text{ 或者 } b \geqslant 2$$

故只需考虑 $\frac{1}{2} \leqslant b \leqslant 2$ 的情况,类似地只需考虑 $\frac{1}{2} \leqslant b,c \leqslant 2$ 的情况.

由此我们有 $a=1-b-c \geqslant -3$,于是

$$\frac{a}{a^2+1} \leqslant -\frac{3}{10}$$

所以

$$\frac{a}{1+a^2}+\frac{b}{1+b^2}+\frac{c}{1+c^2} \leqslant -\frac{3}{10}+\frac{b}{b^2+1}+\frac{c}{c^2+1} \leqslant$$

$$-\frac{3}{10}+\frac{1}{2}+\frac{1}{2}=\frac{7}{10}<\frac{9}{10}$$

等号成立当且仅当 $a=b=c=\frac{1}{3}$.

例 14.5 $a,b,c>0, a+b+c=1$,求证

$$\sqrt{4a^2+bc}+\sqrt{4b^2+ca}+\sqrt{4c^2+ab} \leqslant \frac{5}{2}$$

证明 设 $a \geqslant b \geqslant c$,则有

$$\sqrt{4a^2+bc} \leqslant 2a+\frac{c}{4}, \sqrt{4b^2+ca}+\sqrt{4c^2+ab} \leqslant \frac{a}{2}+\frac{5b}{2}+\frac{9c}{4}$$

相加即得!

例 14.6 (2008 年乌克兰数学奥林匹克)$a,b,c,d>0$,求证

$$\frac{(a+b)(b+c)(c+d)(d+a)}{(1+a)(1+b)(1+c)(1+d)} \geqslant \frac{16abcd}{(1+\sqrt[4]{abcd})^4}$$

证明 对于 $x,y>0$,我们有

$$\frac{x+y}{(1+x)(1+y)}\geqslant\frac{2\sqrt{xy}}{(1+\sqrt{xy})^2}$$

于是

$$\frac{(a+b)}{(1+a)(1+b)}\cdot\frac{(c+d)}{(1+c)(1+d)}\cdot(b+c)(d+a)\geqslant$$
$$\frac{4\sqrt{abcd}(\sqrt{ab}+\sqrt{cd})^2}{(1+\sqrt{ab})^2(1+\sqrt{cd})^2}\geqslant\frac{16abcd}{(1+\sqrt[4]{abcd})^4}$$

得证!

例 14.7 $1\leqslant a,b,c\leqslant 2$,求证

$$3a^2(b+c)+2b^2(c+a)+c^2(a+b)\leqslant\frac{33abc}{2}$$

证明 设 $F(a,b,c)=\text{LHS}-\text{RHS}$.

易知 $F_a(a,b,c),F_b(a,b,c),F_c(a,b,c)$ 均是下凸的.

由此只需证明

$$F(a,b,c)\leqslant\max\{F(2,1,1),F(2,2,1),F(2,1,2),F(2,2,2),$$
$$F(1,2,2),F(1,2,1),F(1,1,2),F(1,1,1)\}$$

这是容易证明的.

例 14.8 (Vasile)$a,b,c\in\mathbf{R}$,满足 $a^2+b^2+c^2=1$,求证

$$\frac{1}{3+a^2-2bc}+\frac{1}{3+b^2-2ca}+\frac{1}{3+c^2-2ab}\leqslant\frac{9}{8}$$

证明

$$\Leftrightarrow\sum\frac{1}{4-(b+c)^2}\leqslant\frac{9}{8}\Leftrightarrow\sum\frac{(b+c)^2}{4-(b+c)^2}\leqslant\frac{3}{2}$$

由 Cauchy 不等式有

$$\sum\frac{(b+c)^2}{4-(b+c)^2}\leqslant\sum\frac{(b+c)^2}{4-2(b^2+c^2)}=$$
$$\frac{1}{2}\sum\frac{(b+c)^2}{(a^2+b^2)+(a^2+c^2)}\leqslant$$
$$\frac{1}{2}\sum\left(\frac{b^2}{a^2+b^2}+\frac{c^2}{a^2+c^2}\right)=\frac{3}{2}$$

得证!

例 14.9 $a,b,c\geqslant 0,p\in\mathbf{R}$,求证

$$\sum a^3b+p^2\sum ab^3\geqslant(p-1)^2abc\sum a+2p\sum a^2b^2$$

证明 不等式等价于

$$\sum ab(a-pb)^2 \geqslant (p-1)^2abc\sum a$$

由 Cauchy 不等式有

$$\left[\sum ab(a-pb)^2\right]\left(\sum c\right) \geqslant \left[\sum \sqrt{abc}(a-pb)\right]^2 =$$

$$(p-1)^2abc\left(\sum a\right)^2 \Rightarrow \sum ab(a-pb)^2 \geqslant (p-1)^2abc\sum a$$

得证!

例 14.10 (Vasile)$a,b,c\in\mathbf{R},p>0$,求证

$$\sum \frac{a^2-bc}{2pa^2+p^2b^2+c^2} \geqslant 0$$

证明 展开后不等式等价于

$$\sum (pb-c)^2\left[(pab+ca-b^2-pc^2)^2+3p(a^2-bc)^2\right] \geqslant 0$$

显然成立.

例 14.11 $x,y,z\geqslant 0,x+y+z=1$,求证

$$\sqrt{x+(y-z)^2}+\sqrt{y+(z-x)^2}+\sqrt{z+(x-y)^2} \geqslant \sqrt{3}$$

证明 不等式两边平方整理之后 $\Leftrightarrow$

$$2\sum_{cyc}\sqrt{(x+(y-z)^2)(y+(x-z)^2)}+\sum_{cyc}(x-y)^2 \geqslant 2 \Leftrightarrow$$

$$\sum_{cyc}\sqrt{(x+(y-z)^2)(y+(x-z)^2)} \geqslant 3(xy+xz+yz)$$

$$\sum_{cyc}\sqrt{(x+(y-z)^2)(y+(x-z)^2)} \geqslant \sum_{cyc}\left(\sqrt{xy}+|(y-z)(x-z)|\right) \geqslant$$

$$\sum_{cyc}\sqrt{xy}+\left|\sum_{cyc}(x-z)(y-z)\right| = \sum_{cyc}\left(\sqrt{xy}+x^2-xy\right)$$

于是只需要证明对 $a,b,c\geqslant 0$ 有

$$(ab+ac+bc)(a^2+b^2+c^2)+a^4+b^4+c^4 \geqslant 4(a^2b^2+a^2c^2+b^2c^2)$$

上式利用 AM - GM 不等式显然成立,于是命题得证!

例 14.12 $a,b,c>0$ 且 $abc=1$,求证

$$\frac{12a+7}{2a^2+1}+\frac{12b+7}{2b^2+1}+\frac{12c+7}{2c^2+1} \leqslant 19$$

证明

$$\Leftrightarrow \sum_{cyc}\left(9-\frac{12a+7}{2a^2+1}\right) \geqslant 8 \Leftrightarrow \sum_{cyc}\frac{2(3a-1)^2}{2a^2+1} \geqslant 8 \Leftrightarrow$$

$$\sum_{cyc}\frac{(3a-1)^2}{2a^2+1} \geqslant 4$$

由 Cauchy 不等式推广得

$$\text{LHS} \geqslant \frac{(3a+3b+3c-3)^2}{2a^2+2b^2+2c^2+3}$$

于是我们只需证明

$$a^2+b^2+c^2-18(a+b+c)+18(ab+bc+ac)-3\geqslant 0$$

上述不等式可以通过调整证明,我们将其留给读者.

例 14.13 $a,b,c,x,y,z\in\mathbf{R}$ 且满足 $(x+y)c-(a+b)z=\sqrt{6}$,求下式的最小值.

$$a^2+b^2+c^2+x^2+y^2+z^2+ax+by+cz$$

证明 设 $a+b=2t,x+y=2s$,由 Cauchy 不等式,我们有

$$a^2+b^2+x^2+y^2+ax+by=\left(a+\frac{x}{2}\right)^2+\left(b+\frac{y}{2}\right)^2+\frac{3}{4}(x^2+y^2)\geqslant$$

$$\frac{1}{2}\left(a+b+\frac{x+y}{2}\right)^2+\frac{3}{8}(x+y)^2=2(t^2+ts+s^2)$$

下证

$$2(t^2+ts+s^2)+c^2+cz+z^2\geqslant\sqrt{6}(cs-tz)\Leftrightarrow$$

$$c^2+(z-\sqrt{6}s)c+2t^2+(2s+\sqrt{6}z)t+2s^2+z^2\geqslant 0\Leftrightarrow$$

$$\left(c+\frac{z-\sqrt{6}s}{2}\right)^2+2\left(t+\frac{2s+\sqrt{6}z}{4}\right)^2\geqslant 0$$

上式成立. 由此我们容易知道

$$a^2+b^2+c^2+x^2+y^2+z^2+ax+by+cz\geqslant 3$$

例 14.14 $a,b,c,d\geqslant 0$,满足 $a+b+c+d=4$,求证

$$a\sqrt{bc}+b\sqrt{cd}+c\sqrt{da}+d\sqrt{ab}\leqslant 2+\sqrt{abcd}$$

证明 设 $a=x^2,b=y^2,c=z^2,d=t^2$,我们的问题变为 $x^2+y^2+z^2+t^2=4$,则

$$x^2yz+y^2zt+z^2tx+t^2xy\leqslant 2+2xyzt$$

再设 (X,Y,Z,T) 是 (x,y,z,t) 的一个排列满足 $X\geqslant Y\geqslant Z\geqslant T$.

我们有

$$X^2YZ+Y^2XT+Z^2TX+T^2YZ=$$

$$YZ(X^2+T^2)+XT(Y^2+Z^2)-2XYZT+2XYZT=$$

$$YZ(X-T)^2+XT(Y^2+Z^2)+2XYZT\leqslant$$

$$\frac{(Y^2+Z^2)}{2}(X-T)^2+XT(Y^2+Z^2)+2XYZT=$$

$$\frac{(X^2+T^2)(Y^2+Z^2)}{2}+2XYZT\leqslant$$

$$\frac{(X^2+Y^2+Z^2+T^2)^2}{8}+2XYZT=2+2XYZT$$

例 14.15 设 a,b,c 是非负实数是 $a+b+c=2$,求证

(1) $(a^2+b^2)(b^2+c^2)(c^2+a^2)\leqslant 2$;

(2) $(3a^2-2ab+3b^2)(3b^2-2bc+3c^2)(3c^2-2ca+3a^2)\leqslant 36$.

证明　不妨设 $c=\min\{a,b,c\}$，令 $x=a+\frac{c}{2}, y=b+\frac{c}{2}$，于是我们有

$$a^2+b^2\leqslant x^2+y^2, b^2+c^2\leqslant y^2, c^2+a^2\leqslant x^2$$
$$3a^2-2ab+3b^2\leqslant 3x^2-2xy+3y^2$$
$$3b^2-2bc+3c^2\leqslant 3y^2$$
$$3c^2-2ca+3a^2\leqslant 3x^2$$

剩下的用 AM－GM 不等式即证.

例 14.16　$a,b,c,d>0$，满足 $abcd=1$，求证

$$\sum\frac{1}{1+a+a^2+a^3}\geqslant 1$$

证明　证明局部不等式

$$\frac{1}{1+a+a^2+a^3}+\frac{1}{1+b+b^2+b^3}\geqslant\frac{1}{1+\sqrt{(ab)^3}}$$

相加即可.

例 14.17　$a,b,c,k>0$ 且 $a+b+c=2$，求证

$$\sum\left(\frac{a+b}{a^2+ab+b^2}\right)^k\geqslant 2+\left(\frac{2}{3}\right)^k$$

证明　不妨设 $c=\min\{a,b,c\}$，我们有

$$\frac{a+c}{a^2+ac+c^2}\geqslant\frac{1}{a+\frac{c}{2}}$$

$$\frac{b+c}{b^2+bc+c^2}\geqslant\frac{1}{b+\frac{c}{2}}$$

$$\frac{a+b}{a^2+ab+b^2}\geqslant\frac{a+b+c}{\left(a+\frac{c}{2}\right)^2+\left(a+\frac{c}{2}\right)\left(b+\frac{c}{2}\right)+\left(b+\frac{c}{2}\right)^2}$$

利用以上三式即可.

例 14.18　$a,b,c>0, a+b+c=3$，求证

$$\frac{3}{2}\leqslant\frac{a}{ab+1}+\frac{b}{bc+1}+\frac{c}{ca+1}\leqslant\frac{3}{abc+1}$$

证明　注意到

$$\sum\left(a-\frac{a}{ab+1}\right)\leqslant\sum\frac{a^2b}{2\sqrt{ab}}\leqslant\frac{1}{2}\cdot\frac{1}{3}(a+b+c)^2=\frac{3}{2}$$

则不等式左边得证.

不等式的右边等价于

$$\sum\left(a-\frac{a^2b}{ab+1}\right)\leqslant\frac{3}{abc+1}\Leftrightarrow\sum\frac{a^2b}{ab+1}+\frac{3}{abc+1}\geqslant 3 \qquad (*)$$

由 Cauchy 不等式得

$$\sum\left(\frac{a^2b}{ab+1}\right)\left(\sum ca(ab+1)\right)\geqslant\sum\left(\sqrt{a^3bc}\right)^2=9abc$$

而

$$\sum ca(ab+1)=3abc+ab+bc+ca\leqslant 3abc+3$$

所以

$$\sum\frac{a^2b}{ab+1}\geqslant\frac{9abc}{ab+bc+ca+3abc}\geqslant\frac{9abc}{3+3abc}=\frac{3abc}{abc+1}$$

带入(*)则可得不等式右边成立.

例 14.19 $a,b,c>0$ 及 $a+b+c=1$,求证

$$\frac{a^2+bc}{a^2+1}+\frac{b^2+ac}{b^2+1}+\frac{c^2+ba}{c^2+1}\leqslant\frac{13}{20}$$

证明 由于 $0\leqslant a\leqslant 1$,于是利用局部不等式介绍的方法有

$$\frac{a}{a^2+1}\leqslant\frac{12}{25}a+\frac{4}{25}$$

$$\frac{1}{a^2+1}\leqslant 1-\frac{1}{2}a^2$$

由这两个不等式有

$$\sum\frac{a^2}{a^2+1}\leqslant\sum a\left(\frac{12}{25}a+\frac{4}{25}\right)=\frac{12}{25}\sum a^2+\frac{4}{25}$$

$$\sum\frac{bc}{a^2+1}\leqslant\sum bc\left(1-\frac{1}{2}a^2\right)=\sum ab-\frac{1}{2}abc$$

只需证明

$$\frac{12}{25}\sum a^2+\frac{4}{25}+\sum ab-\frac{1}{2}abc\leqslant\frac{13}{20}$$

设 $q=ab+bc+ca,r=abc$,不等式变为

$$\frac{12}{25}(1-2q)+\frac{4}{25}+q-\frac{1}{2}r\leqslant\frac{13}{20}\Leftrightarrow$$

$$(1-4q+9r)+41r\geqslant 0$$

上式即为 3 次 Schur 不等式.

等号成立当且仅当 $(a,b,c)=\left(\frac{1}{2},\frac{1}{2},0\right)$ 及其轮换.

例 14.20 设 $\triangle ABC$ 是锐角三角形,求证

$$\sum \frac{\cos^2 A}{\cos A+1} \geqslant \frac{1}{2}$$

证明　本题等价于 $1 \geqslant a,b,c \geqslant 0$ 且满足 $a^2+b^2+c^2+2abc=1$ 时有

$$\frac{a^2}{a+1}+\frac{b^2}{b+1}+\frac{c^2}{c+1} \geqslant \frac{1}{2}$$

不等式等价于

$$\frac{2a^2}{a+1}-a^2+\frac{2b^2}{b+1}-b^2+\frac{2c^2}{c+1}-c^2 \geqslant 1-a^2-b^2-c^2 \Rightarrow$$

$$\frac{a^2(1-a)}{1+a}+\frac{b^2(1-b)}{1+b}+\frac{c^2(1-c)}{1+c} \geqslant 2abc$$

由 AM - GM 不等式,我们有

$$\text{LHS} \geqslant 3\sqrt[3]{\frac{a^2b^2c^2(1-a)(1-b)(1-c)}{(1+a)(1+b)(1+c)}}$$

于是只需证明.

$$(1-a)(1-b)(1-c) \geqslant \frac{8}{27}abc(1+a)(1+b)(1+c) \Leftrightarrow$$

$$\left(\frac{1}{a}-1\right)\left(\frac{1}{b}-1\right)\left(\frac{1}{c}-1\right) \geqslant \frac{8}{27}(1+a)(1+b)(1+c)$$

利用 AM - GM 不等式,我们得到

$$(1+a)(1+b)(1+c) \leqslant \left(\frac{a+b+c+3}{3}\right)^3 \leqslant \frac{27}{8}$$

故只需证明

$$\left(\frac{1}{a}-1\right)\left(\frac{1}{b}-1\right)\left(\frac{1}{c}-1\right) \geqslant 1$$

上述不等式容易证明,于是原不等式得证.

不等式等号成立当且仅当 $a=b=c=\frac{1}{2}$ 或 $a=1,b=c=0$ 及其轮换.

例 14.21　(2008 年 IMO 预选题)$a,b,c,d \in \mathbf{R}^+$,求证

$$\frac{(a-b)(a-c)}{a+b+c}+\frac{(b-c)(b-d)}{b+c+d}+\frac{(c-d)(c-a)}{c+d+a}+\frac{(d-a)(d-b)}{d+a+b} \geqslant 0$$

证明　欲证不等式等价于

$$\frac{(a-c)^2}{c+d+a}+\frac{(b-d)^2}{d+a+b}+$$

$$(a-c)(b-d)\left(\frac{2b+d}{(a+b+d)(b+c+d)}-\frac{2a+c}{(a+b+c)(c+d+a)}\right) \geqslant 0$$

于是我们只需证明

$$\left(\frac{2b+d}{(a+b+d)(b+c+d)}-\frac{2a+c}{(a+b+c)(c+d+a)}\right)^2 \leqslant$$

$$\frac{4}{(a+c+d)(b+d+a)}$$

由$(2b+d)^2 \leqslant 4(b+d)^2,(2a+c)^2 \leqslant 4(a+c)^2$,有

$$\max\left\{\left(\frac{2b+d}{(a+b+d)(b+c+d)}\right)^2,\left(\frac{2a+c}{(a+b+c)(c+d+a)}\right)^2\right\} \leqslant$$

$$\frac{4}{(a+c+d)(b+d+a)}$$

从而命题得证.

例 14.22 试求 M 的最小值,使得对于任意复数 a,b,c,都有

$$|ab(a^2-b^2)+bc(b^2-c^2)+ca(c^2-a^2)| \leqslant M(|a|^2+|b|^2+|c|^2)^2$$

解 注意到

$$ab(a^2-b^2)+bc(b^2-c^2)+ca(c^2-a^2)=$$
$$(a-b)(b-c)(c-a)(a+b+c)$$

故原不等式转化为

$$|(a-b)(b-c)(c-a)(a+b+c)| \leqslant M(|a|^2+|b|^2+|c|^2)^2$$

令 $a-b=\omega,b-c=\omega^2,c-a=1,a+b+c=1$,其中 $\omega=\dfrac{-1+\sqrt{3}\mathrm{i}}{2}$.

即 $a=\dfrac{\omega}{3},b=-\dfrac{2\omega}{3},c=1+\dfrac{\omega}{3}$ 代入知

$$M \geqslant \frac{9}{16}$$

以下证明,对于任意 $a,b,c \in C$,都有

$$|(a-b)(b-c)(c-a)(a+b+c)| \leqslant \frac{9}{16}(|a|^2+|b|^2+|c|^2)^2$$

记 $|a-b|=x,|b-c|=y,|c-a|=z,|a+b+c|=w$. 则

$$x^2+y^2+z^2+w^2=3(|a|^2+|b|^2+|c|^2)$$

于是原命题转化为

$$xyzw \leqslant \frac{1}{16}(x^2+y^2+z^2+w^2)^2$$

这也即

$$\sqrt{\frac{x^2+y^2+z^2+w^2}{4}} \geqslant \sqrt[4]{xyzw}$$

这就是熟知的 AM - GM 不等式.

所以 M 的最小值为$\dfrac{9}{16}$.

例 14.23 $a,b,c \in [-1,1]$,满足 $a+b+c+abc=0$,求证

$$\frac{1}{1-a}+\frac{1}{1-b}+\frac{1}{1-c}+4abc \geqslant 3$$

证明 设 $a=\frac{1-x}{1+x}, b=\frac{1-y}{1+y}, c=\frac{1-z}{1+z}$,其中 $x,y,z \geqslant 0$.

则我们有 $xyz=1$,不等式变为

$$\sum \frac{1}{1-\frac{1-x}{1+x}}+\frac{4(1-x)(1-y)(1-z)}{(1+x)(1+y)(1+z)} \geqslant 3 \Leftrightarrow$$

$$\sum \frac{1+x}{2x}+\frac{4(1-x)(1-y)(1-z)}{(1+x)(1+y)(1+z)} \geqslant 3$$

$$xy+yz+zx+\frac{8(xy+yz+zx-x-y-z)}{x+y+z+xy+yz+zx+2} \geqslant 3$$

若 $xy+yz+zx \geqslant x+y+z$,上式显然.

若 $x+y+z \geqslant xy+yz+zx$,只需证明

$$xy+yz+zx+\frac{8(xy+yz+zx-x-y-z)}{2(xy+yz+zx)+2} \geqslant 3 \Leftrightarrow$$

$$(xy+yz+zx)(xy+yz+zx+1)+$$
$$4(xy+yz+zx-x-y-z) \geqslant 3(xy+yz+zx+1) \Leftrightarrow$$
$$(xy+yz+zx)^2+2(xy+yz+zx)-4(x+y+z) \geqslant 3 \Leftrightarrow$$
$$x^2y^2+y^2z^2+z^2x^2+2(xy+yz+zx)-2(x+y+z) \geqslant 3 \Leftrightarrow$$
$$\sum\left(\frac{1}{x^2}+\frac{2}{x}-2x-1\right) \geqslant 0$$

上式调整即可.

例 14.24 $a,b,c>0, a+b+c=1$. 求证

$$\frac{\sqrt{a^2+abc}}{b+ca}+\frac{\sqrt{b^2+abc}}{c+ab}+\frac{\sqrt{c^2+abc}}{a+bc} \leqslant \frac{1}{2\sqrt{abc}}$$

证明 由 Cauchy 不等式有

$$\left[\sum \frac{\sqrt{a^2+abc}}{(b+c)(b+a)}\right]^2 \leqslant\left[\sum \frac{a}{(a+b)(b+c)}\right]\left(\sum \frac{a+c}{b+c}\right)=$$
$$\frac{\sum a^2+\sum ab}{(a+b)(b+c)(c+a)}\left(\sum \frac{a+c}{b+c}\right)$$

事实上

$$\sum \frac{a+c}{b+c}=\sum \frac{1}{b+c}-\sum \frac{b}{b+c} \leqslant \sum \frac{1}{b+c}-\frac{(a+b+c)^2}{\sum a^2+\sum ab}$$

只需证明

$$\frac{\sum a^2+\sum ab}{(a+b)(b+c)(c+a)}\left[\sum \frac{1}{b+c}-\frac{1}{\sum a^2+\sum ab}\right] \leqslant \frac{1}{4abc}$$

设

$$q=ab+bc+ca,r=abc\Leftrightarrow\frac{1-q}{q-r}\left(\frac{1+q}{q-r}-\frac{1}{1+q}\right)\leqslant\frac{1}{4r}\Leftrightarrow$$

$$\frac{4(1-q^2)}{q-r}-4\leqslant\frac{q-r}{r}\Leftrightarrow\frac{4(1-q^2)}{q-r}-\frac{q}{r}\leqslant 3$$

我们能得到如下结果

$$r\leqslant\frac{q^2(1-q)}{2(2-3q)}$$

由此我们有

$$\text{LHS}\leqslant\frac{4(1-q^2)}{q-\dfrac{q^2(1-q)}{2(2-3q)}}-\frac{q}{\dfrac{q^2(1-q)}{2(2-3q)}}=3-\frac{q(1-3q)(5-7q)}{(1-q)(4-7q+q^2)}\leqslant 3$$

命题得证!

例 14.25 $a,b,c>0,k\geqslant 2$,求证

$$\sum_{cyc}\sqrt{a^2+kab+b^2}\leqslant\sqrt{4(a^2+b^2+c^2)+(3k+2)(ab+ac+bc)}$$

证明 由 Cauchy 不等式有

$$\left(\sum\sqrt{a^2+kab+b^2}\right)^2\leqslant\left(\sum(a+b)\right)\left(\sum\frac{a^2+kab+b^2}{a+b}\right)=$$

$$2\left(\sum a\right)\left(\sum\frac{a^2+kab+b^2}{a+b}\right)$$

故只需证明

$$\sum\frac{2(a^2+kab+b^2)}{a+b}\leqslant\frac{4\sum a^2+(3k+2)\sum ab}{\sum a}\Leftrightarrow$$

$$2\sum(a+b)+2(k-2)\sum\frac{ab}{a+b}\leqslant 4\sum a+\frac{3(k-2)\sum ab}{\sum a}\Leftrightarrow$$

$$2\sum\frac{ab}{a+b}\leqslant\frac{3\sum ab}{\sum a}\Leftrightarrow 2abc\sum\frac{1}{a+b}\leqslant\sum ab$$

再次使用 Cauchy 不等式得

$$2abc\sum\frac{1}{a+b}\leqslant 2abc\sum\left(\frac{1}{4a}+\frac{1}{4b}\right)=\sum ab$$

等号成立当且仅当 $a=b=c$.

例 14.26 设 a,b,c 是非负实数,没有两个同时为 0,求证

$$\sqrt{\frac{a}{b+3c}}+\sqrt{\frac{b}{c+3a}}+\sqrt{\frac{c}{a+3b}}\geqslant\frac{3}{2}$$

证明 设

$$\frac{a}{b+3c}=\frac{x^2}{4},\frac{b}{c+3a}=\frac{y^2}{4},\frac{c}{a+3b}=\frac{z^2}{4}$$

其中 $x,y,z\geqslant 0$.

此时原不等式等价于证明当 $16=7x^2y^2z^2+3(x^2y^2+x^2z^2+y^2z^2)$ 时有

$$x+y+z\geqslant 3$$

我们用反证法，否则有 $x+y+z<3$，于是存在 $k>1$ 使得 $k(x+y+z)=3$. 设 $kx=u,ky=v,kz=w$.

于是

$$16=\frac{7u^2v^2w^2}{k^6}+\frac{3(u^2v^2+u^2w^2+v^2w^2)}{k^4}<7u^2v^2w^2+3(u^2v^2+u^2w^2+v^2w^2)$$

另一方面对于 $u,v,w,u+v+w=3$，有

$$16\geqslant 7u^2v^2w^2+3(u^2v^2+u^2w^2+v^2w^2)$$

故矛盾！

例 14.27 证明对所有的实数 a,b,c，有

$$\frac{1}{4a^2-ab+4b^2}+\frac{1}{4b^2-bc+4c^2}+\frac{1}{4c^2-ca+4a^2}\geqslant\frac{9}{7(a^2+b^2+c^2)}$$

证明 对上式完全展开，等价于

$$\sum_{sym}(56a^6+28a^5b+128a^4b^2+44a^3b^3+$$
$$\frac{95}{2}a^4bc+31a^3b^2c-\frac{45}{2}a^2b^2c^2)\geqslant 0$$

利用3次与6次 Schur 不等式，可以得到

$$\sum_{sym}(a^4bc-2a^3b^2c+a^2b^2c^2)\geqslant 0 \tag{1}$$

$$\sum_{sym}(a^6-2a^5b+a^4bc)\geqslant 0 \tag{2}$$

又分别展开 $\sum\limits_{sym}ab(a-b)^4\geqslant 0$ 和 $(a-b)^2(b-c)^2(c-a)^2\geqslant 0$ 可得到

$$\sum_{sym}(a^5b-4a^4b^2+3a^3b^3)\geqslant 0 \tag{3}$$

$$\sum_{sym}(a^4b^2-a^4bc-a^3b^3+2a^3b^2c-a^2b^2c^2)\geqslant 0 \tag{4}$$

我们将 $(1)\cdot 56+(2)\cdot\frac{399}{4}+(3)\cdot 84+(4)\cdot 208$ 进行整理，并且 AM - GM 不等式消去 $a^2b^2c^2$，即可得到欲证不等式.

例 14.28 $a,b,c\geqslant 0$，没有两个同时为0，求证

$$\frac{a^2}{b+c}+\frac{b^2}{c+a}+\frac{c^2}{a+b}\geqslant\frac{3}{2}\sqrt[5]{\frac{a^5+b^5+c^5}{3}}$$

证明 注意到

$$\sum \frac{a^2}{b+c}=\sum \frac{(b+c-a)^2}{b+c}$$

由 Cauchy 不等式有

$$\sum \frac{(b+c-a)^2}{b+c}\geqslant \frac{\left(\sum (b+c-a)^2\right)^2}{\sum (b+c)(b+c-a)^2}$$

之后用初等不等式法即可证明.

例 14.29　$a,b,c\geqslant 0$,求证

$$\sum_{cyc} \frac{a}{\sqrt{a+b}}\leqslant \frac{5}{4}\sqrt{a+b+c}$$

证明　容易利用对称求导法证明如下引理

$$9\sum a^3+75\sum ab^2\geqslant 53\sum a^2b+93abc$$

两边平方不等式变为

$$\sum \frac{a^2}{a+b}+2\sum \frac{ab}{\sqrt{(a+b)(b+c)}}\leqslant \frac{25}{16}\sum a\Leftrightarrow$$

$$2\sum \frac{ab}{\sqrt{(a+b)(b+c)}}\leqslant \frac{9}{16}\sum a+\sum \frac{ab}{a+b}$$

由 Cauchy 不等式有

$$\sum \frac{ab}{\sqrt{(a+b)(b+c)}}\leqslant \sqrt{\left(\sum ab\right)\left(\sum \frac{ab}{(a+b)(b+c)}\right)}=$$

$$\sqrt{\frac{\left(\sum ab\right)\left(\sum a^2b+3abc\right)}{(a+b)(b+c)(c+a)}}$$

于是只需证明

$$2\sqrt{\frac{\left(\sum ab\right)\left(\sum a^2b+3abc\right)}{(a+b)(b+c)(c+a)}}\leqslant \frac{9}{16}\sum a+\sum \frac{ab}{a+b}$$

不妨设 $a+b+c=1$,且设 $q=ab+bc+ca,r=abc$,不等式等价于

$$2\sqrt{\frac{q\left(\sum a^2b+3r\right)}{q-r}}\leqslant \frac{9}{16}+\frac{q^2+r}{q-r}$$

利用不等式 $9\sum a^3+75\sum ab^2\geqslant 53\sum a^2b+93abc$,我们有

$$128\sum a^2b\leqslant 9\sum a^3+75\sum ab(a+b)-93abc=3(1+16q-97r)$$

于是

$$\sum a^2b+3r\leqslant \frac{3(3+16q+31r)}{128}$$

故只需证明

$$2\sqrt{\frac{3q(3+16q+31r)}{128(q-r)}} \leqslant \frac{9}{16}+\frac{q^2+r}{q-r} \Leftrightarrow$$

$$7r+9q+16q^2 \geqslant 2\sqrt{6q(q-r)(3+16q+31r)} \Leftrightarrow$$

$$(7r+9q+16q^2)^2 \geqslant 24q(q-r)(3+16q+31r)$$

而

$$(7r+9q+16q^2)^2 \geqslant 2\cdot 7r\cdot(9q+16q^2)+$$

$$(9q+16q^2)^2 \geqslant 224q^2r+(9q+16q^2)^2$$

$$(q-r)(3+16q+31r)=q(3+16q)+$$

$$(15q-3)r-31r^2 \leqslant q(3+16q)+3qr$$

我们有

$$\mathrm{LHS}-\mathrm{RHS} \geqslant 224q^2r+(9q+16q^2)^2-24q[q(3+16q)+3qr]=$$

$$152q^2r+q^2(3-16q)^2 \geqslant 0$$

于是我们完成了证明.

例 14.30 w_a,w_b,w_c 为 $\triangle ABC$ 对应的 3 个内角平分线长. a,b,c 是 $\triangle ABC$ 的三边. 求证

$$\frac{1}{w_aw_b}+\frac{1}{w_bw_c}+\frac{1}{w_aw_c} \geqslant \frac{4}{9}\left(\frac{1}{a}+\frac{1}{b}+\frac{1}{c}\right)^2$$

证明 我们有如下局部不等式

$$\frac{1}{w_aw_b} \geqslant \frac{ab(b+c)(c+a)(a+b)}{2(a+b+c)(abc)^2}$$

$$\frac{1}{w_bw_c} \geqslant \frac{bc(c+a)(a+b)(b+c)}{2(a+b+c)(abc)^2}$$

$$\frac{1}{w_cw_a} \geqslant \frac{ca(a+b)(b+c)(c+a)}{2(a+b+c)(abc)^2}$$

于是只需证明

$$\frac{\sum ab(a+b)(b+c)(c+a)}{2(a+b+c)(abc)^2} \geqslant \frac{4\left(\sum ab\right)^2}{9(abc)^2} \Leftrightarrow$$

$$(b+c)(c+a)(a+b) \geqslant 8abc$$

上式由 AM - GM 不等式立得.

例 14.31 正数 a,b,c 满足 $abc=1$,证明

$$3(a+b+c) \geqslant \sqrt{8a^2+1}+\sqrt{8b^2+1}+\sqrt{8c^2+1}$$

证明 不失一般性,设 $c=\min(a,b,c)$,则 $c \leqslant 1$,利用 Cauchy 不等式

$$\sqrt{8a^2+1}+\sqrt{8b^2+1} \leqslant \sqrt{(a+b)\left(\frac{8a^2+1}{a}+\frac{8b^2+1}{b}\right)}=(a+b)\sqrt{c+8}$$

则只需证明

$$(a+b)(3-\sqrt{c+8})\geqslant\sqrt{8c^2+1}-3c$$

又由 AM - GM 不等式,有

$$(a+b)(3-\sqrt{c+8})\geqslant 2\sqrt{ab}(3-\sqrt{c+8})=\frac{2(3-\sqrt{c+8})}{\sqrt{c}}$$

则只需证明

$$\frac{6}{\sqrt{c}}+3\sqrt{c}\geqslant 2\sqrt{c+8}+\sqrt{8c^2+1}$$

考虑函数 $f(c)=6+3c\sqrt{c}-2\sqrt{c^2+8c}-\sqrt{8c^3+c}$.

利用导数不难证得 $f(c)\geqslant 0$.

注 1 我们可以证明,下式

$$a+b+c\geqslant\sqrt{\frac{ka^2+1}{k+1}}+\sqrt{\frac{kb^2+1}{k+1}}+\sqrt{\frac{kc^2+1}{k+1}}$$

对 $a,b,c>0,abc=1$ 恒成立的 k 的取值范围是

$$0<k\leqslant\min_{t>1}\frac{16t^9+16t^8-8t^7+24t^6+9t^5+t^4+10t^3+2t^2+t+1}{8t^3(2t^4-2t^3+t-1)}\approx 11.6$$

注 2 此问题有它的加强,在证明原题时,利用有理化技巧,我们只需证明 $x,y,z>0$,有

$$\frac{4x^2+41xy}{y(8x+y)}+\frac{4y^2+41yz}{z(8y+z)}+\frac{4z^2+41zx}{x(8z+x)}\geqslant 15\text{(韩京俊)}$$

例 14.32 $a,b,c>0$,求证

$$\sqrt{16\sum a^2+20\sum ab}\geqslant\sum\sqrt{a^2+b^2+c^2+4bc+4ac-2ab}\geqslant\sqrt{6}\sqrt{\sum ab}$$

证明 我们证明局部不等式

$$\sqrt{a^2+c^2+4b^2+4ab+4bc-2ac}\sqrt{b^2+c^2+4a^2+4ab+4ac-2bc}\geqslant c^2+13ab+bc+ac-2a^2-2b^2$$

$$a^2+2b^2+2c^2+5bc+ac+ab\geqslant\sqrt{a^2+c^2+4b^2+4ab+4bc-2ac}\sqrt{b^2+c^2+4a^2+4ab+4ac-2bc}$$

同理有类似几式,相加即得不等式左边和右边.

例 14.33 对 $\forall n\in\mathbf{N},a,b,c\in\mathbf{R}$,有

$$(a+b)^{2n}+(b+c)^{2n}+(c+a)^{2n}\geqslant\frac{2^{2n}}{3^{2n-1}+1}(a^{2n}+b^{2n}+c^{2n}+(a+b+c)^{2n})$$

证明 不妨设 $a(a+b+c)\geqslant 0$,设 $f(a,b,c)=\text{LHS}-\text{RHS}$,则有

$$f(a,b,c)\geqslant f\left(a,\frac{b+c}{2},\frac{b+c}{2}\right)$$

再证明

$$f\left(a,\frac{b+c}{2},\frac{b+c}{2}\right)\geqslant 0$$

不等式等号成立当且仅当$(a,b,c)\sim(1,1,1),(a,b,c)\sim(-3,1,1)$.

例 14.34 设 l_a,l_b,l_c 为 $\triangle ABC$ 对应边上的角平分线,S 为面积,证明

$$l_al_b+l_bl_c+l_cl_a\geqslant 3\sqrt{3}S$$

证明 设三边长分别为 a,b,c,令 $p=\frac{1}{2}(a+b+c)$,$x=p-a$,$y=p-b$,$z=p-c$,则

$$l_a=\frac{2\sqrt{bcp(p-a)}}{b+c}=\frac{2\sqrt{x(x+y+z)(x+y)(x+z)}}{2x+y+z}$$

$$S=\sqrt{p(p-a)(p-b)(p-c)}=\sqrt{xyz(x+y+z)}$$

则原不等式等价于

$$4\sum\frac{xy(\sum x)(x+y)\sqrt{xy(z+x)(z+y)}}{(2x+y+z)(2y+z+x)}\geqslant 3\sqrt{3xyz\sum x}\Leftrightarrow$$

$$4\sum(2x+y+z)\sqrt{\frac{y+z}{x}}\geqslant\frac{3\sqrt{3}\prod(2x+y+z)}{\sqrt{(\sum x)[\prod(x+y)]}}\Leftrightarrow$$

$$4\left[2\sum\sqrt{x(y+z)}+\sum\sqrt{\frac{(y+z)^3}{x}}\right]\geqslant\frac{3\sqrt{3}\prod(2x+y+z)}{\sqrt{(\sum x)[\prod(x+y)]}}$$

利用 Cauchy 不等式推广有

$$\left[2\sum\sqrt{x(y+z)}+\sum\sqrt{\frac{(y+z)^3}{x}}\right]^2[2\sum x^2(y+z)^2+\sum x(y+z)^2]\geqslant$$

$$[2\sum x(y+z)+\sum(y+z)^2]^3=8\left(\sum x^2+3\sum xy\right)^3$$

故只需证明

$$\frac{128(\sum x^2+3\sum xy)^3}{2\sum x^2(y+z)^2+\sum x(y+z)^3}\geqslant\frac{27[\prod(2x+y+z)]^2}{(\sum x)\ [\prod(x+y)]}$$

设 $x+y+z=1$,$xy+yz+zx=q$,$r=xyz$,则只需证明

$$f(r)=\frac{128(1+q)^3}{q+2q^2+r}-\frac{27(2+q+r)^2}{q-r}\geqslant 0$$

而 $r\leqslant\frac{q^2}{3}$ 可以算得 $f(r)$ 在$\left(0,\frac{q^2}{3}\right)$上减小,故

$$f(r)\geqslant f\left(\frac{q^2}{3}\right)=\frac{(1-3q)(7q^4+90q^3+195q^2+124q+60)}{q(3+7q)(3-q)}\geqslant 0$$

故原不等式成立,当且仅当 $x=y=z$ 时取得等号.

例 14.35 非负实数 a,b,c 中没有两个同时为 0,证明

$$\frac{a^4}{a^3+b^3}+\frac{b^4}{b^3+c^3}+\frac{c^4}{c^3+a^3}\geqslant\frac{a+b+c}{2}$$

证明 利用 Cauchy 不等式,可以得到

$$\sum\frac{a^4}{a^3+b^3}\left[\sum a^2(a^3+b^3)\right]\geqslant\left(\sum a^3\right)^2$$

则我们需要证明

$$2\left(\sum a^3\right)^2\geqslant\left(\sum a\right)\left[\sum a^2(a^3+b^3)\right]$$

利用 Vasile 不等式 $\sum ab^3\leqslant\frac{1}{3}\left(\sum a^2\right)^2$,有

$$\sum a^2(a^3+b^3)=\sum a^5+\frac{\sum ab}{\sum a}\left(\sum ab^3+\sum a^2b^2\right)-abc\left(\sum a^2\right)\leqslant$$

$$\sum a^5+\frac{\sum ab}{\sum a}\left[\frac{1}{3}\left(\sum a^2\right)+\sum a^2b^2\right]-abc\left(\sum a^2\right)$$

由于不等式关于 a,b,c 对称,不妨设 $a+b+c=1$,令 $q=ab+bc+ca,r=abc$,易知 $q\leqslant\frac{1}{3}$,且有以下恒等式

$$\sum a^5+\frac{\sum ab}{\sum a}\left[\frac{1}{3}\left(\sum a^2\right)+\sum a^2b^2\right]-abc\left(\sum a^2\right)=$$

$$\frac{1}{3}[3(4-5q)r+3-14q+11q^2+7q^3]$$

$$\left(\sum a^3\right)^2=(1-3q+3r)^2$$

则不等式变成

$$(1-3q+3r)^2\geqslant\frac{1}{3}[3(4-5q)r+3-14q+11q^2+7q^3]\Leftrightarrow$$

$$54r^2+3(8-28q)r+3-22q+43q^2-7q^3-9qr\geqslant 0$$

考虑函数 $f(r)=54r^2+3(8-28q)r$,于是

$$f'(r)=108r+3(8-28q)$$

又由 3 次 Schur 不等式知 $r\geqslant\frac{4q-1}{9}$,且利用 $q\leqslant\frac{1}{3}$,可得

$$f'(r)\geqslant 108\cdot\frac{4q-1}{9}+3(8-28q)=12-36q\geqslant 0$$

也即 $f(r)$ 在 $r\geqslant\frac{4q-1}{9}$ 上是递增的,因此我们有

$$f(r)+3-22q+43q^2-7q^3-9qr\geqslant$$

$$f\left(\frac{4q-1}{9}\right)+3-22q+43q^2-7q^3-9qr=$$

$$1-\frac{22}{3}q+\frac{49}{3}q^2-7q^3-9qr$$

而我们又有$(a-b)^2(b-c)^2(c-a)^2\geqslant 0$,展开后即有

$$r\leqslant\frac{1}{27}[9q-2+2(1-3q)\sqrt{1-3q}]$$

利用上式,我们只需证明

$$1-\frac{22}{3}q+\frac{49}{3}q^2-7q^3-\frac{1}{3}q[9q-2+2(1-3q)\sqrt{1-3q}]\Leftrightarrow$$

$$\frac{1}{3}(1-3q)(7q^2-11q+3-2q\sqrt{1-3q})\geqslant 0$$

而又由 AM - GM 不等式,有

$$7q^2-11q+3-2q\sqrt{1-3q}\geqslant 7q^2-11q+3-(q^2+1-3q)=2(1-q)(1-3q)\geqslant 0$$

这是显然的,故原不等式成立,当且仅当$a=b=c$时取得等号.

注 这里给出另外一个证明,我们首先给出一个引理,对实数$a,b,c,x,y,z\geqslant 0$,有

$$\sum x\sqrt[4]{\frac{2a}{a+b}}\leqslant 3\sqrt{3(x^2+y^2+z^2)}$$

由 Cauchy 不等式推广

$$\left(\sum x\sqrt[4]{\frac{2a}{a+b}}\right)^4\leqslant\left(\sum 2a(b+c)\right)\left(\sum\frac{1}{(a+b)(a+c)}\right)(x^2+y^2+z^2)^2\leqslant 9(x^2+y^2+z^2)$$

引理即得证.

另外,由 Vasile 不等式,有

$$(a+b+c)^2\geqslant 3\sum a\sqrt{ab}$$

而原不等式$\Leftrightarrow$

$$\sum\frac{2ab^3}{a^3+b^3}\leqslant a+b+c$$

另外,由于

$$\frac{a^3+b^3}{2}\geqslant(ab)^{\frac{3}{4}}\sqrt[4]{\frac{a^6+b^6}{2}}$$

只需要证明

$$\sum a^{\frac{1}{4}}b^{\frac{3}{4}}\sqrt[4]{\frac{2b^6}{a^6+b^6}}\leqslant a+b+c$$

由引理代入即可得证!

参 考 文 献

[1] 陈计,叶中豪. 初等数学前沿[M]. 南京: 江苏教育出版社,1996.

[2] 哈代,利特尔伍德,波利亚. 不等式[M]. 越民义,译. 北京:人民邮电出版社,2008.

[3] IMO 中国国家集训队教练组选拔考试命题组. 走向 IMO 数学奥林匹克试题集锦(2003)[M]. 上海:华东师范大学出版社,2003.

[4] IMO 中国国家集训队教练组选拔考试命题组. 走向 IMO 数学奥林匹克试题集锦(2004)[M]. 上海:华东师范大学出版社,2004.

[5] IMO 中国国家集训队教练组选拔考试命题组. 走向 IMO 数学奥林匹克试题集锦(2005)[M]. 上海:华东师范大学出版社,2005.

[6] IMO 中国国家集训队教练组选拔考试命题组. 走向 IMO 数学奥林匹克试题集锦(2006)[M]. 上海:华东师范大学出版社,2006.

[7] IMO 中国国家集训队教练组选拔考试命题组. 走向 IMO 数学奥林匹克试题集锦(2007)[M]. 上海:华东师范大学出版社,2007.

[8] IMO 中国国家集训队教练组选拔考试命题组. 走向 IMO 数学奥林匹克试题集锦(2008)[M]. 上海:华东师范大学出版社,2008.

[9] 冷岗松. 几何不等式[M]. 上海:华东师范大学出版社,2005.

[10] 刘培杰. 历届 IMO 试题集[M]. 哈尔滨: 哈尔滨工业大学出版社,2006.

[11] 刘培杰. 数学奥林匹克试题背景研究[M]. 上海:上海教育出版社,2006.

[12] 刘培杰. 数学奥林匹克与数学文化(第 2 辑)(竞赛卷)[M]. 哈尔滨: 哈尔滨工业大学出版社,2008.

[13] 密特利诺维奇(Mitrinovic,D. S.). 解析不等式[M]. 张小萍,王龙,译. 北京:科学出版社,1987.

[14] 苏勇,熊斌. 不等式的解题方法与技巧[M]. 上海:华东师范大学出版社,2005.

[15] 杨路,夏璧灿. 不等式的机器证明与自动发现[M]. 北京:科学出版社,2008.

[16] 杨学枝. 数学奥林匹克不等式研究[M]. 哈尔滨: 哈尔滨工业大学出版社,2008.

主要参考网站

[17] 奥数之家 http://www.aoshoo.com/bbs1/index.asp

[18] Inequality forum of China http://zs45k1.chinaw3.com/index.php

[19] Mathlinks http://www.mathlinks.ro/Forum/

[20] 数学奥林匹克队报 http://www.mathoe.com/

主要参考杂志

[21] American. Mathematical. Monthly

[22] CRUX Mathematicorum with Mathematical MAYHEM

[23] Journal of Mathematical Analysis and Application

[23] Mathematical Reflection

[24] 计算机学报

[25] 系统科学与数学

[26] 数学通讯

[27] 数学学报

[28] 中等数学

[29] 中学数学杂志

进一步可阅读的书目与文章

[30] 匡继昌. 常用不等式[M]. 4 版. 济南:山东科学技术出版社,2010.

[31] 陈计,季潮丞. 数学奥林匹克命题人讲座:代数不等式[M]. 上海:上海科技教育出版社,2009.

[32] 戴执中,曾广兴. Hilbert 第十七问题[M]. 南昌:江西教育出版社,1990.

[33] 冯克勤. 平方和[M]. 上海:上海教育出版社,1991.

[34] 杨路. 差分代换与不等式机器证明[J]. 广州大学学报(自然科学版),2006,5(2):1-7.

[35] 姚勇,杨路. 差分代换矩阵与多项式的非负性判定[J]. 系统科学与数学,2009,29(9):1169-1177.

[36] YAO Y. Infinite product convergence of column stochastic mean matrix and machine decision for positive semi-definite forms (in Chinese)[J]. Sci Sin Math, 2010, 53(3): 251-264.

[37] 穆传东,曾振柄. 利用改进的逐次差分代换证明多项式正半定性[J]. 计算机与数字工程,2009,238(8):1-4.

[38] 侯晓荣,徐松,邵俊伟. 差分代换的一些几何性质[J]. 中国科学:信息科

学,2010,40: 1096-1105.

[39] 侯晓荣,徐松,邵俊伟.加权差分代换与型的非负性判定[J].数学学报,2010,53:1171-1180.

[40] 徐嘉,姚勇.基于随机矩阵的差分代换算法的完备化[J].数学学报,2011,54:219-226.

[41] 王东明,夏壁灿,李子明.计算机代数[M].2版.北京:清华大学出版社,2007.

注 [30]是国内最好的不等式工具书.

[31]是与本书难度相当的代数不等式方面的著作.对Hilbert第十七问题感兴趣的读者看参看[32-33].

[32]给出了完整的证明.

[33]是一本不错的科普读物,同时书中对第十一章其他方法中提到的实二次型也有介绍.对差分代换感兴趣的读者可参看[34-40].对机器证明不等式以及计算机代数方面感兴趣的读者可参看[1,41].

刘培杰数学工作室
已出版(即将出版)图书目录——初等数学

书　　名	出版时间	定　价	编号
新编中学数学解题方法全书(高中版)上卷(第2版)	2018-08	58.00	951
新编中学数学解题方法全书(高中版)中卷(第2版)	2018-08	68.00	952
新编中学数学解题方法全书(高中版)下卷(一)(第2版)	2018-08	58.00	953
新编中学数学解题方法全书(高中版)下卷(二)(第2版)	2018-08	58.00	954
新编中学数学解题方法全书(高中版)下卷(三)(第2版)	2018-08	68.00	955
新编中学数学解题方法全书(初中版)上卷	2008-01	28.00	29
新编中学数学解题方法全书(初中版)中卷	2010-07	38.00	75
新编中学数学解题方法全书(高考复习卷)	2010-01	48.00	67
新编中学数学解题方法全书(高考真题卷)	2010-01	38.00	62
新编中学数学解题方法全书(高考精华卷)	2011-03	68.00	118
新编平面解析几何解题方法全书(专题讲座卷)	2010-01	18.00	61
新编中学数学解题方法全书(自主招生卷)	2013-08	88.00	261
数学奥林匹克与数学文化(第一辑)	2006-05	48.00	4
数学奥林匹克与数学文化(第二辑)(竞赛卷)	2008-01	48.00	19
数学奥林匹克与数学文化(第二辑)(文化卷)	2008-07	58.00	36′
数学奥林匹克与数学文化(第三辑)(竞赛卷)	2010-01	48.00	59
数学奥林匹克与数学文化(第四辑)(竞赛卷)	2011-08	58.00	87
数学奥林匹克与数学文化(第五辑)	2015-06	98.00	370
世界著名平面几何经典著作钩沉——几何作图专题卷(共3卷)	2022-01	198.00	1460
世界著名平面几何经典著作钩沉(民国平面几何老课本)	2011-03	38.00	113
世界著名平面几何经典著作钩沉(建国初期平面三角老课本)	2015-08	38.00	507
世界著名解析几何经典著作钩沉——平面解析几何卷	2014-01	38.00	264
世界著名数论经典著作钩沉(算术卷)	2012-01	28.00	125
世界著名数学经典著作钩沉——立体几何卷	2011-02	28.00	88
世界著名三角学经典著作钩沉(平面三角卷Ⅰ)	2010-06	28.00	69
世界著名三角学经典著作钩沉(平面三角卷Ⅱ)	2011-01	38.00	78
世界著名初等数论经典著作钩沉(理论和实用算术卷)	2011-07	38.00	126
世界著名几何经典著作钩沉(解析几何卷)	2022-10	68.00	1564
发展你的空间想象力(第3版)	2021-01	98.00	1464
空间想象力进阶	2019-05	68.00	1062
走向国际数学奥林匹克的平面几何试题诠释.第1卷	2019-07	88.00	1043
走向国际数学奥林匹克的平面几何试题诠释.第2卷	2019-09	78.00	1044
走向国际数学奥林匹克的平面几何试题诠释.第3卷	2019-03	78.00	1045
走向国际数学奥林匹克的平面几何试题诠释.第4卷	2019-09	98.00	1046
平面几何证明方法全书	2007-08	35.00	1
平面几何证明方法全书习题解答(第2版)	2006-12	18.00	10
平面几何天天练上卷·基础篇(直线型)	2013-01	58.00	208
平面几何天天练中卷·基础篇(涉及圆)	2013-01	28.00	234
平面几何天天练下卷·提高篇	2013-01	58.00	237
平面几何专题研究	2013-07	98.00	258
平面几何解题之道.第1卷	2022-05	38.00	1494
几何学习题集	2020-10	48.00	1217
通过解题学习代数几何	2021-04	88.00	1301
圆锥曲线的奥秘	2022-06	88.00	1541

刘培杰数学工作室

已出版(即将出版)图书目录——初等数学

书　　名	出版时间	定　价	编号
最新世界各国数学奥林匹克中的平面几何试题	2007-09	38.00	14
数学竞赛平面几何典型题及新颖解	2010-07	48.00	74
初等数学复习及研究(平面几何)	2008-09	68.00	38
初等数学复习及研究(立体几何)	2010-06	38.00	71
初等数学复习及研究(平面几何)习题解答	2009-01	58.00	42
几何学教程(平面几何卷)	2011-03	68.00	90
几何学教程(立体几何卷)	2011-07	68.00	130
几何变换与几何证题	2010-06	88.00	70
计算方法与几何证题	2011-06	28.00	129
立体几何技巧与方法(第2版)	2022-10	168.00	1572
几何瑰宝——平面几何500名题暨1500条定理(上、下)	2021-07	168.00	1358
三角形的解法与应用	2012-07	18.00	183
近代的三角形几何学	2012-07	48.00	184
一般折线几何学	2015-08	48.00	503
三角形的五心	2009-06	28.00	51
三角形的六心及其应用	2015-10	68.00	542
三角形趣谈	2012-08	28.00	212
解三角形	2014-01	28.00	265
探秘三角形:一次数学旅行	2021-10	68.00	1387
三角学专门教程	2014-09	28.00	387
图天下几何新题试卷.初中(第2版)	2017-11	58.00	855
圆锥曲线习题集(上册)	2013-06	68.00	255
圆锥曲线习题集(中册)	2015-01	78.00	434
圆锥曲线习题集(下册·第1卷)	2016-10	78.00	683
圆锥曲线习题集(下册·第2卷)	2018-01	98.00	853
圆锥曲线习题集(下册·第3卷)	2019-10	128.00	1113
圆锥曲线的思想方法	2021-08	48.00	1379
圆锥曲线的八个主要问题	2021-10	48.00	1415
论九点圆	2015-05	88.00	645
近代欧氏几何学	2012-03	48.00	162
罗巴切夫斯基几何学及几何基础概要	2012-07	28.00	188
罗巴切夫斯基几何学初步	2015-06	28.00	474
用三角、解析几何、复数、向量计算解数学竞赛几何题	2015-03	48.00	455
用解析法研究圆锥曲线的几何理论	2022-05	48.00	1495
美国中学几何教程	2015-04	88.00	458
三线坐标与三角形特征点	2015-04	98.00	460
坐标几何学基础.第1卷,笛卡儿坐标	2021-08	48.00	1398
坐标几何学基础.第2卷,三线坐标	2021-09	28.00	1399
平面解析几何方法与研究(第1卷)	2015-05	18.00	471
平面解析几何方法与研究(第2卷)	2015-06	18.00	472
平面解析几何方法与研究(第3卷)	2015-07	18.00	473
解析几何研究	2015-01	38.00	425
解析几何学教程.上	2016-01	38.00	574
解析几何学教程.下	2016-01	38.00	575
几何学基础	2016-01	58.00	581
初等几何研究	2015-02	58.00	444
十九和二十世纪欧氏几何学中的片段	2017-01	58.00	696
平面几何中考.高考.奥数一本通	2017-07	28.00	820
几何学简史	2017-08	28.00	833
四面体	2018-01	48.00	880
平面几何证明方法思路	2018-12	68.00	913
折纸中的几何练习	2022-09	48.00	1559
中学新几何学(英文)	2022-10	98.00	1562

刘培杰数学工作室

已出版(即将出版)图书目录——初等数学

书　　名	出版时间	定　价	编号
平面几何图形特性新析.上篇	2019-01	68.00	911
平面几何图形特性新析.下篇	2018-06	88.00	912
平面几何范例多解探究.上篇	2018-04	48.00	910
平面几何范例多解探究.下篇	2018-12	68.00	914
从分析解题过程学解题:竞赛中的几何问题研究	2018-07	68.00	946
从分析解题过程学解题:竞赛中的向量几何与不等式研究(全2册)	2019-06	138.00	1090
从分析解题过程学解题:竞赛中的不等式问题	2021-01	48.00	1249
二维、三维欧氏几何的对偶原理	2018-12	38.00	990
星形大观及闭折线论	2019-03	68.00	1020
立体几何的问题和方法	2019-11	58.00	1127
三角代换论	2021-05	58.00	1313
俄罗斯平面几何问题集	2009-08	88.00	55
俄罗斯立体几何问题集	2014-03	58.00	283
俄罗斯几何大师——沙雷金论数学及其他	2014-01	48.00	271
来自俄罗斯的5000道几何习题及解答	2011-03	58.00	89
俄罗斯初等数学问题集	2012-05	38.00	177
俄罗斯函数问题集	2011-03	38.00	103
俄罗斯组合分析问题集	2011-01	48.00	79
俄罗斯初等数学万题选——三角卷	2012-11	38.00	222
俄罗斯初等数学万题选——代数卷	2013-08	68.00	225
俄罗斯初等数学万题选——几何卷	2014-01	68.00	226
俄罗斯《量子》杂志数学征解问题100题选	2018-08	48.00	969
俄罗斯《量子》杂志数学征解问题又100题选	2018-08	48.00	970
俄罗斯《量子》杂志数学征解问题	2020-05	48.00	1138
463个俄罗斯几何老问题	2012-01	28.00	152
《量子》数学短文精粹	2018-09	38.00	972
用三角、解析几何等计算解来自俄罗斯的几何题	2019-11	88.00	1119
基谢廖夫平面几何	2022-01	48.00	1461
基谢廖夫立体几何	2023-04	48.00	1599
数学:代数、数学分析和几何(10-11年级)	2021-01	48.00	1250
立体几何.10—11年级	2022-01	58.00	1472
直观几何学:5—6年级	2022-04	58.00	1508
平面几何:9—11年级	2022-10	48.00	1571

书　　名	出版时间	定　价	编号
谈谈素数	2011-03	18.00	91
平方和	2011-03	18.00	92
整数论	2011-05	38.00	120
从整数谈起	2015-10	28.00	538
数与多项式	2016-01	38.00	558
谈谈不定方程	2011-05	28.00	119
质数漫谈	2022-07	68.00	1529

书　　名	出版时间	定　价	编号
解析不等式新论	2009-06	68.00	48
建立不等式的方法	2011-03	98.00	104
数学奥林匹克不等式研究(第2版)	2020-07	68.00	1181
不等式研究(第二辑)	2012-02	68.00	153
不等式的秘密(第一卷)(第2版)	2014-02	38.00	286
不等式的秘密(第二卷)	2014-01	38.00	268
初等不等式的证明方法	2010-06	38.00	123
初等不等式的证明方法(第二版)	2014-11	38.00	407
不等式·理论·方法(基础卷)	2015-07	38.00	496
不等式·理论·方法(经典不等式卷)	2015-07	38.00	497
不等式·理论·方法(特殊类型不等式卷)	2015-07	48.00	498
不等式探究	2016-03	38.00	582
不等式探秘	2017-01	88.00	689
四面体不等式	2017-01	68.00	715
数学奥林匹克中常见重要不等式	2017-09	38.00	845

刘培杰数学工作室
已出版(即将出版)图书目录——初等数学

书　名	出版时间	定　价	编号
三正弦不等式	2018-09	98.00	974
函数方程与不等式:解法与稳定性结果	2019-04	68.00	1058
数学不等式.第1卷,对称多项式不等式	2022-05	78.00	1455
数学不等式.第2卷,对称有理不等式与对称无理不等式	2022-05	88.00	1456
数学不等式.第3卷,循环不等式与非循环不等式	2022-05	88.00	1457
数学不等式.第4卷,Jensen 不等式的扩展与加细	2022-05	88.00	1458
数学不等式.第5卷,创建不等式与解不等式的其他方法	2022-05	88.00	1459
同余理论	2012-05	38.00	163
[x]与{x}	2015-04	48.00	476
极值与最值.上卷	2015-06	28.00	486
极值与最值.中卷	2015-06	38.00	487
极值与最值.下卷	2015-06	28.00	488
整数的性质	2012-11	38.00	192
完全平方数及其应用	2015-08	78.00	506
多项式理论	2015-10	88.00	541
奇数、偶数、奇偶分析法	2018-01	98.00	876
不定方程及其应用.上	2018-12	58.00	992
不定方程及其应用.中	2019-01	78.00	993
不定方程及其应用.下	2019-02	98.00	994
Nesbitt 不等式加强式的研究	2022-06	128.00	1527
最值定理与分析不等式	2023-02	78.00	1567
一类积分不等式	2023-02	88.00	1579
历届美国中学生数学竞赛试题及解答(第一卷)1950-1954	2014-07	18.00	277
历届美国中学生数学竞赛试题及解答(第二卷)1955-1959	2014-04	18.00	278
历届美国中学生数学竞赛试题及解答(第三卷)1960-1964	2014-06	18.00	279
历届美国中学生数学竞赛试题及解答(第四卷)1965-1969	2014-04	28.00	280
历届美国中学生数学竞赛试题及解答(第五卷)1970-1972	2014-06	18.00	281
历届美国中学生数学竞赛试题及解答(第六卷)1973-1980	2017-07	18.00	768
历届美国中学生数学竞赛试题及解答(第七卷)1981-1986	2015-01	18.00	424
历届美国中学生数学竞赛试题及解答(第八卷)1987-1990	2017-05	18.00	769
历届中国数学奥林匹克试题集(第3版)	2021-10	58.00	1440
历届加拿大数学奥林匹克试题集	2012-08	38.00	215
历届美国数学奥林匹克试题集:1972~2019	2020-04	88.00	1135
历届波兰数学竞赛试题集.第1卷,1949~1963	2015-03	18.00	453
历届波兰数学竞赛试题集.第2卷,1964~1976	2015-03	18.00	454
历届巴尔干数学奥林匹克试题集	2015-05	38.00	466
保加利亚数学奥林匹克	2014-10	38.00	393
圣彼得堡数学奥林匹克试题集	2015-01	38.00	429
匈牙利奥林匹克数学竞赛题解.第1卷	2016-05	28.00	593
匈牙利奥林匹克数学竞赛题解.第2卷	2016-05	28.00	594
历届美国数学邀请赛试题集(第2版)	2017-10	78.00	851
普林斯顿大学数学竞赛	2016-06	38.00	669
亚太地区数学奥林匹克竞赛题	2015-07	18.00	492
日本历届(初级)广中杯数学竞赛试题及解答.第1卷(2000~2007)	2016-05	28.00	641
日本历届(初级)广中杯数学竞赛试题及解答.第2卷(2008~2015)	2016-05	38.00	642
越南数学奥林匹克题选:1962-2009	2021-07	48.00	1370
360个数学竞赛问题	2016-08	58.00	677
奥数最佳实战题.上卷	2017-06	38.00	760
奥数最佳实战题.下卷	2017-05	58.00	761
哈尔滨市早期中学数学竞赛试题汇编	2016-07	28.00	672
全国高中数学联赛试题及解答:1981—2019(第4版)	2020-07	138.00	1176
2022年全国高中数学联合竞赛模拟题集	2022-06	30.00	1521

刘培杰数学工作室
已出版(即将出版)图书目录——初等数学

书　　名	出版时间	定　价	编号
20世纪50年代全国部分城市数学竞赛试题汇编	2017-07	28.00	797
国内外数学竞赛题及精解:2018~2019	2020-08	45.00	1192
国内外数学竞赛题及精解:2019~2020	2021-11	58.00	1439
许康华竞赛优学精选集.第一辑	2018-08	68.00	949
天问叶班数学问题征解100题.Ⅰ,2016-2018	2019-05	88.00	1075
天问叶班数学问题征解100题.Ⅱ,2017-2019	2020-07	98.00	1177
美国初中数学竞赛:AMC8准备(共6卷)	2019-07	138.00	1089
美国高中数学竞赛:AMC10准备(共6卷)	2019-08	158.00	1105
王连笑教你怎样学数学:高考选择题解题策略与客观题实用训练	2014-01	48.00	262
王连笑教你怎样学数学:高考数学高层次讲座	2015-02	48.00	432
高考数学的理论与实践	2009-08	38.00	53
高考数学核心题型解题方法与技巧	2010-01	28.00	86
高考思维新平台	2014-03	38.00	259
高考数学压轴题解题诀窍(上)(第2版)	2018-01	58.00	874
高考数学压轴题解题诀窍(下)(第2版)	2018-01	48.00	875
北京市五区文科数学三年高考模拟题详解:2013~2015	2015-08	48.00	500
北京市五区理科数学三年高考模拟题详解:2013~2015	2015-09	68.00	505
向量法巧解数学高考题	2009-08	28.00	54
高中数学课堂教学的实践与反思	2021-11	48.00	791
数学高考参考	2016-01	78.00	589
新课程标准高考数学解答题各种题型解法指导	2020-08	78.00	1196
全国及各省市高考数学试题审题要津与解法研究	2015-02	48.00	450
高中数学章节起始课的教学研究与案例设计	2019-05	28.00	1064
新课标高考数学——五年试题分章详解(2007~2011)(上、下)	2011-10	78.00	140,141
全国中考数学压轴题审题要津与解法研究	2013-04	78.00	248
新编全国及各省市中考数学压轴题审题要津与解法研究	2014-05	58.00	342
全国及各省市5年中考数学压轴题审题要津与解法研究(2015版)	2015-04	58.00	462
中考数学专题总复习	2007-04	28.00	6
中考数学较难题常考题型解题方法与技巧	2016-09	48.00	681
中考数学难题常考题型解题方法与技巧	2016-09	48.00	682
中考数学中档题常考题型解题方法与技巧	2017-08	68.00	835
中考数学选择填空压轴好题妙解365	2017-05	38.00	759
中考数学:三类重点考题的解法例析与习题	2020-04	48.00	1140
中小学数学的历史文化	2019-11	48.00	1124
初中平面几何百题多思创新解	2020-01	58.00	1125
初中数学中考备考	2020-01	58.00	1126
高考数学之九章演义	2019-08	68.00	1044
高考数学之难题谈笑间	2022-06	68.00	1519
化学可以这样学:高中化学知识方法智慧感悟疑难辨析	2019-07	58.00	1103
如何成为学习高手	2019-09	58.00	1107
高考数学:经典真题分类解析	2020-04	78.00	1134
高考数学解答题破解策略	2020-11	58.00	1221
从分析解题过程学解题:高考压轴题与竞赛题之关系探究	2020-08	88.00	1179
教学新思考:单元整体视角下的初中数学教学设计	2021-03	58.00	1278
思维再拓展:2020年经典几何题的多解探究与思考	即将出版		1279
中考数学小压轴汇编初讲	2017-07	48.00	788
中考数学大压轴专题微言	2017-09	48.00	846
怎么解中考平面几何探索题	2019-06	48.00	1093
北京中考数学压轴题解题方法突破(第8版)	2022-11	78.00	1577
助你高考成功的数学解题智慧:知识是智慧的基础	2016-01	58.00	596
助你高考成功的数学解题智慧:错误是智慧的试金石	2016-04	58.00	643
助你高考成功的数学解题智慧:方法是智慧的推手	2016-04	68.00	657
高考数学奇思妙解	2016-04	38.00	610
高考数学解题策略	2016-05	48.00	670

刘培杰数学工作室
已出版(即将出版)图书目录——初等数学

书　　名	出版时间	定　价	编号
数学解题泄天机(第2版)	2017-10	48.00	850
高考物理压轴题全解	2017-04	58.00	746
高中物理经典问题25讲	2017-05	28.00	764
高中物理教学讲义	2018-01	48.00	871
高中物理教学讲义:全模块	2022-03	98.00	1492
高中物理答疑解惑65篇	2021-11	48.00	1462
中学物理基础问题解析	2020-08	48.00	1183
2017年高考理科数学真题研究	2018-01	58.00	867
2017年高考文科数学真题研究	2018-01	48.00	868
初中数学、高中数学脱节知识补缺教材	2017-06	48.00	766
高考数学小题抢分必练	2017-10	48.00	834
高考数学核心素养解读	2017-09	38.00	839
高考数学客观题解题方法和技巧	2017-10	38.00	847
十年高考数学精品试题审题要津与解法研究	2021-10	98.00	1427
中国历届高考数学试题及解答.1949—1979	2018-01	38.00	877
历届中国高考数学试题及解答.第二卷,1980—1989	2018-10	28.00	975
历届中国高考数学试题及解答.第三卷,1990—1999	2018-10	48.00	976
数学文化与高考研究	2018-03	48.00	882
跟我学解高中数学题	2018-07	58.00	926
中学数学研究的方法及案例	2018-05	58.00	869
高考数学抢分技能	2018-07	68.00	934
高一新生常用数学方法和重要数学思想提升教材	2018-06	38.00	921
2018年高考数学真题研究	2019-01	68.00	1000
2019年高考数学真题研究	2020-05	88.00	1137
高考数学全国卷六道解答题常考题型解题诀窍:理科(全2册)	2019-07	78.00	1101
高考数学全国卷16道选择、填空题常考题型解题诀窍.理科	2018-09	88.00	971
高考数学全国卷16道选择、填空题常考题型解题诀窍.文科	2020-01	88.00	1123
高中数学一题多解	2019-06	58.00	1087
历届中国高考数学试题及解答:1917-1999	2021-08	98.00	1371
2000~2003年全国及各省市高考数学试题及解答	2022-05	88.00	1499
2004年全国及各省市高考数学试题及解答	2022-07	78.00	1500
突破高原:高中数学解题思维探究	2021-08	48.00	1375
高考数学中的"取值范围"	2021-10	48.00	1429
新课程标准高中数学各种题型解法大全.必修一分册	2021-06	58.00	1315
新课程标准高中数学各种题型解法大全.必修二分册	2022-01	68.00	1471
高中数学各种题型解法大全.选择性必修一分册	2022-06	68.00	1525
高中数学各种题型解法大全.选择性必修二分册	2023-01	58.00	1600
新编640个世界著名数学智力趣题	2014-01	88.00	242
500个最新世界著名数学智力趣题	2008-06	48.00	3
400个最新世界著名数学最值问题	2008-09	48.00	36
500个世界著名数学征解问题	2009-06	48.00	52
400个中国最佳初等数学征解老问题	2010-01	48.00	60
500个俄罗斯数学经典老题	2011-01	28.00	81
1000个国外中学物理好题	2012-04	48.00	174
300个日本高考数学题	2012-05	38.00	142
700个早期日本高考数学试题	2017-02	88.00	752
500个前苏联早期高考数学试题及解答	2012-05	28.00	185
546个早期俄罗斯大学生数学竞赛题	2014-03	38.00	285
548个来自美苏的数学好问题	2014-11	28.00	396
20所苏联著名大学早期入学试题	2015-02	18.00	452
161道德国工科大学生必做的微分方程习题	2015-05	28.00	469
500个德国工科大学生必做的高数习题	2015-06	28.00	478
360个数学竞赛问题	2016-08	58.00	677
200个趣味数学故事	2018-02	48.00	857
470个数学奥林匹克中的最值问题	2018-10	88.00	985
德国讲义日本考题.微积分卷	2015-04	48.00	456
德国讲义日本考题.微分方程卷	2015-04	38.00	457
二十世纪中叶中、英、美、日、法、俄高考数学试题精选	2017-06	38.00	783

刘培杰数学工作室
已出版(即将出版)图书目录——初等数学

书　　名	出版时间	定　价	编号
中国初等数学研究　2009 卷(第 1 辑)	2009-05	20.00	45
中国初等数学研究　2010 卷(第 2 辑)	2010-05	30.00	68
中国初等数学研究　2011 卷(第 3 辑)	2011-07	60.00	127
中国初等数学研究　2012 卷(第 4 辑)	2012-07	48.00	190
中国初等数学研究　2014 卷(第 5 辑)	2014-02	48.00	288
中国初等数学研究　2015 卷(第 6 辑)	2015-06	68.00	493
中国初等数学研究　2016 卷(第 7 辑)	2016-04	68.00	609
中国初等数学研究　2017 卷(第 8 辑)	2017-01	98.00	712

书　　名	出版时间	定　价	编号
初等数学研究在中国. 第 1 辑	2019-03	158.00	1024
初等数学研究在中国. 第 2 辑	2019-10	158.00	1116
初等数学研究在中国. 第 3 辑	2021-05	158.00	1306
初等数学研究在中国. 第 4 辑	2022-06	158.00	1520

书　　名	出版时间	定　价	编号
几何变换(Ⅰ)	2014-07	28.00	353
几何变换(Ⅱ)	2015-06	28.00	354
几何变换(Ⅲ)	2015-01	38.00	355
几何变换(Ⅳ)	2015-12	38.00	356

书　　名	出版时间	定　价	编号
初等数论难题集(第一卷)	2009-05	68.00	44
初等数论难题集(第二卷)(上、下)	2011-02	128.00	82,83
数论概貌	2011-03	18.00	93
代数数论(第二版)	2013-08	58.00	94
代数多项式	2014-06	38.00	289
初等数论的知识与问题	2011-02	28.00	95
超越数论基础	2011-03	28.00	96
数论初等教程	2011-03	28.00	97
数论基础	2011-03	18.00	98
数论基础与维诺格拉多夫	2014-03	18.00	292
解析数论基础	2012-08	28.00	216
解析数论基础(第二版)	2014-01	48.00	287
解析数论问题集(第二版)(原版引进)	2014-05	88.00	343
解析数论问题集(第二版)(中译本)	2016-04	88.00	607
解析数论基础(潘承洞,潘承彪著)	2016-07	98.00	673
解析数论导引	2016-07	58.00	674
数论入门	2011-03	38.00	99
代数数论入门	2015-03	38.00	448
数论开篇	2012-07	28.00	194
解析数论引论	2011-03	48.00	100
Barban Davenport Halberstam 均值和	2009-01	40.00	33
基础数论	2011-03	28.00	101
初等数论 100 例	2011-05	18.00	122
初等数论经典例题	2012-07	18.00	204
最新世界各国数学奥林匹克中的初等数论试题(上、下)	2012-01	138.00	144,145
初等数论(Ⅰ)	2012-01	18.00	156
初等数论(Ⅱ)	2012-01	18.00	157
初等数论(Ⅲ)	2012-01	28.00	158

刘培杰数学工作室
已出版(即将出版)图书目录——初等数学

书　　名	出版时间	定　价	编号
平面几何与数论中未解决的新老问题	2013-01	68.00	229
代数数论简史	2014-11	28.00	408
代数数论	2015-09	88.00	532
代数、数论及分析习题集	2016-11	98.00	695
数论导引提要及习题解答	2016-01	48.00	559
素数定理的初等证明. 第 2 版	2016-09	48.00	686
数论中的模函数与狄利克雷级数(第二版)	2017-11	78.00	837
数论:数学导引	2018-01	68.00	849
范氏大代数	2019-02	98.00	1016
解析数学讲义. 第一卷,导来式及微分、积分、级数	2019-04	88.00	1021
解析数学讲义. 第二卷,关于几何的应用	2019-04	68.00	1022
解析数学讲义. 第三卷,解析函数论	2019-04	78.00	1023
分析・组合・数论纵横谈	2019-04	58.00	1039
Hall 代数:民国时期的中学数学课本:英文	2019-08	88.00	1106
基谢廖夫初等代数	2022-07	38.00	1531
数学精神巡礼	2019-01	58.00	731
数学眼光透视(第 2 版)	2017-06	78.00	732
数学思想领悟(第 2 版)	2018-01	68.00	733
数学方法溯源(第 2 版)	2018-08	68.00	734
数学解题引论	2017-05	58.00	735
数学史话览胜(第 2 版)	2017-01	48.00	736
数学应用展观(第 2 版)	2017-08	68.00	737
数学建模尝试	2018-04	48.00	738
数学竞赛采风	2018-01	68.00	739
数学测评探营	2019-05	58.00	740
数学技能操握	2018-03	48.00	741
数学欣赏拾趣	2018-02	48.00	742
从毕达哥拉斯到怀尔斯	2007-10	48.00	9
从迪利克雷到维斯卡尔迪	2008-01	48.00	21
从哥德巴赫到陈景润	2008-05	98.00	35
从庞加莱到佩雷尔曼	2011-08	138.00	136
博弈论精粹	2008-03	58.00	30
博弈论精粹. 第二版(精装)	2015-01	88.00	461
数学 我爱你	2008-01	28.00	20
精神的圣徒　别样的人生——60 位中国数学家成长的历程	2008-09	48.00	39
数学史概论	2009-06	78.00	50
数学史概论(精装)	2013-03	158.00	272
数学史选讲	2016-01	48.00	544
斐波那契数列	2010-02	28.00	65
数学拼盘和斐波那契魔方	2010-07	38.00	72
斐波那契数列欣赏(第 2 版)	2018-08	58.00	948
Fibonacci 数列中的明珠	2018-06	58.00	928
数学的创造	2011-02	48.00	85
数学美与创造力	2016-01	48.00	595
数海拾贝	2016-01	48.00	590
数学中的美(第 2 版)	2019-04	68.00	1057
数论中的美学	2014-12	38.00	351

刘培杰数学工作室

已出版(即将出版)图书目录——初等数学

书　　名	出版时间	定　价	编号
数学王者　科学巨人——高斯	2015-01	28.00	428
振兴祖国数学的圆梦之旅:中国初等数学研究史话	2015-06	98.00	490
二十世纪中国数学史料研究	2015-10	48.00	536
数字谜、数阵图与棋盘覆盖	2016-01	58.00	298
时间的形状	2016-01	38.00	556
数学发现的艺术:数学探索中的合情推理	2016-07	58.00	671
活跃在数学中的参数	2016-07	48.00	675
数海趣史	2021-05	98.00	1314
数学解题——靠数学思想给力(上)	2011-07	38.00	131
数学解题——靠数学思想给力(中)	2011-07	48.00	132
数学解题——靠数学思想给力(下)	2011-07	38.00	133
我怎样解题	2013-01	48.00	227
数学解题中的物理方法	2011-06	28.00	114
数学解题的特殊方法	2011-06	48.00	115
中学数学计算技巧(第2版)	2020-10	48.00	1220
中学数学证明方法	2012-01	58.00	117
数学趣题巧解	2012-03	28.00	128
高中数学教学通鉴	2015-05	58.00	479
和高中生漫谈:数学与哲学的故事	2014-08	28.00	369
算术问题集	2017-03	38.00	789
张教授讲数学	2018-07	38.00	933
陈永明实话实说数学教学	2020-04	68.00	1132
中学数学学科知识与教学能力	2020-06	58.00	1155
怎样把课讲好:大罕数学教学随笔	2022-03	58.00	1484
中国高考评价体系下高考数学探秘	2022-03	48.00	1487
自主招生考试中的参数方程问题	2015-01	28.00	435
自主招生考试中的极坐标问题	2015-04	28.00	463
近年全国重点大学自主招生数学试题全解及研究.华约卷	2015-02	38.00	441
近年全国重点大学自主招生数学试题全解及研究.北约卷	2016-05	38.00	619
自主招生数学解证宝典	2015-09	48.00	535
中国科学技术大学创新班数学真题解析	2022-03	48.00	1488
中国科学技术大学创新班物理真题解析	2022-03	58.00	1489
格点和面积	2012-07	18.00	191
射影几何趣谈	2012-04	28.00	175
斯潘纳尔引理——从一道加拿大数学奥林匹克试题谈起	2014-01	28.00	228
李普希兹条件——从几道近年高考数学试题谈起	2012-10	18.00	221
拉格朗日中值定理——从一道北京高考试题的解法谈起	2015-10	18.00	197
闵科夫斯基定理——从一道清华大学自主招生试题谈起	2014-01	28.00	198
哈尔测度——从一道冬令营试题的背景谈起	2012-08	28.00	202
切比雪夫逼近问题——从一道中国台北数学奥林匹克试题谈起	2013-04	38.00	238
伯恩斯坦多项式与贝齐尔曲面——从一道全国高中数学联赛试题谈起	2013-03	38.00	236
卡塔兰猜想——从一道普特南竞赛试题谈起	2013-06	18.00	256
麦卡锡函数和阿克曼函数——从一道前南斯拉夫数学奥林匹克试题谈起	2012-08	18.00	201
贝蒂定理与拉姆贝克莫斯尔定理——从一个拣石子游戏谈起	2012-08	18.00	217
皮亚诺曲线和豪斯道夫分球定理——从无限集谈起	2012-08	18.00	211
平面凸图形与凸多面体	2012-10	28.00	218
斯坦因豪斯问题——从一道二十五省市自治区中学数学竞赛试题谈起	2012-07	18.00	196

刘培杰数学工作室

已出版(即将出版)图书目录——初等数学 

书　名	出版时间	定　价	编号
纽结理论中的亚历山大多项式与琼斯多项式——从一道北京市高一数学竞赛试题谈起	2012-07	28.00	195
原则与策略——从波利亚"解题表"谈起	2013-04	38.00	244
转化与化归——从三大尺规作图不能问题谈起	2012-08	28.00	214
代数几何中的贝祖定理(第一版)——从一道 IMO 试题的解法谈起	2013-08	18.00	193
成功连贯理论与约当块理论——从一道比利时数学竞赛试题谈起	2012-04	18.00	180
素数判定与大数分解	2014-08	18.00	199
置换多项式及其应用	2012-10	18.00	220
椭圆函数与模函数——从一道美国加州大学洛杉矶分校(UCLA)博士资格考题谈起	2012-10	28.00	219
差分方程的拉格朗日方法——从一道 2011 年全国高考理科试题的解法谈起	2012-08	28.00	200
力学在几何中的一些应用	2013-01	38.00	240
从根式解到伽罗华理论	2020-01	48.00	1121
康托洛维奇不等式——从一道全国高中联赛试题谈起	2013-03	28.00	337
西格尔引理——从一道第 18 届 IMO 试题的解法谈起	即将出版		
罗斯定理——从一道前苏联数学竞赛试题谈起	即将出版		
拉克斯定理和阿廷定理——从一道 IMO 试题的解法谈起	2014-01	58.00	246
毕卡大定理——从一道美国大学数学竞赛试题谈起	2014-07	18.00	350
贝齐尔曲线——从一道全国高中联赛试题谈起	即将出版		
拉格朗日乘子定理——从一道 2005 年全国高中联赛试题的高等数学解法谈起	2015-05	28.00	480
雅可比定理——从一道日本数学奥林匹克试题谈起	2013-04	48.00	249
李天岩-约克定理——从一道波兰数学竞赛试题谈起	2014-06	28.00	349
受控理论与初等不等式:从一道 IMO 试题的解法谈起	2023-03	48.00	1601
布劳维不动点定理——从一道前苏联数学奥林匹克试题谈起	2014-01	38.00	273
伯恩赛德定理——从一道英国数学奥林匹克试题谈起	即将出版		
布查特-莫斯特定理——从一道上海市初中竞赛试题谈起	即将出版		
数论中的同余数问题——从一道普特南竞赛试题谈起	即将出版		
范·德蒙行列式——从一道美国数学奥林匹克试题谈起	即将出版		
中国剩余定理:总数法构建中国历史年表	2015-01	28.00	430
牛顿程序与方程求根——从一道全国高考试题解法谈起	即将出版		
库默尔定理——从一道 IMO 预选试题谈起	即将出版		
卢丁定理——从一道冬令营试题的解法谈起	即将出版		
沃斯滕霍姆定理——从一道 IMO 预选试题谈起	即将出版		
卡尔松不等式——从一道莫斯科数学奥林匹克试题谈起	即将出版		
信息论中的香农熵——从一道近年高考压轴题谈起	即将出版		
约当不等式——从一道希望杯竞赛试题谈起	即将出版		
拉比诺维奇定理	即将出版		
刘维尔定理——从一道《美国数学月刊》征解问题的解法谈起	即将出版		
卡塔兰恒等式与级数求和——从一道 IMO 试题的解法谈起	即将出版		
勒让德猜想与素数分布——从一道爱尔兰竞赛试题谈起	即将出版		
天平称重与信息论——从一道基辅市数学奥林匹克试题谈起	即将出版		
哈密尔顿-凯莱定理:从一道高中数学联赛试题的解法谈起	2014-09	18.00	376
艾思特曼定理——从一道 CMO 试题的解法谈起	即将出版		

刘培杰数学工作室

已出版(即将出版)图书目录——初等数学

书　　名	出版时间	定　价	编号
阿贝尔恒等式与经典不等式及应用	2018-06	98.00	923
迪利克雷除数问题	2018-07	48.00	930
幻方、幻立方与拉丁方	2019-08	48.00	1092
帕斯卡三角形	2014-03	18.00	294
蒲丰投针问题——从2009年清华大学的一道自主招生试题谈起	2014-01	38.00	295
斯图姆定理——从一道"华约"自主招生试题的解法谈起	2014-01	18.00	296
许瓦兹引理——从一道加利福尼亚大学伯克利分校数学系博士生试题谈起	2014-08	18.00	297
拉姆塞定理——从王诗宬院士的一个问题谈起	2016-04	48.00	299
坐标法	2013-12	28.00	332
数论三角形	2014-04	38.00	341
毕克定理	2014-07	18.00	352
数林掠影	2014-09	48.00	389
我们周围的概率	2014-10	38.00	390
凸函数最值定理:从一道华约自主招生题的解法谈起	2014-10	28.00	391
易学与数学奥林匹克	2014-10	38.00	392
生物数学趣谈	2015-01	18.00	409
反演	2015-01	28.00	420
因式分解与圆锥曲线	2015-01	18.00	426
轨迹	2015-01	28.00	427
面积原理:从常庚哲命的一道CMO试题的积分解法谈起	2015-01	48.00	431
形形色色的不动点定理:从一道28届IMO试题谈起	2015-01	38.00	439
柯西函数方程:从一道上海交大自主招生的试题谈起	2015-02	28.00	440
三角恒等式	2015-02	28.00	442
无理性判定:从一道2014年"北约"自主招生试题谈起	2015-01	38.00	443
数学归纳法	2015-03	18.00	451
极端原理与解题	2015-04	28.00	464
法雷级数	2014-08	18.00	367
摆线族	2015-01	38.00	438
函数方程及其解法	2015-05	38.00	470
含参数的方程和不等式	2012-09	28.00	213
希尔伯特第十问题	2016-01	38.00	543
无穷小量的求和	2016-01	28.00	545
切比雪夫多项式:从一道清华大学金秋营试题谈起	2016-01	38.00	583
泽肯多夫定理	2016-03	38.00	599
代数等式证题法	2016-01	28.00	600
三角等式证题法	2016-01	28.00	601
吴大任教授藏书中的一个因式分解公式:从一道美国数学邀请赛试题的解法谈起	2016-06	28.00	656
易卦——类万物的数学模型	2017-08	68.00	838
"不可思议"的数与数系可持续发展	2018-01	38.00	878
最短线	2018-01	38.00	879
数学在天文、地理、光学、机械力学中的一些应用	2023-03	88.00	1576
从阿基米德三角形谈起	2023-01	28.00	1578
幻方和魔方(第一卷)	2012-05	68.00	173
尘封的经典——初等数学经典文献选读(第一卷)	2012-07	48.00	205
尘封的经典——初等数学经典文献选读(第二卷)	2012-07	38.00	206
初级方程式论	2011-03	28.00	106
初等数学研究(Ⅰ)	2008-09	68.00	37
初等数学研究(Ⅱ)(上、下)	2009-05	118.00	46,47
初等数学专题研究	2022-10	68.00	1568

刘培杰数学工作室

已出版(即将出版)图书目录——初等数学

书　　名	出版时间	定　价	编号
趣味初等方程妙题集锦	2014-09	48.00	388
趣味初等数论选美与欣赏	2015-02	48.00	445
耕读笔记(上卷):一位农民数学爱好者的初数探索	2015-04	28.00	459
耕读笔记(中卷):一位农民数学爱好者的初数探索	2015-05	28.00	483
耕读笔记(下卷):一位农民数学爱好者的初数探索	2015-05	28.00	484
几何不等式研究与欣赏.上卷	2016-01	88.00	547
几何不等式研究与欣赏.下卷	2016-01	48.00	552
初等数列研究与欣赏·上	2016-01	48.00	570
初等数列研究与欣赏·下	2016-01	48.00	571
趣味初等函数研究与欣赏.上	2016-09	48.00	684
趣味初等函数研究与欣赏.下	2018-09	48.00	685
三角不等式研究与欣赏	2020-10	68.00	1197
新编平面解析几何解题方法研究与欣赏	2021-10	78.00	1426
火柴游戏(第2版)	2022-05	38.00	1493
智力解谜.第1卷	2017-07	38.00	613
智力解谜.第2卷	2017-07	38.00	614
故事智力	2016-07	48.00	615
名人们喜欢的智力问题	2020-01	48.00	616
数学大师的发现、创造与失误	2018-01	48.00	617
异曲同工	2018-09	48.00	618
数学的味道	2018-01	58.00	798
数学千字文	2018-10	68.00	977
数贝偶拾——高考数学题研究	2014-04	28.00	274
数贝偶拾——初等数学研究	2014-04	38.00	275
数贝偶拾——奥数题研究	2014-04	48.00	276
钱昌本教你快乐学数学(上)	2011-12	48.00	155
钱昌本教你快乐学数学(下)	2012-03	58.00	171
集合、函数与方程	2014-01	28.00	300
数列与不等式	2014-01	38.00	301
三角与平面向量	2014-01	28.00	302
平面解析几何	2014-01	38.00	303
立体几何与组合	2014-01	28.00	304
极限与导数、数学归纳法	2014-01	38.00	305
趣味数学	2014-03	28.00	306
教材教法	2014-04	68.00	307
自主招生	2014-05	58.00	308
高考压轴题(上)	2015-01	48.00	309
高考压轴题(下)	2014-10	68.00	310
从费马到怀尔斯——费马大定理的历史	2013-10	198.00	Ⅰ
从庞加莱到佩雷尔曼——庞加莱猜想的历史	2013-10	298.00	Ⅱ
从切比雪夫到爱尔特希(上)——素数定理的初等证明	2013-07	48.00	Ⅲ
从切比雪夫到爱尔特希(下)——素数定理100年	2012-12	98.00	Ⅲ
从高斯到盖尔方特——二次域的高斯猜想	2013-10	198.00	Ⅳ
从库默尔到朗兰兹——朗兰兹猜想的历史	2014-01	98.00	Ⅴ
从比勃巴赫到德布朗斯——比勃巴赫猜想的历史	2014-02	298.00	Ⅵ
从麦比乌斯到陈省身——麦比乌斯变换与麦比乌斯带	2014-02	298.00	Ⅶ
从布尔到豪斯道夫——布尔方程与格论漫谈	2013-10	198.00	Ⅷ
从开普勒到阿诺德——三体问题的历史	2014-05	298.00	Ⅸ
从华林到华罗庚——华林问题的历史	2013-10	298.00	Ⅹ

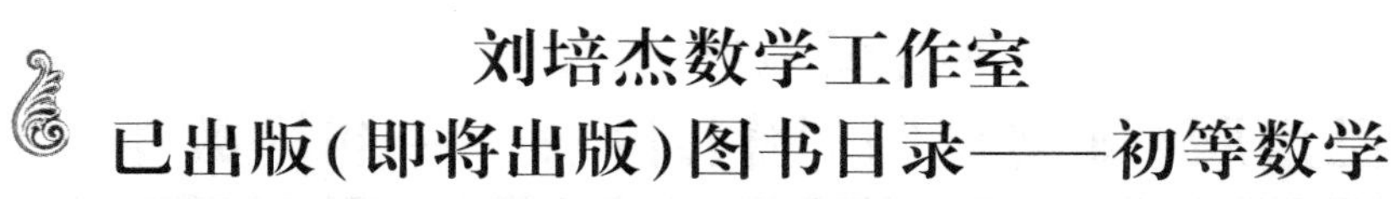

刘培杰数学工作室
已出版(即将出版)图书目录——初等数学

书　　名	出版时间	定　价	编号
美国高中数学竞赛五十讲. 第1卷(英文)	2014-08	28.00	357
美国高中数学竞赛五十讲. 第2卷(英文)	2014-08	28.00	358
美国高中数学竞赛五十讲. 第3卷(英文)	2014-09	28.00	359
美国高中数学竞赛五十讲. 第4卷(英文)	2014-09	28.00	360
美国高中数学竞赛五十讲. 第5卷(英文)	2014-10	28.00	361
美国高中数学竞赛五十讲. 第6卷(英文)	2014-11	28.00	362
美国高中数学竞赛五十讲. 第7卷(英文)	2014-12	28.00	363
美国高中数学竞赛五十讲. 第8卷(英文)	2015-01	28.00	364
美国高中数学竞赛五十讲. 第9卷(英文)	2015-01	28.00	365
美国高中数学竞赛五十讲. 第10卷(英文)	2015-02	38.00	366
三角函数(第2版)	2017-04	38.00	626
不等式	2014-01	38.00	312
数列	2014-01	38.00	313
方程(第2版)	2017-04	38.00	624
排列和组合	2014-01	28.00	315
极限与导数(第2版)	2016-04	38.00	635
向量(第2版)	2018-08	58.00	627
复数及其应用	2014-08	28.00	318
函数	2014-01	38.00	319
集合	2020-01	48.00	320
直线与平面	2014-01	28.00	321
立体几何(第2版)	2016-04	38.00	629
解三角形	即将出版		323
直线与圆(第2版)	2016-11	38.00	631
圆锥曲线(第2版)	2016-09	48.00	632
解题通法(一)	2014-07	38.00	326
解题通法(二)	2014-07	38.00	327
解题通法(三)	2014-05	38.00	328
概率与统计	2014-01	28.00	329
信息迁移与算法	即将出版		330
IMO 50年. 第1卷(1959-1963)	2014-11	28.00	377
IMO 50年. 第2卷(1964-1968)	2014-11	28.00	378
IMO 50年. 第3卷(1969-1973)	2014-09	28.00	379
IMO 50年. 第4卷(1974-1978)	2016-04	38.00	380
IMO 50年. 第5卷(1979-1984)	2015-04	38.00	381
IMO 50年. 第6卷(1985-1989)	2015-04	58.00	382
IMO 50年. 第7卷(1990-1994)	2016-01	48.00	383
IMO 50年. 第8卷(1995-1999)	2016-06	38.00	384
IMO 50年. 第9卷(2000-2004)	2015-04	58.00	385
IMO 50年. 第10卷(2005-2009)	2016-01	48.00	386
IMO 50年. 第11卷(2010-2015)	2017-03	48.00	646

刘培杰数学工作室

已出版(即将出版)图书目录——初等数学

书　名	出版时间	定　价	编号
数学反思(2006—2007)	2020-09	88.00	915
数学反思(2008—2009)	2019-01	68.00	917
数学反思(2010—2011)	2018-05	58.00	916
数学反思(2012—2013)	2019-01	58.00	918
数学反思(2014—2015)	2019-03	78.00	919
数学反思(2016—2017)	2021-03	58.00	1286
数学反思(2018—2019)	2023-01	88.00	1593
历届美国大学生数学竞赛试题集. 第一卷(1938—1949)	2015-01	28.00	397
历届美国大学生数学竞赛试题集. 第二卷(1950—1959)	2015-01	28.00	398
历届美国大学生数学竞赛试题集. 第三卷(1960—1969)	2015-01	28.00	399
历届美国大学生数学竞赛试题集. 第四卷(1970—1979)	2015-01	18.00	400
历届美国大学生数学竞赛试题集. 第五卷(1980—1989)	2015-01	28.00	401
历届美国大学生数学竞赛试题集. 第六卷(1990—1999)	2015-01	28.00	402
历届美国大学生数学竞赛试题集. 第七卷(2000—2009)	2015-08	18.00	403
历届美国大学生数学竞赛试题集. 第八卷(2010—2012)	2015-01	18.00	404
新课标高考数学创新题解题诀窍:总论	2014-09	28.00	372
新课标高考数学创新题解题诀窍:必修 1～5 分册	2014-08	38.00	373
新课标高考数学创新题解题诀窍:选修 2-1,2-2,1-1,1-2 分册	2014-09	38.00	374
新课标高考数学创新题解题诀窍:选修 2-3,4-4,4-5 分册	2014-09	18.00	375
全国重点大学自主招生英文数学试题全攻略:词汇卷	2015-07	48.00	410
全国重点大学自主招生英文数学试题全攻略:概念卷	2015-01	28.00	411
全国重点大学自主招生英文数学试题全攻略:文章选读卷(上)	2016-09	38.00	412
全国重点大学自主招生英文数学试题全攻略:文章选读卷(下)	2017-01	58.00	413
全国重点大学自主招生英文数学试题全攻略:试题卷	2015-07	38.00	414
全国重点大学自主招生英文数学试题全攻略:名著欣赏卷	2017-03	48.00	415
劳埃德数学趣题大全. 题目卷. 1:英文	2016-01	18.00	516
劳埃德数学趣题大全. 题目卷. 2:英文	2016-01	18.00	517
劳埃德数学趣题大全. 题目卷. 3:英文	2016-01	18.00	518
劳埃德数学趣题大全. 题目卷. 4:英文	2016-01	18.00	519
劳埃德数学趣题大全. 题目卷. 5:英文	2016-01	18.00	520
劳埃德数学趣题大全. 答案卷:英文	2016-01	18.00	521
李成章教练奥数笔记. 第 1 卷	2016-01	48.00	522
李成章教练奥数笔记. 第 2 卷	2016-01	48.00	523
李成章教练奥数笔记. 第 3 卷	2016-01	38.00	524
李成章教练奥数笔记. 第 4 卷	2016-01	38.00	525
李成章教练奥数笔记. 第 5 卷	2016-01	38.00	526
李成章教练奥数笔记. 第 6 卷	2016-01	38.00	527
李成章教练奥数笔记. 第 7 卷	2016-01	38.00	528
李成章教练奥数笔记. 第 8 卷	2016-01	48.00	529
李成章教练奥数笔记. 第 9 卷	2016-01	28.00	530

刘培杰数学工作室
已出版(即将出版)图书目录——初等数学

书　　名	出版时间	定　价	编号
第19~23届"希望杯"全国数学邀请赛试题审题要津详细评注(初一版)	2014-03	28.00	333
第19~23届"希望杯"全国数学邀请赛试题审题要津详细评注(初二、初三版)	2014-03	38.00	334
第19~23届"希望杯"全国数学邀请赛试题审题要津详细评注(高一版)	2014-03	28.00	335
第19~23届"希望杯"全国数学邀请赛试题审题要津详细评注(高二版)	2014-03	38.00	336
第19~25届"希望杯"全国数学邀请赛试题审题要津详细评注(初一版)	2015-01	38.00	416
第19~25届"希望杯"全国数学邀请赛试题审题要津详细评注(初二、初三版)	2015-01	58.00	417
第19~25届"希望杯"全国数学邀请赛试题审题要津详细评注(高一版)	2015-01	48.00	418
第19~25届"希望杯"全国数学邀请赛试题审题要津详细评注(高二版)	2015-01	48.00	419
物理奥林匹克竞赛大题典——力学卷	2014-11	48.00	405
物理奥林匹克竞赛大题典——热学卷	2014-04	28.00	339
物理奥林匹克竞赛大题典——电磁学卷	2015-07	48.00	406
物理奥林匹克竞赛大题典——光学与近代物理卷	2014-06	28.00	345
历届中国东南地区数学奥林匹克试题集(2004~2012)	2014-06	18.00	346
历届中国西部地区数学奥林匹克试题集(2001~2012)	2014-07	18.00	347
历届中国女子数学奥林匹克试题集(2002~2012)	2014-08	18.00	348
数学奥林匹克在中国	2014-06	98.00	344
数学奥林匹克问题集	2014-01	38.00	267
数学奥林匹克不等式散论	2010-06	38.00	124
数学奥林匹克不等式欣赏	2011-09	38.00	138
数学奥林匹克超级题库(初中卷上)	2010-01	58.00	66
数学奥林匹克不等式证明方法和技巧(上、下)	2011-08	158.00	134,135
他们学什么:原民主德国中学数学课本	2016-09	38.00	658
他们学什么:英国中学数学课本	2016-09	38.00	659
他们学什么:法国中学数学课本.1	2016-09	38.00	660
他们学什么:法国中学数学课本.2	2016-09	28.00	661
他们学什么:法国中学数学课本.3	2016-09	38.00	662
他们学什么:苏联中学数学课本	2016-09	28.00	679
高中数学题典——集合与简易逻辑·函数	2016-07	48.00	647
高中数学题典——导数	2016-07	48.00	648
高中数学题典——三角函数·平面向量	2016-07	48.00	649
高中数学题典——数列	2016-07	58.00	650
高中数学题典——不等式·推理与证明	2016-07	38.00	651
高中数学题典——立体几何	2016-07	48.00	652
高中数学题典——平面解析几何	2016-07	78.00	653
高中数学题典——计数原理·统计·概率·复数	2016-07	48.00	654
高中数学题典——算法·平面几何·初等数论·组合数学·其他	2016-07	68.00	655

刘培杰数学工作室

已出版(即将出版)图书目录——初等数学

书　　名	出版时间	定　价	编号
台湾地区奥林匹克数学竞赛试题.小学一年级	2017-03	38.00	722
台湾地区奥林匹克数学竞赛试题.小学二年级	2017-03	38.00	723
台湾地区奥林匹克数学竞赛试题.小学三年级	2017-03	38.00	724
台湾地区奥林匹克数学竞赛试题.小学四年级	2017-03	38.00	725
台湾地区奥林匹克数学竞赛试题.小学五年级	2017-03	38.00	726
台湾地区奥林匹克数学竞赛试题.小学六年级	2017-03	38.00	727
台湾地区奥林匹克数学竞赛试题.初中一年级	2017-03	38.00	728
台湾地区奥林匹克数学竞赛试题.初中二年级	2017-03	38.00	729
台湾地区奥林匹克数学竞赛试题.初中三年级	2017-03	28.00	730
不等式证题法	2017-04	28.00	747
平面几何培优教程	2019-08	88.00	748
奥数鼎级培优教程.高一分册	2018-09	88.00	749
奥数鼎级培优教程.高二分册.上	2018-04	68.00	750
奥数鼎级培优教程.高二分册.下	2018-04	68.00	751
高中数学竞赛冲刺宝典	2019-04	68.00	883
初中尖子生数学超级题典.实数	2017-07	58.00	792
初中尖子生数学超级题典.式、方程与不等式	2017-08	58.00	793
初中尖子生数学超级题典.圆、面积	2017-08	38.00	794
初中尖子生数学超级题典.函数、逻辑推理	2017-08	48.00	795
初中尖子生数学超级题典.角、线段、三角形与多边形	2017-07	58.00	796
数学王子——高斯	2018-01	48.00	858
坎坷奇星——阿贝尔	2018-01	48.00	859
闪烁奇星——伽罗瓦	2018-01	58.00	860
无穷统帅——康托尔	2018-01	48.00	861
科学公主——柯瓦列夫斯卡娅	2018-01	48.00	862
抽象代数之母——埃米·诺特	2018-01	48.00	863
电脑先驱——图灵	2018-01	58.00	864
昔日神童——维纳	2018-01	48.00	865
数坛怪侠——爱尔特希	2018-01	68.00	866
传奇数学家徐利治	2019-09	88.00	1110
当代世界中的数学.数学思想与数学基础	2019-01	38.00	892
当代世界中的数学.数学问题	2019-01	38.00	893
当代世界中的数学.应用数学与数学应用	2019-01	38.00	894
当代世界中的数学.数学王国的新疆域(一)	2019-01	38.00	895
当代世界中的数学.数学王国的新疆域(二)	2019-01	38.00	896
当代世界中的数学.数林撷英(一)	2019-01	38.00	897
当代世界中的数学.数林撷英(二)	2019-01	48.00	898
当代世界中的数学.数学之路	2019-01	38.00	899

刘培杰数学工作室
已出版(即将出版)图书目录——初等数学

书　　名	出版时间	定　价	编号
105 个代数问题:来自 AwesomeMath 夏季课程	2019-02	58.00	956
106 个几何问题:来自 AwesomeMath 夏季课程	2020-07	58.00	957
107 个几何问题:来自 AwesomeMath 全年课程	2020-07	58.00	958
108 个代数问题:来自 AwesomeMath 全年课程	2019-01	68.00	959
109 个不等式:来自 AwesomeMath 夏季课程	2019-04	58.00	960
国际数学奥林匹克中的 110 个几何问题	即将出版		961
111 个代数和数论问题	2019-05	58.00	962
112 个组合问题:来自 AwesomeMath 夏季课程	2019-05	58.00	963
113 个几何不等式:来自 AwesomeMath 夏季课程	2020-08	58.00	964
114 个指数和对数问题:来自 AwesomeMath 夏季课程	2019-09	48.00	965
115 个三角问题:来自 AwesomeMath 夏季课程	2019-09	58.00	966
116 个代数不等式:来自 AwesomeMath 全年课程	2019-04	58.00	967
117 个多项式问题:来自 AwesomeMath 夏季课程	2021-09	58.00	1409
118 个数学竞赛不等式	2022-08	78.00	1526
紫色彗星国际数学竞赛试题	2019-02	58.00	999
数学竞赛中的数学:为数学爱好者、父母、教师和教练准备的丰富资源.第一部	2020-04	58.00	1141
数学竞赛中的数学:为数学爱好者、父母、教师和教练准备的丰富资源.第二部	2020-07	48.00	1142
和与积	2020-10	38.00	1219
数论:概念和问题	2020-12	68.00	1257
初等数学问题研究	2021-03	48.00	1270
数学奥林匹克中的欧几里得几何	2021-10	68.00	1413
数学奥林匹克题解新编	2022-01	58.00	1430
图论入门	2022-09	58.00	1554
澳大利亚中学数学竞赛试题及解答(初级卷)1978～1984	2019-02	28.00	1002
澳大利亚中学数学竞赛试题及解答(初级卷)1985～1991	2019-02	28.00	1003
澳大利亚中学数学竞赛试题及解答(初级卷)1992～1998	2019-02	28.00	1004
澳大利亚中学数学竞赛试题及解答(初级卷)1999～2005	2019-02	28.00	1005
澳大利亚中学数学竞赛试题及解答(中级卷)1978～1984	2019-03	28.00	1006
澳大利亚中学数学竞赛试题及解答(中级卷)1985～1991	2019-03	28.00	1007
澳大利亚中学数学竞赛试题及解答(中级卷)1992～1998	2019-03	28.00	1008
澳大利亚中学数学竞赛试题及解答(中级卷)1999～2005	2019-03	28.00	1009
澳大利亚中学数学竞赛试题及解答(高级卷)1978～1984	2019-05	28.00	1010
澳大利亚中学数学竞赛试题及解答(高级卷)1985～1991	2019-05	28.00	1011
澳大利亚中学数学竞赛试题及解答(高级卷)1992～1998	2019-05	28.00	1012
澳大利亚中学数学竞赛试题及解答(高级卷)1999～2005	2019-05	28.00	1013
天才中小学生智力测验题.第一卷	2019-03	38.00	1026
天才中小学生智力测验题.第二卷	2019-03	38.00	1027
天才中小学生智力测验题.第三卷	2019-03	38.00	1028
天才中小学生智力测验题.第四卷	2019-03	38.00	1029
天才中小学生智力测验题.第五卷	2019-03	38.00	1030
天才中小学生智力测验题.第六卷	2019-03	38.00	1031
天才中小学生智力测验题.第七卷	2019-03	38.00	1032
天才中小学生智力测验题.第八卷	2019-03	38.00	1033
天才中小学生智力测验题.第九卷	2019-03	38.00	1034
天才中小学生智力测验题.第十卷	2019-03	38.00	1035
天才中小学生智力测验题.第十一卷	2019-03	38.00	1036
天才中小学生智力测验题.第十二卷	2019-03	38.00	1037
天才中小学生智力测验题.第十三卷	2019-03	38.00	1038

刘培杰数学工作室

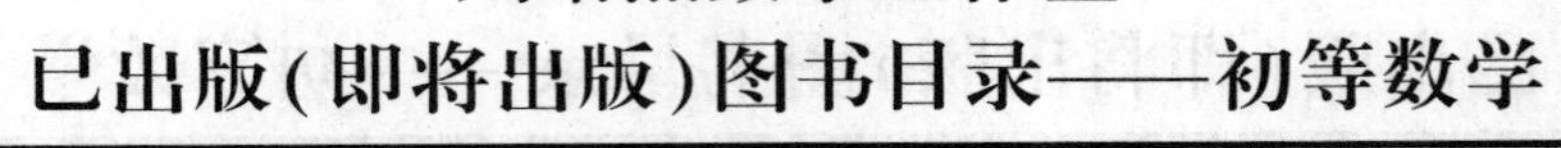

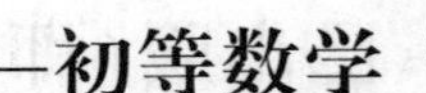

已出版(即将出版)图书目录——初等数学

书　名	出版时间	定　价	编号
重点大学自主招生数学备考全书:函数	2020-05	48.00	1047
重点大学自主招生数学备考全书:导数	2020-08	48.00	1048
重点大学自主招生数学备考全书:数列与不等式	2019-10	78.00	1049
重点大学自主招生数学备考全书:三角函数与平面向量	2020-08	68.00	1050
重点大学自主招生数学备考全书:平面解析几何	2020-07	58.00	1051
重点大学自主招生数学备考全书:立体几何与平面几何	2019-08	48.00	1052
重点大学自主招生数学备考全书:排列组合·概率统计·复数	2019-09	48.00	1053
重点大学自主招生数学备考全书:初等数论与组合数学	2019-08	48.00	1054
重点大学自主招生数学备考全书:重点大学自主招生真题.上	2019-04	68.00	1055
重点大学自主招生数学备考全书:重点大学自主招生真题.下	2019-04	58.00	1056
高中数学竞赛培训教程:平面几何问题的求解方法与策略.上	2018-05	68.00	906
高中数学竞赛培训教程:平面几何问题的求解方法与策略.下	2018-06	78.00	907
高中数学竞赛培训教程:整除与同余以及不定方程	2018-01	88.00	908
高中数学竞赛培训教程:组合计数与组合极值	2018-04	48.00	909
高中数学竞赛培训教程:初等代数	2019-04	78.00	1042
高中数学讲座:数学竞赛基础教程(第一册)	2019-06	48.00	1094
高中数学讲座:数学竞赛基础教程(第二册)	即将出版		1095
高中数学讲座:数学竞赛基础教程(第三册)	即将出版		1096
高中数学讲座:数学竞赛基础教程(第四册)	即将出版		1097
新编中学数学解题方法 1000 招丛书. 实数(初中版)	2022-05	58.00	1291
新编中学数学解题方法 1000 招丛书. 式(初中版)	2022-05	48.00	1292
新编中学数学解题方法 1000 招丛书. 方程与不等式(初中版)	2021-04	58.00	1293
新编中学数学解题方法 1000 招丛书. 函数(初中版)	2022-05	38.00	1294
新编中学数学解题方法 1000 招丛书. 角(初中版)	2022-05	48.00	1295
新编中学数学解题方法 1000 招丛书. 线段(初中版)	2022-05	48.00	1296
新编中学数学解题方法 1000 招丛书. 三角形与多边形(初中版)	2021-04	48.00	1297
新编中学数学解题方法 1000 招丛书. 圆(初中版)	2022-05	48.00	1298
新编中学数学解题方法 1000 招丛书. 面积(初中版)	2021-07	28.00	1299
新编中学数学解题方法 1000 招丛书. 逻辑推理(初中版)	2022-06	48.00	1300
高中数学题典精编. 第一辑. 函数	2022-01	58.00	1444
高中数学题典精编. 第一辑. 导数	2022-01	68.00	1445
高中数学题典精编. 第一辑. 三角函数·平面向量	2022-01	68.00	1446
高中数学题典精编. 第一辑. 数列	2022-01	58.00	1447
高中数学题典精编. 第一辑. 不等式·推理与证明	2022-01	58.00	1448
高中数学题典精编. 第一辑. 立体几何	2022-01	58.00	1449
高中数学题典精编. 第一辑. 平面解析几何	2022-01	68.00	1450
高中数学题典精编. 第一辑. 统计·概率·平面几何	2022-01	58.00	1451
高中数学题典精编. 第一辑. 初等数论·组合数学·数学文化·解题方法	2022-01	58.00	1452
历届全国初中数学竞赛试题分类解析. 初等代数	2022-09	98.00	1555
历届全国初中数学竞赛试题分类解析. 初等数论	2022-09	48.00	1556
历届全国初中数学竞赛试题分类解析. 平面几何	2022-09	38.00	1557
历届全国初中数学竞赛试题分类解析. 组合	2022-09	38.00	1558